高 等 数 学

(上册)

主　编　常建明　李上钊　唐志强
副主编　吴月柱　戴培良　姜　伟

科 学 出 版 社
北 京

内 容 简 介

本书注重理论与实践相结合，强调直观性、准确性和应用性，加强了Mathematica数学软件知识的学习. 本书共包括7章内容，分别为函数与函数极限、导数与微分、微分中值定理与导数的应用、不定积分、定积分、定积分的应用和常微分方程. 本书按节配置习题，选择了部分实际问题和数学建模问题，有利于学生的学习.

本书可作为应用型高等院校的理工和经管类专业的学生用书，也可为相关人员提供参考.

图书在版编目(CIP)数据

高等数学. 上册/常建明，李上钊，唐志强主编. —北京：科学出版社，2018.8

ISBN 978-7-03-057817-4

I. ①高… II. ①常… ②李… ③唐… III. ①高等数学-高等学校-教材 IV. ①O13

中国版本图书馆 CIP 数据核字（2018）第 129252 号

责任编辑：胡云志 孙翠勤 / 责任校对：王 瑞

责任印制：霍 兵 / 封面设计：华路天然工作室

科 学 出 版 社 出版

北京东黄城根北街 16 号

邮政编码：100717

http://www.sciencep.com

北京密东印刷有限公司 印刷

科学出版社发行 各地新华书店经销

*

2018 年 8 月第 一 版 开本：787×1092 1/16

2023 年 8 月第六次印刷 印张：18 1/2

字数：439 000

定价：52. 50 元

（如有印装质量问题，我社负责调换）

前　言

高等数学是高等院校理工、经管类等专业学生的一门必修的基础课程. 我国高等教育已进入大众化阶段, 为适应普通本科院校应用型人才培养需求, 结合教育部数学与统计学教学指导委员会制定的工科类和经管类本科数学基础课程教学基本要求, 我们编写了本书.

在保持传统教材的基础上, 本书对知识体系进行了适当的调整和优化. 注重理论与应用相结合, 强调直观性、准确性和应用性. 本书在内容上删除了一些过于繁琐的推理和计算, 弱化理论的证明, 强化数学的应用, 渗透数学建模思想, 加强 Mathematica 数学软件知识. 习题按章节配置, 选择了部分实际问题和数学建模问题. 选修内容用*标记. 本书可作为应用型高等学校的理科、工科和经管类等专业的高等数学教材.

本书包括一元函数微积分学、微分方程. 本书在编写过程中得到了校内许多同事的帮助和支持, 同时得到了科学出版社的大力支持, 在此一并表示衷心的感谢.

由于编者水平有限, 书中疏漏之处在所难免, 恳请读者批评指正.

编　者

2018 年 4 月

目　录

第一章　函数与函数极限

在实际生活或各种自然现象中，我们会经常发现某些量的变化依赖着另外的一个或多个量的变化. 例如，在驾驶汽车过程中，行驶的速度通常随着给油量的增加而增加. 将依赖关系用数学的语言描述，就是函数关系. 高等数学研究的对象就是这种函数关系的各种性质，它可以让我们更清晰地知道各种量与量之间是如何依赖的，所以高等数学是一门非常有用的课程.

第一节　函数的概念

一、数集

在实际生活或各种自然现象中出现的量，如时间、重量、温度、面积、体积、给油量等，都可用实数来表示，随着量的变化，表示这个量的实数就形成一个实数集. 我们先定义两类重要的数集——区间和邻域.

设 a 和 b 是两实数并且 $a<b$，则数集

$$\{x \mid a<x<b\} \overset{\text{记作}}{=\!=} (a,b), \quad \{x \mid a \leqslant x \leqslant b\} \overset{\text{记作}}{=\!=} [a,b]$$

分别称为以 a 和 b 为端点的开区间和闭区间；类似地，可定义半开半闭区间 $(a,b]$ 和 $[a,b)$. 这四种区间统称为有限区间，在数轴上表现为从点 a 到点 b 的线段(有的不包括端点、有的包括一个或二个端点). 数 $b-a$ 称为这些区间的长度.

为定义无限区间，引入记号 $+\infty$ 和 $-\infty$，分别读作“正无穷”和“负无穷”. 这样，对有限数 a，我们就可定义如下的无限区间:

$$(a,+\infty)=\{x|x>a\}, \quad [a,+\infty)=\{x|x\geqslant a\};$$

$$(-\infty,a)=\{x \mid x<a\}, \quad (-\infty,a]=\{x \mid x\leqslant a\}.$$

而全体实数形成的集合 $\mathbf{R}$ 也可用区间 $(-\infty,+\infty)$ 表示. 这五种区间称为无限区间. 无限区间和有限区间统称区间.

对数 a，我们称开区间 $(a-\delta,a+\delta)=\{x \| x-a|<\delta\}$ 为 a 的 δ 邻域，记作 $U(a;\delta)$（图 1-1 (a)）. 这里 δ（希腊字母，读作 delta）是一正数，称为该邻域的半径. a 的 δ 邻域在数轴上表现为以 a 中心，长度为 2δ 的线段. 将中心 a 挖去，就得到去心邻域 $U^{\circ}(a;\delta)=\{x \mid 0<|x-a|<\delta\}$（图 1-1 (b)）. 一般而言，半径 δ 是较小的数. 邻域和去心邻域在不引起混淆的情况下可简记为 $U(a)$ 和 $U^{\circ}(a)$.

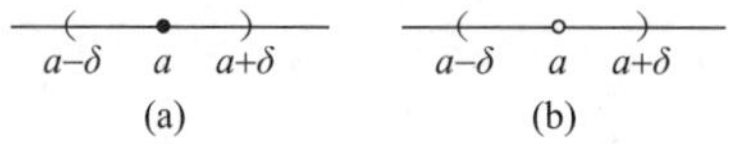

$a-\delta$ a $a+\delta$ (a) $a-\delta$ a $a+\delta$ (b)

图 1-1

对 ∞，也可定义相应的邻域：∞ 的邻域为 $U(\infty)=\{x||x|>M\}$，$+\infty$ 的邻域为 $U(+\infty)=\{x|x>M\}$，$-\infty$ 的邻域为 $U(-\infty)=\{x|x<-M\}$，这里数 M 是充分大的正数.

这里符号 ∞ 读作“无穷大”.

二、函数概念

1. 函数的定义

在实际生活中，经常可以看到某些现象，就是某种量依赖另外的某种量的变化而变化. 例如，吹气球时随着球的增大吹入的气体也增多，或者说球体的体积(气体量)随着球体的直径或半径的变化而变化. 将这种依赖关系抽象成数学语言，就是所谓的函数关系.

定义1.1.1 给定一个实数集 D，若有对应法则 f 使得对 D 内每个数 x，都有唯一的实数 y 与 x 相对应，就称对应法则 f 为定义在数集 D 上的函数. 数集 D 称为函数 f 的**定义域**，与 x 相对应的数 y 称为在 x 处的**函数值**，记作 $f(x)$：

$$x\mapsto y=f(x),\quad x\in D.$$

全体函数值形成的集合

$$f(D)=\{y|y=f(x),x\in D\}$$

称为函数 f 的**值域**. 由于函数值 $y=f(x)$ 随 $x\in D$ 的变化而变化，因此我们称 x 为**自变量**，而 y 为**因变量**.

注意，确定函数的是对应关系 f（和定义域 D），而不是 $f(x)$. 后者是在自变量 $x\in D$ 处的函数值. 但为方便起见，我们也常用 $f(x)$（$x\in D$）或 $y=f(x)$（$x\in D$）来表示函数. 例如，对应法则 f 使得与每个实数 x 相对应的是这个实数 x 的平方 x^2，那么函数是

$$f:x\mapsto x^2,\quad x\in(-\infty,+\infty).$$

为方便起见，我们也用 $f(x)=x^2$（$x\in(-\infty,+\infty)$）或 $y=x^2$（$x\in(-\infty,+\infty)$）来表示这个函数. 又，字母 x 只是用来表示定义域 D 中的数，自然也可用其他字母来表示而不影响函数. 例如，函数 $f(t)=t^2$（$t\in(-\infty,+\infty)$）与 $f(x)=x^2$（$x\in(-\infty,+\infty)$）表示的是同一个函数. 另外，也可用其他字母来表示函数. 例如，函数 $f(x)=x^2$（$x\in(-\infty,+\infty)$），$F(x)=x^2$（$x\in(-\infty,+\infty)$）及 $\phi(x)=x^2$（$x\in(-\infty,+\infty)$）表示的都是同一个函数. 总之，确定函数的是定义域和对应法则这两要素，因此，两个函数是相同的当且仅当它们的定义域和对应法则都相同. 如果其中之一不同，两函数就是不同的. 例如，$f(x)=x^2$（$x\in(-\infty,+\infty)$）与 $f(x)=x^2$（$x\in(0,+\infty)$）表示的不是同一个函数，原因是它们的定义域不同. 注意，同一个

对应法则的表达形式可能不同. 例如, $f(x)=|x|$ ($x\in(-\infty,+\infty)$) 和 $g(x)=\sqrt{x^2}$ ($x\in(-\infty,+\infty)$) 是相同的.

在具体的数学问题中, 通常用数学算式来表示函数, 此时在不是特别强调的情况下, 我们约定其定义域是使得该算式有意义的所有自变量形成的数集, 通常称为**存在域**, 并且在表达函数时省掉定义域而简单地只用函数 $y=f(x)$ 或函数 $f(x)$. 例如, 函数 $y=\sqrt{1-x^2}$ 和函数 $y=\dfrac{1}{\sqrt{1-x^2}}$. 前者的定义域为闭区间 $[-1,1]$, 而后者的定义域为开区间 $(-1,1)$.

2. 函数的表示

函数的表示方式在中学课程中已有介绍, 主要有如下几种: 表格法、图形法、解析法(公式法)和语言描述法. 除了在中学课程中熟悉的常值函数、幂函数、指数函数、对数函数、三角函数及反三角函数, 这里先对图形法做个说明, 然后再给出几个高等数学中经常碰到的函数. 一般而言, 函数 $y=f(x)$ ($x\in D$) 的图形是点集

$$\{(x,y)\,|\,y=f(x),x\in D\}$$

在 xOy 坐标平面内的实现, 通常是一条曲线. 例如, 函数 $y=x^2$ 的图形是一条抛物线, 函数 $y=\sqrt{1-x^2}$ 的图形是上半单位圆周. 要注意, 根据函数的定义, 函数 $y=f(x)$ ($x\in D$) 的图形与每条平行于 y 轴的直线 $x=x_0\in D$ 有且只有一个交点.

例1.1.1　符号函数

$$\operatorname{sgn} x=\begin{cases}1, & x>0,\\ 0, & x=0,\\ -1, & x<0.\end{cases}$$

其定义域为 $(-\infty,+\infty)$, 值域为 $\{-1,0,1\}$, 其图像如图 1-2 所示.

绝对值函数　$|x|=\begin{cases}x, & x\geqslant 0,\\ -x, & x<0.\end{cases}$

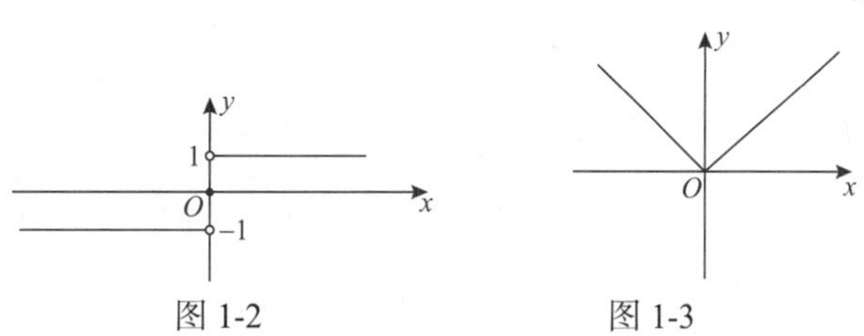

图 1-2　　图 1-3

其定义域为 $(-\infty,+\infty)$, 值域为 $[0,+\infty)$, 其图像见图 1-3. □

绝对值函数还可利用符号函数表示为 $|x|=x\operatorname{sgn}x$. 绝对值函数有如下重要也常用的不等式性质:

$$-|a|\leqslant a\leqslant|a|;\quad |a\pm b|\leqslant|a|+|b|;\quad |a\pm b|\geqslant\big||a|-|b|\big|.$$

像符号函数和绝对值函数这种在定义域的不同部分用不同表达式表示的函数通常称为**分段函数**.

例1.1.2　高斯取整函数 $[x]$, 表示不超过 x 的最大整数. 其定义域为 $(-\infty,+\infty)$, 值域为整数集 $\mathbf{Z}$. 其图像如图1-4所示. 例如, $\left[\frac{3}{5}\right]=0$, $[\sqrt{2}]=1$, $[-0.1]=-1$, $[-\sqrt{2}]=-2$. □

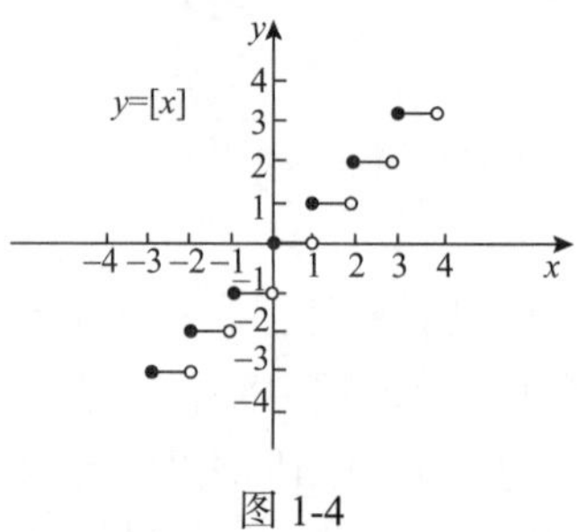

图 1-4

例1.1.3　定义域为正整数集合 $\mathbf{N}_+$(或其子集)的数列函数

$$f:n\to y=f(n),\quad n\in\mathbf{N}_+.$$

可用列表的方式表示为

$$\begin{matrix}1 & & 2 & & & & n & \\ \downarrow & , & \downarrow & ,\cdots, & & & \downarrow & ,\cdots. \\ f(1) & & f(2) & & & & f(n) & \end{matrix}$$

如果记 $f(n)=a_n$, 则按次序可将这个函数的值域中的数逐个排出而成一列数:

$$a_1,a_2,\cdots,a_n,\cdots.$$

我们把这种按次序逐个排出而成的一列数叫做**数列**, 简记为 $\{a_n\}$, 其中第 n 项 a_n 通常叫做**通项**. 因此数列可看成是定义域为正整数集合 $\mathbf{N}_+$(或其子集)的函数. □

3. 函数的四则运算

对给定的两个函数 $f(x),x\in D_1$ 和 $g(x),x\in D_2$, 当它们的定义域 D_1 和 D_2 交集 $D=D_1\cap D_2$ 非空时, 则可定义这两个函数的和、差及积运算如下:

$$F(x)=(f+g)(x)=f(x)+g(x),\quad x\in D;$$

$$G(x)=(f-g)(x)=f(x)-g(x),\quad x\in D;$$

$$H(x)=(f\cdot g)(x)=f(x)\cdot g(x),\quad x\in D.$$

如果将 D 中使函数 g 取值为 0 的点去掉后所得集合

$$D^*=\{x\in D\,|\,g(x)\neq 0\}$$

仍然非空，则还可定义除法运算如下：

$$\Phi(x)=\frac{f}{g}(x)=\frac{f(x)}{g(x)},\quad x\in D^{*}.$$

根据这个定义，对有限多个函数，我们也可进行四则运算.

4. 函数的复合运算

我们先看函数

$$y=\sqrt{1-x^2}$$

的运算过程：给了一个实数 x，先计算出 $u=1-x^2$. 如果 $u\geqslant 0$，则再计算 $\sqrt{u}$，所得到的值就是 x 的对应值 y. 这个过程中涉及两个函数

$$u=1-x^2, x\in(-\infty,+\infty) \text{ 和 } y=\sqrt{u}, u\in[0,+\infty).$$

而函数 $y=\sqrt{1-x^2}$ 的运算是通过先计算第一个函数，再计算第二个函数来完成的. 我们把这种函数叫做复合函数.

一般地，给了两个函数

$$u=f(x), x\in D \text{ 和 } y=g(u), u\in W.$$

如果第一个函数的值域 $f(D)$ 和第二个函数的定义域 W 的交集非空，则可定义这两个函数的复合运算为

$$y=(g\circ f)(x)=g(f(x)),$$

所得函数称为函数 g 和 f 的**复合函数**，但其定义域一般而言不再是第一个函数 $f(x)$ 的定义域 D，而是 D 的一个子集. 例如，在上例中，$u=f(x)=1-x^2$ 的定义域 $D=(-\infty,+\infty)$，而其与第二个函数复合后所得函数 $y=\sqrt{1-x^2}$ 的定义域为闭区间 $[-1,1]$，是 $D=(-\infty,+\infty)$ 的子集. 事实上，一般复合函数的定义域为

$$E=\{x\in D\,|\,f(x)\in W\}\subseteq D.$$

在上面定义的复合函数中，先运算的 f 叫做**内函数**，后运算的 g 叫做**外函数**.

我们也可对有限多个函数，定义复合运算. 例如，上面的例中函数 $y=\sqrt{1-x^2}$ 也可看成是由三个函数

$$u=f(x)=x^2,\quad x\in(-\infty,+\infty);$$

$$v=h(u)=1-u,\quad u\in(-\infty,+\infty);$$

$$y=g(v)=\sqrt{v},\quad v\in[0,+\infty)$$

依次复合而成的: $y=(g\circ h\circ f)(x)=(g\circ(h\circ f))(x)=g(h(f(x)))$. 此时, 常把介于最外和最内之间的函数 h 叫做**中间函数**.

5. 反函数

函数 $y=f(x),x\in D$ 反映了当自变量 x 在定义域 D 内变化时, 因变量 y 随之唯一确定的变化规律. 有时, 我们会发现不同的 x 可以得到相同的函数值 y; 但也有时会发现在某个范围内不同的 x 只能得到不同的函数值 y. 例如, 函数 $y=x^2$ 对相反的数 $x=a$ 和 $x=-a$ 得到相同的值 $y=a^2$; 但限制 x 为非负实数, 则不同的 x 只能得到不同的函数值 y. 换句话说, 给了一个非负值 y, 只能有一个非负值 x 使得 y 与 x 相对应. 也就是说, x 随 y 的确定而确定. 这种 x 与 y 反转的关系也确定了一种函数关系. 这种函数就叫做原来的函数 $y=x^2,x\in[0,+\infty)$ 的反函数.

定义 1.1.2 若函数 $y=f(x),x\in D$ 满足对每个 $y\in f(D)$, 存在唯一的 $x\in D$ 使得 $f(x)=y$, 则按此对应法则, 得到一个定义在 f 的值域 $f(D)$ 的函数, 这个函数叫做函数 $y=f(x),x\in D$ 的**反函数**, 记作

$$x=f^{-1}(y)\in D,\quad y\in f(D)\text{ 或简记为 }x=f^{-1}(y).$$

这里, y 是自变量而 x 为因变量. 但习惯上常用 x 表示自变量及 y 为因变量, 因此常将反函数写成

$$y=f^{-1}(x)\in D,\quad x\in f(D)\text{ 或简记为 }y=f^{-1}(x).$$

值得注意的是, 在同一个坐标平面内, 函数 $y=f(x)$ 和反函数 $x=f^{-1}(y)$ 表示同一条曲线; 而 $y=f(x)$ 和反函数 $y=f^{-1}(x)$ 一般表示不同的曲线, 而且关于直线 $y=x$ 对称.

例如, 函数 $y=x^2,x\in[0,+\infty)$ 有反函数 $x=\sqrt{y},y\in[0,+\infty)$, 在同一个坐标平面内表现为相同的曲线. 而与反函数 $y=\sqrt{x},x\in[0,+\infty)$ 则表现为不同的曲线, 与原曲线关于直线 $y=x$ 对称(图 1-5).

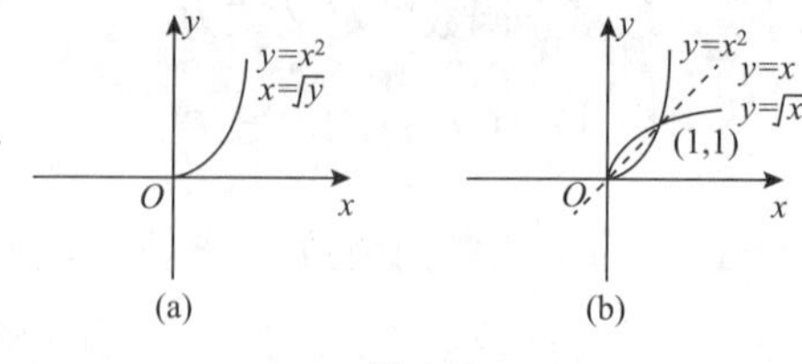

图 1-5

三、具有某些特性的函数

1. 有界函数

定义 1.1.3 (1) 若函数 $y=f(x),x\in D$ 满足: 存在某数 M 使得对任何 $x\in D$ 有

$f(x) \leqslant M$，则称函数 $y=f(x), x \in D$ **有上界**;

(2) 若函数 $y=f(x), x \in D$ 满足：存在某数 L 使得对任何 $x \in D$ 有 $f(x) \geqslant L$，则称函数 $y=f(x),\ x \in D$ **有下界**;

(3) 若函数 $y=f(x), x \in D$ 既有上界又有下界，则称函数 $y=f(x), x \in D$ **有界**.

不是有界函数的函数就叫做无界函数. 从图 1-6 上看有界函数的图像位于两条平行于 x 轴的直线之间.

容易证明，函数 $y=f(x), x \in D$ 有界当且仅当存在正数 M 使得对任何 $x \in D$ 有 $|f(x)| \leqslant M$. 例如，函数 $y=\sin x$ 和 $y=\cos x$ 都是有界的：对任何 x 都有 $|\sin x| \leqslant 1$, $|\cos x| \leqslant 1$. 再例如，函数 $y=\dfrac{1}{x}, x \in (0,+\infty)$ 有下界：对任何 $x \in (0,+\infty)$ 有 $y=\dfrac{1}{x}>0$.

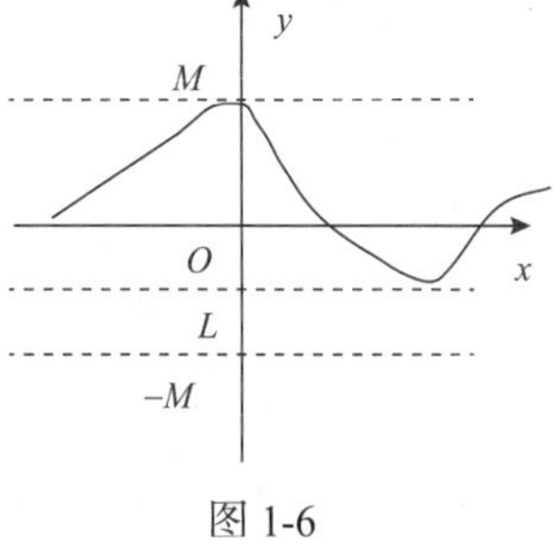

图 1-6

例1.1.4　函数 $f(x)=\dfrac{2x}{1+x^2}$ 于整个实轴 $(-\infty,+\infty)$ 有界.

证　由于对任何实数 x 都有 $|f(x)|=\dfrac{2|x|}{1+x^2} \leqslant 1$，因此知函数 f 于整个实轴 $(-\infty,+\infty)$ 有界. □

例1.1.5　对给定的正数 $a<1$ 函数 $f(x)=\dfrac{1}{x}$ 于区间 $(a,1)$ 有界，但该函数于区间 $(0,1)$ 无界.

证　先证第一部分：由于当 $x \in (a,1)$ 时 $0<a<x<1$，因此 $|f(x)|=\dfrac{1}{x} \leqslant \dfrac{1}{a}$，从而于区间 $(a,1)$ 有界.

再证后一部分：假设其有界，则存在正数 M 使得对任何 $x \in (0,1)$ 有 $|f(x)| \leqslant M$. 由于 $M>0$，因此数 $\dfrac{1}{M+1} \in (0,1)$，但

$$\left|f\left(\frac{1}{M+1}\right)\right|=M+1>M.$$

这就与对任何 $x \in (0,1)$ 都有 $|f(x)| \leqslant M$ 相矛盾. 故假设不成立，即函数 $f(x)=\dfrac{1}{x}$ 于区间 $(0,1)$ 无界. □

数列作为定义在正整数集合上的函数，自然也有有界和无界之分.

例 1.1.6　数列 $\left\{\dfrac{n+(-1)^{n-1}}{n}\right\}$ 有界.

证　由于$n\geqslant 1$，因此$\left|\dfrac{n+(-1)^{n-1}}{n}\right|\leqslant\dfrac{n+1}{n}=1+\dfrac{1}{n}\leqslant 2$，从而数列$\left\{\dfrac{n+(-1)^{n-1}}{n}\right\}$有界. □

例 1.1.7　数列$\left\{\left(1+\dfrac{1}{n}\right)^n\right\}$有界.

证　利用牛顿二项式展开有

$$a_n=\left(1+\frac{1}{n}\right)^n=1+\mathrm{C}_n^1\cdot\frac{1}{n}+\mathrm{C}_n^2\cdot\left(\frac{1}{n}\right)^2+\cdots+\mathrm{C}_n^n\cdot\left(\frac{1}{n}\right)^n.$$

显然，$\mathrm{C}_n^1\cdot\dfrac{1}{n}=1$，而当$2\leqslant i\leqslant n$时

$$\begin{aligned}\mathrm{C}_n^i\cdot\left(\frac{1}{n}\right)^i&=\frac{n(n-1)(n-2)\cdots(n-(i-1))}{i!}\cdot\frac{1}{n^i}\\&=\frac{1}{i!}\left(1-\frac{1}{n}\right)\left(1-\frac{2}{n}\right)\cdots\left(1-\frac{i-1}{n}\right)<\frac{1}{i!}\leqslant\frac{1}{(i-1)i}=\frac{1}{i-1}-\frac{1}{i},\end{aligned}$$

于是

$$0<a_n=\left(1+\frac{1}{n}\right)^n\leqslant 1+1+\left(\frac{1}{1}-\frac{1}{2}\right)+\left(\frac{1}{2}-\frac{1}{3}\right)+\cdots+\left(\frac{1}{n-1}-\frac{1}{n}\right)=3-\frac{1}{n}<3.$$

这就证明了有界性. □

2. 单调函数

定义 1.1.4　若函数$y=f(x),x\in D$满足:

(1) 对任何$x_1,x_2\in D$，当$x_1<x_2$时总有$f(x_1)\leqslant f(x_2)$，则称函数$y=f(x),x\in D$是**单调递增**的;

(2) 对任何$x_1,x_2\in D$，当$x_1<x_2$时总有$f(x_1)<f(x_2)$，则称函数$y=f(x),x\in D$是**严格单调递增**的;

(3) 对任何$x_1,x_2\in D$，当$x_1<x_2$时总有$f(x_1)\geqslant f(x_2)$，则称函数$y=f(x),x\in D$是**单调递减**的;

(4) 对任何$x_1,x_2\in D$，当$x_1<x_2$时总有$f(x_1)>f(x_2)$，则称函数$y=f(x),x\in D$是**严格单调递减**的.

单调递增与单调递减函数统称**单调函数**; 严格单调递增与严格单调递减函数统称**严格单调函数**.

例1.1.8　函数$f(x)=x^2$于区间$[0,+\infty)$严格单调递增，而于区间$(-\infty,0]$严格单调递减，但于整个实轴$(-\infty,+\infty)$却不是单调的.

证　我们只证明$f(x)=x^2$于区间$[0,+\infty)$严格单调递增. 对任何$x_1,x_2\in[0,+\infty)$，当$x_1<x_2$时，我们总有

$$f(x_2)-f(x_1)=x_2^2-x_1^2=(x_2-x_1)(x_2+x_1)>0，即 f(x_1)<f(x_2).$$

根据定义就知函数 $f(x)=x^2$ 于区间 $[0,+\infty)$ 严格单调递增. □

例 1.1.9　函数 $f(x)=[x]$ 于整个实轴 $(-\infty,+\infty)$ 单调递增, 但不严格单调递增.

现在, 我们观察一下严格单调函数, 例如, 从函数 $y=x^2, x\in[0,+\infty)$ 的图像(图 1-7). 可以看到上半平面内任何一条平行于 x 轴的直线与该函数的图像只有一个交点. 也就是说 $x\in[0,+\infty)$ 和 $y\in[0,+\infty)$ 是一一对应的. 这种特性就保证了有反函数.

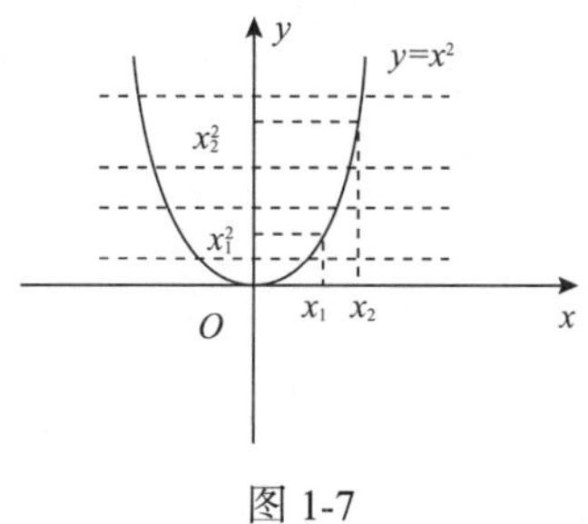

图 1-7

定理1.1.1　若函数 $y=f(x), x\in D$ 是严格单调递增(递减)的, 则其必有反函数 $y=f^{-1}(x), x\in f(D)$, 而且这个反函数也是严格单调递增(递减)的, 值域为 D.

例 1.1.10　正弦函数 $y=\sin x, x\in\left[-\dfrac{\pi}{2},\dfrac{\pi}{2}\right]$ 是严格递增的, 其值域为 $[-1,1]$, 因此就有反函数. 我们称其为反正弦函数, 记作 $y=\arcsin x, x\in[-1,1]$, 其值域为 $\left[-\dfrac{\pi}{2},\dfrac{\pi}{2}\right]$.

余弦函数 $y=\cos x, x\in[0,\pi]$ 是严格递减的, 其值域为 $[-1,1]$, 因此就有反函数. 我们称其为反余弦函数, 记作 $y=\arccos x, x\in[-1,1]$, 其值域为 $[0,\pi]$.

正切函数 $y=\tan x, x\in\left(-\dfrac{\pi}{2},\dfrac{\pi}{2}\right)$ 是严格递增的, 其值域为 $(-\infty,+\infty)$, 因此就有反函数. 我们称其为反正切函数, 记作 $y=\arctan x, x\in(-\infty,+\infty)$, 其值域为 $\left(-\dfrac{\pi}{2},\dfrac{\pi}{2}\right)$.

这些函数叫做反三角函数, 其图像见图 1-8 (a), (b), (c). □

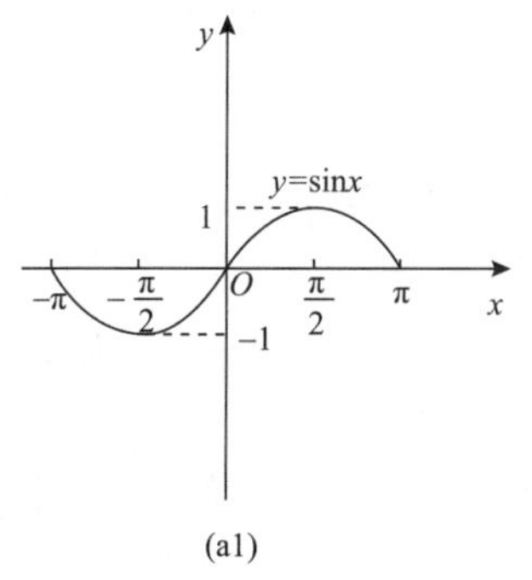

(a1)

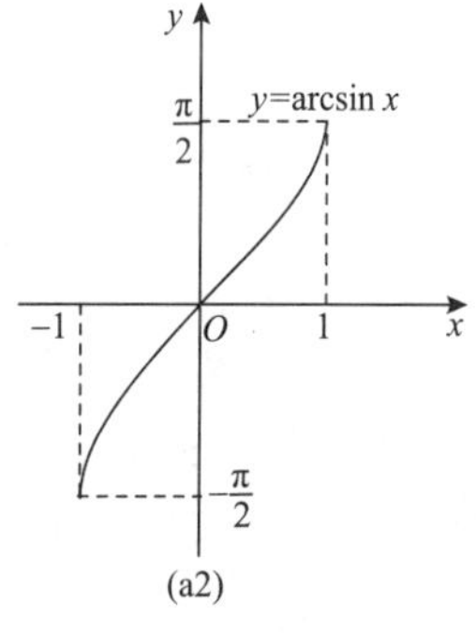

(a2)

(a)

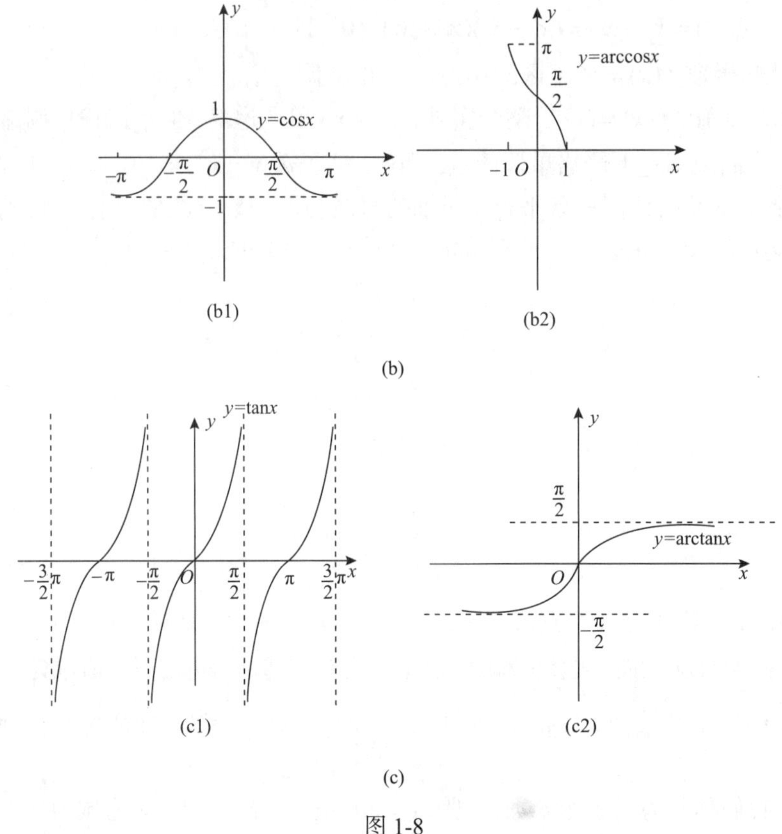

图 1-8

例1.1.11　对不等于1的正数 a，指数函数 $y=a^x$, $x\in(-\infty,+\infty)$ 是严格单调的(当 $a>1$ 时严格递增；当 $0<a<1$ 时严格递减)，值域为 $(0,+\infty)$，因此就有反函数. 我们称其为对数函数，记作 $y=\log_a x$，$x\in(0,+\infty)$，其值域为 $(-\infty,+\infty)$，见图1-9.

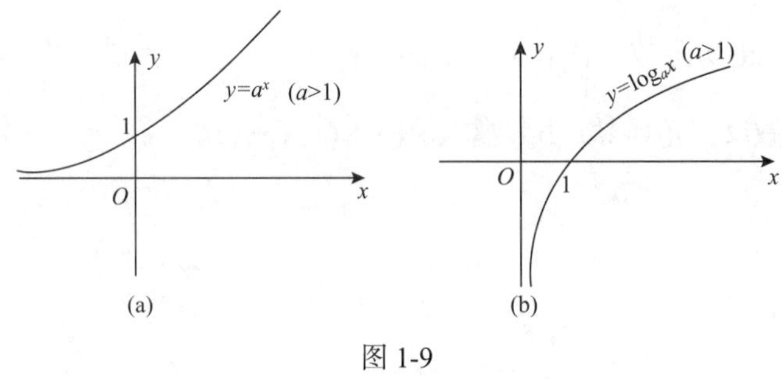

图 1-9

数列作为定义在正整数集合上的函数，自然也有单调与不单调之分. 然由于其定义域的特殊性，数列单调递增与递减的条件可改写成:

如果数列 $\{a_n\}$ 对所有 n 都满足 $a_n\leqslant a_{n+1}$ ($a_n\geqslant a_{n+1}$)，则称该数列 $\{a_n\}$ 是**单调递增**(**单调递减**)的.

例如，数列 $\{n\}$ 是单调递增的，而数列 $\left\{\frac{1}{n}\right\}$ 是单调递减的.

对一般的数列, 通常可通过差 $a_{n+1}-a_n$ 是否总是不小于 0(不大于 0)或者商 $\dfrac{a_{n+1}}{a_n}$ 是否总是不小于 1(不大于 1)来判断数列 $\{a_n\}$ 的单调性.

例 1.1.12　数列 $\left\{\left(1+\dfrac{1}{n}\right)^n\right\}$ 递增.

证　利用牛顿二项式展开有

$$a_n=\left(1+\frac{1}{n}\right)^n=1+\mathrm{C}_n^1\cdot\frac{1}{n}+\mathrm{C}_n^2\cdot\left(\frac{1}{n}\right)^2+\cdots+\mathrm{C}_n^n\cdot\left(\frac{1}{n}\right)^n,$$

$$\begin{aligned}a_{n+1}&=\left(1+\frac{1}{n+1}\right)^{n+1}\\&=1+\mathrm{C}_{n+1}^1\cdot\frac{1}{n+1}+\mathrm{C}_{n+1}^2\cdot\left(\frac{1}{n+1}\right)^2+\cdots+\mathrm{C}_{n+1}^n\cdot\left(\frac{1}{n+1}\right)^n+\mathrm{C}_{n+1}^{n+1}\cdot\left(\frac{1}{n+1}\right)^{n+1}.\end{aligned}$$

于是

$$\begin{aligned}&a_{n+1}-a_n\\=&\left(\frac{\mathrm{C}_{n+1}^2}{(n+1)^2}-\frac{\mathrm{C}_n^2}{n^2}\right)+\cdots+\left(\frac{\mathrm{C}_{n+1}^i}{(n+1)^i}-\frac{\mathrm{C}_n^i}{n^i}\right)+\cdots+\left(\frac{\mathrm{C}_{n+1}^n}{(n+1)^n}-\frac{\mathrm{C}_n^n}{n^n}\right)+\frac{\mathrm{C}_{n+1}^{n+1}}{(n+1)^{n+1}}.\end{aligned}$$

由于当 $2\leqslant i\leqslant n$ 时

$$\begin{aligned}\frac{\mathrm{C}_{n+1}^i}{(n+1)^i}&=\frac{(n+1)n(n-1)\cdots(n+1-(i-1))}{i!}\cdot\frac{1}{(n+1)^i}\\&=\frac{1}{i!}\left(1-\frac{1}{n+1}\right)\left(1-\frac{2}{n+1}\right)\cdots\left(1-\frac{i-1}{n+1}\right)\\&\geqslant\frac{1}{i!}\left(1-\frac{1}{n}\right)\left(1-\frac{2}{n}\right)\cdots\left(1-\frac{i-1}{n}\right)=\frac{\mathrm{C}_n^i}{n^i}.\end{aligned}$$

因此总有 $a_{n+1}>a_n$. 这就证明了递增性. □

3. 奇偶函数

定义1.1.5　(1) 若函数 $y=f(x),x\in D$ 满足, 定义域 D 关于原点对称, 即若 $x\in D$, 则必然也有 $-x\in D$, 并且对任何 $x\in D$ 有 $f(-x)=f(x)$, 则称函数 $y=f(x),x\in D$ 是**偶函数**;

(2) 若函数 $y=f(x),x\in D$ 满足, 定义域 D 关于原点对称, 并且对任何 $x\in D$ 有 $f(-x)=-f(x)$, 则称函数 $y=f(x),x\in D$ 是**奇函数**.

例如, 函数 $y=x^2$ 是偶函数, 函数 $y=x$ 是奇函数, 但函数 $y=x+x^2$ 既不是偶函数也不是奇函数.

根据定义，在图像(图 1-10)上，奇偶函数呈现出对称性：奇函数关于原点对称；偶函数关于 y 轴对称.

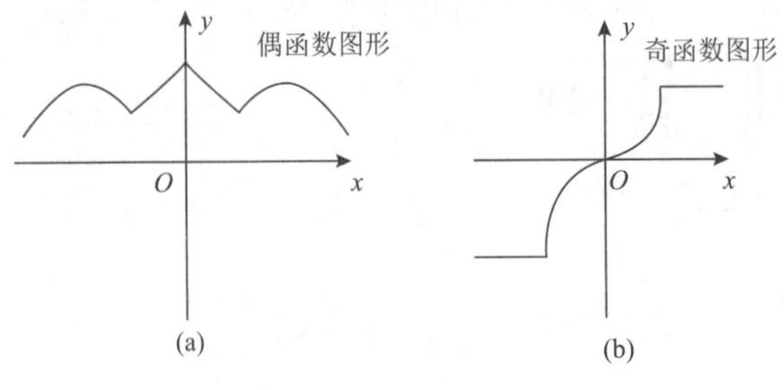

图 1-10

4. 周期函数

定义 1.1.6　若函数 $y=f(x), x\in D$ 满足：存在某正数 T 使得

(1) 对任何 $x\in D$，都有 $x\pm T\in D$；

(2) 对任何 $x\in D$，都有 $f(x+T)=f(x)$.

则称函数 $y=f(x), x\in D$ 是以 T 为**周期**的**周期函数**.

例如，正余弦函数 $\sin x$，$\cos x$ 是以 2π 为周期的周期函数. 函数 $x-[x]$ 是以 1 为周期的周期函数.

很明显，如果 T 是函数 $y=f(x), x\in D$ 的周期，那么 T 的任何倍数 $nT, n\in\mathbf{N}_+$ 也都是周期. 在周期函数的所有周期中，如果有最小的，我们把这个最小的周期叫做基本周期. 例如，2π 是正余弦函数 $\sin x$，$\cos x$ 的基本周期. 注意，也存在没有基本周期的周期函数. 事实上，任何常值函数 $y=c, x\in(-\infty,+\infty)$ 就以任何正数为周期，从而没有基本周期.

在图像上，周期函数特别是具有基本周期的周期函数呈现出这样的特点：可由一个长度为基本周期的区间上的图像通过左右平移而得到. 图 1-11 是周期函数 $x-[x]$ 的图像.

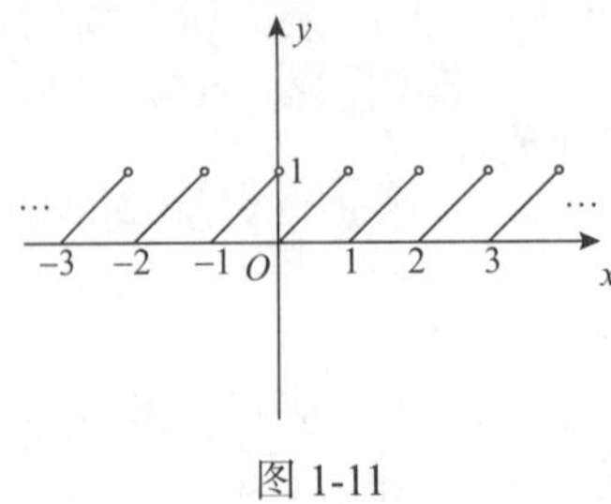

图 1-11

四、初等函数

我们称在中学课程中出现的如下六种函数为**基本初等函数**：

(1) 常值函数 $y=c$（c 为给定实数）；

(2) 幂函数 $y=x^{\nu}$（ν 为给定非零实数）；

(3) 指数函数 $y=a^x$（a 为给定正数并且 $a\neq 1$）;

(4) 对数函数 $y=\log_a x$（a 为给定正数并且 $a\neq 1$）;

(5) 三角函数 $y=\sin x, y=\cos x, y=\tan x, y=\cot x$;

(6) 反三角函数 $y=\arcsin x, y=\arccos x, y=\arctan x, y=\text{arccot} x$.

定义1.1.7 可由基本初等函数经有限次四则运算和复合运算后所得到的函数统称为**初等函数**.

例如: 函数 $y=\sqrt{x^3+x}+\sin x$ 是初等函数; $|x|=\sqrt{x^2}$ 是初等函数. 但对一般的函数, 要判定其是否是初等函数, 却不是一件容易的事情.

习　题　1-1

1. 设 $f(x)=2x^2-3x+7$，求 $f(0)$，$f(4)$，$f(a)$，$f(x+1)$.

2. 求下列函数的定义域:

(1) $y=\dfrac{1}{x}-\sqrt{1-x^2}$;　　(2) $y=\log_2\dfrac{1}{1-x}+\sqrt{x+3}$;

(3) $y=\arcsin\dfrac{x-1}{2}$;　　(4) $y=\ln(\ln x)$;

(5) $y=\begin{cases}x^2+1, & 1<x<2,\\ x^2-1, & 2<x\leqslant 4.\end{cases}$

3. 设 $f(x)$ 的定义域 $D=[0,1]$，求下列各函数的定义域:

(1) $f(x^2)$;　　(2) $f(\sin x)$;

(3) $f(x+a)\ (a>0)$;　　(4) $f(x+a)+f(x-a)\ (a>0)$.

4. 判断下列各组函数是否相同:

(1) $f(x)=\lg x^2$，$g(x)=2\lg x$;　　(2) $f(x)=x$，$g(x)=\sqrt{x^2}$;

(3) $f(x)=1-\cos^2 x$，$g(x)=\sin^2 x$;　　(4) $f(x)=e^{\ln|x|}$，$g(x)=x$.

5. 设 $f(x)=\begin{cases}1-\sqrt{1-x^2}, & -1\leqslant x\leqslant 1,\\ \dfrac{1}{x}, & x>1.\end{cases}$ 求 $f(x)$ 的定义域，$f(0)$，$f(1)$ 及 $f(2)$.

6. 收音机每台售价为 90 元, 成本为 60 元. 厂方为鼓励销售商大量采购, 决定凡是订购量超过 100 台以上的, 每多订购 1 台, 售价就降低 1 分, 但最低价为每台 75 元.

(1) 将每台的实际售价 p 表示为订购量 x 的函数;

(2) 将厂方所获的利润 P 表示成订购量 x 的函数;

(3) 某一商行订购了 1000 台, 厂方可获利润多少?

7. 写出下列函数构成的复合函数:

(1) $y=u^5$，$u=3x-2$;　　(2) $y=\sin u$，$u=\pi-2x$;

(3) $y=e^u$，$u=\sqrt{v}$，$v=x^2-1$;　　(4) $y=\ln u$, $u=v^2+1$, $v=\cos x$.

8. 指出下列函数的复合过程:

(1) $y=\sqrt{\lg\sqrt{x}}$;　　(2) $y=\lg(\arcsin x^5)$;

(3) $y=e^{\sqrt{x+1}}$;　　(4) $y=\cos^3(2x+1)$.

9. 求下列反三角函数的值:

(1) $\arcsin\frac{\sqrt{3}}{2}$; (2) $\arcsin\left(-\frac{1}{2}\right)$;

(3) $\arctan\frac{\sqrt{3}}{3}$; (4) $\arctan(-1)$.

第二节 数列的极限

一、数列极限的定义

我们知道数列$\{a_n\}$是按一定次序排列而成的一列数

$$a_1, a_2, \cdots, a_n, \cdots.$$

由于每个数都可看成是数轴上的点, 因此数列也可称作点列.

例 1.2.1 数列$\left\{\frac{1}{n}\right\}$表示这样的一列数:

$$\frac{1}{1}, \frac{1}{2}, \cdots, \frac{1}{n}, \cdots.$$

考察数列$\left\{\frac{1}{n}\right\}$中的数, 不难看到随着$n$越来越大, 通项$\frac{1}{n}$越来越小地接近于0, 数轴上则表现为越来越接近原点O. □

例 1.2.2 数列$\left\{\frac{(-1)^{n-1}}{n^2}\right\}$表示这样的一列数:

$$\frac{1}{1}, \frac{-1}{2^2}, \frac{1}{3^2}, \cdots, \frac{(-1)^{n-1}}{n^2}, \cdots.$$

考察数列中的数, 不难看到随着n越来越大, 通项$\frac{(-1)^{n-1}}{n^2}$越来越小地接近于0, 在数轴上则表现为在原点两边跳来跳去, 但越来越接近原点O. □

例 1.2.3 数列$\left\{\frac{n+(-1)^{n-1}}{n}\right\}$表示这样的一列数:

$$\frac{1+1}{1}=2, \frac{2-1}{2}=1-\frac{1}{2}, \frac{3+1}{3}=1+\frac{1}{3}, \cdots, \frac{n+(-1)^{n-1}}{n}=1+\frac{(-1)^{n-1}}{n}, \cdots.$$

考察数列中的数, 不难看到随着n越来越大, 通项$\frac{n+(-1)^{n-1}}{n}$越来越接近于数1, 在数轴上则表现为在点1两边跳来跳去, 但越来越接近点1. □

一般地, 对数列$\{a_n\}$, 如果有一个数a使得随着n越来越大, 通项a_n越来越接近于

数 a，在数轴上则表现为点列 $\{a_n\}$ 中的点堆聚在点 a 处，我们就称数列 $\{a_n\}$ 收敛于 a，或者称数列 $\{a_n\}$ 有极限 a.

然而，数学是精确的语言，因此我们需要用数学的语言来刻画“越来越接近数 a”. 首先，描述两数或数轴上两点 a,b 接近程度的是它们之间的距离 $|a-b|$，因此“通项 a_n 越来越接近于数 a”意味着 $|a_n-a|$ 随着 n 的无限制增大而无限制变小，也就是说 $|a_n-a|$ 要多小就可以多小.

例 1.2.4　对数列 $\left\{\frac{1}{n}\right\}$，此时 $a_n=\frac{1}{n}, a=0$，$|a_n-a|=\frac{1}{n}$.

想要 $|a_n-a|<0.1$，只要 $n>10$；

想要 $|a_n-a|<0.01$，只要 $n>100$；

想要 $|a_n-a|<0.001$，只要 $n>1000$；

想要 $|a_n-a|<0.0001$，只要 $n>10000;\cdots$.

也就是说，任意给一个数 $\varepsilon>0$，我们想要 $|a_n-a|<\varepsilon$，只要 $n>\frac{1}{\varepsilon}$；或者说，只要 $n>\frac{1}{\varepsilon}$ 就有 $|a_n-a|<\varepsilon$. □

注　ε (epsilon) 是希腊字母，读作“艾普西隆”.

例 1.2.5　考虑数列 $\left\{\frac{(-1)^{n-1}}{n^2}\right\}: a_n=\frac{(-1)^{n-1}}{n^2}, a=0, |a_n-a|=\frac{1}{n^2}$.

想要 $|a_n-a|<0.1$，只要 $n>\sqrt{10}\approx 3.16\ (n>4)$；

想要 $|a_n-a|<0.01$ 只要 $n>10$；

想要 $|a_n-a|<0.001$ 只要 $n>\sqrt{1000}\approx 31.62\ (n>32);\cdots$.

也就是说，任意给一个数 $\varepsilon>0$，我们想要 $|a_n-a|<\varepsilon$，只要 $n>\sqrt{\frac{1}{\varepsilon}}$ 或者稍大一点 $n>\left[\sqrt{\frac{1}{\varepsilon}}\right]+1$；或者说，只要 $n>\sqrt{\frac{1}{\varepsilon}}\left(\text{或} n>\left[\sqrt{\frac{1}{\varepsilon}}\right]+1\right)$ 就有 $|a_n-a|<\varepsilon$. □

根据上述两例，现在我们可以给出数列收敛的定义如下.

定义 1.2.1　设 $\{a_n\}$ 为数列. 如果有一个数 a 满足：对任意给定的正数 ε，存在正整数 N 使得当 $n>N$ 时总有 $|a_n-a|<\varepsilon$，就称数列 $\{a_n\}$（当 n 趋于无穷时）有极限，数 a 就叫做数列 $\{a_n\}$ 的一个极限，或称数列 $\{a_n\}$ 收敛于 a，并记作

$$\lim_{n\to\infty} a_n=a \text{ 或 } a_n\to a\ (n\to\infty). \tag{1.2.1}$$

如果找不到这样的数 a，那么就称数列 $\{a_n\}$ 不收敛或发散，也称数列 $\{a_n\}$（当 n 趋于无穷时）没有极限. 此时，也常说 $\lim\limits_{n\to\infty} a_n$ 不存在.

注　(1) 定义中的正数 ε 是任意给定的，其意思有两层：一是其是任意的，即小的程度没有限制，只要是正数就行；二是给定的，即一旦给了就确定了，就变成了确定的

数. 另外, 由于正数 ε 反映的是接近的程度, 因此, 可以只考虑小的 ε 就行. 例如, 可只考虑正数 $\varepsilon<1$, 甚至 $\varepsilon<0.1$. 既然 ε 是任意给定的小正数, 因此在定义中不等式 $|a_n-a|<\varepsilon$ 中的 ε 可换成 $2\varepsilon,\sqrt{\varepsilon},\varepsilon^2$ 等同样也是可以任意小的正数.

(2) 定义中正整数 N 因随着 ε 的给定而选取, 故通常与 ε 有关, 因而有时为强调而记作 $N(\varepsilon)$, 但并不唯一, 事实上有无穷多个. 例如, 前面例中, 当 $n>\left[\frac{1}{\varepsilon}\right]+1$ 时有 $\left|\frac{1}{n}-0\right|<\varepsilon$, 故可取 $N=\left[\frac{1}{\varepsilon}\right]+1$; 当然当 $n>\left[\frac{1}{\varepsilon}\right]+2$ 时也有 $\left|\frac{1}{n}-0\right|<\varepsilon$, 故可也取 $N=\left[\frac{1}{\varepsilon}\right]+2$. 另外, 从前面的第二个例可看出, N 可以不限定是正整数, 只要是正数就行. 这是由于如果当 $n>N$ $\left(\text{这个}N\text{不一定是正整数, 像前面例中的}\frac{1}{\varepsilon}\text{ 和}\sqrt{\frac{1}{\varepsilon}}\right)$ 时有 $|a_n-a|<\varepsilon$, 那么当 $n>[N]+1$ 时也一定有 $|a_n-a|<\varepsilon$.

(3) 不等式 $|a_n-a|<\varepsilon$ 等价于 $a-\varepsilon<a_n<a+\varepsilon$, 或者说 a_n 落在区间 $(a-\varepsilon,a+\varepsilon)$ 内(图1-12). 于是如果数列 $\{a_n\}$ 收敛于 a, 那么对任意给定的正数 ε, 除有限项(从 a_1 到 a_N)外数列 $\{a_n\}$ 中的数都落在区间 $(a-\varepsilon,a+\varepsilon)$ 内. 这也解释了我们前面例子中看到的收敛点列 $\{a_n\}$ 中的点堆聚在点 a 处的现象.

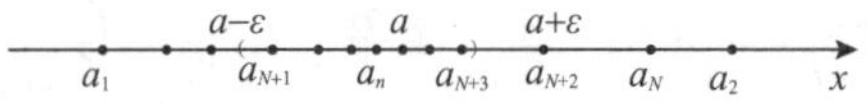

图 1-12

例 1.2.6 用定义证明 $\lim\limits_{n\to\infty}\frac{n+(-1)^{n-1}}{n}=1$.

证 由于 $\left|\frac{n+(-1)^{n-1}}{n}-1\right|=\frac{1}{n}$, 因此要使 $\left|\frac{n+(-1)^{n-1}}{n}-1\right|<\varepsilon$, 只要 $\frac{1}{n}<\varepsilon$, 即 $n>\frac{1}{\varepsilon}$. 这样, 对任何给定的正数 ε, 可取 $N=\left[\frac{1}{\varepsilon}\right]+1$, 则当 $n>N$ 时就有 $\left|\frac{n+(-1)^{n-1}}{n}-1\right|<\varepsilon$. □

二、数列极限的基本性质

性质 1.2.1 (唯一性) 如果数列收敛, 则其极限唯一.

***证** 假设数列 $\{a_n\}$ 收敛, 但有两个不同的极限 a 和 a^*. 那么由定义 1.2.1, 对任意给定的正数 ε, 存在正整数 N 使得当 $n>N$ 时有 $|a_n-a|<\varepsilon$; 同样也存在正整数 N^* 使得当 $n>N^*$ 有 $|a_n-a^*|<\varepsilon$. 于是对满足 $n>\max(N,N^*)$ 的正整数 n, 如 $n=N+N^*+1$, 不等式

$$|a_n-a|<\varepsilon \text{ 和 } |a_n-a^*|<\varepsilon$$

同时成立. 由此可得

$$|a-a^*|=|(a_n-a)-(a_n-a^*)|\leqslant|a_n-a|+|a_n-a^*|<2\varepsilon,$$

即$|a-a^*|<2\varepsilon$. 但此式不可能对任意正数ε都成立: 事实上对正数$\varepsilon=\dfrac{|a-a^*|}{2}$, 不等式$|a-a^*|<2\varepsilon$就不成立. 这就说明开始的假设是不成立的, 即收敛数列$\{a_n\}$的极限一定唯一. □

性质 1.2.2 (有界性)　如果数列收敛, 则其有界.

证　设数列$\{a_n\}$收敛, 则由定义, 有一个数a满足: 对任意给定的正数ε, 存在正整数$N=N(\varepsilon)$使得当$n>N$时总有$|a_n-a|<\varepsilon$. 从而当$n>N(1)$时总有$|a_n-a|<1$. 由此可知当$n>N(1)$时有$|a_n|<|a|+1$. 于是所有a_n都满足

$$|a_n|\leqslant M=\max\left(|a_1|,|a_2|,\cdots,|a_{N(1)}|,|a|+1\right).\tag{1.2.2}$$

这就证明了数列$\{a_n\}$有界. □

注　有界数列却未必是收敛的. 例如, 数列$\{(-1)^n\}$显然有界, 但不收敛.

性质 1.2.3 (四则运算法则)　如果数列$\{a_n\}$和$\{b_n\}$都收敛, 则数列$\{a_n+b_n\}$, $\{a_n-b_n\}$和$\{a_n\cdot b_n\}$都是收敛的, 并且

$$\lim_{n\to\infty}(a_n\pm b_n)=\lim_{n\to\infty}a_n\pm\lim_{n\to\infty}b_n,\tag{1.2.3}$$

$$\lim_{n\to\infty}(a_n\cdot b_n)=\lim_{n\to\infty}a_n\cdot\lim_{n\to\infty}b_n.\tag{1.2.4}$$

若$\{b_n\}$还满足$\lim\limits_{n\to\infty}b_n\neq 0$, 则数列$\left\{\dfrac{a_n}{b_n}\right\}$也是收敛的, 而且

$$\lim_{n\to\infty}\frac{a_n}{b_n}=\frac{\lim\limits_{n\to\infty}a_n}{\lim\limits_{n\to\infty}b_n}.\tag{1.2.5}$$

证　我们只证明加法运算法则, 减法法则是类似的; 乘除法则相对较难, 有兴趣的同学可参考相关书籍[1].

设$\lim\limits_{n\to\infty}a_n=a$, $\lim\limits_{n\to\infty}b_n=b$, 则由定义, 对任意给定的正数$\varepsilon$, 存在正整数$N_1$使得当$n>N_1$时总有$|a_n-a|<\varepsilon$, 也存在正整数$N_2$使得当$n>N_2$时总有$|b_n-b|<\varepsilon$. 于是当$n>N=\max(N_1,N_2)$时有

$$|(a_n+b_n)-(a+b)|=|(a_n-a)+(b_n-b)|\leqslant|a_n-a|+|b_n-b|<2\varepsilon.$$

这就证明了数列$\{a_n+b_n\}$收敛, 而且(1.2.3)成立. □

推论 1.2.1　如果数列$\{a_n\}$收敛, 则对任何常数c, 数列$\{a_n+c\}$和$\{ca_n\}$也收敛, 而且

$$\lim_{n\to\infty}(a_n+c)=\lim_{n\to\infty}a_n+c,\qquad \lim_{n\to\infty}(ca_n)=c\lim_{n\to\infty}a_n$$

推论1.2.2 四则运算法则对有限个数列依然成立. 例如, 如果数列$\{a_n\}$, $\{b_n\}$和$\{c_n\}$都收敛, 则数列$\{a_n+b_n+c_n\}$和$\{a_n\cdot b_n\cdot c_n\}$都是收敛的, 并且

$$\lim_{n\to\infty}(a_n+b_n+c_n)=\lim_{n\to\infty}a_n+\lim_{n\to\infty}b_n+\lim_{n\to\infty}c_n,$$

$$\lim_{n\to\infty}(a_n\cdot b_n\cdot c_n)=\lim_{n\to\infty}a_n\cdot\lim_{n\to\infty}b_n\cdot\lim_{n\to\infty}c_n.$$

例 1.2.7 求极限$\lim\limits_{n\to\infty}\left(1+\dfrac{1}{n}\right)\left(2-\dfrac{3}{n^2}\right)$.

解 原式$=(1+0)(2-0)=2$. □

例 1.2.8 求极限$\lim\limits_{n\to\infty}\dfrac{3n+1}{2n+1}$.

解 原式$=\lim\limits_{n\to\infty}\dfrac{3+\dfrac{1}{n}}{2+\dfrac{1}{n}}=\dfrac{3+0}{2+0}=\dfrac{3}{2}$. □

性质1.2.4 (迫敛性) 如果数列$\{a_n\}$和$\{b_n\}$收敛于同一个数, 则介于$\{a_n\}$和$\{b_n\}$之间的任何数列$\{c_n\}:a_n\leqslant c_n\leqslant b_n$ ($n>n_0$) 也收敛, 而且收敛于同一数.

证 设$\lim\limits_{n\to\infty}a_n=a$, $\lim\limits_{n\to\infty}b_n=a$, 则由定义, 对任意给定的正数$\varepsilon$, 存在正整数$N_1$使得当$n>N_1$时总有$|a_n-a|<\varepsilon$, 即$a-\varepsilon<a_n<a+\varepsilon$; 也存在正整数$N_2$使得当$n>N_2$时总有$|b_n-a|<\varepsilon$, 即$a-\varepsilon<b_n<a+\varepsilon$. 于是当$n>N=\max(n_0,N_1,N_2)$时有

$$a-\varepsilon<a_n\leqslant c_n\leqslant b_n<a+\varepsilon,$$

即当$n>N=\max(n_0,N_1,N_2)$时数列$\{c_n\}$的通项c_n满足$|c_n-a|<\varepsilon$. 由定义就知数列$\{c_n\}$也收敛于数a. □

例 1.2.9 求极限$\lim\limits_{n\to\infty}\dfrac{n+(-1)^n}{n}$.

解 由于$\dfrac{n-1}{n}\leqslant\dfrac{n+(-1)^n}{n}\leqslant\dfrac{n+1}{n}$, 而$\dfrac{n\pm1}{n}=1\pm\dfrac{1}{n}\to1\ (n\to\infty)$, 因此$\lim\limits_{n\to\infty}\dfrac{n+(-1)^n}{n}=1$. □

例 1.2.10 求极限$\lim\limits_{n\to\infty}\dfrac{\sin n}{n}$.

解 由于$\dfrac{-1}{n}\leqslant\dfrac{\sin n}{n}\leqslant\dfrac{1}{n}$, 而$\pm\dfrac{1}{n}\to0\ (n\to\infty)$, 因此$\lim\limits_{n\to\infty}\dfrac{\sin n}{n}=0$. □

例 1.2.11 求极限$\lim\limits_{n\to\infty}\left(\dfrac{1}{n^2}+\dfrac{1}{(n+1)^2}+\cdots+\dfrac{1}{(n+n)^2}\right)$.

解 由于当$1\leqslant i\leqslant n$时有$0<\dfrac{1}{(n+i)^2}\leqslant\dfrac{1}{n^2}$, 因此

$$0<\frac{1}{(n+1)^2}+\cdots+\frac{1}{(n+n)^2}\leqslant n\cdot\frac{1}{n^2}=\frac{1}{n}.$$

由于 $\lim\limits_{n\to\infty}\frac{1}{n}=0$，根据迫敛性就知所求极限

$$\lim_{n\to\infty}\left(\frac{1}{n^2}+\frac{1}{(n+1)^2}+\cdots+\frac{1}{(n+n)^2}\right)=0.$$ □

三、数列极限存在准则

在定义中，数列收敛时的极限值对较复杂的数列是很难看出来的. 我们也不可能通过对每个实数用定义去验证是否是极限值的方法来确定数列的收敛性. 因此我们需要某种直接从数列本身出发就可断定数列收敛的准则.

对单调递增的数列，如果其还有上界，那么这个数列在实轴上必然呈现出堆聚现象. 事实上，本书将以如下的准则作为出发点.

基本准则　单调有界数列必收敛.

我们已经知道数列 $\left\{\left(1+\frac{1}{n}\right)^n\right\}$ 是有界并且单调递增的，因此作为基本准则的一个重要应用，该数列是收敛的. 这个数列的极限由发现者欧拉(Euler)用字母 e 记之，后人为纪念他而沿用至今：

$$\lim_{n\to\infty}\left(1+\frac{1}{n}\right)^n=\mathrm{e}.$$

数 e 是一个无理数，其值约为 2.718281828459，在高等数学中扮演着十分重要的角色. 数 e 和圆周率 π 是数学中最重要也是出现频率最高的两个无理常数.

比单调有界准则更一般的判定准则，还有柯西(Cauchy)准则，其能更好地反映出数列收敛与数列在实轴上的扎堆现象之间的关系. 读者可参考相关书籍[1, 3].

例 1.2.12　求极限 $\lim\limits_{n\to\infty}\left(\frac{n+1}{n}\right)^{2n+1}$.

解　原式 $=\lim\limits_{n\to\infty}\left[\left(1+\frac{1}{n}\right)^n\right]^2\cdot\left(1+\frac{1}{n}\right)=\mathrm{e}^2\cdot 1=\mathrm{e}^2$. □

例 1.2.13　求极限 $\lim\limits_{n\to\infty}\left(1+\frac{1}{n-1}\right)^n$.

解　原式 $=\lim\limits_{n\to\infty}\left(1+\frac{1}{n-1}\right)^{n-1}\left(1+\frac{1}{n-1}\right)=\mathrm{e}\cdot 1=\mathrm{e}$. □

例 1.2.14　求极限 $\lim\limits_{n\to\infty}\left(1-\frac{1}{n}\right)^n$.

解 原式$=\lim\limits_{n\to\infty}\left(\dfrac{n-1}{n}\right)^n=\lim\limits_{n\to\infty}\dfrac{1}{\left(\dfrac{n}{n-1}\right)^n}=\dfrac{1}{\lim\limits_{n\to\infty}\left(1+\dfrac{1}{n-1}\right)^n}=\dfrac{1}{\mathrm{e}}$. □

例 1.2.15 求极限$\lim\limits_{n\to\infty}\left(1-\dfrac{1}{n^2}\right)^n$.

解 原式$=\lim\limits_{n\to\infty}\left(1+\dfrac{1}{n}\right)^n\left(1-\dfrac{1}{n}\right)^n=\mathrm{e}\cdot\dfrac{1}{\mathrm{e}}=1$. □

习 题 1-2

1. 观察一般项 x_n 如下的数列$\{x_n\}$的变化趋势, 写出它们的极限:

(1) $x_n=\dfrac{1}{2^n}$;　(2) $x_n=(-1)^n\dfrac{1}{n}$;

(3) $x_n=2+\dfrac{1}{n^2}$;　(4) $x_n=\dfrac{n-1}{n+1}$;

(5) $x_n=n(-1)^n$.

2. 下列各题中, 哪些数列收敛? 哪些数列发散? 若是收敛数列, 写出其极限:

(1) $x_n=\dfrac{1}{\sqrt{n}}$;　(2) $x_n=\dfrac{n-1}{2n+3}$;

(3) $x_n=\dfrac{2^n-1}{3^n}$;　(4) $x_n=n-\dfrac{1}{n}$;

(5) $x_n=[1+(-1)^n]\cdot\dfrac{n+1}{n}$;　(6) $x_n=0.\underbrace{999\cdots9}_{n个}$.

3. 求以下极限:

(1) $\lim\limits_{n\to\infty}n\left(\dfrac{1}{n^2+\pi}+\dfrac{1}{n^2+2\pi}+\cdots+\dfrac{1}{n^2+n\pi}\right)$;

(2) $\lim\limits_{n\to\infty}\left(\dfrac{1}{(n+1)^2}+\dfrac{1}{(n+2)^2}+\cdots+\dfrac{1}{(n+n)^2}\right)$;

(3) $\lim\limits_{n\to\infty}\left(\dfrac{1}{\sqrt{n^2+1}}+\dfrac{1}{\sqrt{n^2+2}}+\cdots+\dfrac{1}{\sqrt{n^2+n}}\right)$.

第三节 函数的极限

我们已经定义了数列的极限, 也知道数列是一种定义域为正整数集的函数, 因此数列极限可看成是自变量正整数 n 趋于 ∞ 时数列函数 $f(n)$ 的极限. 现在我们考虑一般函数的极限.

一、自变量 x 趋于 ∞ 时函数 $f(x)$ 的极限

我们先看函数 $f(x)=\dfrac{1}{x}$. 当 x 沿着正实轴无限增大时, 函数值越来越小地接近0. 这

种现象与数列$\left\{\frac{1}{n}\right\}$随正整数$n$趋于$\infty$时几乎一样；再看函数$f(x)=\frac{x-1}{x}$. 当$x$沿正实轴无限增大时，函数值无限地接近1. 这种现象与数列$\left\{\frac{n-1}{n}\right\}$随正整数$n$趋于$\infty$时也几乎一样. 因此，我们称这两个函数当$x$沿正实轴趋于$\infty$即$x$趋于$+\infty$时有极限. 其准确的定义如下.

定义1.3.1　设函数$f(x)$在$+\infty$的某邻域$U(+\infty)=(M,+\infty)$有定义. 如果有一个数A满足：对任意给定的正数ε，都存在正数$X(>M)$使得当$x>X$时总有

$$|f(x)-A|<\varepsilon, \tag{1.3.1}$$

就称函数$f(x)$当x趋于$+\infty$时有**极限**A，并记为

$$\lim_{x\to+\infty}f(x)=A\text{或}f(x)\to A(x\to+\infty). \tag{1.3.2}$$

定义中的X与数列极限中的N相仿，其表示的是自变量x大的程度，通常也与ε相关，并且随着ε的减小而增大，但X也不是唯一的.

在图形(图1-13)上，由不等式(1.3.1)等价于$A-\varepsilon<f(x)<A+\varepsilon$，因此函数$f(x)$当$x$趋于$+\infty$时有极限$A$就意味着任意画两条以$y=A$为中心线的平行线$y=A\pm\varepsilon$，那么总可找到某个$X$使得曲线$y=f(x)$在直线$x=X$右侧部分一定落在这两条平行线之间. 随着$x$的增大，曲线$y=f(x)$与直线$y=A$靠得越来越近，因此我们称直线$y=A$为曲线$y=f(x)$当$x$趋于$+\infty$时的一条**水平渐近线**.

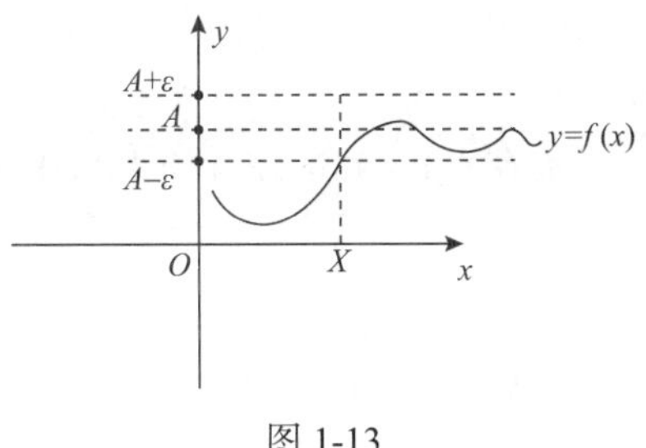

图 1-13

类似地，我们可以给出函数$f(x)$当自变量x沿负实轴趋于∞即x趋于$-\infty$时有极限B的定义，此时相应地记作

$$\lim_{x\to-\infty}f(x)=B\text{或}f(x)\to B(x\to-\infty). \tag{1.3.3}$$

同时，称直线$y=B$为曲线$y=f(x)$当x趋于$-\infty$时的一条**水平渐近线**.

例 1.3.1　证明$\lim\limits_{x\to+\infty}\frac{1}{x}=0$，$\lim\limits_{x\to-\infty}\frac{1}{x}=0$.

证　第一个极限的证明如下：对任意给定的正数ε，取$X=\frac{1}{\varepsilon}$，则当$x>X$时总有$\left|\frac{1}{x}-0\right|=\frac{1}{x}<\frac{1}{X}=\varepsilon$，因此$\lim\limits_{x\to+\infty}\frac{1}{x}=0$.

再证第二个极限：对任意给定的正数 ε，取 $X=\dfrac{1}{\varepsilon}$，则当 $x<-X$ 时总有 $\left|\dfrac{1}{x}-0\right|=\dfrac{1}{-x}<\dfrac{1}{X}=\varepsilon$，因此 $\lim\limits_{x\to-\infty}\dfrac{1}{x}=0$. □

例 1.3.1 中函数当 x 趋于 $\pm\infty$ 时有相同的极限. 我们把这种函数 $f(x)$ 当 x 趋于 $\pm\infty$ 时有相同极限 A 的情况, 叫做函数 $f(x)$ 当 x 趋于 ∞ 时有极限 A，并记作

$$\lim_{x\to\infty} f(x)=A \text{ 或 } f(x)\to A(x\to\infty). \tag{1.3.4}$$

同时, 称直线 $y=A$ 为曲线 $y=f(x)$ (当 x 趋于 ∞ 时)的一条**水平渐近线**.

于是, 根据例 1.3.1 就有 $\lim\limits_{x\to\infty}\dfrac{1}{x}=0$. 此时, 曲线 $y=\dfrac{1}{x}$ 有一条水平渐近线 $y=0$.

注意, 函数当 x 趋于 $\pm\infty$ 时的极限未必同时都有, 即使都有, 也未必相等. 例如, 显然有

$$\lim_{x\to-\infty}\operatorname{sgn}(x)=-1,\quad \lim_{x\to+\infty}\operatorname{sgn}(x)=1.$$

二、自变量 x 趋于有限点 x_0 时函数 $f(x)$ 的极限

上面我们定义了函数当自变量 x 趋于 ∞ 时的极限, 但由于一般的函数的定义域可以是有限区间, 因此我们还可以考虑自变量 x 趋于有限点 x_0 时函数 $f(x)$ 的极限. 刻画 x 趋近 x_0 程度的量自然是 $|x-x_0|$，也就是说当 $|x-x_0|$ 无限接近 0 时, 函数 $f(x)$ 是否也无限接近一个数. 这样, 我们就有如下的定义.

定义1.3.2 设函数 $f(x)$ 在有限点 x_0 的某空心邻域 $U^\circ(x_0,\delta_0)$ 有定义. 如果有一个数 A 满足: 对任意给定的正数 ε，都存在正数 $\delta(<\delta_0)$ 使得当 $0<|x-x_0|<\delta$ 时总有

$$|f(x)-A|<\varepsilon, \tag{1.3.5}$$

就称函数 $f(x)$ 当 x 趋于点 x_0 时有**极限** A，并记为

$$\lim_{x\to x_0} f(x)=A \text{ 或 } f(x)\to A(x\to x_0). \tag{1.3.6}$$

注意, 极限是函数值的一种变化趋势, 因此其是否存在以及其存在时的值和函数在定点 x_0 处有无定义及函数值是多少没有关系, 也因此定义中出现 $|x-x_0|>0$. 又, 正数 δ 刻画的是 x 趋近 x_0 的程度, 通常也与 ε 有关, 而且随着 ε 的减小而减小, 但是也不唯一.

与前类似, 从图形上看, 如果函数 $f(x)$ 当 x 趋于点 x_0 时有极限 A，那么任意画两条以 $y=A$ 为中心线的平行线 $y=A\pm\varepsilon$,总可找到某个正数 δ 使得曲线 $y=f(x)$ 介于直线 $x=x_0\pm\delta$ 之间的部分(除了点 (x_0,A) 之外)一定落在这两条平行线之间, 即在一个小方形区域内.

例 1.3.2 证明对任何给定的点 x_0 都有 $\lim\limits_{x\to x_0}x=x_0$.

分析 此时 $f(x)=x$. 要使 $|f(x)-f(x_0)|=|x-x_0|<\varepsilon$，只要 $|x-x_0|<\varepsilon$.

证　对任意给定的正数 ε，可取正数 $\delta=\varepsilon$，则当 $0<|x-x_0|<\delta$ 时必有 $|x-x_0|<\delta=\varepsilon$，从而由定义知 $\lim\limits_{x\to x_0}x=x_0$. □

例 1.3.3　证明对任何给定的点 x_0 都有 $\lim\limits_{x\to x_0}(2x+3)=2x_0+3$.

分析　此时 $f(x)=2x+3$，故要使 $|f(x)-f(x_0)|=2|x-x_0|<\varepsilon$，只要 $|x-x_0|<\dfrac{\varepsilon}{2}$.

证　对任意给定的正数 ε，可取正数 $\delta=\dfrac{\varepsilon}{2}$，则当 $0<|x-x_0|<\delta$ 时必有

$$|(2x+3)-(2x_0+3)|=2|x-x_0|<2\delta=\varepsilon,$$

从而由定义知 $\lim\limits_{x\to x_0}(2x+3)=2x_0+3$. □

例 1.3.4　证明 $\lim\limits_{x\to 2}\dfrac{x^2-4}{x-2}=4$.

分析　此时 $f(x)=\dfrac{x^2-4}{x-2}$ 在 $x=2$ 处没有定义，故要使当 $x\neq 2$ 时，$|f(x)-4|=|(x+2)-4|=|x-2|<\varepsilon$，只要 $|x-2|<\varepsilon$.

证　对任意给定的正数 ε，可取正数 $\delta=\varepsilon$，则当 $0<|x-2|<\delta$ 时必有

$$\left|\frac{x^2-4}{x-2}-4\right|=|(x+2)-4|=|x-2|<\delta=\varepsilon,$$

从而由定义知所证极限成立. □

例 1.3.5　证明 $\lim\limits_{x\to 1}\dfrac{x-1}{x^2-1}=\dfrac{1}{2}$.

分析　此时 $f(x)=\dfrac{x-1}{x^2-1}$ 在 $x=1$ 处没有定义，要像上面的例中那样从

$$\left|f(x)-\frac{1}{2}\right|=\left|\frac{1}{x+1}-\frac{1}{2}\right|=\left|\frac{1-x}{2(x+1)}\right|<\varepsilon$$

中直接得出正数 δ 来有困难. 为此，我们适当放大 $\left|f(x)-\dfrac{1}{2}\right|$，但将 $|x-1|$ 留着. 放大的办法通常是先确定 x 在 x_0 处的一个相对较小的范围：本题中，由于 $|2(x+1)|=2|(x-1)+2|\geqslant 2\big[2-|x-1|\big]$，因此当 $|x-1|<1$ 时有 $|2(x+1)|\geqslant 2\big[2-|x-1|\big]\geqslant 2[2-1]=2$，从而当 $0<|x-1|<1$ 时有 $\left|f(x)-\dfrac{1}{2}\right|=\left|\dfrac{1-x}{2(x+1)}\right|\leqslant\dfrac{|x-1|}{2}$. 于是为使得 $\left|f(x)-\dfrac{1}{2}\right|<\varepsilon$，只要 $0<|x-1|<1$ 并且 $|x-1|<2\varepsilon$.

证　由于当 $0<|x-1|<1$ 时有

$$\left|f(x)-\frac{1}{2}\right|=\left|\frac{1}{x+1}-\frac{1}{2}\right|=\left|\frac{1-x}{2(x+1)}\right|=\frac{|x-1|}{2|2+(x-1)|}\leqslant\frac{|x-1|}{2(2-|x-1|)}\leqslant\frac{|x-1|}{2}.$$

因此对任意给定的正数 ε，可取正数 $\delta=\min(1,2\varepsilon)$，则当 $0<|x-1|<\delta$ 时既有 $0<|x-1|<1$ 也有 $|x-1|<2\varepsilon$，前者 $0<|x-1|<1$ 保证成立不等式

$$\left|f(x)-\frac{1}{2}\right|\leqslant\frac{|x-1|}{2},$$

再由后者 $|x-1|<2\varepsilon$ 就进一步得到

$$\left|f(x)-\frac{1}{2}\right|<\varepsilon.$$

根据定义即知所要证明之极限成立. □

在上述自变量 x 趋于有限点 x_0 时的函数 $f(x)$ 的极限过程中，对 x 趋于 x_0 的方式是没有限制的. 但从实轴上可看出有两种方式：可从 x_0 的右边也可从 x_0 左边趋近. 这种限制趋近方式所得出的极限统称为**单侧极限**. 称自变量 x 从 x_0 的右边趋于 x_0 时所得到的极限为**右极限**，记作

$$\lim_{x\to x_0^+}f(x) \text{ 或 } f(x_0+0); \tag{1.3.7}$$

而自变量 x 从 x_0 的左边趋于 x_0 时所得到的极限为**左极限**，记作

$$\lim_{x\to x_0^-}f(x) \text{ 或 } f(x_0-0). \tag{1.3.8}$$

用上述 ε-δ 语言叙述之，有如下定义.

定义 1.3.3 设函数 $f(x)$ 在有限点 x_0 的某右(左)空心邻域 $U_+^\circ(x_0,\delta_0)$ ($U_-^\circ(x_0,\delta_0)$) 有定义. 如果有一个数 A 满足：对任意给定的正数 ε，都存在正数 $\delta(<\delta_0)$ 使得当 $0<x-x_0<\delta$ ($-\delta<x-x_0<0$) 时总有 $|f(x)-A|<\varepsilon$，就称函数 $f(x)$ 当 x 从 x_0 的右(左)边趋于点 x_0 时有右(左)**极限** A，并记为

$$\lim_{x\to x_0^+}f(x)=A \text{ 或 } f(x_0+0)=A \text{ 或 } f(x)\to A \quad (x\to x_0^+) \tag{1.3.9}$$

$$\left(\lim_{x\to x_0^-}f(x)=A \text{ 或 } f(x_0-0)=A \text{ 或 } f(x)\to A \quad (x\to x_0^-)\right). \tag{1.3.10}$$

例 1.3.6 证明 $\lim\limits_{x\to 1^+}\sqrt{x-1}=0$.

证 对任意给定的正数 ε，可取正数 $\delta=\varepsilon^2$，则当 $0<x-1<\delta$ 时必有

$$\left|\sqrt{x-1}-0\right|=\sqrt{x-1}<\sqrt{\delta}=\varepsilon,$$

从而由定义所要证明之极限式成立.

从上述定义，不难看出极限与单侧极限之间有如下关系.

定理 1.3.1　$\lim\limits_{x\to x_0} f(x)=A$ 当且仅当 $\lim\limits_{x\to x_0^+} f(x)=\lim\limits_{x\to x_0^-} f(x)=A$.

这个定理可以用来处理一些分段函数在分段点处的极限. 根据这个定理，如果函数的左右极限(不)相等，那么函数极限就(不)存在.

例 1.3.7　证明函数

$$f(x)=\begin{cases}1-x, & x<1,\\ 1, & x=1,\\ \sqrt{x-1}, & x>1,\end{cases}$$

当 $x\to 1$ 时有极限 0.

证　由于 $\lim\limits_{x\to 1^+} f(x)=\lim\limits_{x\to 1^+}\sqrt{x-1}=0$ ； $\lim\limits_{x\to 1^-} f(x)=\lim\limits_{x\to 1^-}(1-x)=0$ ，因此当 $x\to 1$ 时函数 $f(x)$ 有极限 0: $\lim\limits_{x\to 1} f(x)=0$. □

例 1.3.8　证明函数

$$f(x)=\begin{cases}x-1, & x<0,\\ 0, & x=0,\\ x+1, & x>0,\end{cases}$$

当 $x\to 0$ 时没有极限.

证　由于 $\lim\limits_{x\to 0^+} f(x)=\lim\limits_{x\to 0^+}(x+1)=1$ ； $\lim\limits_{x\to 0^-} f(x)=\lim\limits_{x\to 0^-}(x-1)=-1$ ，因此当 $x\to 0$ 时函数 $f(x)$ 没有极限. □

习　题　1-3

1. 下列极限是否存在？若存在写出其极限:

(1) $\lim\limits_{x\to\infty}\dfrac{1}{x^2}$;　(2) $\lim\limits_{x\to+\infty} 2^{-x}$;

(3) $\lim\limits_{x\to 2}\left(1+\dfrac{1}{x}\right)$;　(4) $\lim\limits_{x\to\infty}\left(3-\dfrac{2}{x}\right)$;

(5) $\lim\limits_{x\to+\infty}\ln x$;　(6) $\lim\limits_{x\to\frac{\pi}{2}}\tan x$.

2. 已知函数 $y=f(x)$ 如图 1-14 所示，求下列极限. 若极限不存在，说明理由.

(1) $\lim\limits_{x\to -2} f(x)$;

(2) $\lim\limits_{x\to -1} f(x)$;

(3) $\lim\limits_{x\to 0} f(x)$;

(4) $\lim\limits_{x\to 2} f(x)$;

(5) $\lim\limits_{x\to+\infty} f(x)$.

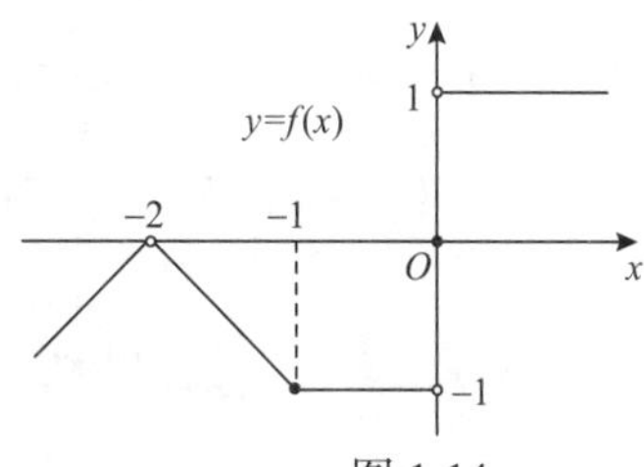

图 1-14

3. 利用定理 1.3.1 判定，当 $x \to 0$ 时，下列各题中 $f(x)$ 的极限是否存在.

(1) $f(x)=\begin{cases} \cos x, & x>0, \\ 1+x^2, & x \leqslant 0; \end{cases}$　　(2) $f(x)=\mathrm{e}^{\frac{1}{x}}$;

(3) $f(x)=\dfrac{x}{|x|}$;　　(4) $f(x)=\sqrt{3x^2-2x}$.

4. 求 $f(x)=\dfrac{x}{x}$，$\phi(x)=\dfrac{|x|}{x}$ 当 $x\to 0$ 时的左、右极限，并说明它们在 $x\to 0$ 时的极限是否存在.

第四节　函数极限的性质

前面给出了函数的六种类型的极限：

$$\lim_{x\to+\infty} f(x),\quad \lim_{x\to-\infty} f(x),\quad \lim_{x\to\infty} f(x),$$

$$\lim_{x\to x_0^+} f(x),\quad \lim_{x\to x_0^-} f(x),\quad \lim_{x\to x_0} f(x).$$

这些极限具有与数列极限相类似的性质，我们以最后一种为例来给出，证明亦相仿，故略去.

性质 1.4.1 (唯一性)　如果极限 $\lim\limits_{x\to x_0} f(x)$ 存在，则必唯一.

性质1.4.2 (局部有界性)　如果 $\lim\limits_{x\to x_0} f(x)$ 存在，则 $f(x)$ 在 x_0 的某空心邻域 $U^{\circ}(x_0)$ 内有界.

性质1.4.3 (局部保号性)　如果 $\lim\limits_{x\to x_0} f(x)=A\neq 0$，则 $f(x)$ 在 x_0 的某空心邻域 $U^{\circ}(x_0)$ 内不为零并且与 A 同号. 更进一步地，若 $A>0$，则对任何正数 $r<A$，$f(x)$ 在 x_0 的某空心邻域 $U^{\circ}(x_0)$ 内满足 $f(x)>r$；若 $A<0$，则对任何正数 $r<-A$，$f(x)$ 在 x_0 的某空心邻域 $U^{\circ}(x_0)$ 内满足 $f(x)<-r$.

注　在实际应用中，常取 $r=\dfrac{A}{2}>0$ 或 $r=-\dfrac{A}{2}>0$.

性质1.4.4 (保不等式性)　如果 $\lim\limits_{x\to x_0} f(x)$ 与 $\lim\limits_{x\to x_0} g(x)$ 都存在并且在某空心邻域 $U^{\circ}(x_0)$ 内有 $f(x)\leqslant g(x)$，那么也有

$$\lim_{x\to x_0} f(x)\leqslant \lim_{x\to x_0} g(x).$$

性质1.4.5 (迫敛性)　如果 $\lim\limits_{x\to x_0} f(x)$ 与 $\lim\limits_{x\to x_0} g(x)$ 都存在且相等，并且在某空心邻域 $U^{\circ}(x_0)$ 内有 $f(x)\leqslant h(x)\leqslant g(x)$，那么 $\lim\limits_{x\to x_0} h(x)$ 也存在而且

$$\lim_{x\to x_0} h(x)=\lim_{x\to x_0} f(x)=\lim_{x\to x_0} g(x).$$

例 1.4.1　如果 $\lim\limits_{x\to x_0} f(x)=0$ 而函数 $g(x)$ 在某空心邻域 $U^{\circ}(x_0)$ 内有界，则

$$\lim_{x\to x_0} f(x)g(x)=0.$$

证 设在某空心邻域 $U^\circ(x_0)$ 内有 $|g(x)|\leqslant M$，从而也有

$$|f(x)g(x)|\leqslant M|f(x)|\to 0 \quad (x\to x_0).$$

由迫敛性就知 $\lim\limits_{x\to x_0} f(x)g(x)=0$. □

例 1.4.2 $\lim\limits_{x\to 0} x\sin\dfrac{1}{x}=0$；$\lim\limits_{x\to\infty}\dfrac{\sin x}{x}=0$.

证 此乃例 1.4.1 中结论的直接应用. □

例 1.4.3 对给定实数 x_0 有 $\lim\limits_{x\to x_0}\sin x=\sin x_0$ 和 $\lim\limits_{x\to x_0}\cos x=\cos x_0$.

在给出例 1.4.3 的证明之前，我们先证明如下的不等式

$$|\sin x|\leqslant|x|.$$

当 $0<x<\dfrac{\pi}{2}$ 时，此不等式可由图 1-15 中比较图形面积得

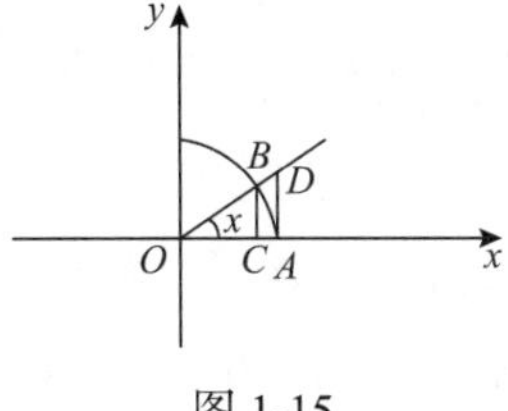

图 1-15

$$S_{\triangle OCB}<S_{扇形OAB}<S_{\triangle OAD},$$

从而得到 $\sin x<x<\tan x$；

当 $-\dfrac{\pi}{2}<x<0$ 时，由于 $0<-x<\dfrac{\pi}{2}$，因此

$$|\sin x|=\sin(-x)<|-x|=|x|.$$

于是，当 $0<|x|<\dfrac{\pi}{2}$ 时就有 $|\sin x|\leqslant|x|$.

当 $|x|\geqslant\dfrac{\pi}{2}$ 时不等式是显然的：$|\sin x|\leqslant 1<\dfrac{\pi}{2}\leqslant|x|$.

证 由于

$$|\sin x-\sin x_0|=\left|2\cos\frac{x+x_0}{2}\sin\frac{x-x_0}{2}\right|\leqslant 2\left|\frac{x-x_0}{2}\right|=|x-x_0|\to 0,$$

故由定义立得

$$\lim_{x\to x_0}\sin x=\sin x_0.$$

同样由

$$|\cos x-\cos x_0|=\left|-2\sin\frac{x+x_0}{2}\sin\frac{x-x_0}{2}\right|\leqslant 2\left|\frac{x-x_0}{2}\right|=|x-x_0|\to 0,$$

知有 $\lim\limits_{x\to x_0}\cos x=\cos x_0$. □

例 1.4.4　证明 $\lim\limits_{x\to 0}\dfrac{\sin x}{x}=1$, $\lim\limits_{x\to\infty}x\sin\dfrac{1}{x}=1$.

证　先证第一式: 由于当 $0<x<\dfrac{\pi}{2}$ 时 $\sin x<x<\tan x=\dfrac{\sin x}{\cos x}$, 从而

$$\cos x<\frac{\sin x}{x}<1.$$

此式当 $-\dfrac{\pi}{2}<x<0$ 时也成立. 由上例知 $\lim\limits_{x\to 0}\cos x=\cos 0=1$, 因此由迫敛性知 $\lim\limits_{x\to 0}\dfrac{\sin x}{x}=1$.

对第二式, 可如下得到: 由于 $x\to\infty$ 时有 $\dfrac{1}{x}\to 0$, 因此

$$\lim_{x\to\infty}x\sin\frac{1}{x}=\lim_{x\to\infty}\frac{\sin\frac{1}{x}}{\frac{1}{x}}\overset{令u=\frac{1}{x}}{=\!=}\lim_{u\to 0}\frac{\sin u}{u}=1.$$ □

例 1.4.4 中的极限是非常重要的极限. 在后一个极限的证明中所使用的方法叫做换元法. 其一般形式可叙述为: 若 $\lim\limits_{x\to x_0}g(x)=u_0$ 并且 $g(x)\neq u_0$ 于 $U^\circ(x_0)$, 则当 $\lim\limits_{u\to u_0}f(u)$ 存在时有 $\lim\limits_{x\to x_0}f(g(x))=\lim\limits_{u\to u_0}f(u)$. 注意, 这里的 u_0 有时是有符号的. 例如,

$$\lim_{x\to 0}f(x^3)=\lim_{x\to 0}f(x),\quad \lim_{x\to 0}f(x^2)=\lim_{x\to 0^+}f(x),\quad \lim_{x\to+\infty}f([x])=\lim_{n\to+\infty}f(n).$$

例 1.4.5　求 $\lim\limits_{x\to\pi}\dfrac{\sin x}{\pi-x}$.

解　当 $x\to\pi$ 时有 $u=\pi-x\to 0$, 因此

$$\lim_{x\to\pi}\frac{\sin x}{\pi-x}=\lim_{u\to 0}\frac{\sin(\pi-u)}{u}=\lim_{u\to 0}\frac{\sin u}{u}=1.$$ □

例 1.4.6　证明 $\lim\limits_{x\to+\infty}\left(1+\dfrac{1}{x}\right)^x=\mathrm{e}$ 和 $\lim\limits_{x\to 0^+}(1+x)^{\frac{1}{x}}=\mathrm{e}$.

证　由 $[x]\leqslant x<[x]+1$ 知当 $x>1$ 时有

$$\left(1+\frac{1}{[x]+1}\right)^{[x]}\leqslant\left(1+\frac{1}{x}\right)^x\leqslant\left(1+\frac{1}{[x]}\right)^{[x]+1},$$

再由 $\lim\limits_{n\to\infty}\left(1+\dfrac{1}{n+1}\right)^n=\lim\limits_{n\to\infty}\left(1+\dfrac{1}{n}\right)^{n+1}=\mathrm{e}$ 知有

$$\lim_{x\to+\infty}\left(1+\frac{1}{[x]+1}\right)^{[x]}=\lim_{x\to+\infty}\left(1+\frac{1}{[x]}\right)^{[x]+1}=\mathrm{e}.$$

因此根据迫敛性就有 $\lim\limits_{x\to+\infty}\left(1+\dfrac{1}{x}\right)^{x}=\mathrm{e}$. □

性质1.4.6（四则运算法则）　如果 $\lim\limits_{x\to x_0}f(x)$ 与 $\lim\limits_{x\to x_0}g(x)$ 都存在，则极限

$$\lim_{x\to x_0}\big(f(x)\pm g(x)\big),\quad \lim_{x\to x_0}\big(f(x)\cdot g(x)\big)$$

都存在，而且

$$\lim_{x\to x_0}\big(f(x)\pm g(x)\big)=\lim_{x\to x_0}f(x)\pm\lim_{x\to x_0}g(x),$$

$$\lim_{x\to x_0}\big(f(x)\cdot g(x)\big)=\lim_{x\to x_0}f(x)\cdot\lim_{x\to x_0}g(x).$$

特别地，对常数 c 有 $\lim\limits_{x\to x_0}\big(cf(x)\big)=c\lim\limits_{x\to x_0}f(x)$. 进一步，若 $\lim\limits_{x\to x_0}g(x)\neq 0$，则 $\lim\limits_{x\to x_0}\dfrac{f(x)}{g(x)}$ 也存在，而且

$$\lim_{x\to x_0}\frac{f(x)}{g(x)}=\frac{\lim\limits_{x\to x_0}f(x)}{\lim\limits_{x\to x_0}g(x)}.$$

注　四则运算法则对有限多个函数依然成立. 例如有

$$\lim_{x\to x_0}\big(f(x)\cdot g(x)\cdot h(x)\big)=\lim_{x\to x_0}f(x)\cdot\lim_{x\to x_0}g(x)\cdot\lim_{x\to x_0}h(x).$$

由此可知只要 $\lim\limits_{x\to x_0}f(x)$ 存在，那么对任何正整数 n 就有

$$\lim_{x\to x_0}[f(x)]^n=\left(\lim_{x\to x_0}f(x)\right)^n.$$

特别地，对任何正整数 n 有 $\lim\limits_{x\to x_0}x^n=x_0^n$.

例 1.4.7　求极限 $\lim\limits_{x\to 1}(x^2-3x+5)$.

解　$\lim\limits_{x\to 1}(x^2-3x+5)=\lim\limits_{x\to 1}x^2-3\lim\limits_{x\to 1}x+5=1^2-3\cdot 1+5=3$. □

例 1.4.8　求极限 $\lim\limits_{x\to 1}\dfrac{x+2}{x^2-3x+5}$.

解　由于 $\lim\limits_{x\to 1}(x+2)=\lim\limits_{x\to 1}x+2=3$ 及

$$\lim_{x\to 1}(x^2-3x+5)=\lim_{x\to 1}x^2-3\lim_{x\to 1}x+5=3,$$

因此原式 $=\dfrac{3}{3}=1$. □

例 1.4.9 求极限 $\lim\limits_{x\to -2}\dfrac{x+2}{x^2-3x-10}$.

解 $\lim\limits_{x\to -2}\dfrac{x+2}{x^2-3x-10}=\lim\limits_{x\to -2}\dfrac{x+2}{(x+2)(x-5)}=\lim\limits_{x\to -2}\dfrac{1}{x-5}=\dfrac{1}{-7}=-\dfrac{1}{7}$. □

注 由于分母的极限为 0:

$$\lim_{x\to -2}\left(x^2-3x-10\right)=\lim_{x\to -2}x^2-3\lim_{x\to -2}x-10=(-2)^2-3\cdot(-2)-10=0,$$

因此此题不能直接用除法运算法则. 下题中分母没有极限, 因此也不能直接用除法运算法则.

例 1.4.10 求极限 $\lim\limits_{x\to\infty}\dfrac{x+2}{x^2-3x-10}$.

解 $\lim\limits_{x\to\infty}\dfrac{x+2}{x^2-3x-10}=\lim\limits_{x\to\infty}\dfrac{x^2\left(\dfrac{1}{x}+\dfrac{2}{x^2}\right)}{x^2\left(1-\dfrac{3}{x}-\dfrac{10}{x^2}\right)}=\lim\limits_{x\to\infty}\dfrac{\dfrac{1}{x}+\dfrac{1}{x^2}}{1-\dfrac{3}{x}-\dfrac{10}{x^2}}=\dfrac{0+0}{1-0-0}=0$. □

例 1.4.11 求极限 $\lim\limits_{x\to\infty}\dfrac{x(x+1)(x+2)(x+3)(x+4)}{x^5-3x-10}$.

解

$$\begin{aligned}&\lim_{x\to\infty}\frac{x(x+1)(x+2)(x+3)(x+4)}{x^5-3x-10}\\&=\lim_{x\to\infty}\frac{\left(1+\dfrac{1}{x}\right)\left(1+\dfrac{2}{x}\right)\left(1+\dfrac{3}{x}\right)\left(1+\dfrac{4}{x}\right)}{1-\dfrac{3}{x^4}-\dfrac{10}{x^5}}=\frac{1\cdot1\cdot1\cdot1}{1-0-0}=1.\end{aligned}$$ □

例 1.4.12 求极限 $\lim\limits_{x\to 1}\left(\dfrac{1}{1-x}-\dfrac{3}{1-x^3}\right)$.

解 $\lim\limits_{x\to 1}\left(\dfrac{1}{1-x}-\dfrac{3}{1-x^3}\right)=\lim\limits_{x\to 1}\dfrac{1+x+x^2-3}{(1-x)(1+x+x^2)}=\lim\limits_{x\to 1}\dfrac{-(x+2)}{1+x+x^2}=-1$. □

注 由于 $\lim\limits_{x\to 1}\dfrac{1}{1-x}$ 和 $\lim\limits_{x\to 1}\dfrac{3}{1-x^3}$ 都不存在, 因此此题不能直接用四则运算之减法法则.

例 1.4.13 求极限 $\lim\limits_{x\to 0}\dfrac{\tan x}{x}$.

解 $\lim\limits_{x\to 0}\dfrac{\tan x}{x}=\lim\limits_{x\to 0}\dfrac{\sin x}{x}\cdot\dfrac{1}{\cos x}=1\cdot\dfrac{1}{1}=1$. □

例 1.4.14 求极限 $\lim\limits_{x\to\infty}x\tan\dfrac{1}{x}$.

解 $\lim\limits_{x\to\infty}x\tan\dfrac{1}{x}=\lim\limits_{x\to\infty}x\sin\dfrac{1}{x}\cdot\dfrac{1}{\cos\dfrac{1}{x}}=1\cdot\dfrac{1}{1}=1$. □

例 1.4.15　求极限 $\lim\limits_{x\to 0}\dfrac{1-\cos x}{x^2}$.

解　$\lim\limits_{x\to 0}\dfrac{1-\cos x}{x^2}=\lim\limits_{x\to 0}\dfrac{2\sin^2\dfrac{x}{2}}{x^2}=\dfrac{1}{2}\lim\limits_{x\to 0}\left(\dfrac{\sin\dfrac{x}{2}}{\dfrac{x}{2}}\right)^2=\dfrac{1}{2}$.　□

例 1.4.16　求极限 $\lim\limits_{x\to 0}\dfrac{\arctan x}{x}$.

解　$\lim\limits_{x\to 0}\dfrac{\arctan x}{x}\overset{令u=\arctan x}{=\!=\!=}\lim\limits_{u\to 0}\dfrac{u}{\tan u}=1$.　□

例 1.4.17　证明 $\lim\limits_{x\to\infty}\left(1+\dfrac{1}{x}\right)^x=\mathrm{e}$ 和 $\lim\limits_{x\to 0}(1+x)^{\frac{1}{x}}=\mathrm{e}$.

证　由于 $\lim\limits_{x\to+\infty}\left(1+\dfrac{1}{x}\right)^x=\mathrm{e}$，因此只要证明 $\lim\limits_{x\to-\infty}\left(1+\dfrac{1}{x}\right)^x=\mathrm{e}$. 由于当 $x\to-\infty$ 时 $u=-x\to+\infty$ 并且

$$\left(1+\frac{1}{x}\right)^x=\left(1-\frac{1}{u}\right)^{-u}=\left(1+\frac{1}{u-1}\right)^u=\left(1+\frac{1}{u-1}\right)^{u-1}\left(1+\frac{1}{u-1}\right),$$

因此

$$\lim_{x\to-\infty}\left(1+\frac{1}{x}\right)^x=\lim_{u\to+\infty}\left(1+\frac{1}{u-1}\right)^{u-1}\left(1+\frac{1}{u-1}\right)=\mathrm{e}\cdot 1=\mathrm{e}.\quad\square$$

$$\lim_{x\to 0}(1+x)^{\frac{1}{x}}\overset{令u=\frac{1}{x}}{=\!=\!=}\lim_{u\to\infty}\left(1+\frac{1}{u}\right)^u=\mathrm{e}.$$

注　例 1.4.17 连同例 1.4.4 中之极限是高等数学中最重要的两个极限.

例 1.4.18　求极限 $\lim\limits_{x\to\infty}\left(1-\dfrac{1}{x}\right)^x$ 和 $\lim\limits_{x\to 0}(1-x)^{\frac{1}{x}}$.

解　$\lim\limits_{x\to\infty}\left(1-\dfrac{1}{x}\right)^x\overset{令u=-x}{=\!=\!=}\lim\limits_{u\to\infty}\left(1+\dfrac{1}{u}\right)^{-u}=\dfrac{1}{\mathrm{e}}$，　$\lim\limits_{x\to 0}(1-x)^{\frac{1}{x}}\overset{令u=\frac{1}{x}}{=\!=\!=}\lim\limits_{u\to\infty}\left(1-\dfrac{1}{u}\right)^u=\dfrac{1}{\mathrm{e}}$.　□

例 1.4.19　求极限 $\lim\limits_{x\to\infty}\left(\dfrac{2x+1}{2x+3}\right)^{2x+1}$.

解

$$\begin{aligned}\lim_{x\to\infty}\left(\frac{2x+1}{2x+3}\right)^{2x+1}&=\lim_{x\to\infty}\left(\frac{1+\dfrac{1}{2x}}{1+\dfrac{3}{2x}}\right)^{2x+1}\\&=\lim_{x\to\infty}\frac{\left(1+\dfrac{1}{2x}\right)^{2x}\left(1+\dfrac{1}{2x}\right)}{\left(1+\dfrac{3}{2x}\right)^{\frac{2x}{3}\cdot 3}\left(1+\dfrac{3}{2x}\right)}=\frac{\mathrm{e}\cdot 1}{\mathrm{e}^3\cdot 1}=\frac{1}{\mathrm{e}^2}.\end{aligned}\quad\square$$

例 1.4.20　求极限 $\lim\limits_{x\to0}\left(\dfrac{1+2x}{1-3x}\right)^{\frac{2}{x}+1}$.

解　$\lim\limits_{x\to0}\left(\dfrac{1+2x}{1-3x}\right)^{\frac{2}{x}+1}=\lim\limits_{x\to0}\dfrac{(1+2x)^{\frac{1}{2x}\cdot4}(1+2x)}{(1-3x)^{\frac{1}{-3x}\cdot(-6)}(1-3x)}=\dfrac{\mathrm{e}^4\cdot1}{\mathrm{e}^{-6}\cdot1}=\mathrm{e}^{10}$.　□

性质 1.4.7 (复合运算法则)　如果 $\lim\limits_{x\to x_0}g(x)=u_0$ 并且 $\lim\limits_{u\to u_0}f(u)=f(u_0)$，那么

$$\lim_{x\to x_0}f(g(x))=f(u_0)=f\left(\lim_{x\to x_0}g(x)\right).$$

注　性质 1.4.7 的证明将在后面给出. 在性质 1.4.7(复合运算法则)中函数 f 满足的条件 $\lim\limits_{u\to u_0}f(u)=f(u_0)$ 有点特殊. 事实上，随后我们将称满足这个条件的函数 f 在点 u_0 处连续. 一般地，基本初等函数及所有初等函数在其定义域内的任意一点处都是连续的.

例 1.4.21　求极限 $\lim\limits_{x\to0}\sqrt{2-\dfrac{\sin x}{x}}$.

解　$\lim\limits_{x\to0}\sqrt{2-\dfrac{\sin x}{x}}=\sqrt{\lim\limits_{x\to0}\left(2-\dfrac{\sin x}{x}\right)}=\sqrt{2-1}=1$.　□

例 1.4.22　求极限 $\lim\limits_{x\to0}\dfrac{\ln(1+x)}{x}$.

解　$\lim\limits_{x\to0}\dfrac{\ln(1+x)}{x}=\lim\limits_{x\to0}\ln(1+x)^{\frac{1}{x}}=\ln\lim\limits_{x\to0}(1+x)^{\frac{1}{x}}=\ln\mathrm{e}=1$.　□

例 1.4.23　求极限 $\lim\limits_{x\to0}\dfrac{\mathrm{e}^x-1}{x}$.

解　$\lim\limits_{x\to0}\dfrac{\mathrm{e}^x-1}{x}\xlongequal{令u=\mathrm{e}^x-1}\lim\limits_{u\to0}\dfrac{u}{\ln(1+u)}=1$.　□

例 1.4.24　证明: 如果 $\lim\limits_{x\to\infty}f(x)=A>0$ 并且 $\lim\limits_{x\to\infty}g(x)=B$，则 $\lim\limits_{x\to\infty}f(x)^{g(x)}=A^B$.

证　$\lim\limits_{x\to\infty}f(x)^{g(x)}=\lim\limits_{x\to\infty}\mathrm{e}^{g(x)\ln f(x)}=\mathrm{e}^{\lim\limits_{x\to\infty}g(x)\ln f(x)}=\mathrm{e}^{B\ln A}=A^B$.　□

例 1.4.25　求 $\lim\limits_{x\to0}(1+x)^{\sin x}$.

解　$\lim\limits_{x\to0}(1+x)^{\sin x}=\lim\limits_{x\to0}\mathrm{e}^{\sin x\cdot\ln(1+x)}=\mathrm{e}^0=1$.　□

习　题　1-4

1. 计算下列极限:

(1) $\lim\limits_{x\to2}\dfrac{x^2+5}{x-3}$;　　(2) $\lim\limits_{x\to1}\dfrac{x^2-2x+1}{x^2-1}$;

(3) $\lim\limits_{x\to0}\dfrac{4x^3-2x^2+x}{3x^2+2x}$;　　(4) $\lim\limits_{h\to0}\dfrac{(x+h)^2-x^2}{h}$;

(5) $\lim\limits_{x\to\infty}\dfrac{x^2-1}{2x^2-x-1}$；　(6) $\lim\limits_{x\to\infty}\dfrac{x^2+x}{x^4-3x^2-1}$；

(7) $\lim\limits_{x\to3}\dfrac{x^2-9}{x^2-x-6}$；　(8) $\lim\limits_{n\to\infty}\left(1+\dfrac{1}{2}+\dfrac{1}{4}+\cdots+\dfrac{1}{2^n}\right)$；

(9) $\lim\limits_{n\to\infty}\dfrac{1+2+3+\cdots+(n-1)}{n^2}$；　(10) $\lim\limits_{n\to\infty}\dfrac{(n+1)(n+2)(n+3)}{5n^3}$；

(11) $\lim\limits_{x\to\infty}\dfrac{1-x}{\cos x+x}$；　(12) $\lim\limits_{x\to-\infty}\dfrac{3\mathrm{e}^x-6x^2+\cos x+2\sin x}{\mathrm{e}^x+3x^2-\sin x-3\cos x}$；

(13) $\lim\limits_{x\to+\infty}(\sqrt{x^2+x}-x)$.

2. 已知 $\lim\limits_{x\to1}\dfrac{x^2+bx+6}{1-x}=5$，求 b.

3. 若 $\lim\limits_{x\to1}f(x)$ 存在，且 $f(x)=x^3+\dfrac{2x^2+1}{x+1}+2\lim\limits_{x\to1}f(x)$，求 $f(x)$.

4. 设 $\lim\limits_{x\to\infty}\left(\dfrac{x^2}{1+x}+ax+b\right)=0$，试求 a，b 的值.

5. 计算下列极限:

(1) $\lim\limits_{n\to\infty}\left(1+\dfrac{1}{2n}\right)^n$；　(2) $\lim\limits_{n\to\infty}\left(\dfrac{n-2}{n+1}\right)^n$；

(3) $\lim\limits_{x\to\infty}\left(1-\dfrac{2}{x}\right)^{3x}$；　(4) $\lim\limits_{x\to0}\left(\dfrac{1}{1+2x}\right)^{\frac{1}{x}}$；

(5) $\lim\limits_{x\to0}(1-3x)^{2x}$；　(6) $\lim\limits_{x\to\infty}\left(\dfrac{1-x}{x}\right)^{2x}$；

(7) $\lim\limits_{x\to\infty}\left(\dfrac{x+2}{x-1}\right)^{3x}$；　(8) $\lim\limits_{x\to1}x^{\frac{1}{x-1}}$；

(9) $\lim\limits_{x\to0}(1+\cos x)^{\frac{3}{\cos x}}$；　(10) $\lim\limits_{x\to0}\left(\dfrac{1+\sin x}{1-x}\right)^{\frac{1}{\tan 2x}}$.

6. 已知极限 $\lim\limits_{x\to\infty}\left(\dfrac{x+2a}{x-a}\right)^x=8$，求 a 值.

第五节　无穷小、无穷大及其比较

一、无穷小量

在函数的极限理论中，极限为 0 的函数有重要作用. 事实上，如果 $\lim\limits_{x\to x_0}f(x)=A$，那么就有 $\lim\limits_{x\to x_0}\big(f(x)-A\big)=0$. 因此，我们给这种极限为 0 的函数一个名称.

定义 1.5.1　如果 $\lim\limits_{x\to x_0}f(x)=0$，就称函数 $f(x)$ 是 $x\to x_0$ 时的**无穷小量**，并记作

$$f(x)=o(1)\quad(x\to x_0).$$

在不引起混淆的情况下，可将“$(x\to x_0)$”省去. 当然，可以类似地定义 $x\to x_0^{\pm}$ 和 $x\to\pm\infty$ 及 $x\to\infty$ 时的无穷小量，并也有相类似的记号. 注意数列 $\{a_n\}$ 也有无穷小量，

并记作 $a_n = o(1)$.

例如，函数 x，x^2，$\sin x$，$1-\cos x$ 都是 $x \to 0$ 时的无穷小量，数列 $\left\{\frac{1}{n}\right\}$，$\left\{\frac{\sin n}{n}\right\}$ 也是无穷小量.

根据定义，如果 $\lim\limits_{x\to x_0} f(x) = A$，则 $f(x)-A$ 是 $x \to x_0$ 时的无穷小量，因此 $f(x)-A = o(1)\ (x \to x_0)$，从而

$$f(x) = A + o(1), \quad (x \to x_0).$$

无穷小量具有下面的性质: 有限个无穷小量之和、差、积仍然是无穷小量:

$$o(1) \pm o(1) = o(1), \quad o(1)\cdot o(1) = o(1).$$

二、有界量

有一些函数, 例如 $\sin x$，尽管当 $x \to \infty$ 时没有极限, 但其是有界的, 我们称这样的函数是 $x \to \infty$ 时的有界量: 如果存在正数 M 使得函数 $f(x)$ 在某空心邻域 $U^\circ(x_0)$ 内有 $|f(x)| \leqslant M$，我们就称函数 $f(x)$ 是 $x \to x_0$ 时的有界量, 并且记作

$$f(x) = O(1) \quad (x \to x_0).$$

在不引起混淆的情况下, 可将“$(x \to x_0)$”省去. 例如, $\sin\frac{1}{x}$ 是 $x \to 0$ 时的有界量. 当然, 可以类似地定义 $x \to x_0^{\pm}$ 和 $x \to \pm\infty$ 及 $x \to \infty$ 时的有界量, 并也有相类似的记号. 注意数列 $\{a_n\}$ 也有有界量, 并记作 $a_n = O(1)$. 根据函数极限的性质, 如果 $\lim\limits_{x\to x_0} f(x)$ 存在, 那么函数 $f(x)$ 在某空心邻域 $U^\circ(x_0)$ 内有界, 因而函数 $f(x)$ 是 $x \to x_0$ 时的有界量: $f(x) = O(1)\ (x \to x_0)$.

有界量具有下面的性质:

(1) 有限个有界量之和、差、积仍然是有界量:

$$O(1) \pm O(1) = O(1), \quad O(1)\cdot O(1) = O(1).$$

(2) 有界量与无穷小量之积仍然是无穷小量: $O(1)\cdot o(1) = o(1)$.

三、无穷小量的比较

无穷小量是极限为 0 的函数, 但不同的无穷小量趋近于 0 的速度有快有慢或者相仿, 用数学的语言来定义“快、慢、相仿”如下.

定义 1.5.2 设函数 $f(x), g(x)$ 都是 $x \to x_0$ 时的无穷小量.

(1) 如果 $\frac{f(x)}{g(x)}$ 仍然是 $x \to x_0$ 时的无穷小量, 则称 $f(x)$ 是 $g(x)$ 的**高阶无穷小量**, 或 $g(x)$ 是 $f(x)$ 的低阶无穷小量, 记作

$$f(x) = o(g(x)) \quad (x \to x_0).$$

(2) 如果 $\dfrac{f(x)}{g(x)}$ 和 $\dfrac{g(x)}{f(x)}$ 都是 $x \to x_0$ 时的有界量, 则称 $f(x)$ 和 $g(x)$ 是 $x \to x_0$ 时的**同阶无穷小量**. 特别地, 当 $\lim\limits_{x \to x_0} \dfrac{f(x)}{g(x)} = c \neq 0$ 时, $f(x)$ 和 $g(x)$ 一定是 $x \to x_0$ 时的同阶无穷小量.

(3) 如果 $\lim\limits_{x \to x_0} \dfrac{f(x)}{g(x)} = 1$, 则称 $f(x)$ 和 $g(x)$ 是 $x \to x_0$ 时的等价无穷小量, 并且记为

$$f(x) \sim g(x) \quad (x \to x_0).$$

例 1.5.1 (1) 在 $x \to 0$ 时的无穷小量 $x, x^2, x^3, \cdots, x^n, \cdots$ 中, 后者依次是前者的高阶无穷小量:

$$x^{n+1} = o(x^n) \quad (x \to 0).$$

(2) 在 $x \to 0$ 时, x 与 $x\left(2 + \sin\dfrac{1}{x}\right)$ 是同阶无穷小量; x^2 与 $1 - \cos x$ 是同阶无穷小量:

$$1 \leqslant \frac{x\left(2 + \sin\dfrac{1}{x}\right)}{x} \leqslant 3; \quad \lim_{x \to 0} \frac{1 - \cos x}{x^2} = \frac{1}{2}.$$

(3) 在 $x \to 0$ 时, x, $\sin x$, $\arcsin x$, $\tan x$, $\arctan x$, $\mathrm{e}^x - 1$, $\ln(1 + x)$ 是等价无穷小量; 而 $1 - \cos x$ 与 $\dfrac{1}{2}x^2$ 也是等价无穷小量.

$$x \sim \sin x \sim \arcsin x \sim \tan x \sim \arctan x \sim \mathrm{e}^x - 1 \sim \ln(1 + x);$$

$$\frac{1}{2}x^2 \sim 1 - \cos x.$$ □

等价无穷小量有如下重要的性质: 如果 $f(x)$ 和 $g(x)$ 是 $x \to x_0$ 时的等价无穷小量, 则对任何函数 $h(x)$ 有

(1) $\lim\limits_{x \to x_0} f(x)h(x) = \lim\limits_{x \to x_0} g(x)h(x)$;

(2) $\lim\limits_{x \to x_0} \dfrac{h(x)}{f(x)} = \lim\limits_{x \to x_0} \dfrac{h(x)}{g(x)}$.

上述性质可简单说成: 求极限时等价无穷小量在乘除运算时可替换. 适当选择等价无穷小量来替换, 可以使计算简化, 但一定要注意替换只在乘除运算时适用.

例 1.5.2 求 $\lim\limits_{x \to 0} \dfrac{(x^2 + 1)\sin x}{\arctan x}$.

解 $\lim\limits_{x \to 0} \dfrac{(x^2 + 1)\sin x}{\arctan x} = \lim\limits_{x \to 0} \dfrac{(x^2 + 1)x}{x} = 1$. □

例 1.5.3 求 $\lim\limits_{x\to\infty}\dfrac{\arcsin\frac{1}{x}}{e^{\frac{1}{x}}-1}$.

解 $\lim\limits_{x\to\infty}\dfrac{\arcsin\frac{1}{x}}{e^{\frac{1}{x}}-1}=\lim\limits_{x\to\infty}\dfrac{\frac{1}{x}}{\frac{1}{x}}=1$. □

四、无穷大量

有些函数, 例如$\dfrac{1}{x}$, 当$x\to 0^+$时函数值会无限增大. 我们把这种函数就叫做无穷大量.

定义1.5.3 函数$f(x)$如在点x_0的某空心邻域内有定义. 如果对任意给定的正数M, 都存在正数δ使得当$0<|x-x_0|<\delta$时总有$f(x)>M$, 则称函数$f(x)$在$x\to x_0$时有**非正常极限**$+\infty$, 也称函数$f(x)$是$x\to x_0$时的**正无穷大量**, 记作$\lim\limits_{x\to x_0}f(x)=+\infty$. 类似地, 可定义$x\to x_0$时的负无穷大量(将"$f(x)>M$"换成$f(x)<-M$)和不分正负的**无穷大量**(将"$f(x)>M$"换成$|f(x)|>M$), 以及$x\to x_0^{\pm}$和$x\to\pm\infty$及$x\to\infty$时的无穷大量. 相应地, 数列也可定义非正常极限及无穷大量.

无穷大量也可有比较而定义高阶无穷大量、同阶无穷大量、等价无穷大量, 并且等价无穷大量在极限运算过程中涉及乘除运算时也可替换. 根据定义, 还可看出, 无穷大量与无穷小量有倒数的关系.

从图形上看, 如果函数$f(x)$在$x\to x_0$或$x\to x_0^{\pm}$时有非正常极限∞或$\pm\infty$, 那么曲线$y=f(x)$与直线$x=x_0$无限接近, 例如, 函数$y=\dfrac{1}{x}$与直线$x=0$无限接近, 因此此时称直线$x=x_0$为函数$y=f(x)$的**铅直渐近线**. 例如, 函数$y=\dfrac{1}{x}$有铅直渐近线$x=0$.

习 题 1-5

1. 判断下列命题是否正确. 若命题错误, 请举例说明.

(1) 无穷小与无穷小的商一定是无穷小;

(2) 有界函数与无穷小之积必为无穷小;

(3) 有界函数与无穷大之积必为无穷大;

(4) 无穷小之和必为无穷小.

2. 当$x\to 0$时, 比较下列无穷小的阶.

(1) $\sqrt{1+x}-1$与x; (2) $\sin x(1-\cos x)$与x^2.

3. 若当$x\to x_0$时, $\alpha(x),\beta(x)$都是无穷小, 判断下列函数是否为无穷小.

(1) $|\alpha(x)|+|\beta(x)|$; (2) $\alpha^2(x)+\beta^2(x)$;

(3) $\ln[1+\alpha(x)\cdot\beta(x)]$; (4) $\dfrac{\alpha^2(x)}{\beta(x)}$.

4. 当 $x \to 0$ 时，$\sin x(1-\cos x)$ 与 x^k 是同阶无穷小量，求 k.

5. 计算下列极限:

(1) $\lim\limits_{x\to 0} x^2\sin\dfrac{1}{x}$；　(2) $\lim\limits_{x\to\infty}\dfrac{\arctan x}{x}$.

6. 利用等价无穷小的性质，求下列极限:

(1) $\lim\limits_{x\to 0}\dfrac{\tan 3x}{2x}$；　(2) $\lim\limits_{x\to 0}\dfrac{\sin(x^n)}{(\sin x)^m}$（$n$，$m$ 为正整数）；

(3) $\lim\limits_{x\to 0}\dfrac{1-\cos 3x}{x\sin 3x}$；　(4) $\lim\limits_{x\to\infty}\dfrac{\arctan x^2}{x}$；

(5) $\lim\limits_{x\to\infty} x^2\sin\dfrac{1}{x^2}$；　(6) $\lim\limits_{x\to 0}\dfrac{\arcsin(3x)}{\sqrt{1-x}-1}$；

(7) $\lim\limits_{n\to\infty} 2^n\sin\dfrac{\pi}{2^{n-1}}$；　(8) $\lim\limits_{x\to 1}\dfrac{\sin(1-x^2)}{x-1}$；

(9) $\lim\limits_{x\to\infty} x\sin\dfrac{2}{x}$；　(10) $\lim\limits_{x\to 0}\dfrac{x\tan x}{1-\cos x}$；

(11) $\lim\limits_{x\to 0}\dfrac{\tan x-\sin x}{\sin^3 x}$；　(12) $\lim\limits_{x\to 0}\dfrac{\sin x-\tan x}{(\sqrt[3]{1+x^2}-1)(\sqrt{1+\sin x}-1)}$.

7. 试证明：当 $x\to 0$ 时，$x+\ln(1-x)$ 与 $-\dfrac{x^2}{2}$ 是等价无穷小.

8. 求曲线 $y=\dfrac{1}{1+e^x}$ 的所有水平渐近线.

9. 求曲线 $y=\dfrac{3x+3}{2x-4}$ 的铅直渐近线.

第六节　连续函数及其性质

中学课程里的初等函数，例如 x^2，$\sqrt{x}$，$\sin x$ 等，其图形是一条连续不间断的曲线. 因此直观上我们可称这种函数是连续函数. 我们要从数学的角度去定义连续性.

一、函数在一点处的连续性

先看一个例子：函数 $y=x^2$，其图像是一条抛物线. 在其上，我们挖掉原点，则图形就断开而变得不再连续(图1-16). 究其原因，当 $x\to 0$ 时，函数 $y=x^2$ 的极限0所对应的曲线上的点(0,0)被挖掉了. 根据这种直观的认识，我们就可给出如下的定义.

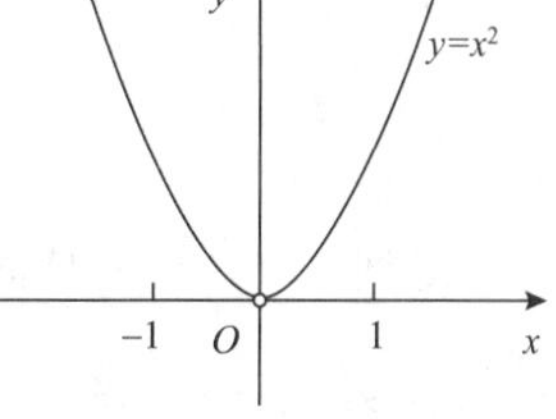

图 1-16

定义 1.6.1　设函数 $f(x)$ 在某邻域 $U(x_0)$ 有定义. 如果

$$\lim_{x\to x_0} f(x)=f(x_0), \tag{1.6.1}$$

则称函数 $f(x)$ 在点 x_0 处连续.

根据定义，立即得函数 x^2，$\sin x$ 在每一点 x_0 处都是连续的.

若记 $\Delta x = x - x_0$（称为**自变量 x 在点 x_0 处的增量或改变量**）和 $\Delta y = f(x) - f(x_0) = f(x_0 + \Delta x) - f(x_0)$（称为**函数 $y = f(x)$ 在点 x_0 处的增量或改变量**），则函数 $f(x)$ 在点 x_0 处连续等价于

$$\lim_{\Delta x \to 0} \Delta y = 0. \tag{1.6.2}$$

我们再看函数 $y = \sqrt{x}$，从图形上看毫无疑问是连续的. 然而在端点 O 处，这个函数当 $x < 0$ 时是没有定义的，因此只能从 O 的右侧来考虑连续性：在点 0 处考虑极限时 x 只能从正实轴趋近 0，即 $x \to 0^+$. 这提示我们要定义单侧连续性.

定义 1.6.2 设函数 $f(x)$ 在点 x_0 的某右（左）邻域 $U_+(x_0,\delta_0)$（$U_-(x_0,\delta_0)$）有定义. 如果

$$\lim_{x \to x_0^+} f(x) = f(x_0) \quad \left(\lim_{x \to x_0^-} f(x) = f(x_0)\right), \tag{1.6.3}$$

则称函数 $f(x)$ 在点 x_0 处右（左）连续.

例如，函数 $y = \sqrt{x}$ 在点 0 处是右连续的.

根据左右极限与极限的关系，容易得到如下定理.

定理 1.6.1 函数 $f(x)$ 在点 x_0 处连续当且仅当函数 $f(x)$ 在点 x_0 处既是右连续又是左连续.

例 1.6.1 确定常数 a, b 使得函数

$$f(x) = \begin{cases} ax + 1, & x > 0, \\ b, & x = 0, \\ \ln(x + a), & x < 0 \end{cases}$$

在点 0 处连续.

解 由于函数 $f(x)$ 在点 0 处连续，因此在点 0 处既是右连续又是左连续，即有

$$\lim_{x \to 0^+} f(x) = f(0) \text{ 和 } \lim_{x \to 0^-} f(x) = f(0).$$

由函数的表达式可知:

$$f(0) = b,$$

$$\lim_{x \to 0^+} f(x) = \lim_{x \to 0^+} (ax + 1) = 1,$$

$$\lim_{x \to 0^-} f(x) = \lim_{x \to 0^-} \ln(x + a) = \ln a,$$

因此得到 $1 = b = \ln a$，从而 $a = \mathrm{e}$ 及 $b = 1$. □

二、函数的间断点

所谓函数的间断点就是其不连续的点. 根据连续点的定义，我们看到在不连续的点

处会出现以下情形.

首先, 从定义域的角度看, 函数 $f(x)$ 在点 x_0 的任何邻域内不总是有定义的. 我们不考虑函数在点 x_0 的某邻域内都没有定义这种情形. 此时有两种可能的情况:

(i) 函数 $f(x)$ 在任何空心邻域 $U^{\circ}(x_0,\delta)$ 内都有某些点处没有定义;

(ii) 函数 $f(x)$ 在某空心邻域 $U^{\circ}(x_0,\delta_0)$ 有定义, 但在 x_0 处没有定义.

注意情况 (i) 是有可能的, 例如, 函数

$$f(x)=\frac{1}{\sin\frac{1}{x}}$$

不仅在点 $x=0$ 处没有定义, 而且在任何空心邻域 $U^{\circ}(0,\delta)$ 内都有点 $x_n=\frac{1}{n\pi}\left(n>\frac{1}{\delta\pi}\right)$ 处没有定义.

其次, 假设函数 $f(x)$ 在某邻域 $U(x_0,\delta_0)$ 有定义, 从极限的角度看, 则有如下两种情况:

(a) 函数 $f(x)$ 在点 x_0 处没有极限;

(b) 函数 $f(x)$ 在点 x_0 处有极限, 但 $\lim\limits_{x\to x_0}f(x)\neq f(x_0)$.

先来分析较好的情况 (b). 首先这样的函数是存在的, 例如, 函数 $\operatorname{sgn}^2 x$ 在点 0 处有极限, 但 $\lim\limits_{x\to 0}\operatorname{sgn}^2 x\neq \operatorname{sgn}^2 0$. 另外结合上述情况 (ii), 也有函数在点 x_0 处有极限但函数本身在 x_0 处没有定义, 例如, 函数 $\frac{\sin x}{x}$ 在点 0 处是没有定义的但有极限 $\lim\limits_{x\to 0}\frac{\sin x}{x}=1$. 根据连续的定义, 如果用极限值去替换原来的函数值或者将极限值定义为原来缺失的函数值, 那么得到的新函数在空心邻域内与原有函数是相同的, 但新函数是连续的. 因此当函数 $f(x)$ 在点 x_0 处有极限, 但或者 $\lim\limits_{x\to x_0}f(x)\neq f(x_0)$ 或者函数 $f(x)$ 在点 x_0 处没有定义的点 x_0 称为可去间断点. 此时, 函数

$$F(x)=\begin{cases} f(x), & x\neq x_0,\\ \lim\limits_{x\to x_0}f(x), & x=x_0\end{cases}$$

在点 x_0 处连续: $\lim\limits_{x\to x_0}F(x)=\lim\limits_{x\to x_0}f(x)=F(x_0)$.

再看情况 (a). 此时相对较好的情况是函数在点 x_0 处尽管没有极限, 但左、右极限都是有的. 例如, 函数 $\operatorname{sgn}x$ 在点 0 处没有极限, 但有左、右极限. 从图形上看, 在点 0 处呈现出跳跃现象, 因此这样的间断点被称为跳跃间断点.

一般地, 如果函数 $f(x)$ 在点 x_0 处左、右极限存在但两者不相等, 就称点 x_0 为函数 $f(x)$ 的**跳跃间断点**.

我们把可去间断点和跳跃间断点统称为**第一类间断点**; 不是第一类间断点的其他间断点统称为**第二类间断点**. 例如, 0 是函数 $\frac{1}{x}$ 和 $\sin\frac{1}{x}$ 的第二类间断点. 0 和 $x_n=\frac{1}{n\pi}$ 都是函

数 $f(x)=\dfrac{1}{\sin\dfrac{1}{x}}$ 的第二类间断点.

三、区间上的连续函数

如果函数 $f(x)$ 在区间 I 内的每一点处都是连续的, 则称函数 $f(x)$ 为区间 I 上的**连续函数**. 对闭区间或半开半闭的区间, 在属于该区间的端点处的连续是指相应的左连续或右连续.

例如, 常值函数 c, 幂函数 $x^n(n\in\mathbf{N})$, 三角函数 $\sin x,\cos x$ 都是区间 $(-\infty,+\infty)$ 上的连续函数; $\sqrt{x}$ 是区间 $\left[0,+\infty\right)$ 上的连续函数; $\sqrt{1-x^2}$ 是闭区间 $\left[-1,1\right]$ 上的连续函数.

事实上, 所有基本初等函数都是其定义域上的连续函数. 我们将证明这对初等函数也是正确的. 然而, 我们要指出, 存在(事实上有非常多的)在定义区间内每一点处都不连续的“病态”函数. 例如, 下面的狄利克雷函数

$$D(x)=\begin{cases}1, & x\text{为有理数},\\ 0, & x\text{为无理数}.\end{cases}$$

四、连续函数的局部性质

由于函数在一点处连续是通过极限来定义的, 因此根据函数极限的性质, 不难证明连续函数有如下的局部性质:

(1) (局部有界性) 若函数 $f(x)$ 在点 x_0 处连续, 则函数 $f(x)$ 在点 x_0 的某邻域 $U(x_0,\delta_0)$ 上有界.

(2) (局部保号性) 若函数 $f(x)$ 在点 x_0 处连续并且 $f(x_0)\neq 0$, 则函数 $f(x)$ 在点 x_0 的某邻域 $U(x_0,\delta_0)$ 上与 $f(x_0)$ 同号:

$$f(x_0)f(x)>0,\quad x\in U(x_0,\delta_0).$$

更进一步地, 若 $f(x_0)>0$,则对任何正数 $r<f(x_0)$, $f(x)$ 在 x_0 的某邻域 $U(x_0,\delta_0)$ 内满足 $f(x)>r$; 若 $f(x_0)<0$,则对任何正数 $r<-f(x_0)$, $f(x)$ 在 x_0 的某邻域 $U(x_0,\delta_0)$ 内满足 $f(x)<-r$.

注 在实际应用中, 常取 $r=\dfrac{1}{2}f(x_0)$ 或 $r=-\dfrac{1}{2}f(x_0)$.

(3) (四则运算) 若函数 $f(x)$ 和 $g(x)$ 都在点 x_0 处连续, 则两函数的和 $f(x)\pm g(x)$, 两函数的积 $f(x)\cdot g(x)$ 也都在点 x_0 处连续; 当 $g(x_0)\neq 0$ 时, 两函数的商 $\dfrac{f(x)}{g(x)}$ 在点 x_0 处也连续.

(4) (复合运算) 若函数 $f(x)$ 在点 x_0 处连续: $u_0=f(x_0)$, 函数 $g(u)$ 在点 u_0 处连续, 则复合函数 $(g\circ f)(x)$ 在点 x_0 处也连续.

(5)(反函数连续性) 若函数 $y=f(x)$ 于某邻域 $U(x_0)$ 上严格单调并且在点 x_0 处连续, 则反函数 $x=f^{-1}(y)$ 在点 $y_0=f(x_0)$ 处也连续.

根据上述性质, 我们立即得到重要结论.

定理 1.6.2 所有初等函数都是其定义域上的连续函数.

由此可知符号函数 $\operatorname{sgn} x$ 不是初等函数. 根据该结论还有: 如果 $f(x)$ 是初等函数, 而点 x_0 又在其定义域内, 那么就有

$$\lim_{x\to x_0} f(x)=f(x_0).$$

这就给我们求极限带来了很大方便. 例如,

$$\lim_{x\to 0}\frac{\mathrm{e}^{x^2}+1}{x-1}=\frac{\mathrm{e}^{0^2}+1}{0-1}=-2.$$

五、连续函数的整体性质——闭区间上连续函数性质

这一小节中, 考虑有限闭区间上的连续函数的性质. 这些性质非常重要, 而且一般而言只对闭区间上的连续函数才成立. 这些性质从图像上看是比较直观的, 但严格的证明则较难, 读者可参考相关书籍[1, 3, 5].

(1) **有界性定理** 闭区间上的连续函数有界.

这个性质告诉我们, 闭区间上的连续函数的图像一定位于两条平行线 $y=\pm M$ 之间.

在给出函数的下个性质之前, 我们需要最大值与最小值的概念: 设函数 $f(x)$ 在区间 I 上有定义. 若有点 $x_0\in I$ 使得对任何 $x\in I$ 都有 $f(x)\leqslant f(x_0)$, 则称函数 $f(x)$ 在区间 I 上有最大值 $f(x_0)$; 若有点 $x_0\in I$ 使得对任何 $x\in I$ 都有 $f(x)\geqslant f(x_0)$, 则称函数 $f(x)$ 在区间 I 上有最小值 $f(x_0)$.

(2) **最值存在性定理** 闭区间上的连续函数有最大值与最小值.

这个性质告诉我们, 闭区间上的连续函数的图像一定有最高点与最低点.

(3) **零点存在性定理** 闭区间上的连续函数若两端点处函数值异号, 则必有零点.

这里, 所谓零点是指使函数值为0的点. 这个性质告诉我们, 闭区间上的连续函数的图像若两端点位于 x 轴的两侧, 则图像必穿过 x 轴. 这在直观上是容易看出的.

(4) **介值性定理** 闭区间上的连续函数若两端点处函数值不等, 则该函数可取到介于两端点处函数值之间的任何数.

这个性质告诉我们, 闭区间上的连续函数的图像若两端点高低不同, 则图像必穿过将两端点置于两侧的任何直线 $y=c$.

作为这些性质的一个推论, 闭区间上连续函数的值域也是一个闭区间 $[m,M]$, 左端点是最小值, 右端点是最大值; 更进一步地, 可以证明任何区间(不一定是闭区间)上连续函数的值域仍然是一个区间.

闭区间上的连续函数还有其他的重要性质, 例如, 一致连续性.

例 1.6.2 奇数次多项式一定有零点; 奇数次多项式方程一定有实数根.

证 设 $P(x)=x^{2k+1}+a_1x^{2k}+\cdots+a_{2k}x+a_{2k+1}$，则 $\lim\limits_{x\to+\infty}P(x)=+\infty$，$\lim\limits_{x\to-\infty}P(x)=-\infty$．根据保号性，存在点 $x_1>0$ 使得 $P(x_1)>0$；也存在点 $x_2<0$ 使得 $P(x_2)<0$．于是根据零点存在定理，在 $x_2<0$ 与 $x_1>0$ 之间有某个点 x_0 使得 $P(x_0)=0$． □

对具体的次数较低的奇数次多项式，我们可以用一些特殊的数值代入去找出上面的 x_1 和 x_2 来．例如，对多项式 $P(x)=x^5-4x^2+1$ 有 $P(0)=1>0$，$P(1)=1-4+1=-2<0$，因此存在 $x_0\in(0,1)$ 使得 $P(x_0)=x_0^5-4x_0^2+1=0$．更进一步地，由于 $P\left(\dfrac{1}{2}\right)=\dfrac{1}{32}-\dfrac{4}{4}+1=\dfrac{1}{32}>0$，因此存在 $x_0\in\left(\dfrac{1}{2},1\right)$ 使得 $P(x_0)=x_0^5-4x_0^2+1=0$．这个 x_0 的范围小了一些．若再进一步计算，由于 $P\left(\dfrac{3}{4}\right)=\left(\dfrac{3}{4}\right)^5-4\cdot\dfrac{9}{16}+1<0$，就知存在 $x_0\in\left(\dfrac{1}{2},\dfrac{3}{4}\right)$ 使得 $P(x_0)=x_0^5-4x_0^2+1=0$．这个 x_0 的范围就更小了．利用这种办法(二分法)就可求出根的近似值．

习 题 1-6

1. 研究下列函数的连续性，并画出函数的图形：

(1) $f(x)=\begin{cases}x^2, & 0\leqslant x\leqslant 1,\\ 2-x, & 1<x\leqslant 2;\end{cases}$　　(2) $f(x)=\begin{cases}x, & -1\leqslant x\leqslant 1,\\ 1, & |x|>1.\end{cases}$

2. 下列函数在指出的点处间断，说明这些间断点属于哪一类，如果是可去间断点则补充或改变函数的定义使它连续．

(1) $y=\dfrac{x^2-1}{x^2-3x+2}, x=1, x=2$；　　(2) $y=\dfrac{x}{\tan x}, x=0$，$x=k\pi+\dfrac{\pi}{2}(k=0,\pm1,\pm2,\cdots)$；

(3) $y=\cos^2\dfrac{1}{x}, x=0$；　　(4) $y=\dfrac{3}{2+\mathrm{e}^{\frac{1}{x}}}, x=0$;

(5) $y=\dfrac{\sin 2x}{3x}, x=0$;　　(6) $f(x)=\begin{cases}\dfrac{1}{x-3}, & x<1,\\ \ln x, & x\geqslant 1,\end{cases}\quad x=1$．

3. 讨论函数 $f(x)=\lim\limits_{n\to\infty}\dfrac{1-x^{2n}}{1+x^{2n}}x$ 的连续性，若有间断点，判别其类型．

4. 求函数 $f(x)=\dfrac{x^3+3x^2-x-3}{x^2+x-6}$ 的连续区间，并求极限 $\lim\limits_{x\to0}f(x)$，$\lim\limits_{x\to-3}f(x)$ 及 $\lim\limits_{x\to2}f(x)$．

5. 设 $f(x)=\begin{cases}x^2\arctan\dfrac{1}{x^2}, & x\neq 0,\\ a, & x=0\end{cases}$ 在 $x=0$ 连续，求 a．

6. 设 $f(x)=\dfrac{\csc x-\cot x}{x}(x\neq 0)$，要使 $f(x)$ 在 $x=0$ 处连续，求 $f(0)$．

7. 设 $f(x)=\begin{cases}\dfrac{\ln(x+1)}{1+x}, & x>0,\\ 2x+a, & x\leqslant 0,\end{cases}$ 应当如何选择数 a，使得 $f(x)$ 成为在 $(-\infty,+\infty)$ 内的连续函数？

8. 证明方程 $x^5-3x=1$ 有一个根介于 1 和 2 之间．

9. 若 $f(x)$ 在 $[a,b]$ 上连续，$a<x_1<x_2<\cdots<x_n<b$，则在 $[x_1,x_n]$ 上至少有一点 ξ，使

$$f(\xi)=\frac{f(x_1)+f(x_2)+\cdots+f(x_n)}{n}.$$

第七节　Mathematica 软件应用(1)

Mathematica 是美国 Wolfram Research 公司开发的数学软件，具有高精度的数值计算功能、强大的图形功能和动画等多媒体集成功能. 1988 年该公司推出 Mathematica 1.0，之后经多次改进和不断扩充功能，版本得到不断升级，2011 年 3 月发布了 Mathematica 8.0.1 简体中文版，2012 年 11 月发布了 Mathematica 9.0.0. 我们主要介绍 Mathematica 9.0 简体中文版的用法.

一、Mathematica 9.0 的启动和退出

1. Mathematica 9.0 的启动

Mathematica 9.0 简体中文版在 Windows 环境下安装成功后，在“开始”菜单的“程序”中用鼠标左键单击 Mathematica 9.0 图标，就启动了 Mathematica 9.0. 启动后的界面(图 1-17)，由主菜单和欢迎窗口组成.

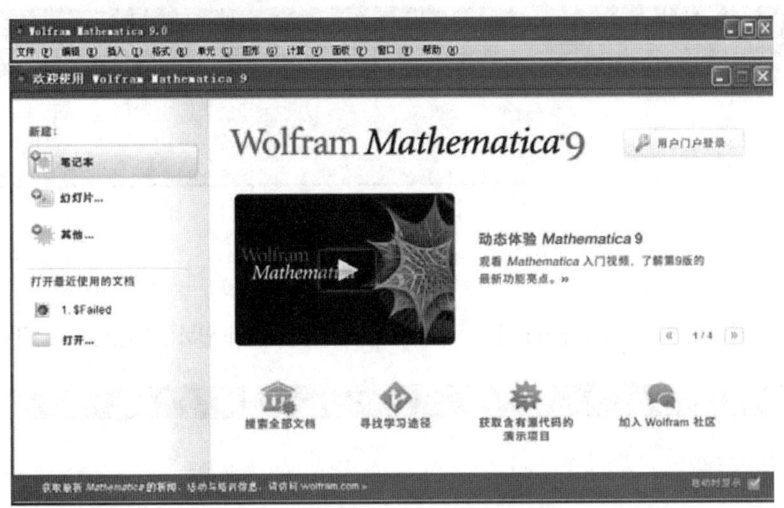

图 1-17

2. Mathematica 的界面

1) 欢迎窗口

图 1-17 所示的大窗口为欢迎窗口，这个窗口是可移动的. 所有任务都可以从欢迎

窗口开始. 包括创建新文档、打开最近使用的笔记本、学习新功能、追踪新闻和活动等.

创建新的笔记本: 在欢迎窗口单击“笔记本”图标, 或者按 Enter 键创建一个新的笔记本(图 1-18), 这样就立即开始新的工作.

这个笔记本是显示一切输入、输出的窗口, 从简单计算到完整的文档排版和高级的动态界面, 以及与 Mathematica 的标准交互界面, 这一切都可以在笔记本中完成, 这有点类似于 Word 中的文档. 一次可以同时打开多个笔记本, 新打开的笔记本系统默认命名为未命名-1, 未命名-2,…, 用户可以对其重新命名. 在 Mathematica 9.0 中可对笔记本进行保存、打开、编辑、排版和打印等文件编辑和管理操作.

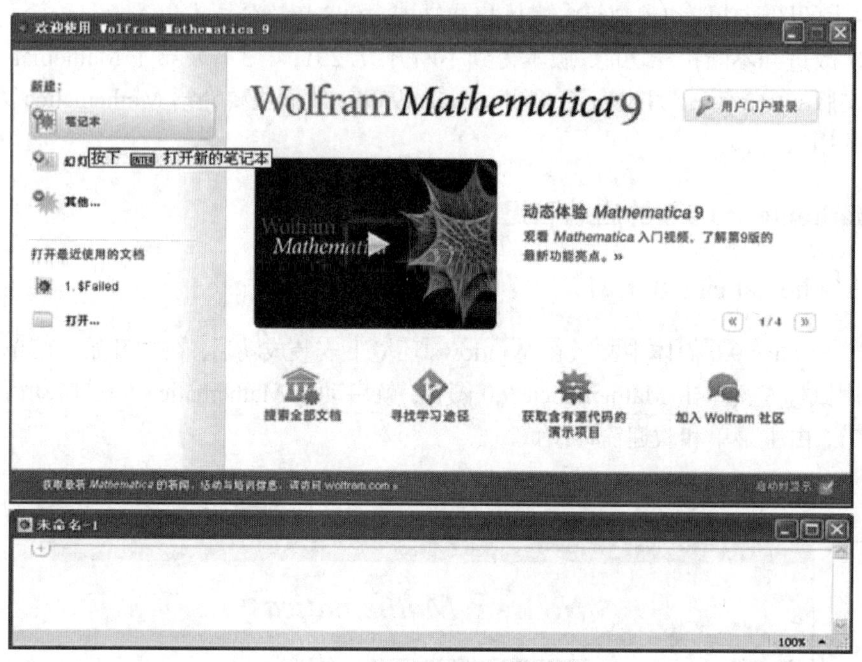

图 1-18

2) 单元插入助手

当打开一个新的 Mathematica 笔记本, 在窗口里会立即显示单元插入助手(图 1-19).

图 1-19

单元插入助手可显示许多标准选项便于输入计算以及输入样式化的文本(图 1-20).

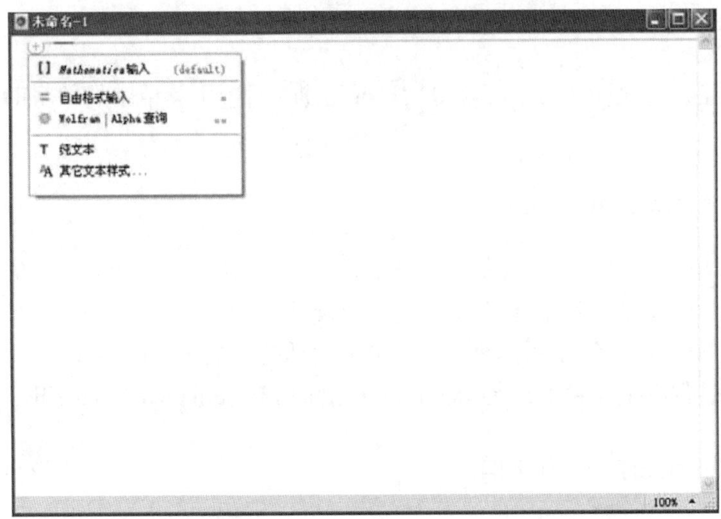

图 1-20

单元插入助手具有易于访问的特点，当你在Mathematica文本窗口点击时，任何时候均会显示这个助手，但对于不想使用它的用户也不碍事.

3）主菜单

文本窗口上方是主菜单，包括“文件”菜单(F)、“编辑”菜单(E)、“插入”菜单(I)、“格式”菜单(R)、“单元”菜单(C)、“图形”菜单(G)、“计算”菜单(V)、“面板”菜单(P)、“窗口”菜单(W)和“帮助”菜单(H)(图1-21). 单击主菜单标签，在其下面会显现菜单内容.

图 1-21

4）“数学助手”模板

点击主菜单的“面板”菜单(P)，可以发现有多个输入模板，比如书写助手、课堂助手、数学助手等. “数学助手”(图1-22)，包括“计算器”“基本指令”“排版”“帮助和设置”按钮，主要用于简化数学表达式、特殊字符及函数输入等.

图 1-22

3. 帮助系统

任何时候都可以通过按 F1 键获得信息或帮助, 通过主菜单中的“帮助”菜单(H)可以打开窗口.

4. 退出 Mathematica 9.0

单击主菜单右上角“×”或在“文件”菜单(F)中执行“退出(X)”命令退出. 如果窗口中有内容没有保存到笔记本中, 这时会出现一个提示是否保存的对话框. 单击“Save”按钮, 则保存笔记本后退出窗口; 单击对话框上的“don't Save”按钮, 则关闭窗口. 笔记本文件保存的文件的后缀为.nb, 它只能用 Mathematica 才能打开.

二、数学表达式的输入和赋值

在 Mathematica 9.0 中, 可利用“数学助手”模板的排版格式(图 1-23)输入数学表达式.

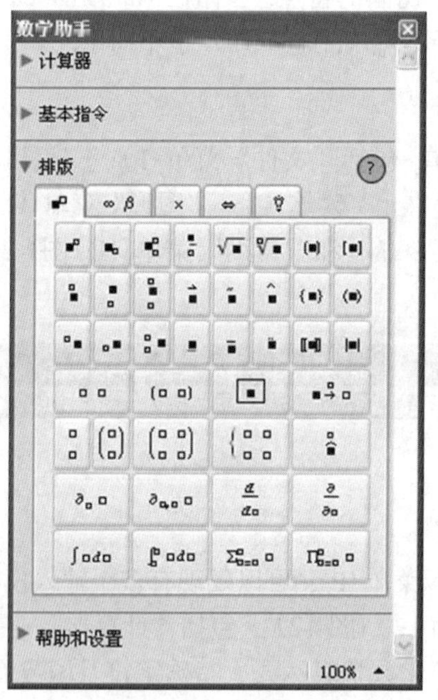

图 1-23

例如, 要输入数学表达式$\dfrac{2x}{\sqrt{x^2+1}}$, 可在“笔记本”窗口中利用“数学助手”的排版格式按下面顺序进行输入: 按钮$\dfrac{\square}{\square}$, $2x$, Tab 键, 按钮$\sqrt{\square}$, 按钮$\square^{\square}$, x, Tab 键, 2, (右移键) →, +, 1, (右移键) →, 输完后, 按 Shift + Enter 键, 这时系统就开始计算并输出计算结果, 且给输入和输出附上次序标识 In[1]和 Out[1]. 注意 In[1]和 Out[1]是计算后才出现的(图 1-24). 若不想显示计算结果, 可在命令语句后加上分号“;”.

图 1-24

Mathematica 的变量赋值的方法是: /.变量名称–>变量值.

变量值可以是数值, 也可以是字符串(图 1-24). 赋值符号“/.”是由斜杠“/”和“.”组成的.

在 Mathematica 中,“%”代表最后一次输出的结果,“%%”代表倒数第二次输出的结果, 以此类推,“*n* 个%”代表倒数第 *n* 个输出语句的结果.

在 Mathematica 中, 可以用系统函数 N 给出输出结果的近似值, 它的表示方法是

N[表达式]或“表达式//N”(图 1-24).

在 Mathematica 中, 要注意三种括号的用法: 圆括号( )表示项的结合顺序, 方括号[ ]表示函数, 大括号{ }表示一个表(一组数字、任意表达式、函数等的集合)(图 1-25).

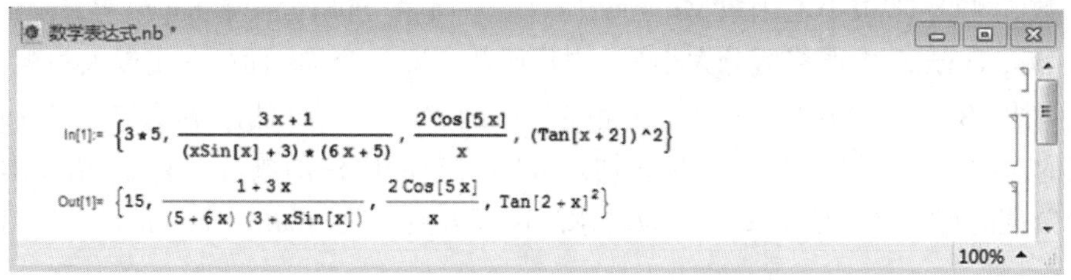

图 1-25

注　在 Mathematica 中, 有些运算记号与手写习惯有些区别. 如图 1-25 所示的输出结果中, $\mathrm{Tan}[2+x]^2$ 是表示 $\tan^2(2+x)$, 而不是 $\tan(2+x)^2$.

三、建议栏或自动补全

Mathematica 9.0 引入了一个全新的界面模式——Wolfram 预测界面, 在用户完成某个计算时, 便可得到关于下一步操作的最优化建议. 单击相关按钮可以运行一个新函数, 或者弹出互动向导有助于用户在 Mathematica 系统中浏览和探索各种功能.

“输入助手”提供基于语境的自动补全功能, 包括选项和用户自定义函数, 以及函数

模板和动态突出显示功能. 一旦你完成一次计算, 建议栏就会根据计算结果对下一步提供最优的立即访问功能. 图像助手和绘图工具提供了单击式图像处理和图形编辑功能.

1. “输入助手”概览

“输入助手”可帮助你自动补全代码, 挖掘函数和选项, 减少编码中的疏忽和排版上的错误.

2. “输入助手”具有四个特征

基于语境的自动补全: 只需输入少许字符, 然后通过从建议列表中选择匹配的选项补全你的代码.

函数模板: 把完全可编辑的常用函数说明插入你的笔记本.

选项模板: 查看和插入与你当前函数有关的选项.

动态突出显示: 高亮显示你正在输入的代码, 使你更容易识别正在操作的代码部分.

要启用或禁用“输入助手”, 可以通过“编辑”菜单(E)中的“偏好设置”子菜单进行设置.

四、Mathematica 9.0 中的函数

1. 内建函数

Mathematica 定义了许多功能强大的、可以直接调用的函数, 称为内建函数. 内建函数一般分为两种: 一种是数学意义上的函数, 例如, 基本初等函数; 另一种是命令意义上的函数, 例如, 求最小值函数 Minimize$[f,\{x,y,\cdots\}]$、求微分函数 Dt$[f]$ 等.

在 Mathematica 中严格区分大小写. 内建函数一般写全称, 而且一定以大写英文字母开头, 例如, Sin$[x]$, Log$[a,x]$(以 a 为底的对数函数), Exp$[x]$(指数函数 e^x), Log$[x]$(以 e 为底的对数函数), ArcTan$[x]$(反正切函数)等. 有的内建函数名是由几个单词构成的, 则每个单词的首字母也必须大写, 例如, 求局部极大值函数 FindMaximum$[f,\{x,x_0\}]$ 等.

2. 自定义函数

一元函数 $y=f(x)$ 在 Mathematica 中有两种定义方式: 立即定义和延迟定义.

函数的立即定义格式为: $f[x\_]=\exp r$, 它表示函数名为 f, 自变量为 x, $\exp r$ 是表达式. 立即定义在输入函数后立即显示赋值结果, 并存放在内存中直接调用.

函数的延迟定义格式为: $f[x\_]:=\exp r$. 它表示函数名为 f, 自变量为 x, $\exp r$ 是表达式. 延迟定义使用了延迟赋值号“:=”, 只是定义了指定变量的赋值模式, 而没有立即给变量赋值(以后每调用一次, 才赋一次值), 所以使用延迟定义输入函数后, 不立即显示赋值结果(图 1-26).

图 1-26

在 Mathematica 中，用Clear[f]清除 f 的定义和赋值.

五、求函数的极限

Mathematica 用内建函数Limit计算极限，它的命令格式如表 1-1 所示.

表 1-1

命令格式	意义
Limit[表达式, x-> x_0]	当 x 趋向于 x_0 时求表达式的极限
Limit[表达式, x-> x_0 , Direction->1]	当 x 趋向于 x_0 时求表达式的左极限
Limit[表达式, x-> x_0 ,Direction->–1]	当 x 趋向于 x_0 时求表达式的右极限
Limit[表达式, x-> +∞]	当 x 趋向于 +∞ 时求表达式的极限
Limit[表达式, x-> –∞]	当 x 趋向于 –∞ 时求表达式的极限
Limit[表达式, n -> ∞]	当 n 趋向于 ∞ 时求表达式的极限

例 1.7.1　求下列数列的极限.

(1) $\lim\limits_{n\to\infty}\left(\dfrac{2n+3}{2n+1}\right)^{n+1}$;　　(2) $\lim\limits_{n\to\infty}\sqrt[n]{n}$.

解　如图 1-27 所示.

图 1-27

例 1.7.2 求下列函数的极限.

(1) $\lim\limits_{x\to 0}\left(\dfrac{a^x+b^x+c^x}{3}\right)^{\frac{1}{x}}\ (a>0,b>0,c>0)$;

(2) $\lim\limits_{x\to 0}\left(\dfrac{\tan x}{x}\right)^{\frac{1}{x^2}}$.

解 如图 1-28 所示.

```
极限的计算.nb *
In[1]:= Limit[((a^x + b^x + c^x)/3)^(1/x), x → 0]
Out[1]= a^(1/3) b^(1/3) c^(1/3)

In[2]:= Limit[(Tan[x]/x)^(1/x^2), x → 0]
Out[2]= e^(1/3)
100%
```

图 1-28

例 1.7.3 设 $f(x)=\begin{cases}\mathrm{e}^{\frac{1}{x-1}}, & x>0,\\ \ln(1+x), & -1<x\leqslant 0,\end{cases}$ 求 $\lim\limits_{x\to 0}f(x)$.

解 如图 1-29 所示.

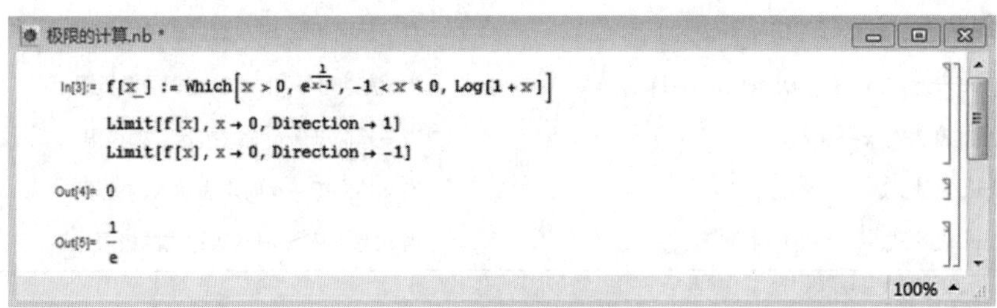

图 1-29

因为 $f(0-0)=0, f(0+0)=1/\mathrm{e}$，即 $f(x+0)\neq f(x-0)$，故 $\lim\limits_{x\to 0}f(x)$ 不存在.

注 在 Mathematica 中，可以用 Which 条件语句定义分段函数，其命令格式为

Which[检测条件 1,表达式 1,检测条件 2,表达式 2,…].

依次对检测条件进行检验，当首次遇到检测条件为 True(真)时，执行相应的表达式.

例 1.7.4 设 $f(x)=\begin{cases}x+1, & x\leqslant -1,\\ x-1, & -1<x\leqslant 1,\\ \ln x, & x>1,\end{cases}$ 求 $\lim\limits_{x\to 1}f(x)$，$\lim\limits_{x\to -1}f(x)$.

解 如图 1-30 所示.

注 在 Mathematica 中, Print 为输出命令，其命令格式为

Print[表达式 1, 表达式 2, ⋯].

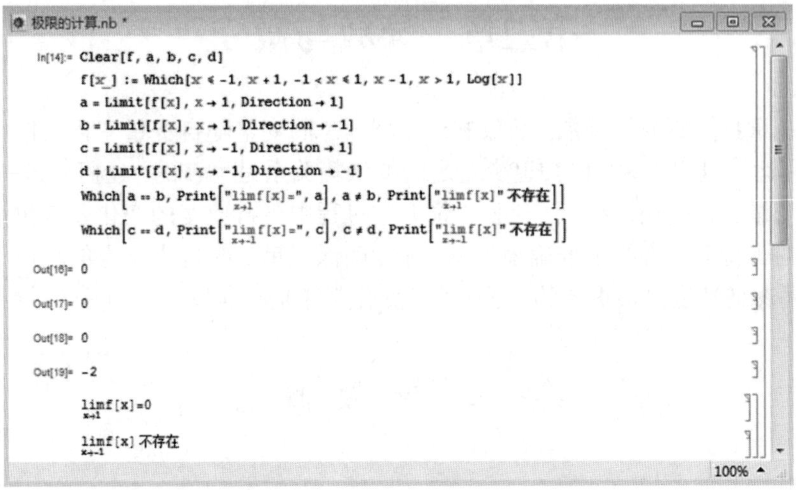

```
极限的计算.nb *

In[14]:= Clear[f, a, b, c, d]
         f[x_] := Which[x ≤ -1, x + 1, -1 < x ≤ 1, x - 1, x > 1, Log[x]]
         a = Limit[f[x], x → 1, Direction → 1]
         b = Limit[f[x], x → 1, Direction → -1]
         c = Limit[f[x], x → -1, Direction → 1]
         d = Limit[f[x], x → -1, Direction → -1]
         Which[a == b, Print["lim_{x→1} f[x]=", a], a ≠ b, Print["lim_{x→1} f[x]" 不存在]]
         Which[c == d, Print["lim_{x→-1} f[x]=", c], c ≠ d, Print["lim_{x→-1} f[x]" 不存在]]

Out[16]= 0

Out[17]= 0

Out[18]= 0

Out[19]= -2

         lim_{x→1} f[x]=0

         lim_{x→-1} f[x] 不存在

100%
```

图 1-30

执行 Print 语句, 依次输出表达式 1, 表达式 2, ⋯, 两表达式之间不留空格, 输出完成后换行. 若想原样输出某个表达式或字符, 需要对其加引号.

第二章　导数与微分

在第一章我们研究了函数，函数的概念刻画了因变量随自变量变化的依赖关系，但是，对研究运动过程来说，仅知道变量之间的依赖关系是不够的，还需要进一步知道因变量随自变量变化的快慢程度，比如火箭升空过程中飞行速度的变化非常快，我们对它每时每刻的飞行速度都必须准确地把握，才能确保卫星准时进入预定的轨道，可见研究物体每时每刻的速度是很重要的，掌握速度变化规律是科学技术中的一个重要课题.

第一节　导 数 概 念

一、引例

为了说明导数概念，我们先讨论两个问题：速度问题与切线问题. 这两个问题都与导数概念的形成具有密切的关系.

1. 变速运动物体的速度问题

在中学里我们学过平均速度$\frac{\Delta S}{\Delta t}$，平均速度只能使我们对物体在一段时间内的运动大致情况有个了解，这不但对于火箭发射控制不够，就是对于比火箭速度慢得多的火车、汽车运行情况也是不够的. 火车上坡、下坡、转弯、穿隧道时速度都有一定的要求，至于火箭升空那就不仅要掌握火箭的平均速度，而且要掌握火箭飞行速度的变化规律. 不过瞬时速度的概念并不神秘，它可以通过平均速度的概念来把握. 根据牛顿第一定律，物体运动具有惯性，不管它的速度变化多么快，在一段充分短的时间内，它的速度变化总是不大的，可以近似看成匀速运动，通常把这种近似代替称为“以匀代不匀”. 设物体运动的路程是时间的函数$S(t)$，则在t_0到t这段时间内的平均速度为

$$\overline{v}=\frac{S(t)-S(t_0)}{t-t_0}.$$

可以看出t与t_0越接近，平均速度$\overline{v}$与t_0时刻的瞬时速度$v(t_0)$越接近，当t无限接近t_0时，平均速度$\overline{v}$就发生了一个质的飞跃，平均速度$\overline{v}$转化为物体在t_0时刻的瞬时速度$v(t_0)$，即物体在t_0时刻的瞬时速度为

$$v(t_0)=\lim_{t\to t_0}\frac{S(t)-S(t_0)}{t-t_0}. \tag{2.1.1}$$

照这种思想和方法计算自由落体的瞬时速度如下：因为自由落体运动的运动方程为

$$S(t)=\frac{1}{2}gt^2,\quad t\in[0,T].$$

按照上面的公式

$$v(t_0)=\lim_{t\to t_0}\frac{S(t)-S(t_0)}{t-t_0}=\lim_{t\to t_0}\frac{\frac{1}{2}gt^2-\frac{1}{2}gt_0^2}{t-t_0}=gt_0.$$

这正是高中物理中自由落体运动的速度公式.

2. 切线问题

设曲线的方程为 $y=f(x)$，L 为过曲线上两点 $M(x_0,y_0)$ 与 $N(x,y)$ 的割线，则 L 的斜率

$$k_{MN}=\frac{f(x)-f(x_0)}{x-x_0}.$$

如图 2-1 所示，当动点 $N(x,y)$ 沿着曲线趋近 $M(x_0,y_0)$ 时，割线 L 就趋近于点 $M(x_0,y_0)$ 处的切线，k_{MN} 趋近于切线的斜率 k，因此切线的斜率应定义为

$$k=\lim_{x\to x_0}\frac{f(x)-f(x_0)}{x-x_0}. \tag{2.1.2}$$

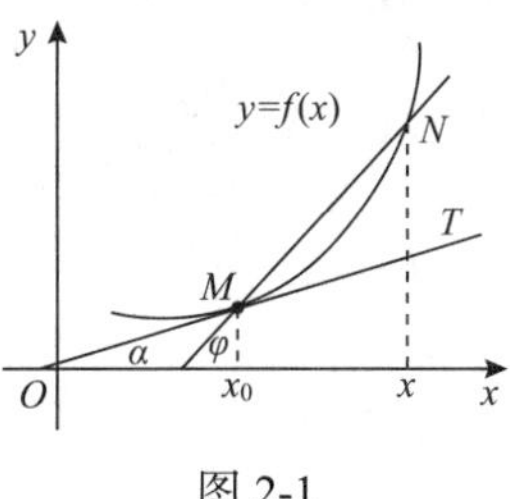

图 2-1

上述的速度和切线的例子虽然各有其特殊内容，但如果撇开它们具体的实际意义，单从数量关系上看，它们有共同的本质：两者都表示函数因变量随自变量变化的快慢程度，即都反映了函数的变化率：

$$\lim_{x\to x_0}\frac{f(x)-f(x_0)}{x-x_0}.$$

二、导数的定义

1. 函数在一点处的导数

定义 2.1.1　设函数 $y=f(x)$ 在点 x_0 的某邻域内有定义，若极限

$$\lim_{x \to x_0} \frac{f(x)-f(x_0)}{x-x_0} \tag{2.1.3}$$

存在，则称函数 $f(x)$ 在点 x_0 **可导**，并称该极限为函数 $f(x)$ 在点 x_0 处的**导数**，记作 $f'(x_0)$，$y'(x_0)$，$\left.\frac{\mathrm{d}y}{\mathrm{d}x}\right|_{x=x_0}$，$\left.\frac{\mathrm{d}f}{\mathrm{d}x}\right|_{x=x_0}$ 等.

若上述极限不存在，则称 $f(x)$ 在点 x_0 不可导.

令 $x=x_0+\Delta x$，$\Delta y=f(x_0+\Delta x)-f(x_0)$，则 (2.1.3)式可改写为

$$\lim_{\Delta x \to 0} \frac{\Delta y}{\Delta x} = \lim_{\Delta x \to 0} \frac{f(x_0+\Delta x)-f(x_0)}{\Delta x} = f'(x_0). \tag{2.1.4}$$

所以，导数是函数增量 Δy 与自变量增量 Δx 之比 $\frac{\Delta y}{\Delta x}$ 的极限，这个增量比称为函数关于自变量的**平均变化率**(又称**差商**)，而导数 $f'(x_0)$ 则为 f 在点 x_0 处关于 x 的变化率，它能够近似描绘函数 $y=f(x)$ 在点 x_0 附近的变化性态.

例 2.1.1 求函数 $f(x)=x^2$ 在点 $x=1$ 处的导数，并求曲线在点 (1,1) 处的切线方程.

解 由定义求得

$$f'(1)=\lim_{x\to 1}\frac{f(x)-f(1)}{x-1}=\lim_{x\to 1}\frac{x^2-1}{x-1}=\lim_{x\to 1}(x+1)=2,$$

由此知道抛物线 $y=x^2$ 在点 (1, 1) 处的切线斜率为 $k=f'(1)=2$，所以切线方程为

$$y-1=2(x-1)，即\ y=2x-1.$$ □

例 2.1.2 求函数 $y=\frac{1}{x}$ 在 $x_0 \neq 0$ 处的导数.

解 根据导数的定义

$$f'(x_0)=\lim_{x\to x_0}\frac{f(x)-f(x_0)}{x-x_0}=\lim_{x\to x_0}\frac{\frac{1}{x}-\frac{1}{x_0}}{x-x_0}=\lim_{x\to x_0}\frac{\frac{x_0-x}{x\cdot x_0}}{x-x_0}=-\frac{1}{x_0^2}.$$ □

例 2.1.3 证明函数 $f(x)=|x|$ 在点 $x=0$ 处不可导.

证 因为

$$\frac{f(x)-f(0)}{x-0}=\frac{|x|}{x}=\begin{cases}1, & x>0,\\ -1, & x<0.\end{cases}$$

当 $x\to 0$ 时极限不存在，所以函数 $f(x)=|x|$ 在点 $x=0$ 处不可导. □

例 2.1.4　证明函数 $f(x)=\begin{cases} x\sin\dfrac{1}{x}, & x\neq 0, \\ 0, & x=0 \end{cases}$ 在 $x=0$ 处不可导.

证　由于极限 $\lim\limits_{x\to 0}\dfrac{f(x)-f(0)}{x}=\lim\limits_{x\to 0}\sin\dfrac{1}{x}$ 不存在，所以函数 $f(x)$ 在点 $x=0$ 处不可导.

□

例 2.1.5　常量函数 $f(x)=C$ 在任何一点 x 的导数都等于零，即 $f'(x)=0$.

接下来我们来了解一下函数在点 x_0 可导与函数在点 x_0 连续的关系. 为此先介绍有限增量公式.

由无穷小量和导数的定义，(2.1.4)式可写为

$$\Delta y=f'(x_0)\Delta x+o(\Delta x). \tag{2.1.5}$$

我们称这个式子为有限增量公式(图 2-2).

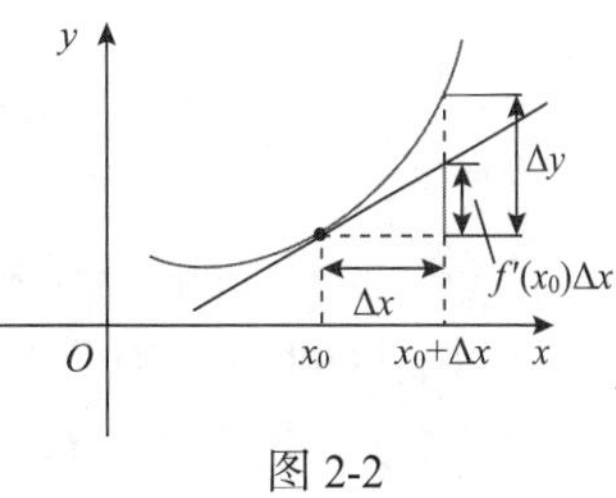

图 2-2

注　此公式对 $\Delta x=0$ 仍旧成立. 利用有限增量公式，可得下面结论.

定理 2.1.1　若函数 $f(x)$ 在 x_0 处可导，则函数 $f(x)$ 在 x_0 处连续.

但是可导仅是连续的充分条件，而不是必要条件. 比如：函数 $f(x)=|x|$ 在点 $x=0$ 处连续但不可导.

2. 函数在一点的单侧导数

类似于函数在一点有左、右极限，对于定义在某个闭区间或半开区间上的函数，如果要讨论该函数在端点处的变化率时，就要对导数概念加以补充，引出单侧导数的概念.

定义 2.1.2　设函数 $y=f(x)$ 在点 x_0 的某右邻域 $[x_0,x_0+\delta)$ 上有定义，若右极限

$$\lim_{x\to x_0^+}\frac{f(x)-f(x_0)}{x-x_0}\ \text{或}\ \lim_{\Delta x\to 0^+}\frac{f(x_0+\Delta x)-f(x_0)}{\Delta x}$$

存在，则称该极限值为 f 在点 x_0 的**右导数**，记作 $f'_+(x_0)$. 类似地，可定义左导数

$$f'_-(x_0)=\lim_{x\to x_0^-}\frac{f(x)-f(x_0)}{x-x_0}\ \text{或}\ \lim_{\Delta x\to 0^-}\frac{f(x_0+\Delta x)-f(x_0)}{\Delta x}.$$

右导数和左导数统称为**单侧导数**.

如同左、右极限与极限之间的关系，导数与单侧导数的关系如下.

定理 2.1.2　若函数 $y=f(x)$ 在点 x_0 的某邻域内有定义，则 $f'(x_0)$ 存在的充分必要条件是 $f'_+(x_0)$，$f'_-(x_0)$ 都存在，且 $f'_+(x_0)=f'_-(x_0)$.

说明：分段函数在分界点处讨论导数便是依据这一结论，通过左、右导数来判断该点是否存在导数及若存在应等于什么.

函数 $f(x)=|x|$ 在点 $x=0$ 处的左导数 $f'_-(0)=-1$ 及右导数 $f'_+(0)=1$ 虽然都存在，但

不相等, 故函数 $f(x)=|x|$ 在点 $x=0$ 处不可导.

例 2.1.6 讨论函数 $f(x)=x^2\operatorname{sgn}x$ 在 $x=0$ 的导数.

解 $f(x)=\begin{cases}x^2, & x\geqslant 0,\\ -x^2, & x<0,\end{cases}$ $f'_-(0)=\lim\limits_{x\to 0^-}\dfrac{-x^2-0}{x}=0$, $f'_+(0)=\lim\limits_{x\to 0^+}\dfrac{x^2-0}{x}=0$, 由定理 2.1.2 得 $f'(0)=0$. □

3. 导函数

上面讲的是函数在一点处可导. 若函数在区间 I 上每一点都可导(对区间端点, 仅考虑相应的单侧导数), 则称 f 为 I 上的可导函数. 此时对每一个 $x\in I$, 都有 f 在该点的导数 $f'(x)$ (或单侧导数)与之对应, 这样就定义了一个在 I 上的函数, 称为 f 在 I 上的导函数, 也简称为导数, 记作 $f'(x)$, y', $\dfrac{\mathrm{d}y}{\mathrm{d}x}$, $\dfrac{\mathrm{d}f}{\mathrm{d}x}$ 等. 即

$$f'(x)=\lim_{\Delta x\to 0}\frac{f(x+\Delta x)-f(x)}{\Delta x},\quad x\in I.$$

注意: 区间上的可导概念与连续一样, 也是逐点定义的局部概念; 上述导数式中虽然 x 可以取区间 I 内的任何数值, 但在极限过程中, x 是常量, Δx 是变量.

例 2.1.7 常量函数 $f(x)=C$ 在任何一点 x 的导数都等于零, 即 $(C)'=0$.

例 2.1.8 证明

(1) $(x^n)'=nx^{n-1}$, n 为正整数;

(2) $(\sin x)'=\cos x$, $(\cos x)'=-\sin x$;

(3) $(a^x)'=a^x\ln a\ (a>0,a\neq 1)$, 特别 $(\mathrm{e}^x)'=\mathrm{e}^x$;

(4) $(\log_a x)'=\dfrac{1}{x\ln a}\ (a>0,a\neq 1,x>0)$, 特别 $(\ln x)'=\dfrac{1}{x}$.

证 (1) 对于 $y=x^n$,

$$\begin{aligned}y'&=\lim_{\Delta x\to 0}\frac{(x+\Delta x)^n-x^n}{\Delta x}\\&=\lim_{\Delta x\to 0}\frac{x^n+\mathrm{C}_n^1x^{n-1}\Delta x+\mathrm{C}_n^2x^{n-2}\Delta x^2+\cdots+\mathrm{C}_n^n\Delta x^n-x^n}{\Delta x}\\&=nx^{n-1}.\end{aligned}$$

□

(2) 下面证第一个等式, 类似可证第二个等式, 由于

$$\begin{aligned}\lim_{\Delta x\to 0}\frac{\sin(x+\Delta x)-\sin x}{\Delta x}&=\lim_{\Delta x\to 0}\frac{2\cos\left(x+\dfrac{\Delta x}{2}\right)\sin\dfrac{\Delta x}{2}}{\Delta x}\\&=\lim_{\Delta x\to 0}\frac{\sin\dfrac{\Delta x}{2}}{\dfrac{\Delta x}{2}}\cdot\lim_{\Delta x\to 0}\cos\left(x+\frac{\Delta x}{2}\right)\\&=\cos x,\end{aligned}$$

因此得到 $(\sin x)' = \cos x$

用类似方法可得 $(\cos x)' = -\sin x$. □

（3）由于 $(a>0, a\neq 1)$

$$\lim_{\Delta x\to 0}\frac{a^{x+\Delta x}-a^x}{\Delta x} = a^x \lim_{\Delta x\to 0}\frac{a^{\Delta x}-1}{\Delta x} = a^x \ln a,$$

所以

$$(a^x)' = a^x \ln a .$$

当 $a=\mathrm{e}$ 时，有 $(\mathrm{e}^x)' = \mathrm{e}^x$. □

（4）由于 $(a>0, a\neq 1, x>0)$

$$\lim_{\Delta x\to 0}\frac{\log_a(x+\Delta x)-\log_a x}{\Delta x} = \lim_{\Delta x\to 0}\frac{\log_a\left(1+\dfrac{\Delta x}{x}\right)}{\Delta x}$$

$$=\frac{1}{x\ln a}\lim_{\Delta x\to 0}\frac{\ln\left(1+\dfrac{\Delta x}{x}\right)}{\dfrac{\Delta x}{x}} = \frac{1}{x\ln a},$$

即

$$(\log_a x)' = \frac{1}{x\ln a} \quad (a>0, a\neq 1, x>0) .$$

当 $a=\mathrm{e}$ 时，由上式得自然对数函数的导数公式

$$(\ln x)' = \frac{1}{x} .$$ □

三、导数的几何意义

我们已经知道曲线 $y=f(x)$ 在点 $(x_0, f(x_0))$ 的切线斜率 k，正是割线斜率在 $x\to x_0$ 时的极限，即

$$k = \lim_{x\to x_0}\frac{f(x)-f(x_0)}{x-x_0},$$

所以曲线 $y=f(x)$ 在点 $(x_0, f(x_0))$ 的**切线方程**是

$$y - f(x_0) = f'(x_0)(x-x_0) . \tag{2.1.6}$$

这就是说：函数 f 在点 x_0 的导数 $f'(x_0)$ 是曲线 $y=f(x)$ 在点 $(x_0, f(x_0))$ 的切线斜率. 若 α 表示这条切线与 x 轴正向的夹角，则
$f'(x_0)=\tan\alpha$. 从而 $f'(x_0)>0$ 意味着切线与 x 轴正向的夹角为锐角; $f'(x_0)<0$ 意味着切线与 x 轴正向的夹角为钝角; $f'(x_0)=0$ 表示切线与 x 轴平行(图 2-3).

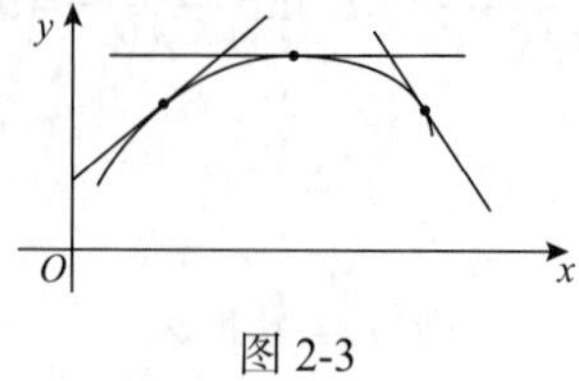

图 2-3

过点 $(x_0, f(x_0))$ 且与切线垂直的直线叫做曲线 $y=f(x)$ 在点 $(x_0, f(x_0))$ 的**法线**. 如果 $f'(x_0)\neq 0$，法线的斜率为 $-\dfrac{1}{f'(x_0)}$，从而**法线方程**为

$$y-f(x_0)=-\frac{1}{f'(x_0)}(x-x_0). \tag{2.1.7}$$

例 2.1.9　求曲线 $y=\dfrac{1}{x}$ 在点 $\left(\dfrac{1}{2},2\right)$ 处的切线方程与法线方程.

解　由例 2.1.2 及导数的几何意义知道，所求切线的斜率为

$$k=-\frac{1}{x^2}\bigg|_{x=\frac{1}{2}}=-4,$$

从而所求切线方程为

$$y-2=-4\left(x-\frac{1}{2}\right),$$

即

$$4x+y-4=0.$$

所求法线方程为

$$y-2=\frac{1}{4}\left(x-\frac{1}{2}\right),$$

即

$$2x-8y+15=0.$$

□

习　题　2-1

1. 已知直线运动方程为

$$S(t)=10t+5t^2,$$

分别令 $\Delta t=1,0.1,0.01$，求从 $t=4$ 至 $t=4+\Delta t$ 这一段时间内的平均速度及 $t=4$ 时的瞬时速度.

2. 设物体绕定轴旋转，在时间间隔 $[0,t]$ 内转过角度 θ，从而转角 θ 是 t 的函数：$\theta=\theta(t)$. 如果旋转是匀速的，那么称 $\omega=\dfrac{\theta}{t}$ 为该物体旋转的**角速度**. 如果旋转是非匀速的，应怎样确定该物体在时刻 t_0 的角速度?

3. 设 $f(x_0)=0$，$f'(x_0)=4$，试求极限 $\lim\limits_{\Delta x\to 0}\dfrac{f(x_0+\Delta x)}{\Delta x}$.

4. 试确定曲线 $y=\ln x$ 上哪些点的切线平行于下列直线:

(1) $y=x-1$;　　　　(2) $y=2x-3$.

5. 求下列曲线在指定点 P 的切线方程与法线方程:

(1) $y=\dfrac{x^2}{4},P(2,1)$;　　　　(2) $y=\cos x,P(0,1)$.

6. 设 $f(x)=\begin{cases}x^2, & x\geqslant 3,\\ ax+b, & x<3,\end{cases}$ 试确定 a,b 的值，使 $f(x)$ 在 $x=3$ 处可导.

7. 已知 $f(x)=\begin{cases}x^2, & x\geqslant 0,\\ -x, & x<0,\end{cases}$ 求 $f'_+(0)$ 及 $f'_-(0)$，又 $f'(0)$ 是否存在?

8. 已知 $f(x)=\begin{cases}\sin x, & x<0,\\ x, & x\geqslant 0,\end{cases}$ 求 $f'(x)$.

9. 设 $g(0)=g'(0)=0$，

$$f(x)=\begin{cases}g(x)\sin\dfrac{1}{x}, & x\neq 0,\\ 0, & x=0,\end{cases}$$

求 $f'(0)$.

10. 证明：若 $f'(x_0)$ 存在，则

$$\lim_{\Delta x\to 0}\frac{f(x_0+\Delta x)-f(x_0-\Delta x)}{\Delta x}=2f'(x_0).$$

第二节　求 导 法 则

上一节我们从定义出发求出了一些简单函数的导数，对于一般函数的导数，虽然也可以用定义来求，但有时很繁琐，不易求出. 本节将介绍一些求导法则，利用这些法则先得出所有基本初等函数的导数公式，然后就能比较方便地求出常见的初等函数的导数.

一、导数的四则运算

定理 2.2.1 若函数 $f(x)$ 及 $g(x)$ 都在点 x 可导, 则有下述结论:

(1) 函数 $f(x)\pm g(x)$ 在点 x 也可导, 且

$$[f(x)\pm g(x)]'=f'(x)\pm g'(x); \tag{2.2.1}$$

(2) 函数 $f(x)\cdot g(x)$ 在点 x 也可导, 且

$$(f(x)g(x))'=f'(x)g(x)+f(x)g'(x); \tag{2.2.2}$$

(3) 函数 $\dfrac{f(x)}{g(x)}$ ($g(x)\neq 0$) 在点 x 也可导, 且

$$\left(\frac{f(x)}{g(x)}\right)'=\frac{f'(x)g(x)-f(x)g'(x)}{g^2(x)}. \tag{2.2.3}$$

证 (1)
$$\begin{aligned}(f(x)\pm g(x))'&=\lim_{\Delta x\to 0}\frac{[f(x+\Delta x)\pm g(x+\Delta x)]-[f(x)\pm g(x)]}{\Delta x}\\&=\lim_{\Delta x\to 0}\frac{f(x+\Delta x)-f(x)}{\Delta x}\pm\lim_{\Delta x\to 0}\frac{g(x+\Delta x)-g(x)}{\Delta x}\\&=f'(x)\pm g'(x),\end{aligned}$$
于是法则(2.2.1)获得证明. 法则(2.2.1)可简单表示为

$$(f\pm g)'=f'\pm g'.$$

□

(2)
$$\begin{aligned}(f(x)\cdot g(x))'&=\lim_{\Delta x\to 0}\frac{[f(x+\Delta x)\cdot g(x+\Delta x)]-[f(x)\cdot g(x)]}{\Delta x}\\&=\lim_{\Delta x\to 0}\frac{f(x+\Delta x)-f(x)}{\Delta x}\cdot g(x+\Delta x)+\lim_{\Delta x\to 0}f(x)\cdot\frac{g(x+\Delta x)-g(x)}{\Delta x}\\&=f'(x)g(x)+f(x)g'(x),\end{aligned}$$
其中 $\lim\limits_{\Delta x\to 0}g(x+\Delta x)=g(x)$ (因 $g'(x)$ 存在, $g(x)$ 在点 x 连续). 于是法则(2.2.2)获得证明. 法则(2.2.2)可简单表示为

$$(f\cdot g)'=f'\cdot g+f\cdot g'.$$

□

(3)
$$\begin{aligned}\left(\frac{f(x)}{g(x)}\right)'&=\lim_{\Delta x\to 0}\frac{\left[\dfrac{f(x+\Delta x)}{g(x+\Delta x)}\right]-\left[\dfrac{f(x)}{g(x)}\right]}{\Delta x}\\&=\lim_{\Delta x\to 0}\frac{[f(x+\Delta x)-f(x)]g(x)-f(x)[g(x+\Delta x)-g(x)]}{g(x+\Delta x)g(x)\Delta x}\end{aligned}$$

$$=\lim_{\Delta x\to 0}\frac{\dfrac{[f(x+\Delta x)-f(x)]}{\Delta x}g(x)-f(x)\dfrac{[g(x+\Delta x)-g(x)]}{\Delta x}}{g(x+\Delta x)g(x)}$$

$$=\frac{f'(x)g(x)-f(x)g'(x)}{g^2(x)},$$

于是法则(2.2.3)获得证明. 法则(2.2.3)可简单表示为

$$\left(\frac{f}{g}\right)'=\frac{f'\cdot g-f\cdot g'}{g^2}.$$ □

上面的法则(2.2.1), (2.2.2)可推广到任意有限个可导函数的情形. 例如, 设 $u=u(x)$, $v=v(x)$, $w=w(x)$ 均在点 x 可导, 则有

$$(u\pm v\pm w)'=u'\pm v'\pm w',\quad (uvw)'=u'vw+uv'w+uvw'.$$

在法则(2.2.2)中, 当 $g(x)=C$ (C 为常数)时, 有

$$(Cf)'=Cf'. \tag{2.2.4}$$

在法则(2.2.3)中, 当 $f(x)=1$ 时, 有

$$\left(\frac{1}{g}\right)'=-\frac{g'}{g^2}. \tag{2.2.5}$$

例 2.2.1 设 $f(x)=2x^3+5x^2-9x+3$, 求 $f'(x)$.

解 $f'=(2x^3+5x^2-9x+3)$

$=(2x^3)'+(5x^2)'-(9x)'+(3)'$

$=6x^2+10x-9.$ □

例 2.2.2 设 $y=\cos x\ln x$, 求 y' 及 $y'\left(\dfrac{\pi}{2}\right)$.

解 $y'=-\sin x\ln x+\dfrac{\cos x}{x}$, $y'\left(\dfrac{\pi}{2}\right)=-\ln\dfrac{\pi}{2}$. □

例 2.2.3 设 $y=\dfrac{2-x}{1+x^2}$, 求 $\dfrac{\mathrm{d}y}{\mathrm{d}x}$.

解 $\dfrac{\mathrm{d}y}{\mathrm{d}x}=\left(\dfrac{2-x}{1+x^2}\right)'=\dfrac{(2-x)'(1+x^2)-(2-x)(1+x^2)'}{(1+x^2)^2}=\dfrac{x^2-4x-1}{(1+x^2)^2}$. □

例 2.2.4 证明: $(x^{-n})'=-nx^{-n-1}$, 其中 n 为正整数.

证 由法则(2.2.5)可得

$$(x^{-n})'=\left(\frac{1}{x^n}\right)'=-\frac{(x^n)'}{(x^n)^2}=-\frac{nx^{n-1}}{x^{2n}}=-nx^{-n-1}.$$ □

例 2.2.5 证明：$(\tan x)' = \sec^2 x$；$(\cot x)' = -\csc^2 x$.

证 由法则(2.2.3)可得

$$(\tan x)' = \left(\frac{\sin x}{\cos x}\right)' = \frac{(\sin x)'\cos x - \sin x(\cos x)'}{\cos^2 x}$$

$$= \frac{\cos^2 x + \sin^2 x}{\cos^2 x} = \sec^2 x.$$

同理可得$(\cot x)' = -\csc^2 x$. □

例 2.2.6 证明：$(\sec x)' = \sec x \tan x$；$(\csc x)' = -\csc x \cot x$.

证 由法则(2.2.5)可得

$$(\sec x)' = \left(\frac{1}{\cos x}\right)' = -\frac{(\cos x)'}{\cos^2 x} = \frac{\sin x}{\cos^2 x} = \sec x \tan x.$$

同理可得$(\csc x)' = -\csc x \cot x$. □

例 2.2.7 求曲线$y = \frac{1}{2}x^2 + x + 1$在点$(-2,1)$处的切线方程.

解 $y' = x+1$，所求切线的斜率$k = y'(-2) = -1$，从而所求切线方程为

$$y-1 = -(x+2)\text{，即 } x+y+1=0. \quad □$$

二、反函数的导数

定理 2.2.2 如果函数$x = f(y)$在区间I_y内单调、可导且$f'(y) \neq 0$,则它的反函数$y = f^{-1}(x)$在区间$I_x = \{x | x = f(y), y \in I_y\}$内也可导，且

$$\left(f^{-1}(x)\right)' = \frac{1}{f'(y)} \text{ 或 } \frac{\mathrm{d}y}{\mathrm{d}x} = \frac{1}{\frac{\mathrm{d}x}{\mathrm{d}y}}. \tag{2.2.6}$$

证 由于函数$x = f(y)$在区间I_y内单调、可导(从而连续)，根据第一章相关结论知道，它的反函数$y = f^{-1}(x)$在区间$I_x = \{x | x = f(y), y \in I_y\}$内存在，且$y = f^{-1}(x)$在$I_x$内也单调、连续.

对$\forall x \in I_x$，$x + \Delta x \in I_x (\Delta x \neq 0)$，因$y = f^{-1}(x)$单调，故

$$\Delta y = f^{-1}(x + \Delta x) - f^{-1}(x) \neq 0,$$

于是有

$$\frac{\Delta y}{\Delta x} = \frac{1}{\frac{\Delta x}{\Delta y}}.$$

由 $y=f^{-1}(x)$ 连续, 得到

$$\lim_{\Delta x\to 0}\Delta y=0.$$

从而

$$\left(f^{-1}(x)\right)'=\lim_{\Delta x\to 0}\frac{\Delta y}{\Delta x}=\lim_{\Delta y\to 0}\frac{1}{\dfrac{\Delta x}{\Delta y}}=\frac{1}{f'(y)}.$$ □

例 2.2.8　证明反三角函数的求导公式.

(1) $(\arcsin x)'=\dfrac{1}{\sqrt{1-x^2}}$; $(\arccos x)'=-\dfrac{1}{\sqrt{1-x^2}}$.

(2) $(\arctan x)'=\dfrac{1}{1+x^2}$; $(\operatorname{arccot} x)'=-\dfrac{1}{1+x^2}$.

证　(1) 由于 $y=\arcsin x$, $x\in(-1,1)$ 是 $x=\sin y$, $y\in\left(-\dfrac{\pi}{2},\dfrac{\pi}{2}\right)$ 的反函数, 故由公式(2.2.6)得到

$$(\arcsin x)'=\frac{1}{(\sin y)'}=\frac{1}{\cos y}=\frac{1}{\sqrt{1-\sin^2 y}}=\frac{1}{\sqrt{1-x^2}},\quad x\in(-1,1).$$

同理可证: $(\arccos x)'=-\dfrac{1}{\sqrt{1-x^2}},x\in(-1,1)$. □

(2) 由于 $y=\arctan x,x\in\mathbf{R}$ 是 $x=\tan y,y\in\left(-\dfrac{\pi}{2},\dfrac{\pi}{2}\right)$ 的反函数, 因此

$$(\arctan x)'=\frac{1}{(\tan y)'}=\frac{1}{\sec^2 y}=\frac{1}{1+\tan^2 y}=\frac{1}{1+x^2},\quad x\in(-\infty,+\infty).$$

同理可证: $(\operatorname{arccot} x)'=-\dfrac{1}{1+x^2}$ $,x\in(-\infty,+\infty)$. □

三、复合函数求导法

定理 2.2.3　如果 $u=g(x)$ 在点 x 可导, 而 $y=f(u)$ 在点 $u=g(x)$ 可导, 则复合函数在点 x 可导, 且其导数为

$$\frac{\mathrm{d}y}{\mathrm{d}x}=f'(u)\cdot g'(x) \text{ 或 } \frac{\mathrm{d}y}{\mathrm{d}x}=\frac{\mathrm{d}y}{\mathrm{d}u}\cdot\frac{\mathrm{d}u}{\mathrm{d}x}. \tag{2.2.7}$$

证　因当点 x 处的增量 $\Delta x\to 0$ 时, $\Delta u\to 0$. 于是有

$$\lim_{\Delta x\to 0}\frac{\Delta y}{\Delta x}=\lim_{\Delta x\to 0}\frac{\Delta y}{\Delta u}\cdot\frac{\Delta u}{\Delta x}=\lim_{\Delta u\to 0}\frac{\Delta y}{\Delta u}\cdot\lim_{\Delta x\to 0}\frac{\Delta u}{\Delta x}, \text{ 即 } \frac{\mathrm{d}y}{\mathrm{d}x}=f'(u)\cdot g'(x).$$ □

例 2.2.9　设 α 为实数, 求幂函数 $y=x^{\alpha}\,(x>0)$ 的导数.

解　因为 $x^{\alpha}=(\mathrm{e}^{\ln x})^{\alpha}=\mathrm{e}^{\alpha\ln x}$, 所以

$$(x^{\alpha})'=(\mathrm{e}^{\alpha\ln x})'=\mathrm{e}^{\alpha\ln x}\cdot(\alpha\ln x)'=x^{\alpha}\cdot\alpha\cdot\frac{1}{x}=\alpha x^{\alpha-1}.$$ □

例 2.2.10　设 $y=\ln(x+\sqrt{1+x^2})$, 求 $\dfrac{\mathrm{d}y}{\mathrm{d}x}$.

解　$$\frac{\mathrm{d}y}{\mathrm{d}x}=\left(\ln(x+\sqrt{1+x^2})\right)'=\frac{1}{x+\sqrt{1+x^2}}\left(x+\sqrt{1+x^2}\right)'$$

$$=\frac{1}{x+\sqrt{1+x^2}}\left(1+\frac{x}{\sqrt{1+x^2}}\right)=\frac{1}{\sqrt{1+x^2}}.$$ □

例 2.2.11　设 $y=\mathrm{e}^{\sin\frac{1}{x}}$, 求 $\dfrac{\mathrm{d}y}{\mathrm{d}x}$.

解　$$\frac{\mathrm{d}y}{\mathrm{d}x}=\left(\mathrm{e}^{\sin\frac{1}{x}}\right)'=\mathrm{e}^{\sin\frac{1}{x}}\cdot\left(\sin\frac{1}{x}\right)'=\mathrm{e}^{\sin\frac{1}{x}}\cdot\cos\frac{1}{x}\cdot\left(\frac{1}{x}\right)'$$

$$=-\frac{1}{x^2}\mathrm{e}^{\sin\frac{1}{x}}\cdot\cos\frac{1}{x}.$$ □

例 2.2.12　设 $y=\tan^2\dfrac{1}{x}$, 求 $\dfrac{\mathrm{d}y}{\mathrm{d}x}$.

解　$$\frac{\mathrm{d}y}{\mathrm{d}x}=\left(\tan^2\frac{1}{x}\right)'=2\tan\frac{1}{x}\cdot\left(\tan\frac{1}{x}\right)'=2\tan\frac{1}{x}\cdot\sec^2\frac{1}{x}\cdot\left(\frac{1}{x}\right)'$$

$$=-\frac{2}{x^2}\tan\frac{1}{x}\cdot\sec^2\frac{1}{x}.$$ □

例 2.2.13　设 $y=\ln|x|$, 求 $\dfrac{\mathrm{d}y}{\mathrm{d}x}$.

解　因 $y=\ln|x|=\begin{cases}\ln x, & x>0,\\ \ln(-x), & x<0,\end{cases}$ 故当 $x>0$ 时,

$$\frac{\mathrm{d}y}{\mathrm{d}x}=(\ln x)'=\frac{1}{x},$$

当 $x<0$ 时

$$\frac{\mathrm{d}y}{\mathrm{d}x}=\left(\ln(-x)\right)'=\frac{1}{-x}\cdot(-x)'=\frac{1}{x},$$

从而有

$$\frac{\mathrm{d}y}{\mathrm{d}x}=(\ln|x|)'=\frac{1}{x}.$$ □

例 2.2.14　设 $y=\dfrac{(x+5)^2(x-4)^{\frac{1}{3}}}{(x+2)^5(x+4)^{\frac{1}{2}}}(x>4)$，求 $\dfrac{\mathrm{d}y}{\mathrm{d}x}$.

解　先对函数式取对数，得

$$\begin{aligned}\ln y&=\ln\frac{(x+5)^2(x-4)^{\frac{1}{3}}}{(x+2)^5(x+4)^{\frac{1}{2}}}\\&=2\ln(x+5)+\frac{1}{3}\ln(x-4)-5\ln(x+2)-\frac{1}{2}\ln(x+4),\end{aligned}$$

再对上式两边分别求导数，得

$$\frac{y'}{y}=\frac{2}{x+5}+\frac{1}{3(x-4)}-\frac{5}{x+2}-\frac{1}{2(x+4)},$$

整理得到

$$y'=\frac{(x+5)^2(x-4)^{\frac{1}{3}}}{(x+2)^5(x+4)^{\frac{1}{2}}}\left(\frac{2}{x+5}+\frac{1}{3(x-4)}-\frac{5}{x+2}-\frac{1}{2(x+4)}\right).$$ □

上述方法称为**对数求导法**.

例 2.2.15　设 $y=u(x)^{v(x)}$，其中 $u(x)>0$，且 $u(x)$ 和 $v(x)$ 均可导，试求此幂指函数的导数.

解

$$\begin{aligned}y'&=\left(u(x)^{v(x)}\right)'=\left(\mathrm{e}^{v(x)\ln u(x)}\right)'=\mathrm{e}^{v(x)\ln u(x)}\left(v(x)\ln u(x)\right)'\\&=u(x)^{v(x)}\left(v'(x)\ln u(x)+v(x)\frac{u'(x)}{u(x)}\right).\end{aligned}$$ □

四、基本求导法则与导数公式

基本初等函数的导数公式与上面所讨论的求导法则，在初等函数的求导运算中起着很重要的作用，我们必须熟练地掌握它们. 为了便于查阅，现在将这些求导法则与基本初等函数的导数公式列出如下:

基本求导法则

(1) $(u\pm v)'=u'\pm v'$.

(2) $(uv)'=u'v+uv'$，$(cu)'=cu'$（c 为常数）.

(3) $\left(\dfrac{u}{v}\right)'=\dfrac{u'v-uv'}{v^2}$，$\left(\dfrac{1}{v}\right)'=-\dfrac{v'}{v^2}$.

(4) 反函数求导法则 $\dfrac{\mathrm{d}y}{\mathrm{d}x}=\dfrac{1}{\dfrac{\mathrm{d}x}{\mathrm{d}y}}$.

（5）复合函数求导法则 $\dfrac{\mathrm{d}y}{\mathrm{d}x}=\dfrac{\mathrm{d}y}{\mathrm{d}u}\cdot\dfrac{\mathrm{d}u}{\mathrm{d}x}$.

基本初等函数的导数公式

（1）$(C)'=0$（C 为常数）.

（2）$(x^{\alpha})'=\alpha x^{\alpha-1}$（$\alpha$ 为实数）.

（3）$(\sin x)'=\cos x$, $(\cos x)'=-\sin x$, $(\tan x)'=\sec^2 x$, $(\cot x)'=-\csc^2 x$.

（4）$(\sec x)'=\sec x\tan x$, $(\csc x)'=-\csc x\cot x$.

（5）$(a^x)'=a^x\ln a$, $(\mathrm{e}^x)'=\mathrm{e}^x$.

（6）$(\log_a x)'=\dfrac{1}{x\ln a}$, $(\ln x)'=\dfrac{1}{x}$, $(\ln|x|)'=\dfrac{1}{x}$.

（7）$(\arcsin x)'=\dfrac{1}{\sqrt{1-x^2}}$，$(\arccos x)'=-\dfrac{1}{\sqrt{1-x^2}}$.

（8）$(\arctan x)'=\dfrac{1}{1+x^2}$，$(\operatorname{arccot} x)'=-\dfrac{1}{1+x^2}$.

习 题 2-2

1. 求下列函数在指定点的导数:

（1）设 $f(x)=3x^4+2x^3+5$, 求 $f'(0),f'(1)$;

（2）设 $f(x)=\dfrac{x}{\cos x}$, 求 $f'(0),f'(\pi)$;

（3）设 $f(x)=\sqrt{1+\sqrt{x}}$, 求 $f'(1), f'(4)$.

2. 求下列函数的导数:

（1）$y=3x^2+2$;

（2）$y=\dfrac{1-x^2}{1+x+x^2}$;

（3）$y=x^n+nx$;

（4）$y=\dfrac{x}{m}+\dfrac{m}{x}+2\sqrt{x}+\dfrac{2}{\sqrt{x}}$;

（5）$y=x^3\log_3 x$;

（6）$y=\mathrm{e}^x\cos x$;

（7）$y=(x^2+1)(3x-1)(1-x^3)$;

（8）$y=\dfrac{\tan x}{x}$;

（9）$y=\dfrac{x}{1-\cos x}$;

（10）$y=\dfrac{1+\ln x}{1-\ln x}$;

（11）$y=(\sqrt{x}+1)\arctan x$;

（12）$y=\dfrac{1+x^2}{\sin x+\cos x}$.

3. 求下列函数的导数:

（1）$y=x\sqrt{1-x^2}$;

（2）$y=(x^2-1)^3$;

（3）$y=\left(\dfrac{1+x^2}{1-x}\right)^3$;

（4）$y=\ln(\ln x)$;

（5）$y=\ln(\sin x)$;

（6）$y=\lg(x^2+x+1)$;

（7）$y=\ln(x+\sqrt{x^2+1})$;

（8）$y=\ln\dfrac{\sqrt{1+x}-\sqrt{1-x}}{\sqrt{1+x}+\sqrt{1-x}}$;

(9) $y=(\sin x+\cos x)^3$；　(10) $y=\cos^3 4x$；

(11) $y=\sin\sqrt{1+x^2}$；　(12) $y=(\sin x^2)^3$；

(13) $y=\arcsin\dfrac{1}{x}$；　(14) $y=(\arctan x^3)^2$；

(15) $y=\operatorname{arccot}\dfrac{1+x}{1-x}$；　(16) $y=\arcsin(\sin^2 x)$；

(17) $y=\mathrm{e}^{x+1}$；　(18) $y=2^{\sin x}$；

(19) $y=x^{\sin x}$；　(20) $y=x^{x^x}$；

(21) $y=\dfrac{(2x+1)\sqrt[3]{2-3x}}{\sqrt[3]{(x-3)^2}}$；　(22) $y=(1+\cos x)^{\frac{1}{x}}$；

(23) $y=\sqrt{x+\sqrt{x+\sqrt{x}}}$；　(24) $y=\sin(\sin(\sin x))$.

4. 定义**双曲函数**如下:

双曲正弦函数 $\mathrm{sh}x=\dfrac{\mathrm{e}^x-\mathrm{e}^{-x}}{2}$；双曲余弦函数 $\mathrm{ch}x=\dfrac{\mathrm{e}^x+\mathrm{e}^{-x}}{2}$；

双曲正切函数 $\mathrm{th}x=\dfrac{\mathrm{sh}x}{\mathrm{ch}x}$；双曲余切函数 $\mathrm{coth}x=\dfrac{\mathrm{ch}x}{\mathrm{sh}x}$.

证明:

(1) $(\mathrm{sh}x)'=\mathrm{ch}x$；　(2) $(\mathrm{ch}x)'=\mathrm{sh}x$；

(3) $(\mathrm{th}x)'=\dfrac{1}{\mathrm{ch}^2x}$；　(4) $(\mathrm{coth}x)'=-\dfrac{1}{\mathrm{sh}^2x}$.

5. 求下列函数的导数:

(1) $y=\mathrm{sh}^3x$；　(2) $y=\mathrm{ch}(\mathrm{sh}x)$；

(3) $y=\ln(\mathrm{ch}x)$；　(4) $y=\arctan(\mathrm{th}x)$.

6. 设函数 $f(x)$ 和 $g(x)$ 均在点 x_0 的某一邻域内有定义，$f(x)$ 在 x_0 处可导，$f(x_0)=0$，$g(x)$ 在 x_0 处连续，试讨论 $f(x)g(x)$ 在 x_0 处的可导性.

7. 设函数 $f(x)$ 满足下列条件:

(1) $f(x+y)=f(x)\cdot f(y)$，对一切 $x,y\in\mathbf{R}$；

(2) $f(x)=1+xg(x)$，而 $\lim\limits_{x\to 0}g(x)=1$.

试证明 $f(x)$ 在 $\mathbf{R}$ 上处处可导，且 $f'(x)=f(x)$.

第三节　高 阶 导 数

我们知道，如果物体的运动方程为 $s=s(t)$，则物体在时刻 t 的瞬时速度为 $s(t)$ 对 t 的导数，即 $v=s'(t)$. 如果 $v=s'(t)$ 仍是时间 t 的函数，则它对时间 t 的导数称为物体在时刻 t 的瞬时加速度，即 $a=v'(t)=(s'(t))'$（记为 $s''(t)$）称为 $s(t)$ 对 t 的二阶导数.

例如，自由落体的运动方程为

$$s=\frac{1}{2}gt^2,$$

所以, 其加速度

$$a = s'' = \left(\frac{1}{2}gt^2\right)'' = (gt)' = g .$$

一般地, 设 $f'(x)$ 在点 x 的某邻域内有定义, 若极限

$$\lim_{\Delta x \to 0} \frac{f'(x+\Delta x) - f'(x)}{\Delta x}$$

存在, 则称此极限值为函数 $y = f(x)$ 在点 x 处的**二阶导数**, 记为

$$y'',\quad f''(x),\quad \frac{\mathrm{d}^2 y}{\mathrm{d}x^2},\quad \frac{\mathrm{d}^2 f}{\mathrm{d}x^2} .$$

类似地, 二阶导数 $f''(x)$ 的导数称为函数 $f(x)$ 在点 x 处的**三阶导数**, 记为

$$y''',\quad f'''(x),\quad \frac{\mathrm{d}^3 y}{\mathrm{d}x^3},\quad \frac{\mathrm{d}^3 f}{\mathrm{d}x^3} .$$

一般地, 函数 $y = f(x)$ 的 $n-1$ 阶导数的导数叫做 $y = f(x)$ 的 n **阶导数**, 记为

$$y^{(n)},\quad f^{(n)}(x),\quad \frac{\mathrm{d}^n y}{\mathrm{d}x^n},\quad \frac{\mathrm{d}^n f}{\mathrm{d}x^n} .$$

二阶导数及以上阶的导数统称为**高阶导数**.

显然, 求高阶导数就是对函数逐次求导. 一般可通过从低阶导数找规律, 得到函数的 n 阶导数.

例 2.3.1 设 $f(x) = \arctan x$, 求 $f''(0), f'''(0)$.

解 $f'(x) = \dfrac{1}{1+x^2}$, $f''(x) = \left(\dfrac{1}{1+x^2}\right)' = \dfrac{-2x}{(1+x^2)^2}$, $f'''(x) = \left(\dfrac{-2x}{(1+x^2)^2}\right)' = \dfrac{2(3x^2-1)}{(1+x^2)^3}$,

所以,

$$f''(0) = \left.\frac{-2x}{(1+x^2)^2}\right|_{x=0} = 0,\qquad f'''(0) = \left.\frac{2(3x^2-1)}{(1+x^2)^3}\right|_{x=0} = -2 .$$ □

例 2.3.2 求指数函数 $y = a^x$ 的 n 阶导数.

解 $y' = a^x \ln a, y'' = a^x (\ln a)^2, y''' = a^x (\ln a)^3, y^{(4)} = a^x (\ln a)^4$, 从而推得

$$y^{(n)} = a^x (\ln a)^n .$$

特别地, 当 $a = \mathrm{e}$ 时, 有

$$(\mathrm{e}^x)^{(n)} = \mathrm{e}^x .$$ □

例 2.3.3　求 $y=\sin x$ 的 n 阶导数.

解

$$y'=(\sin x)'=\cos x=\sin\left(x+\frac{\pi}{2}\right),$$

$$y''=\left[\sin\left(x+\frac{\pi}{2}\right)\right]'=\cos\left(x+\frac{\pi}{2}\right)=\sin\left(x+2\cdot\frac{\pi}{2}\right),$$

$$y'''=\left[\sin\left(x+2\cdot\frac{\pi}{2}\right)\right]'=\cos\left(x+2\cdot\frac{\pi}{2}\right)=\sin\left(x+3\cdot\frac{\pi}{2}\right),$$

$$y^{(4)}=\left[\sin\left(x+3\cdot\frac{\pi}{2}\right)\right]'=\cos\left(x+3\cdot\frac{\pi}{2}\right)=\sin\left(x+4\cdot\frac{\pi}{2}\right),$$

……

从而推得

$$y^{(n)}=(\sin x)^{(n)}=\sin\left(x+n\cdot\frac{\pi}{2}\right).$$

同理, 对 $y=\cos x$ 有

$$(\cos x)^{(n)}=\cos\left(x+n\cdot\frac{\pi}{2}\right).$$

□

例 2.3.4　设 $y=\ln(1+x)$, 求 $y^{(n)}$.

解　$y'=\dfrac{1}{1+x},y''=-\dfrac{1}{(1+x)^2},y'''=\dfrac{2\cdot 1}{(1+x)^3},y^{(4)}=-\dfrac{3\cdot 2\cdot 1}{(1+x)^4}$, 从而推得

$$y^{(n)}=[\ln(1+x)]^{(n)}=\frac{(-1)^{n-1}(n-1)!}{(1+x)^n}.$$

□

例 2.3.5　设 $y=x^\alpha$ $(\alpha\in\mathbf{R})$, 求 $y^{(n)}$.

解　$y'=\alpha x^{\alpha-1}$, $y''=\alpha(\alpha-1)x^{\alpha-2}$,

$$y'''=\alpha(\alpha-1)(\alpha-2)x^{\alpha-3},\quad y^{(4)}=\alpha(\alpha-1)(\alpha-2)(\alpha-3)x^{\alpha-4},$$

从而推得

$$(x^\alpha)^{(n)}=\alpha(\alpha-1)(\alpha-2)\cdots(\alpha-n+1)x^{\alpha-n}.$$

当 $\alpha=n$ 时, 得到

$$(x^n)^{(n)}=n!.$$

而

$$(x^n)^{(k)}=0 \quad (k>n). \qquad \square$$

如果函数$u(x)$及$v(x)$都在点x处具有n阶导数，那么显然$u(x)+v(x)$及$u(x)-v(x)$也在点x处具有n阶导数，且

$$(u\pm v)^{(n)}=u^{(n)}\pm v^{(n)}.$$

但乘积$u(x)\cdot v(x)$的n阶导数没有那么简单，由

$$(uv)'=u'v+uv',$$

首先得出

$$(uv)''=u''v+2u'v'+uv'',$$

$$(uv)'''=u'''v+3u''v'+3u'v''+uv'''.$$

用数学归纳法可以证明

$$\begin{aligned}(uv)^{(n)}&=u^{(n)}v+nu^{(n-1)}v'+\frac{n(n-1)}{2!}u^{(n-2)}v''+\cdots\\&\quad+\frac{n(n-1)\cdots(n-k+1)}{k!}u^{(n-k)}v^{(k)}+\cdots+uv^{(n)}.\end{aligned}$$

上式称为**莱布尼茨**(Leibniz)**公式**，这公式可以这样记忆：把$(u+v)^n$按二项式定理展开写成

$$(u+v)^n=u^nv^0+nu^{n-1}v^1+\frac{n(n-1)}{2!}u^{n-2}v^2+\cdots+u^0v^n=\sum_{k=0}^{n}\mathrm{C}_n^ku^{n-k}v^k.$$

然后把k次幂换成k阶导数(零阶导数理解为函数本身)，再把左端的$u+v$换成uv，这样就得到莱布尼茨公式

$$(u\cdot v)^{(n)}=\sum_{k=0}^{n}\mathrm{C}_n^ku^{(n-k)}v^{(k)}.$$

例 2.3.6 设$y=x^2\sin x$，求$y^{(10)}$.

解
$$\begin{aligned}y^{(10)}&=(x^2\sin x)^{(10)}=(\sin x)^{(10)}x^2+10(\sin x)^{(9)}(x^2)'+\frac{10\cdot 9}{2!}(\sin x)^{(8)}(x^2)''\\&=\left[\sin\left(x+10\cdot\frac{\pi}{2}\right)\right]x^2+10\left[\sin\left(x+9\cdot\frac{\pi}{2}\right)\right]2x+45\left[\sin\left(x+8\cdot\frac{\pi}{2}\right)\right]2\\&=-x^2\sin x+20x\cos x+90\sin x.\end{aligned}$$

习　题　2-3

1. 求下列函数的二阶导数:

(1) $y=2x^2+\ln x$;　　(2) $y=\mathrm{e}^{2x-1}$;

(3) $y=x\cos x$;　　(4) $y=\mathrm{e}^{-t}\sin t$;

(5) $y=\sqrt{a^2-x^2}$;　　(6) $y=\ln(1-x^2)$;

(7) $y=\tan x$;　　(8) $y=\dfrac{1}{x^3+1}$;

(9) $y=(1+x^2)\arctan x$;　　(10) $y=\dfrac{\mathrm{e}^x}{x}$;

(11) $y=x\mathrm{e}^{x^2}$;　　(12) $y=\ln(x+\sqrt{1+x^2})$.

2. 设 $f(x)=(x^3+10)^4$, 求 $f'''(0)$.

3. 设 f 为二阶可导函数, 求下列各函数的二阶导数:

(1) $y=f(\ln x)$;　　(2) $y=f(x^n),n\in\mathbf{N}_+$;

(3) $y=f(f(x))$.

4. 试从 $\dfrac{\mathrm{d}x}{\mathrm{d}y}=\dfrac{1}{y'}$ 导出:

(1) $\dfrac{\mathrm{d}^2x}{\mathrm{d}y^2}=-\dfrac{y''}{(y')^3}$;　　(2) $\dfrac{\mathrm{d}^3x}{\mathrm{d}y^3}=\dfrac{3(y'')^2-y'y'''}{(y')^5}$.

5. 验证函数 $y=C_1\cos\omega x+C_2\sin\omega x$ (ω,C_1,C_2 是常数)满足关系式:

$$y''+\omega^2y=0.$$

6. 验证函数 $y=\mathrm{e}^x\cos x$ 满足关系式:

$$y''-2y'+2y=0.$$

7. 求下列函数的 n 阶导数:

(1) $y=\dfrac{1}{ax+b}$;　　(2) $y=\dfrac{1}{x^2-x-6}$;

(3) $y=\cos^2x$;　　(4) $y=x\ln x$;

(5) $y=x\mathrm{e}^x$;

(6) $y=x^n+a_1x^{n-1}+\cdots+a_{n-1}x+a_n$ ($a_1,a_2,\cdots,a_n$ 都是常数).

8. 求下列函数所指定阶的导数:

(1) $y=x^2\mathrm{e}^{2x}$, 求 $y^{(20)}$;　　(2) $y=\mathrm{e}^x\cos x$, 求 $y^{(4)}$.

第四节　隐函数及由参数方程所确定的函数的导数

一、隐函数的导数

前面我们所讨论的函数, 都是一个变量明显地用另一个变量表示的形式, 例如

$$y=x^2\sin x.$$

用这种方式 $y=f(x)$ 表示的函数称为**显函数**. 然而, 表示函数变量间对应关系的方法有

多种，如果函数的自变量 x 和因变量 y 之间的对应关系 F 由方程 $F(x,y)=0$ 所确定，则说方程 $F(x,y)=0$ 确定了一个隐函数. 例如

$$x^3+y^3=3xy \text{ 和 } y-x-\frac{1}{2}\sin y=0$$

所确定的函数 $y=f(x)$ 称为隐函数.

对于一些特殊情形的隐函数可以化为显函数，称为**隐函数的显化**. 例如，圆的方程

$$x^2+y^2=16$$

能确定一个定义在 $[-4,4]$ 上，函数值不小于 0 的显函数 $f(x)=\sqrt{16-x^2}$;又能确定另一个定义在 $[-4,4]$ 上，函数值不大于 0 的显函数 $g(x)=-\sqrt{16-x^2}$.

对于方程

$$x^3+y^3=3xy \text{ 和 } y-x-\frac{1}{2}\sin y=0$$

所确定的隐函数 $y=f(x)$，要把其显化就非常困难，甚至是无法显化为初等函数的. 因此希望有一种方法可以直接通过方程求出所确定的隐函数的导数，不必关心隐函数能否显化.

隐函数的求导方法的基本思想是把方程

$$F(x,y)=0$$

中 y 的看作 x 的函数 $f(x)$，方程两端对 x 求导数，然后解出 $\frac{\mathrm{d}y}{\mathrm{d}x}$，下面通过具体例子说明这种方法.

例 2.4.1 求由方程 $x^3+y^3=3xy$ 所确定的隐函数 $y(x)$ 的导数 $\frac{\mathrm{d}y}{\mathrm{d}x}$.

解 方程两边分别对 x 求导得

$$3x^2+3y^2\frac{\mathrm{d}y}{\mathrm{d}x}=3y+3x\frac{\mathrm{d}y}{\mathrm{d}x},$$

解出 $\frac{\mathrm{d}y}{\mathrm{d}x}=\frac{y-x^2}{y^2-x}$. □

例 2.4.2 求由方程 $y-x-\frac{1}{2}\sin y=0$ 所确定的隐函数 $y(x)$ 在点 $(0,0)$ 的导数 $\left.\frac{\mathrm{d}y}{\mathrm{d}x}\right|_{(0,0)}$.

解 方程两边分别对 x 求导得

$$\frac{\mathrm{d}y}{\mathrm{d}x}-1-\frac{1}{2}\cos y\frac{\mathrm{d}y}{\mathrm{d}x}=0,$$

解出 $\frac{\mathrm{d}y}{\mathrm{d}x}=\frac{2}{2-\cos y}$，从而 $\left.\frac{\mathrm{d}y}{\mathrm{d}x}\right|_{(0,0)}=2$. □

例 2.4.3 求由方程 $e^y = xy$ 所确定的隐函数 $y(x)$ 的二阶导数 $\frac{d^2 y}{dx^2}$.

解 方程两边分别对 x 求导得

$$e^y \frac{dy}{dx} = y + x\frac{dy}{dx},$$

于是

$$\frac{dy}{dx} = \frac{y}{e^y - x}.$$

上式两边再对 x 求导得

$$\frac{d^2 y}{dx^2} = \frac{\frac{dy}{dx}\cdot(e^y - x) - y\cdot\left(e^y\frac{dy}{dx} - 1\right)}{(e^y - x)^2} = \frac{2(e^y - x)y - y^2 e^y}{(e^y - x)^3}.$$ □

二、由参数方程所确定的函数的导数

有些函数关系可以用参数方程

$$\begin{cases} x = \varphi(t), \\ y = \psi(t), \end{cases} \quad \alpha \leqslant t \leqslant \beta \tag{2.4.1}$$

来确定. 例如, 圆 $x^2 + y^2 = R^2$ 的参数方程是

$$\begin{cases} x = R\cos t, \\ y = R\sin t, \end{cases} \quad 0 \leqslant t \leqslant 2\pi.$$

通过参数 t, 确定了变量 x 与 y 之间的函数关系.

在实际问题中, 需要计算由参数方程(2.4.1)所确定的函数的导数, 但从(2.4.1)中消去参数 t 有时很困难. 因此, 我们希望有一种方法能直接由参数方程(2.4.1)算出它所确定的函数的导数来. 下面就来讨论由参数方程(2.4.1)所确定的函数的求导方法.

在(2.4.1)式中, 假定函数 $x = \varphi(t), y = \psi(t)$ 都可导, 且 $\varphi'(t) \neq 0$, 则由反函数定理推得 $x = \varphi(t)$ 具有反函数 $t = \varphi^{-1}(x)$, 且由参数方程(2.4.1)所确定的函数可以看成是由函数 $y = \psi(t)$, $t = \varphi^{-1}(x)$ 复合而成的函数 $y = \psi\left[\varphi^{-1}(x)\right]$, 于是根据复合函数的求导法则与反函数的求导法则, 就有

$$\frac{dy}{dx} = \frac{dy}{dt}\cdot\frac{dt}{dx} = \frac{dy}{dt}\cdot\frac{1}{\frac{dx}{dt}} = \frac{\psi'(t)}{\varphi'(t)},$$

即

$$\frac{dy}{dx} = \frac{\psi'(t)}{\varphi'(t)}. \tag{2.4.2}$$

(2.4.2)式就是由参数方程(2.4.1)所确定的函数的**导数公式**.

若函数 $x=\varphi(t), y=\psi(t)$ 都二阶可导, 则由上述方法可得到由参数方程(2.4.1)所确定的函数的**二阶导数**

$$\frac{\mathrm{d}^2 y}{\mathrm{d}x^2}=\frac{\mathrm{d}\left(\frac{\mathrm{d}y}{\mathrm{d}x}\right)}{\mathrm{d}x}=\frac{\left(\frac{\psi'(t)}{\varphi'(t)}\right)'}{\varphi'(t)}=\frac{\psi''(t)\cdot\varphi'(t)-\psi'(t)\cdot\varphi''(t)}{\left(\varphi'(t)\right)^3}.$$

例 2.4.4 已知椭圆的参数方程为 $\begin{cases} x=a\cos t, \\ y=b\sin t, \end{cases}$ 求椭圆在 $t=\frac{\pi}{4}$ 的相应点 $M_0(x_0, y_0)$ 处的切线方程.

解 由 $t=\frac{\pi}{4}$ 得到

$$x_0=a\cos\frac{\pi}{4}=\frac{\sqrt{2}}{2}a, \quad y_0=b\sin\frac{\pi}{4}=\frac{\sqrt{2}}{2}b.$$

椭圆在点 M_0 处切线的斜率为

$$\left.\frac{\mathrm{d}y}{\mathrm{d}x}\right|_{t=\frac{\pi}{4}}=\left.\frac{(b\sin t)'}{(a\cos t)'}\right|_{t=\frac{\pi}{4}}=\left.\frac{b\cos t}{-a\sin t}\right|_{t=\frac{\pi}{4}}=-\frac{b}{a},$$

所求切线方程为

$$y-\frac{\sqrt{2}}{2}b=-\frac{b}{a}\left(x-\frac{\sqrt{2}}{2}a\right),$$

即

$$bx+ay-\sqrt{2}ab=0.$$ □

例 2.4.5 计算由摆线的参数方程 $\begin{cases} x=a(t-\sin t), \\ y=a(1-\cos t) \end{cases}$ 所确定的函数 $y=y(x)$ 的二阶导数.

解 $\frac{\mathrm{d}y}{\mathrm{d}x}=\frac{y'(t)}{x'(t)}=\frac{a\sin t}{a(1-\cos t)}=\frac{\sin t}{1-\cos t}=\cot\frac{t}{2} \quad (t\neq 2n\pi, n\in\mathbf{Z}),$

$$\frac{\mathrm{d}^2 y}{\mathrm{d}x^2}=\frac{\left(\cot\frac{t}{2}\right)'}{x'(t)}=-\frac{1}{2\sin^2\frac{t}{2}}\cdot\frac{1}{a(1-\cos t)}=-\frac{1}{a(1-\cos t)^2} \quad (t\neq 2n\pi, n\in\mathbf{Z}).$$ □

习 题 2-4

1. 求由下列方程所确定的隐函数的导数 $\frac{\mathrm{d}y}{\mathrm{d}x}$:

(1) $y^2-2xy+a^2=0$;　(2) $x^3+y^3-3axy=0$;

(3) $xy=e^{x+y}$;　(4) $y=1-xe^y$;

(5) $y=\cos x+\dfrac{1}{2}\sin y$;　(6) $\sqrt{x}+\sqrt{y}=4$;

(7) $x^2y-e^{2x}=\sin y$;　(8) $x^y=y^x$.

2. 求由方程 $\sin(xy)+\ln(y-x)=x$ 所确定的隐函数 y 在 $x=0$ 处的导数 $\left.\dfrac{dy}{dx}\right|_{x=0}$.

3. 求曲线 $x^{\frac{2}{3}}+y^{\frac{2}{3}}=a^{\frac{2}{3}}$ 在点 $\left(\dfrac{\sqrt{2}}{4}a,\dfrac{\sqrt{2}}{4}a\right)$ 处的切线方程和法线方程.

4. 求由下列方程所确定的隐函数 y 的二阶导数 $\dfrac{d^2y}{dx^2}$:

(1) $x^2-y^2=a^2$;　(2) $x-y+\dfrac{1}{2}\sin y=0$;

(3) $y=\tan(x+y)$;　(4) $y=1+xe^y$.

5. 求出下列曲线在所给参数值相应的点处的切线方程和法线方程:

(1) $\begin{cases}x=\sin t,\\ y=\cos 2t,\end{cases}$ 在 $t=\dfrac{\pi}{4}$ 处;　(2) $\begin{cases}x=\dfrac{3at}{1+t^2},\\ y=\dfrac{3at^2}{1+t^2},\end{cases}$ 在 $t=2$ 处.

6. 求由下列参数方程所确定的函数的一阶和二阶导数:

(1) $\begin{cases}x=a\cos t,\\ y=at\sin t;\end{cases}$　(2) $\begin{cases}x=1-t^3,\\ y=t-t^3;\end{cases}$

(3) $\begin{cases}x=3e^{-t},\\ y=2e^t;\end{cases}$　(4) $\begin{cases}x=\ln(1+t^2),\\ y=t-\arctan t;\end{cases}$

(5) $\begin{cases}x=e^t\cos t,\\ y=e^t\sin t;\end{cases}$　(6) $\begin{cases}x=f'(t),\\ y=tf'(t)-f(t),\end{cases}$ 设 $f''(t)$ 存在且不为 0.

第五节　微　　分

一、微分概念

由导数定义

$$f'(x_0)=\lim_{\Delta x\to 0}\frac{f(x_0+\Delta x)-f(x_0)}{\Delta x}=\lim_{\Delta x\to 0}\frac{\Delta y}{\Delta x},$$

利用第三章讲过的极限与无穷小量之间的关系, 上式可写为

$$\Delta y=f(x_0+\Delta x)-f(x_0)=f'(x_0)\Delta x+o(\Delta x).$$

即函数 $f(x)$ 在点 x_0 处的函数值增量 Δy 可表示成两部分: Δx 的线性部分 $f'(x_0)\Delta x$ 与 Δx 的高阶无穷小部分 $o(\Delta x)$.

再分析一个具体问题: 正方形面积的测量问题.

设正方形的实际边长为 x_0，由于测量不可能绝对准确，设边长测量的最大误差为 Δx（图 2-4），试问由于边长测量不准造成的面积误差最多有多大？

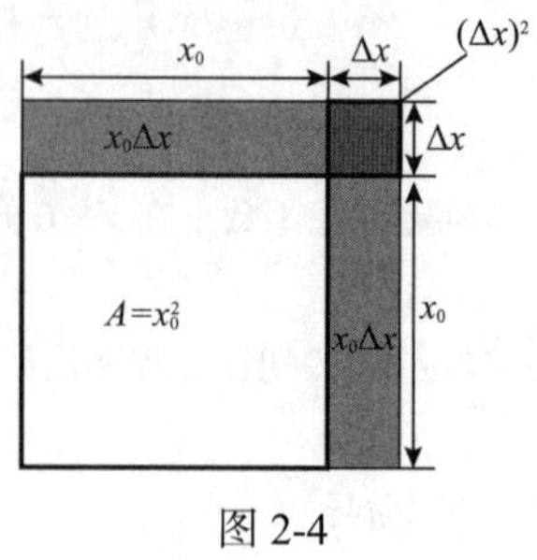

图 2-4

$$\Delta A=(x_0+\Delta x)^2-x_0^2=2x_0\Delta x+(\Delta x)^2 .$$

即面积误差由两部分组成:

第一部分 $2x_0\Delta x$ 是 Δx 的线性部分；第二部分 $(\Delta x)^2$ 是 Δx 的高阶无穷小. 由此可见，如果边长改变很微小，即 $|\Delta x|$ 很小时，面积的增量可近似地用第一部分来代替.

下面给出**微分定义**.

定义 2.5.1 设函数 $y=f(x)$ 在点 x_0 的某邻域 $U(x_0)$ 内有定义. 当给点 x_0 一个增量 Δx，$x_0+\Delta x\in U(x_0)$ 时，相应得到的函数的增量为

$$\Delta y=f(x_0+\Delta x)-f(x_0) .$$

如果存在常数 A，使得 Δy 能表示成

$$\Delta y=A\Delta x+o(\Delta x) . \tag{2.5.1}$$

则称函数 $y=f(x)$ 在点 x_0 可微，而 $A\Delta x$ 称为函数 $y=f(x)$ 在点 x_0 处的微分，记作

$$\mathrm{d}y\big|_{x=x_0}=A\Delta x \text{ 或 } \mathrm{d}f\big|_{x=x_0}=A\Delta x .$$

下面讨论函数可微的条件. 设函数 $f(x)$ 在点 x_0 可微，则按定义有(2.5.1)式成立. (2.5.1)式两边除以 Δx，得

$$\frac{\Delta y}{\Delta x}=A+\frac{o(\Delta x)}{\Delta x},$$

于是，当 $\Delta x\to 0$ 时，由上式就得到

$$A=\lim_{\Delta x\to 0}\frac{\Delta y}{\Delta x}=f'(x_0) .$$

因此，如果函数 $f(x)$ 在点 x_0 可微，则 $f(x)$ 在点 x_0 一定可导，且 $A=f'(x_0)$.

反之，如果函数 $f(x)$ 在点 x_0 可导，即 $\lim\limits_{\Delta x\to 0}\frac{\Delta y}{\Delta x}=f'(x_0)$ 存在，根据极限与无穷小的关

系，上式可写成

$$\frac{\Delta y}{\Delta x}=f'(x_0)+\alpha,$$

其中 $\lim\limits_{\Delta x\to 0}\alpha=0$，由此又有

$$\Delta y=f'(x_0)\Delta x+\alpha\Delta x.$$

因 $\alpha\Delta x=o(\Delta x)$，故上式相当于(2.5.1)式，所以函数 $f(x)$ 在点 x_0 可微.

由此可见，函数 $f(x)$ 在点 x_0 可微的**充分必要条件**是函数 $f(x)$ 在点 x_0 可导，且函数 $f(x)$ 在点 x_0 的**微分**是

$$\mathrm{d}y\big|_{x=x_0}=f'(x_0)\Delta x.$$

于是也可得到结论：在 $f'(x_0)\neq 0$ 的条件下，以微分 $\mathrm{d}y=f'(x_0)\Delta x$ 近似代替增量 $\Delta y=f(x_0+\Delta x)-f(x_0)$ 时，其误差为 $o(\Delta x)$．因此，当 $|\Delta x|$ 很小时，有近似表达式

$$\Delta y\approx \mathrm{d}y=f'(x_0)\Delta x.$$

例 2.5.1　求函数 $y=\mathrm{e}^x$ 分别在点 $x=0$ 与 $x=1$ 处的微分.

解　函数 $y=\mathrm{e}^x$ 在点 $x=0$ 处的微分为

$$\mathrm{d}y=(\mathrm{e}^x)'\big|_{x=0}\cdot\Delta x=\Delta x,$$

在点 $x=1$ 处的微分为

$$\mathrm{d}y=(\mathrm{e}^x)'\big|_{x=1}\cdot\Delta x=\mathrm{e}\Delta x.$$ □

函数 $y=f(x)$ 在任意点 x 的微分，称为函数的微分，记作 $\mathrm{d}y$ 或 $\mathrm{d}f(x)$，即

$$\mathrm{d}y=f'(x)\Delta x.$$

例如，函数 $y=\cos x$ 的微分为

$$\mathrm{d}y=(\cos x)'\Delta x=-\sin x\Delta x;$$

函数 $y=\mathrm{e}^x$ 的微分为

$$\mathrm{d}y=(\mathrm{e}^x)'\Delta x=\mathrm{e}^x\Delta x.$$

显然，函数的微分 $\mathrm{d}y=f'(x)\Delta x$ 与 x 和 Δx 有关.

例 2.5.2　求函数 $y=x^3$ 当 $x=2,\Delta x=0.02$ 时的微分.

解　函数的微分为

$$\mathrm{d}y=(x^3)'\Delta x=3x^2\Delta x.$$

当 $x=2,\Delta x=0.02$ 时的微分

$$\mathrm{d}y\Big|_{\substack{x=2\\ \Delta x=0.02}}=3x^2\Delta x\Big|_{\substack{x=2\\ \Delta x=0.02}}=3\cdot 2^2\cdot 0.02=0.24. \qquad \square$$

通常把自变量 x 的增量 Δx 称为自变量的微分，记作 $\mathrm{d}x$，即 $\mathrm{d}x=\Delta x$. 于是函数 $y=f(x)$ 的微分又可记作

$$\mathrm{d}y=f'(x)\mathrm{d}x,$$

从而有

$$\frac{\mathrm{d}y}{\mathrm{d}x}=f'(x).$$

这就是说，函数的微分 $\mathrm{d}y$ 与自变量的微分 $\mathrm{d}x$ 之商等于该函数的导数. 因此，导数也叫做“**微商**”.

二、微分的几何意义

为了对微分有比较直观的了解，我们来说明微分的几何意义.

在直角坐标系中，函数 $y=f(x)$ 的图形是一条曲线，曲线上有一定点 $M(x_0,y_0)$，当自变量 x 有微小增量 Δx 时，就得到曲线上另一点 $N(x_0+\Delta x,y_0+\Delta y)$. 从图 2-5 可知:

$$MQ=\Delta x,\quad QN=\Delta y.$$

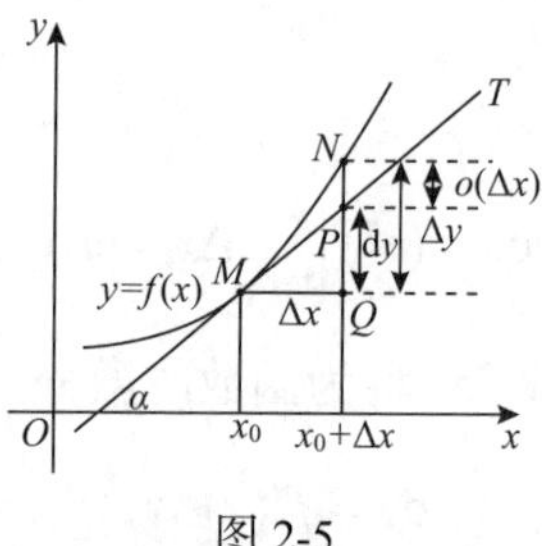

图 2-5

过点 M 作曲线的切线 MT，它的倾角为 α，则

$$QP=MQ\cdot\tan\alpha=f'(x_0)\cdot\Delta x,$$

即

$$\mathrm{d}y=QP.$$

由此可见，对于可微函数 $y=f(x)$ 而言，当 Δy 是曲线 $y=f(x)$ 上的点的纵坐标的相应增量时，$\mathrm{d}y$ 就是曲线的切线上点的纵坐标的相应增量. 当 $|\Delta x|$ 很小时，$|\Delta y-\mathrm{d}y|$ 比 $|\Delta x|$ 小得多. 因此在点 M 的附近，我们可以用切线段来近似代替曲线段. 在局部范围内用线性函数近似代替非线性函数，在几何上就是局部用切线段来近似代替曲线段，这在数学上称为非线性函数的局部线性化.

三、基本初等函数的微分公式与微分运算法则

从函数的微分表达式

$$dy = f'(x)dx$$

可以看出，要计算函数的微分，只要计算函数的导数，再乘以自变量的微分. 因此，可得如下的微分公式和微分运算法则.

1. 基本初等函数的微分公式

由基本初等函数的导数公式，可以直接写出基本初等函数的微分公式. 为了便于对照，列表于下.

导数公式	微分公式
$(x^\mu)' = \mu x^{\mu-1}$	$d(x^\mu) = \mu x^{\mu-1}dx$
$(\sin x)' = \cos x$	$d(\sin x) = \cos x dx$
$(\cos x)' = -\sin x$	$d(\cos x) = -\sin x dx$
$(\tan x)' = \sec^2 x$	$d(\tan x) = \sec^2 x dx$
$(\cot x)' = -\csc^2 x$	$d(\cot x) = -\csc^2 x dx$
$(\sec x)' = \sec x \tan x$	$d(\sec x) = \sec x \tan x dx$
$(\csc x)' = -\csc x \cot x$	$d(\csc x) = -\csc x \cot x dx$
$(a^x)' = a^x \ln a$	$d(a^x) = a^x \ln a dx$
$(e^x)' = e^x$	$d(e^x) = e^x dx$
$(\log_a x)' = \dfrac{1}{x \ln a}$	$d(\log_a x) = \dfrac{1}{x \ln a}dx$
$(\ln x)' = \dfrac{1}{x}$	$d(\ln x) = \dfrac{1}{x}dx$
$(\arcsin x)' = \dfrac{1}{\sqrt{1-x^2}}$	$d(\arcsin x) = \dfrac{1}{\sqrt{1-x^2}}dx$
$(\arccos x)' = -\dfrac{1}{\sqrt{1-x^2}}$	$d(\arccos x) = -\dfrac{1}{\sqrt{1-x^2}}dx$
$(\arctan x)' = \dfrac{1}{1+x^2}$	$d(\arctan x) = \dfrac{1}{1+x^2}dx$
$(\text{arccot}\, x)' = -\dfrac{1}{1+x^2}$	$d(\text{arccot}\, x) = -\dfrac{1}{1+x^2}dx$

2. 函数和、差、积、商的微分法则

由函数和、差、积、商的求导法则，可推得相应的微分法则. 为了便于对照，列成下表(表中 $u = u(x), v = v(x)$ 都可导).

函数和、差、积、商的求导法则	函数和、差、积、商的微分法则
$(u \pm v)' = u' \pm v'$	$d(u \pm v) = du \pm dv$

续表

函数和、差、积、商的求导法则	函数和、差、积、商的微分法则
$(Cu)'=Cu'$ $(uv)'=u'v+uv'$ $\left(\dfrac{u}{v}\right)'=\dfrac{u'v-uv'}{v^2}(v\neq 0)$	$\mathrm{d}(Cu)=C\mathrm{d}u$ $\mathrm{d}(uv)=v\mathrm{d}u+u\mathrm{d}v$ $\mathrm{d}\left(\dfrac{u}{v}\right)=\dfrac{v\mathrm{d}u-u\mathrm{d}v}{v^2}(v\neq 0)$

3. 复合函数的微分法则

与复合函数的求导法则相应的复合函数的微分法则可推导如下.

设 $y=f(u)$ 及 $u=g(x)$ 都可导, 则复合函数 $y=f[g(x)]$ 的微分为

$$\mathrm{d}y=y'_x\mathrm{d}x=f'(u)g'(x)\mathrm{d}x.$$

由于 $g'(x)\mathrm{d}x=\mathrm{d}u$, 所以复合函数 $y=f[g(x)]$ 的微分公式也可以写成

$$\mathrm{d}y=f'(u)\mathrm{d}u \text{ 或 } \mathrm{d}y=y'_u\mathrm{d}u .$$

由此可见, 无论 u 是自变量还是中间变量, 微分形式 $\mathrm{d}y=f'(u)\mathrm{d}u$ 保持不变. 这一性质称为**微分形式不变性**. 这性质表示, 当变换自变量时, 微分形式 $\mathrm{d}y=f'(u)\mathrm{d}u$ 并不改变.

例 2.5.3 设 $y=\sin(x^2+\mathrm{e}^x+2)$, 求 $\mathrm{d}y$.

解 把 $x^2+\mathrm{e}^x+2$ 看成中间变量 u , 则

$$\begin{aligned}\mathrm{d}y&=\mathrm{d}(\sin u)=\cos u\mathrm{d}u=\cos(x^2+\mathrm{e}^x+2)\mathrm{d}(x^2+\mathrm{e}^x+2)\\&=(2x+\mathrm{e}^x)\cos(x^2+\mathrm{e}^x+2)\mathrm{d}x.\end{aligned}$$ □

在求复合函数导数时, 可以不写出中间变量. 在求复合函数的微分时, 类似地也可以不写出中间变量, 运用微分形式不变性层层微分, 下面我们用这种方法来求函数的微分.

例 2.5.4 设 $y=\mathrm{e}^{\sin(x^2+\sqrt{x})}$, 求 $\mathrm{d}y$, y' .

解
$$\begin{aligned}\mathrm{d}y&=\mathrm{d}\mathrm{e}^{\sin(x^2+\sqrt{x})}=\mathrm{e}^{\sin(x^2+\sqrt{x})}\mathrm{d}\sin(x^2+\sqrt{x})\\&=\mathrm{e}^{\sin(x^2+\sqrt{x})}\cos(x^2+\sqrt{x})\mathrm{d}(x^2+\sqrt{x})\\&=\mathrm{e}^{\sin(x^2+\sqrt{x})}\cos(x^2+\sqrt{x})[\mathrm{d}(x^2)+\mathrm{d}(\sqrt{x})]\\&=\mathrm{e}^{\sin(x^2+\sqrt{x})}\cos(x^2+\sqrt{x})\left(2x+\frac{1}{2\sqrt{x}}\right)\mathrm{d}x,\end{aligned}$$

故

$$y'=\mathrm{e}^{\sin(x^2+\sqrt{x})}\cos(x^2+\sqrt{x})\left(2x+\frac{1}{2\sqrt{x}}\right).$$ □

例 2.5.5　用微分求由方程 $y+xe^{y}=1$ 确定的隐函数 $y=y(x)$ 的微分 dy.

解　方程两边分别求微分, 有

$$dy+d(xe^{y})=0,$$

即

$$dy+e^{y}dx+xe^{y}dy=0,$$

从而

$$dy=\frac{-e^{y}}{1+xe^{y}}dx. \quad \square$$

例 2.5.6　在下列等式左端的括号中填入适当的函数, 使等式成立:

(1) $d(\quad)=xdx$;　　(2) $d(\quad)=\cos\omega tdt$.

解　(1) 我们知道

$$d(x^{2})=2xdx,$$

可见

$$xdx=\frac{1}{2}d(x^{2})=d\left(\frac{x^{2}}{2}\right),$$

即

$$d\left(\frac{x^{2}}{2}\right)=xdx.$$

一般地, 有

$$d\left(\frac{x^{2}}{2}+C\right)=xdx \quad (C\text{ 为任意常数}). \quad \square$$

(2) 因为

$$d(\sin\omega t)=\omega\cos\omega tdt,$$

可见

$$\cos\omega tdt=\frac{1}{\omega}d(\sin\omega t)=d\left(\frac{1}{\omega}\sin\omega t\right),$$

即

$$d\left(\frac{1}{\omega}\sin\omega t\right)=\cos\omega tdt.$$

一般地, 有

$$\mathrm{d}\left(\frac{1}{\omega}\sin\omega t + C\right) = \cos\omega t\mathrm{d}t \quad (C\text{为任意常数}). \qquad \square$$

四、微分在近似计算中的应用

1. 函数的近似计算

在工程问题中, 经常会遇到一些复杂的计算公式. 如果直接用这些公式进行计算, 那是很费力的. 利用微分往往可以把一些复杂的计算公式用简单的近似公式来代替.

前面说过, 如果 $y = f(x)$ 在点 x_0 处的导数 $f'(x_0) \neq 0$, 且 $|\Delta x|$ 很小时, 我们有

$$\Delta y \approx \mathrm{d}y = f'(x_0)\Delta x.$$

这个式子也可以写为

$$\Delta y = f(x_0 + \Delta x) - f(x_0) \approx f'(x_0)\Delta x, \tag{2.5.2}$$

或

$$f(x_0 + \Delta x) \approx f(x_0) + f'(x_0)\Delta x. \tag{2.5.3}$$

在(2.5.3)式中令 $x = x_0 + \Delta x$, 即 $\Delta x = x - x_0$, 那么(2.5.3)式可改写为

$$f(x) \approx f(x_0) + f'(x_0)(x - x_0). \tag{2.5.4}$$

如果 $f(x_0)$ 与 $f'(x_0)$ 都容易计算, 那么可利用(2.5.2)式来近似计算 Δy, 利用(2.5.3)式来近似计算 $f(x_0 + \Delta x)$, 或利用(2.5.4)式来近似计算 $f(x)$. 这种近似计算的实质就是用 x 的线性函数 $f(x_0) + f'(x_0)(x - x_0)$ 来近似表示函数 $f(x)$. 从导数的几何意义可知, 这也就是用曲线 $y = f(x)$ 在点 $(x_0, f(x_0))$ 处的切线来近似代替该曲线(就切点附近部分来说).

例 2.5.7 有一批半径为 1 cm 的球, 为了提高球面的光洁度, 要镀上一层铜, 厚度定为 0.01 cm. 估计一下每只球需要铜多少克(铜的密度是 $8.9\text{g}/\text{cm}^3$)?

解 先求出镀层的体积, 再乘上密度就得到每只球需要铜的重量.

因为镀层的体积等于两个球体体积之差, 所以它就是球体体积 $V = \frac{4}{3}\pi R^3$ 当 R 自 R_0 取得增量 ΔR 时的增量 ΔV. 我们求 V 对 R 的导数

$$V'\big|_{R=R_0} = \left(\frac{4}{3}\pi R^3\right)'\bigg|_{R=R_0} = 4\pi R_0^2,$$

由(2.5.2)式得

$$\Delta V \approx 4\pi R_0^2 \Delta R .$$

将 $R_0 = 1, \Delta R = 0.01$ 代入上式，得

$$\Delta V \approx 4 \times 3.14 \times 1^2 \times 0.01 \approx 0.13\,(\mathrm{cm}^3).$$

于是镀每只球需要的铜约为

$$0.13 \times 8.9 \approx 1.16\,(\mathrm{g}).$$ □

例 2.5.8　利用微分计算 $\sin 33°$ 的近似值.

解　由于 $\sin 33° = \sin\left(\frac{\pi}{6} + \frac{\pi}{60}\right)$，因此取

$$f(x) = \sin x , \quad x_0 = \frac{\pi}{6}, \quad \Delta x = \frac{\pi}{60},$$

由(2.5.3)式得到

$$\sin 33° \approx \sin\frac{\pi}{6} + \cos\frac{\pi}{6} \cdot \frac{\pi}{60} = \frac{1}{2} + \frac{\sqrt{3}}{2} \cdot \frac{\pi}{60} \approx 0.545$$

($\sin 33°$ 的真值为 $0.544639\cdots$).　□

下面我们来推导一些常用的近似公式. 为此，在(2.5.4)式中取 $x_0 = 0$，于是得

$$f(x) \approx f(0) + f'(0)x . \tag{2.5.5}$$

应用(2.5.5)式可以推得以下几个在工程上常用的近似公式(下面都假定 $|x|$ 是较小的数值):

(1)　$\sqrt[n]{1+x} \approx 1 + \frac{1}{n}x$；

(2)　$\sin x \approx x$（x 用弧度作单位来表达)；

(3)　$\tan x \approx x$（x 用弧度作单位来表达)；

(4)　$\mathrm{e}^x \approx 1 + x$.

例 2.5.9　计算 $\sqrt{1.05}$ 的近似值.

解　$\sqrt{1.05} = \sqrt{1 + 0.05} \approx 1 + \frac{1}{2}(0.05) = 1.025$.　□

如果直接开方，可得

$$\sqrt{1.05} \approx 1.02470.$$

将两个结果比较一下，可以看出用 1.025 作为 $\sqrt{1.05}$ 的近似值，其误差不超过 0.001，这样的近似值在一般应用上已够精确了. 如果开方次数较高，就更能体现出用微分进行近似计算的优越性.

2. 误差估计

设量 x 是由测量得到, 量 y 由函数 $y=f(x)$ 经过计算得到. 在测量时, 由于存在测量误差, 实际测得的只是 x 的某个近似值 x_0, 因此算得的 $y_0=f(x_0)$ 也只是的 $y=f(x)$ 一个近似值. 若已知测量值 x_0 的误差限为 δ_x (它与测量工具的精度有关), 即

$$|\Delta x|=|x-x_0|\leqslant\delta_x.$$

则当 δ_x 很小时,

$$|\Delta y|=|f(x)-f(x_0)|\approx|f'(x_0)\Delta x|\leqslant|f'(x_0)|\delta_x,$$

而**相对误差**限则为

$$\frac{\delta_y}{|y_0|}=\left|\frac{f'(x_0)}{f(x_0)}\right|\delta_x.$$

例 2.5.10 设测得一球体的直径为 42cm, 测量工具的精度为 0.05cm. 试求以此直径计算球体体积时所引起的误差.

解 由直径 d 计算球体体积的函数式为

$$V=\frac{1}{6}\pi d^3.$$

取 $d_0=42,\delta_d=0.05$, 求得

$$V_0=\frac{1}{6}\pi d_0^3\approx 38792.39(\mathrm{cm}^3),$$

从而所求球体体积的绝对误差限和相对误差限分别为

$$\delta_v=\left|\frac{1}{2}\pi d_0^2\right|\cdot\delta_d=\frac{\pi}{2}\cdot 42^2\cdot 0.05\approx 138.54(\mathrm{cm}^3),$$

$$\frac{\delta_v}{|V_0|}=\frac{\frac{1}{2}\pi d_0^2}{\frac{1}{6}\pi d_0^3}\cdot\delta_d=\frac{3}{d_0}\delta_d\approx 0.357\%.$$ □

习 题 2-5

1. 设函数 $y=x^3$, 计算在 $x=2$ 处, Δx 分别等于 -0.1, 0.01 时的增量 Δy 及微分 $\mathrm{d}y$.

2. 求下列函数的微分 $\mathrm{d}y$:

(1) $y=\dfrac{x}{1-x}$;　　(2) $y=\ln\left(\sin\dfrac{x}{2}\right)$;

(3) $y=\arcsin\sqrt{1-x^2}$;　　(4) $y=\mathrm{e}^{-x}\cos(3-x)$;

(5) $y=x^2e^{2x}$；　　(6) $y=\tan^2(1+2x^2)$.

3. 将适当的函数填入下列括号内，使等式成立：

(1) $d(\quad)=3dx$；　　(2) $d(\quad)=5xdx$；

(3) $d(\quad)=\sin 2xdx$；　　(4) $d(\quad)=e^{-3x}dx$；

(5) $d(\quad)=\dfrac{1}{1+x}dx$；　　(6) $d(\quad)=\dfrac{1}{\sqrt{x}}dx$；

(7) $d(\quad)=\sec^2 4xdx$；　　(8) $d(\quad)=\csc^2 2xdx$.

4. 用微分求由方程 $x+y=\arctan(x-y)$ 确定的函数 $y=y(x)$ 的微分与导数.

5. 用微分求参数方程 $x=t-\arctan t$，$y=\ln(1+t^2)$ 确定的函数 $y=y(x)$ 的一阶导数和二阶导数.

6. 利用微分求近似值：

(1) $\tan 46^\circ$；　　(2) $e^{1.01}$；

(3) $\sqrt[3]{996}$；　　(4) $\ln 1.001$；

(5) $\arctan 1.02$.

7. 当 $|x|$ 很小时，证明下列近似公式：

(1) $\ln(1+x)\approx x$；　　(2) $\dfrac{1}{1+x}\approx 1-x$.

8. 设扇形的圆心角 $\alpha=60^\circ$，半径 $R=100\text{cm}$，如果 R 不变，α 减少 $30'$，问扇形面积大约改变多少？又如果 α 不变，R 增加 1cm，问扇形面积大约改变多少？

9. 一正方体的棱长 $x=10\text{m}$，如果棱长增加 0.1m，求此正方体体积增加的精确值和近似值.

第六节　Mathematica 软件应用(2)

一、求函数的导数

Mathematica 用内建函数 D 求函数 $f(x)$ 的导数，其命令格式：

(1) D[f,x]，表示表达式 f 关于自变量 x 的导数 $\dfrac{df}{dx}$.

在笔记本窗口中输入格式为：D[f,x]，然后按 Shift + Enter 键，等待输出结果.

(2) D[f,{x,n}]，表示表达式 f 关于自变量 x 的 n 阶导数 $\dfrac{d^n f}{dx^n}$.

在笔记本窗口中输入格式为：D[f,{x,n}]，然后按 Shift + Enter 键，等待输出结果.

例 2.6.1　求下列函数的一阶导数.

(1) $y=\sqrt{1+\ln^2 x}$；　　(2) $y=\left(\arcsin\dfrac{x}{2}\right)^2$.

解　如图 2-6 所示. 于是

(1) $y'=\dfrac{\ln x}{x\sqrt{1+\ln^2 x}}$；　　(2) $y'=\dfrac{\arcsin\dfrac{x}{2}}{\sqrt{1-\dfrac{x^2}{4}}}$.

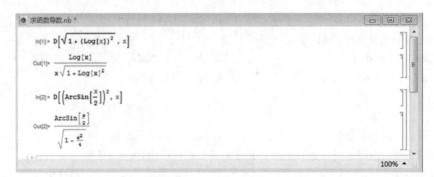

图 2-6

例 2.6.2 求下列函数的二阶导数.

（1） $y=\dfrac{1}{x^3+1}$；　　　　（2） $y=\ln(x+\sqrt{1+x^2})$.

解 如图 2-7 所示.

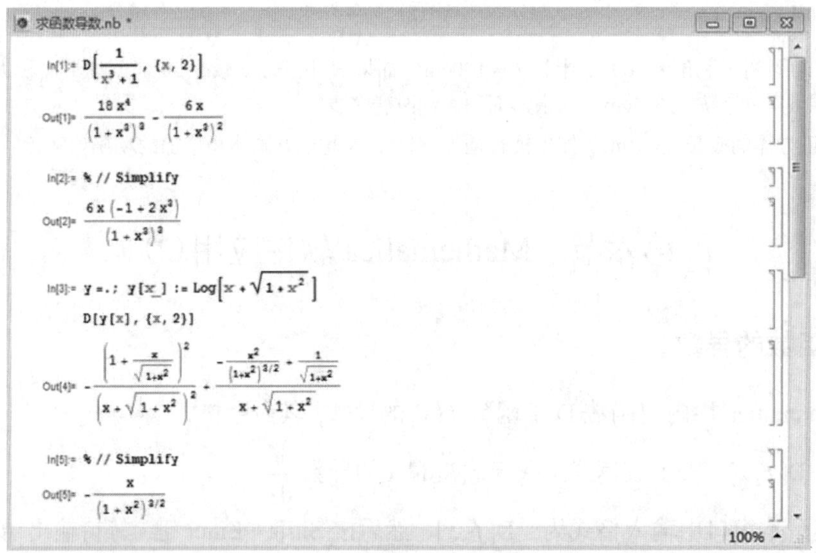

图 2-7

于是

（1） $y''=\dfrac{6x(2x^3-1)}{(x^3+1)^3}$；　　　　（2） $y''=-\dfrac{x}{(x^2+1)^{3/2}}$.

注 （1）语句“$y=.$”表示清除 y 的赋值.

（2）语句“%//Simplify”表示对上面输出结果进行合并化简.

二、求函数的微分

Mathematica 用内建函数 Dt 求函数 $f(x)$ 的微分，其命令格式为

$$\mathrm{Dt}[f],$$

用于求 $\mathrm{d}f$.

例 2.6.3　求下列函数的微分.

（1）$y = x\sin 2x$;　　（2）$y = x^2\mathrm{e}^{2x}$.

解　如图 2-8 所示.

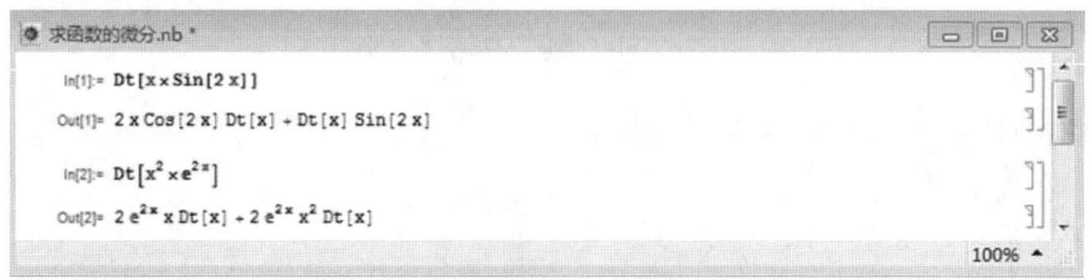

```
In[1]:= Dt[x×Sin[2 x]]
Out[1]= 2 x Cos[2 x] Dt[x] + Dt[x] Sin[2 x]

In[2]:= Dt[x^2 × e^(2 x)]
Out[2]= 2 e^(2 x) x Dt[x] + 2 e^(2 x) x^2 Dt[x]
```

图 2-8

于是

（1）$\mathrm{d}y = (2x\cos 2x + \sin 2x)\mathrm{d}x$;

（2）$\mathrm{d}y = (2x\mathrm{e}^{2x} + 2x^2\mathrm{e}^{2x})\mathrm{d}x$.

注　（1）这里“Dt[x]”表示“$\mathrm{d}x$”.

（2）微分结果的输出语句 1 的表示形式与通常的表示形式不同，通常 Dt[x] 是写在最后，而这里写在了前面.

下面研究参数方程的导数. 假定 $y = f(x)$ 是参数方程 $\begin{cases} x = x(t), \\ y = y(t) \end{cases}$（$t$ 是参数）确定的函数，则一阶导数是两个微分之比 $y' = \dfrac{\mathrm{d}y}{\mathrm{d}x}$，而二阶导数为 $y'' = \dfrac{\mathrm{d}y'}{\mathrm{d}x}$.

例 2.6.4　求参数方程 $\begin{cases} x = t(1-\sin t), \\ y = t\cos t \end{cases}$ 确定的函数 $y = y(x)$ 的一阶导数 y' 和二阶导数 y'' .

解　如图 2-9 所示.

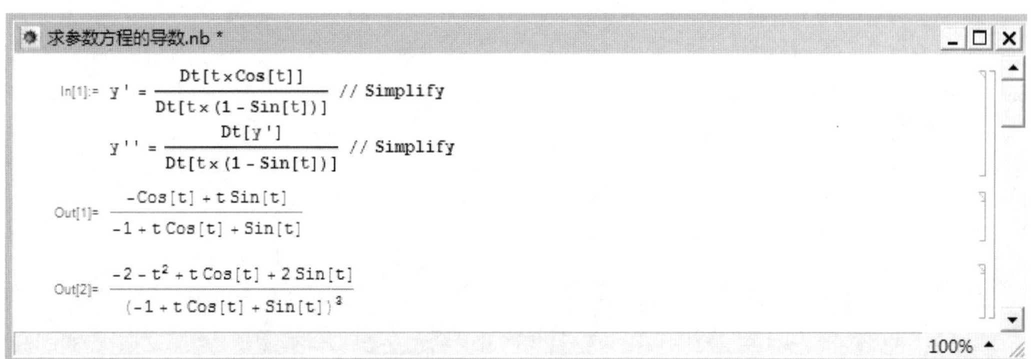

```
In[1]:= y' = Dt[t×Cos[t]] / Dt[t×(1 - Sin[t])] // Simplify
        y'' = Dt[y'] / Dt[t×(1 - Sin[t])] // Simplify

Out[1]= (-Cos[t] + t Sin[t]) / (-1 + t Cos[t] + Sin[t])

Out[2]= (-2 - t^2 + t Cos[t] + 2 Sin[t]) / (-1 + t Cos[t] + Sin[t])^3
```

图 2-9

因此

$$y' = \frac{t\sin t - \cos t}{t\cos t + \sin t - 1};$$

$$y'' = \frac{t\cos t + 2\sin t - t^2 - 2}{(t\cos t + \sin t - 1)^3}.$$

习　题　2-6

1. 用 Mathematica 求下列函数的导数或微分:

(1) $y = \arctan\dfrac{x+1}{x-1}$, 求 $\mathrm{d}y$;

(2) $y = \left(\dfrac{x}{1+x}\right)^x$, 求 y'.

2. 用 Mathematica 求下列函数的二阶导数:

(1) $y = x\mathrm{e}^{x^2}$;

(2) $\begin{cases} x = \ln(1+t^2), \\ y = t - \arctan t. \end{cases}$

第三章　微分中值定理与导数的应用

上一章中我们详细地讨论了导数、微分的概念及它们的运算问题. 从本章开始我们将介绍导数一些更深刻的性质及应用. 我们知道导数是刻画函数在一点处变化率的数学模型, 它反映了函数在一点处的局部变化性态. 但在理论和实际应用中, 我们常常需要把握函数在某个区间的整体性质与该区间内部某个数处的导数之间的关系——微分中值定理, 它不仅是用微分学解决实际问题的数学模型, 而且完善了微分学自身发展的理论基础.

本章首先介绍微分学的理论基础——微分中值定理, 然后以微分中值定理为理论基础, 以导数为工具, 给出一类特殊极限(不定式)的一种简便求法, 进一步应用一阶和二阶导数符号分析函数及其图形曲线变化的各种特征性质.

第一节　微分中值定理

一、函数极值的必要条件

讨论函数 $f(x)$ 的单调区间时, 区间上的数 x_0 常遇到这样的情况: 位于 x_0 两侧附近函数的单调性相反. 这时, 函数值 $f(x_0)$ 与数 x_0 附近的函数值 $f(x)$ 相比较, $f(x_0)$ 或是最大、或是最小. 我们给这种函数值一个说法.

定义3.1.1　设函数 $f(x)$ 在数 x_0 的某个邻域 $U(x_0,\delta)$ 有定义.

(1) 如果对于任一数 $x\in U^{\circ}(x_0,\delta)$, 都有 $f(x)>f(x_0)$, 则称 $f(x_0)$ 是函数 $f(x)$ 的**极大值**, 此时数 x_0 称为函数 $f(x)$ 的**极大值点**, $(x_0,f(x_0))$ 称为函数 $f(x)$ 图形曲线上的**极大值点**;

(2) 如果对于任一数 $x\in U^{\circ}(x_0,\delta)$, 都有 $f(x)<f(x_0)$, 则称 $f(x_0)$ 是函数 $f(x)$ 的**极小值**, 此时数 x_0 称为函数 $f(x)$ 的**极小值点**, $(x_0,f(x_0))$ 称为函数 $f(x)$ 图形曲线上的**极小值点**.

注　(1) 函数的极大值、极小值统称为**极值**, 取得极值的数 x_0 称为函数 $f(x)$ 的**极值点**, 记 $(x_0,f(x_0))$ 为函数 $f(x)$ 图形曲线上的**极值点**.

(2) 由定义可看出, 函数的极值点只能是函数定义区间内部的点, 即区间的端点不会是函数极值点, 且没有定义的点不会是极值点.

(3) 极值只是一个局部概念, 是局部的最大、小值, 而函数在定义区间上的最大、小值是个整体概念, 不可混同. 一个函数不仅可有多个不等的极大值和极小值, 而且极小值还可以大于极大值(图 3-1), 而最大、小值都只能是唯一的; 最大、小值点有可能是区间的端点. 这表明, 极值未必是最大、小值.

如图 3-1 所示, 函数 $y=f(x)$ 在数 x_2,x_4 分别取得极大值 $f(x_2),f(x_4)$, 在数 x_1,x_3 和

x_6 分别取得极小值; 而在区间的端点 a, b 和 x_5 处没有极值. 特别地, 在数 x_2, x_3 虽没有水平切线, 但仍有极值; 在数 x_5 虽有水平切线, 但没有极值.

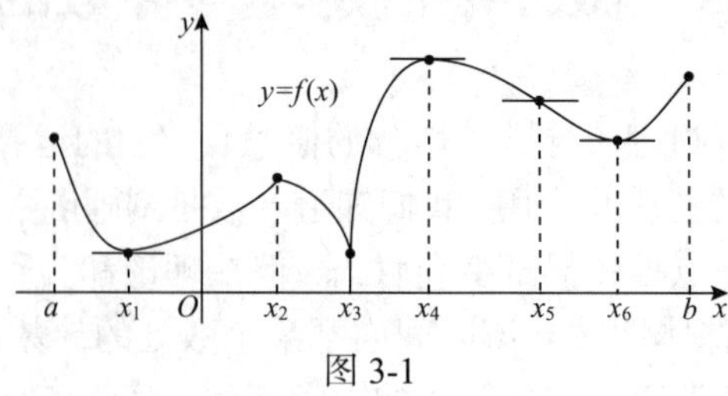

图 3-1

接下来我们给出函数极值的必要条件.

定理 3.1.1 (费马(Fermat)引理) 设函数 $f(x)$ 在数 x_0 处可导, 并且在数 x_0 处取得极值, 则 $f'(x_0)=0$.

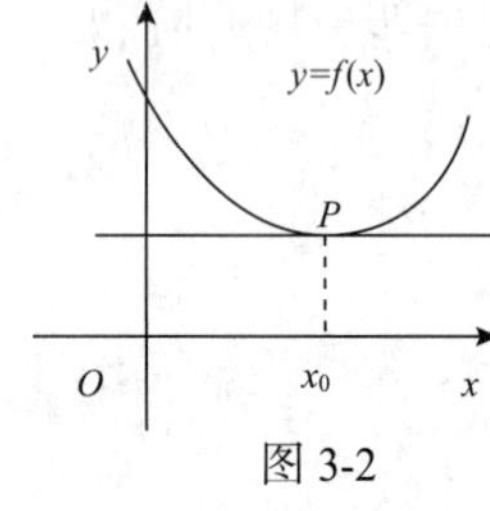

图 3-2

费马引理是说, 设函数 $f(x)$ 在区间 $(x_0-\delta,x_0+\delta)$ 上有定义, 在数 x_0 处可导, 且对于任意 $x\in(x_0-\delta,x_0+\delta)$, 恒有 $f(x)\leqslant f(x_0)$ (或 $f(x)\geqslant f(x_0)$), 则必有 $f'(x_0)=0$.

我们先从几何角度分析费马引理的含义: 若 $y=f(x)$ 图形曲线在点 $(x_0,f(x_0))$ 处有切线, 且 $f(x_0)$ 还是 $f(x)$ 在邻域内的一个极值, 则 $y=f(x)$ 在点 $(x_0,f(x_0))$ 处的切线必是水平的(图 3-2).

证 不妨设, 对于任意 $x\in(x_0-\delta,x_0+\delta)$, 恒有 $f(x)\leqslant f(x_0)$, 则有足够小的 Δx 使得 $x_0+\Delta x\in(x_0-\delta,x_0+\delta)$, 且 $f(x_0+\Delta x)-f(x_0)\leqslant 0$, 下面分两种情形来讨论:

(1) 当 $\Delta x>0$ 时, 则有

$$\frac{f(x_0+\Delta x)-f(x_0)}{\Delta x}\leqslant 0,$$

由函数可导知极限

$$\lim_{\Delta x\to 0^+}\frac{f(x_0+\Delta x)-f(x_0)}{\Delta x}$$

存在, 再由极限的保号性知

$$f'(x_0)=f'_+(x_0)\leqslant 0.$$

(2) 当 $\Delta x<0$ 时, 则有

$$\frac{f(x_0+\Delta x)-f(x_0)}{\Delta x}\geqslant 0.$$

同理可知,

$$f'(x_0)=f'_-(x_0)\geqslant 0.$$

于是

$$f'(x_0)=0.$$ □

注　费马(Fermat, 1601—1665)，17 世纪法国最伟大的数学家之一. 费马一生未受过专门的数学教育，他却是解析几何的发明者之一；费马建立了求切线、求极大值和极小值以及定积分方法，对微积分诞生的贡献仅次于牛顿、莱布尼茨；他还是概率论的主要创始人，以及独撑 17 世纪数论天地的人. 那句话："我确信已找到了一个极佳的证明，但书的空白太窄，写不下." 是费马在写费马大定理时留下的名言.

定义 3.1.2　如果函数 $y=f(x)$ 在数 x_0 处有定义，且 $f'(x_0)=0$ 或者 $f'(x_0)$ 不存在，那么数 x_0 就称为函数 $y=f(x)$ 的**一阶临界数**，简称为**临界数**，且函数 $y=f(x)$ 的图形曲线上的点 $(x_0,f(x_0))$ 就称为一个（**一阶**）**临界点**（仅满足 $f'(x_0)=0$ 的数 x_0 常称为函数 $y=f(x)$ 的**驻点**或**稳定点**，此时记点 $(x_0,f(x_0))$ 为函数 $f(x)$ 图形曲线上的**驻点**或**稳定点**）.

注　(1) 定理 3.1.1 表明可导函数的极值只能在其驻点处取到，即 x_0 是驻点只是可导函数 $f(x)$ 在数 x_0 取得极值的必要条件，而不是充分条件，例如，$f(x)=x^3$，$f'(0)=0$，从而 $x=0$ 是驻点，但 $x=0$ 并不是 $f(x)=x^3$ 的极值点.

(2) 函数的极值除了在驻点处可以取得外，还有可能在一阶导数不存在的数处取得. 例如，$y=|x|$，$f(x)$ 在数 $x=0$ 处不可导，但在数 $x=0$ 处取得极小值 $f(0)=0$.

因此，我们将在稳定点和一阶导数不存在的数(即临界数)中去寻找极值点. 我们在下面先给出连续函数极值存在的必要条件.

推论3.1.1（连续函数极值的必要条件）　设函数 $f(x)$ 为定义区间 I 上的连续函数，且函数 $f(x)$ 在数 x_0 取得极值，则数 x_0 必为函数 $f(x)$ 的一个临界数.

证　因为 $f(x)$ 为定义区间 I 上的连续函数，所以 $f(x_0)$ 有定义. 如果 $f'(x_0)$ 不存在，则数 x_0 为函数 $f(x)$ 的一个临界数. 如果 $f'(x_0)$ 存在，且 $f(x)$ 在数 x_0 处取得极值，则由费马引理知 $f'(x_0)=0$. 这表明数 x_0 必为函数 $f(x)$ 的一个临界数. □

上面的推论也常称为**临界数定理**. 在第四节，我们将进一步研究极值存在的充分必要条件.

二、微分中值定理

我们知道导数和微分是讨论小增量 $\Delta y=f(x)-f(x+\Delta x)$ 的有效工具，自然要问：这一工具是否也有助于对宏观增量 $f(b)-f(a)$ 的研究？微分中值定理对此做出了肯定的回答，揭示了函数在某区间的整体性质与该区间内部某一点的导数之间的关系.

定理 3.1.2（罗尔(Rolle)中值定理）　设函数 $f(x)$ 满足条件

(1) 在闭区间 $[a,b]$ 上连续；

(2) 在开区间 (a,b) 内可导；

(3) $f(a)=f(b)$.

则至少存在一个数 $\xi\in(a,b)$，使得 $f'(\xi)=0$.

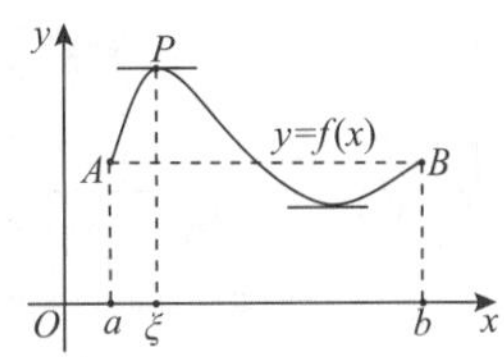

图 3-3

我们先从几何角度分析定理的含义：条件(3)说明弦

AB (图 3-3) 平行于 x 轴; 条件(1), (3) 表明 $y = f(x)$ 的图形是平面上一条以两个同高度的点 $A(a, f(a))$, $B(b, f(b))$ 为端点的连续曲线, (2) 是说 $y = f(x)$ 的曲线在 (a,b) 内处处有不平行于 y 轴的切线; 结论是说在开区间 (a,b) 内部必至少有一个数, 使得曲线在该数 ξ 对应的点 $P(\xi, f(\xi))$ 的切线平行于 x 轴, 从而平行于弦 AB.

如何证明罗尔中值定理? 图 3-3 展示水平切线必出现在曲线弧的高点或低点处, 即函数的极大值点或极小值点处. 这启示给我们一条证明思路: 证明函数取得极值(或最大值最小值)的数就是我们要找的数 ξ.

证 由(1)知, 函数 $f(x)$ 必在闭区间 $[a,b]$ 上取得最大值 M 与最小值 m. 则 $M \geqslant m$.

情况 I: 若 $M = m$, 则函数 $f(x)$ 在 $[a,b]$ 上是常数, 因而 $f'(x) = 0$, 这时 (a,b) 内的任意一点都可以选为点 ξ.

情况 II: 若 $M \neq m$, 由(3)知, M 与 m 中至少有一个不等于端点处的函数值; 不妨设 $M \neq f(a)$, 则必存在 $\xi \in (a,b)$, 使得 $f(\xi) = M$. 下面证明 $f'(\xi) = 0$.

由(2)知, $f'(\xi)$ 存在, 因为 $f(\xi) = M$ 是 $f(x)$ 在区间 $[a,b]$ 上的最大值, 所以对于任意 $x \in [a,b]$, 总有 $f(x) \leqslant f(\xi)$, 从而由费马引理可知即 $f'(\xi) = 0$. □

注 罗尔定理的三个条件只是充分条件, 不是必要条件, 这三个条件不完全满足时, 结论也有可能成立. 但这三个条件都是很重要的, 缺了其中一个, 结论就可能不成立.

例如, (i) 函数 $f(x) = x$, $x \in [0,1]$ 不满足条件(3), 无水平切线(图 3-4(a));

(ii) 函数 $f(x) = |x|$, $x \in [-1,1]$ 不满足条件(2), 无水平切线(图 3-4(b));

(iii) 函数 $f(x) = \begin{cases} x, & 0 \leqslant x < 1, \\ 0, & x = 1 \end{cases}$ 不满足条件(1), 无水平切线(图 3-4(c)).

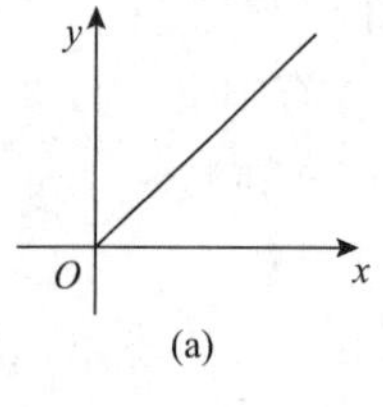

(a)

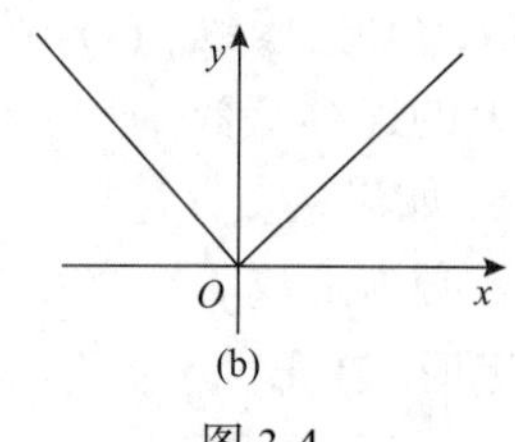

(b)

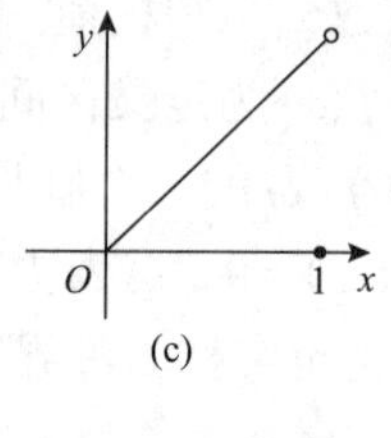

(c)

图 3-4

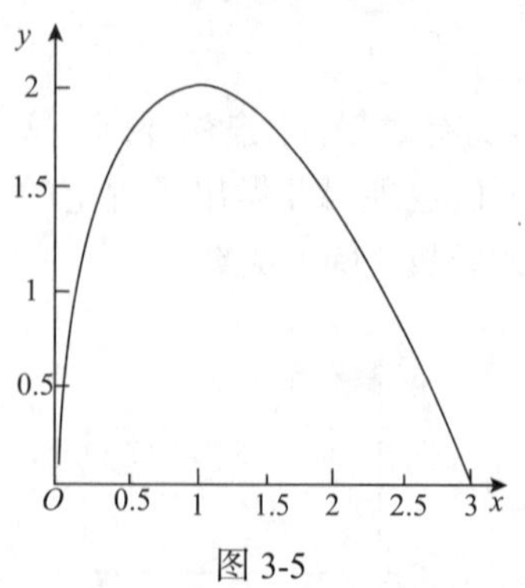

图 3-5

注 (1) 为什么不将条件(1)与(2)合并为 $f(x)$ 在 $[a,b]$ 上可导? 可以. 但条件加强了, 就排斥了许多满足三个条件的函数. 例如, 函数 $f(x) = (3-x)\sqrt{x}, x \in [0,3]$, 则 $f'(x) = \dfrac{3(1-x)}{2\sqrt{x}}$. 显然 $x = 0$ 时, 函数不可导, 即不符合加强条件; 但它满足罗尔定理的三个条件, 有水平切线(图 3-5).

(2) 罗尔(Rolle, 1652—1719), 法国著名的、自学成才的数学家. 家庭生活十分清贫, 只受过初等教育, 但他发奋自学, 刻苦钻研古希腊数学家丢番图的著作, 因解决了一个数论中的难题而一鸣惊人, 三年后成为法国科学院的院士.

罗尔定理的条件(1)与(2)很重要且具有一般性, 但条件(3)比较苛刻, 函数一般不满足它，从而限制了定理的应用. 如果去掉第三个条件，罗尔定理的结论会发生什么变化? 我们先来看一个例子.

如果一辆小汽车以平均 60 千米/时的速度沿着笔直的道路在前进，我们可以合理的猜测汽车速度计上至少有一次速度恰好指到过 60. 一般地，设一个变速直线运动的物体从出发点开始到时刻 t 时的位移为函数值 $s(t)$. 则这个物体从时刻 $t=a$ 到时刻 $t=b$ 的平均速度为

$$\frac{s(b)-s(a)}{b-a}.$$

在上面小汽车的例子里，我们盼望应该至少有一个时刻 $t_0\in(a,b)$ 的瞬时速度等于时刻 $t=a$ 到时刻 $t=b$ 的平均速度，就是说

$$s'(t_0)=\frac{s(b)-s(a)}{b-a}.$$

下面我们看拉格朗日给出的这个问题的一般性结论.

定理 3.1.3 (拉格朗日中值定理) 设函数 $f(x)$ 满足条件:

(1) 在闭区间 $[a,b]$ 上连续;

(2) 在开区间 (a,b) 内可微.

则至少存在一数 $\xi\in(a,b)$，使得

$$f'(\xi)=\frac{f(b)-f(a)}{b-a}. \tag{3.1.1}$$

为了找出证明思路，我们也先从几何上看拉格朗日定理的意义: (3.1.1)式右端是弦 AB 的斜率. 定理是说，若平面上一条以 $A(a,f(a))$，$B(b,f(b))$ 为端点的 $y=f(x)$ 的连续曲线在 (a,b) 内处处有不平行于 y 轴的切线，则在开区间 (a,b) 内部必至少有一个数 ξ，使得该曲线在点 $P(\xi,f(\xi))$ 的切线平行于弦 AB，即平行于两个端点 $A(a,f(a))$ 与 $B(b,f(b))$ 的连线(图 3-6)

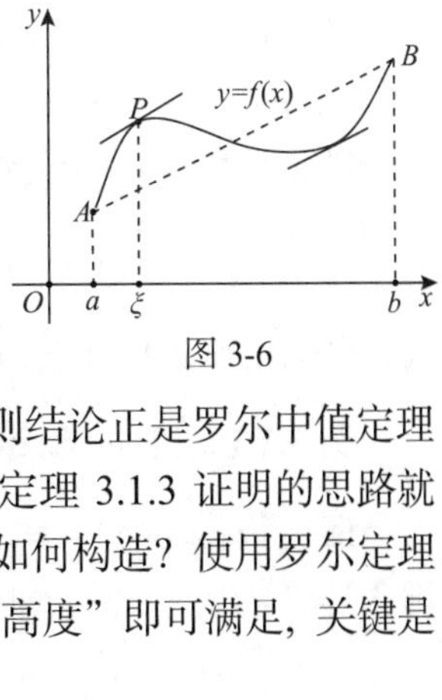

$$y=\frac{f(b)-f(a)}{b-a}(x-a)+f(b).$$

图 3-6

如果在拉格朗日中值定理中增加函数在两端点值相等的条件，则结论正是罗尔中值定理的结论. 可见，罗尔中值定理是拉格朗日中值定理的特例. 因而定理 3.1.3 证明的思路就是构造一个辅助函数 $\varphi(x)$，将 $f(x)$ 转化到罗尔中值定理上去. 如何构造? 使用罗尔定理的关键是其条件(3)——弦 AB // x 轴，只需将"曲线高度–弦的高度"即可满足，关键是求弦的方程: 取点 $A(a,f(a))$，由点斜式知，弦 AB 的方程为

$$y-f(a)=\frac{f(b)-f(a)}{b-a}(x-a).$$

证 构造辅助函数:

$$\varphi(x)=f(x)-\frac{f(b)-f(a)}{b-a}(x-a),$$

容易验证函数 $\varphi(x)$ 满足罗尔定理的三个条件，所以至少存在一数 $\xi\in(a,b)$，使得 $\varphi'(\xi)=0$. 因为 $\varphi'(\xi)=f'(\xi)-\dfrac{f(b)-f(a)}{b-a}$，所以,

$$f'(\xi)=\frac{f(b)-f(a)}{b-a}.$$

即至少存在一数 $\xi\in(a,b)$，使得 $f'(\xi)=\dfrac{f(b)-f(a)}{b-a}$. □

注 (1) 结论当 $a>b$ 时也成立.

(2) 称(3.1.1)为拉格朗日公式，它可以表示为下列不同形式.

(i) $f(b)-f(a)=f'(\xi)(b-a)$，ξ 介于 a,b 之间;

(ii) $f(x+\Delta x)-f(x)=f'(x+\theta\Delta x)\Delta x$，$\theta\in(0,1)$ (微分概念表明可用导数和自变量的增量去表示函数增量，但那里是近似表示，这里是建立了精确的等式);

(iii) $f(x)-f(x_0)=f'\left(x_0+\theta(x-x_0)\right)(x-x_0)$，$\theta\in(0,1)$;

(iv) $f(x_2)-f(x_1)=f'\left(x_1+\theta(x_2-x_1)\right)(x_2-x_1)$，$\theta\in(0,1)$.

(3) 拉格朗日中值定理也称为**平均值定理**.

(4) 拉格朗日(Lagrange, 1736—1818)，法国大数学家、天文学家和力学家，全部著作、论文、学术报告记录、学术通信超过 500 篇，是数学分析的开拓者，在变分法、微分方程、代数方程、数论、函数和无穷级数等方面有重大贡献，拉格朗日中值定理和第三节中泰勒公式的拉格朗日余项就是他在这方面的一部分代表作.

推论 3.1.2 函数 $f(x)$ 在区间 I 内为常值函数的充分必要条件是函数 $f(x)$ 在区间 I 内可导，且导数恒为零.

证 已经知道常值函数 $f(x)\equiv C$ 的导数为 0，也就是条件也是必要的；下面证明条件是充分的. 设 $f'(x)\equiv 0$，在 I 内任取两个数 x_1，x_2，则函数 $f(x)$ 在以 x_1，x_2 为端点的区间上满足拉格朗日中值定理的条件，所以

$$f(x_2)-f(x_1)=f'\left(x_1+\theta(x_2-x_1)\right)(x_2-x_1)\equiv 0,\quad \theta\in(0,1),$$

即任两数的函数值相等，所以 $f(x)$ 为常值函数. □

例 3.1.1 证明 $\arcsin x+\arccos x=\dfrac{\pi}{2}$，$-1\leqslant x\leqslant 1$.

证 设函数 $f(x)=\arcsin x+\arccos x$. 则 $f(x)$ 在 $(-1,1)$ 内可导，且 $f'(x)=0$，由推论 3.1.2，$f(x)$ 在 $(-1,1)$ 内恒等于一个常数 C，即

$$\arcsin x+\arccos x=C,$$

又 $x=0$ 时，$f(0)=\dfrac{\pi}{2}=C$，所以结论成立. □

由拉格朗日中值定理知道，若曲线 C 连续，且处处有不平行于 y 轴的切线，其线内

必有一点的切线是平行于x轴. 现在我们想知道: 当平面曲线 C 是用参数方程表示时, 拉格朗日定理如何叙述?

设函数曲线(图 3-7)的参数方程为

$$\begin{cases} X = f(x), \\ Y = g(x) \end{cases} \quad (x \in [a,b]), \tag{3.1.2}$$

且(3.1.2)是连续的、处处有不垂直于x轴的切线, 端点$A(f(a), g(a))$, $B(f(b), g(b))$的连线——弦AB的斜率是$\dfrac{f(b)-f(a)}{g(b)-g(a)}$; 另一方面参数方程所确定函数的导数为

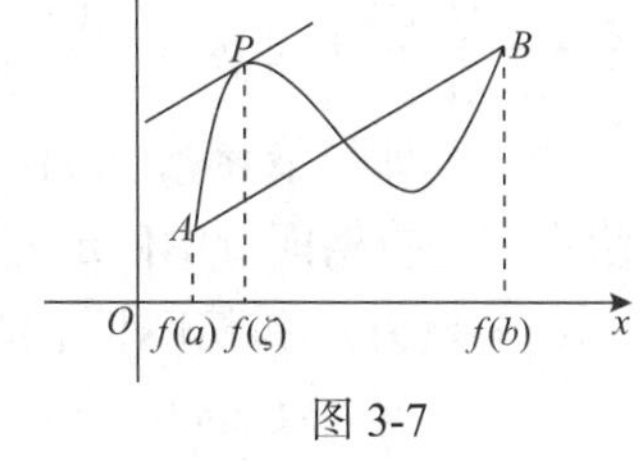

图 3-7

$$\frac{\mathrm{d}Y}{\mathrm{d}X} = \frac{f'(x)}{g'(x)}.$$

从而由拉格朗日定理应有结论: 至少存在一个数$X = f(\xi)$, $\xi \in (a,b)$, 使得在点$P(f(\xi), g(\xi))$处的导数

$$\left.\frac{\mathrm{d}Y}{\mathrm{d}X}\right|_P = \frac{f'(\xi)}{g'(\xi)} \text{ 等于弦 } AB \text{ 的斜率 } \frac{f(b)-f(a)}{g(b)-g(a)},$$

即

$$\frac{f'(\xi)}{g'(\xi)} = \frac{f(b)-f(a)}{g(b)-g(a)}.$$

这个结论实际上是由数学家柯西给出的, 但他并没有局限$f(x)$, $g(x)$为参数方程的两个函数, 而是作为两个一般的函数给出结论的.

定理 3.1.4 (柯西中值定理)　设函数$f(x)$, $g(x)$满足条件

(1) 在闭区间$[a,b]$上连续;

(2) 在开区间(a,b)内可微;

(3) $g'(x) \neq 0$, 对于任意$x \in (a,b)$.

则至少存在一个数$\xi \in (a,b)$, 使得

$$\frac{f'(\xi)}{g'(\xi)} = \frac{f(b)-f(a)}{g(b)-g(a)}. \tag{3.1.3}$$

证　首先, 根据拉格朗日中值定理, $g(b)-g(a) = g'(\eta)(b-a)$, $a < \eta < b$, 和条件(3)知$g(b)-g(a) \neq 0$, 以它作为分母是有意义的. 构造函数

$$\varphi(x) = f(x) - \frac{f(b)-f(a)}{g(b)-g(a)}\big(g(x)-g(a)\big),$$

容易验证函数$\varphi(x)$满足罗尔中值定理的三个条件, 于是至少存在一个数$\xi \in (a,b)$, 使得$\varphi'(\xi) = 0$, 即

$$f'(\xi)-\frac{f(b)-f(a)}{g(b)-g(a)}g'(\xi)=0,$$

整理, 即得所求. □

注 (1) 柯西中值定理的几何意义在于理解为参数方程时与拉格朗日中值定理相同.

(2) 当$a>b$时, 柯西中值定理的结论仍成立.

(3) 可否这样证明: 分别对函数$f(x)$和$g(x)$应用拉格朗日中值定理, 则有$f'(\xi)=\frac{f(b)-f(a)}{b-a}$和$g'(\xi)=\frac{g(b)-g(a)}{b-a}$成立, 然后再相除, 以得到结论. 为什么?

(4) 如果取函数$g(x)=x$, 柯西中值定理就变成拉格朗日中值定理了, 所以柯西中值定理是拉格朗日中值定理的推广, 罗尔中值定理是拉格朗日中值定理的特殊情况(要求$f(a)=f(b)$), 拉格朗日中值定理是微分中值定理的核心定理, 故称之为**微分学中值定理**.

(5) 柯西(Cauchy, 1789—1857), 法国著名的数学家, 自幼聪颖, 先习工科, 20 岁成为工程师. 由于身体不好且富有数学才华, 在拉普拉斯的劝说下转修数学. 七年后晋升为数学教授, 并晋升为法国科学院院士. 他在数学上的最大贡献就是在微积分中引入了极限的概念. 从 23 岁到 68 岁逝世的 45 年中, 共发表论文 800 余篇, 专著七本, 汇总的全集共 27 本.

三、微分中值定理的应用

应用微分中值定理可以证明某些等式或不等式的成立, 并且在证明中常常需要构造辅助函数.

例 3.1.2 设函数$f(x)$满足: ① 在闭区间$[a,b]$上连续; ② 在(a,b)内可微; ③ 导数恒不为零; ④ $f(a)\cdot f(b)<0$. 试证方程$f(x)=0$在开区间(a,b)内有且仅有一个实根.

证 存在性: 由条件①与③及**零点存在性定理**可知, 至少存在一个数$\xi\in(a,b)$, 使得$f(\xi)=0$, 即方程$f(x)=0$在开区间(a,b)内至少有一个实根.

唯一性: 用反证法. 若还存在$\eta\in(a,b)$, 且$\xi\neq\eta$, 使得$f(\eta)=0$, 再由条件①, ②及罗尔定理知至少存在一个数$c\in(a,b)$, 使得$f'(c)=0$, 这与③矛盾, 所以$\xi=\eta$, 即根是唯一的. □

例 3.1.3 求证$x>0$时, $\mathrm{e}^x>x+1$.

证 设$f(t)=\mathrm{e}^t$, 则$f(t)$在区间$[0,x]$满足拉格朗日中值定理的条件且$f'(t)=\mathrm{e}^t$, 所以

$$\mathrm{e}^x-\mathrm{e}^0=\mathrm{e}^{\xi}(x-0),\quad 0<\xi<x,$$

又因为$\mathrm{e}^{\xi}>1$, 所以$\mathrm{e}^x=1+\mathrm{e}^{\xi}x>1+x$. □

例 3.1.4 设$0<a<x<b$, 函数$f(x)$在闭区间$[a,b]$上连续, 在(a,b)内可导, 证明存在$\xi\in(a,b)$, 使得

$$f(b)-f(a)=\xi f'(\xi)\ln\frac{b}{a}.$$

证　将所求证的等式的右端恒等变形为 $\dfrac{f(b)-f(a)}{\ln b-\ln a}=\dfrac{f'(\xi)}{1/\xi}$. 应设函数 $g(x)=\ln x$，则函数 $f(x)$，$g(x)$ 在闭区间 $[a,b]$ 上满足柯西中值定理的全部条件，所以存在 $\xi\in(a,b)$，使得

$$\frac{f(b)-f(a)}{\ln b-\ln a}=\frac{f'(\xi)}{1/\xi},$$

即

$$f(a)-f(b)=\xi f'(\xi)\ln\frac{b}{a}.$$

□

习　题　3-1

1. 对函数 $f(x)=\sin^2 x$ 在区间 $[0,\pi]$ 上验证罗尔定理的正确性.

2. 验证函数 $f(x)=\arctan x$ 在 $[0,1]$ 上满足拉格朗日中值定理，并由结论求 ξ 值.

3. 验证柯西中值定理对函数 $f(x)=x^3+1, g(x)=x^2$ 在区间 $[1,2]$ 上的正确性.

4. 不用求出函数 $f(x)=(x-1)(x-2)(x-3)$ 的导数，说明方程 $f'(x)=0$ 有几个零点及这些零点并指出它们所在的区间.

5. 若方程 $a_0x^n+a_1x^{n-1}+\cdots+a_{n-1}x=0$ 有一个正根 x_0，证明方程

$$a_0nx^{n-1}+a_1(n-1)x^{n-2}+\cdots+a_{n-1}=0$$

必有一个小于 x_0 的正根.

6. 若函数 $f(x)$ 在 (a,b) 内具有二阶导数，且 $f(x_1)=f(x_2)=f(x_3)$，其中 $a<x_1<x_2<x_3<b$，证明：在 (x_1,x_3) 内至少有一点 ξ，使得 $f''(\xi)=0$.

7. 设 $a>b>0$，$n>1$，证明：

$$nb^{n-1}(a-b)<a^n-b^n<na^{n-1}(a-b).$$

8. 设 $a>b>0$，证明：

$$\frac{a-b}{a}<\ln\frac{a}{b}<\frac{a-b}{b}.$$

9. 证明当 $x>0$ 时，$\dfrac{x}{1+x}<\ln(1+x)<x$.

10. 证明下列不等式：

（1）$|\sin x-\sin y|\leqslant|x-y|$；

（2）当 $x>1$ 时，$e^x>e\cdot x$.

11. 设函数 $f(x)$ 在 $[0,1]$ 上连续，在 $(0,1)$ 内可导. 试证明至少存在一点 $\xi\in(0,1)$ 使

$$f'(\xi)=2\xi\big(f(1)-f(0)\big).$$

第二节　洛必达法则

函数六种极限过程表示为 $x \to x_0$，$x \to x_0^+$，$x \to x_0^-$，$x \to \infty$，$x \to +\infty$，$x \to -\infty$. 本节仅以 $x \to x_0$ 的极限过程为例. 若 $x \to x_0$ 时函数 $f(x)$ 与 $g(x)$ 都是无穷小或都是无穷大，则比式的极限 $\lim\limits_{x \to x_0} \dfrac{f(x)}{g(x)}$ 可能存在也可能不存在. 我们把这样的极限叫做**不定式**，并分别简记为 $\dfrac{0}{0}$ 或 $\dfrac{\infty}{\infty}$. 例如，证明过的重要极限 $\lim\limits_{x \to 0} \dfrac{\sin x}{x} = 1$ 就是 $\dfrac{0}{0}$ 型不定式. 不定式的极限即便是知道存在，也不能用商的极限法则来求. 本节将以中值定理为理论依据、以导数为工具建立一个简便而又有效的求 $\dfrac{0}{0}$ 型、$\dfrac{\infty}{\infty}$ 型不定式极限的方法——**洛必达**(L'Hospital)**法则**.

洛必达(L'Hospital, 1661—1704)，法国数学家，在他 15 岁时就解出帕斯卡的摆线难题，以后又解出约翰·伯努利向欧洲挑战"最速降线问题". 洛必达的《阐明曲线的无穷小于分析》(1696)一书是微积分学方面最早的著名教科书，书中阐述了一种算法(洛必达法则)，用以寻找满足一定条件的两函数之商的极限. 我们将它叙述为两个定理. 下面仅以 $x \to x_0$ 为例进行叙述和证明.

定理 3.2.1 $\left(\dfrac{0}{0}\text{型洛必达法则}\right)$ 如果函数 $f(x)$ 与 $g(x)$ 满足

(1) $\lim\limits_{x \to x_0} f(x) = 0$，$\lim\limits_{x \to x_0} g(x) = 0$；

(2) $f(x)$ 与 $g(x)$ 在 x_0 的某去心邻域内可微，并且 $g'(x) \neq 0$；

(3) $\lim\limits_{x \to x_0} \dfrac{f'(x)}{g'(x)} = A$ (A 为有限值或 ∞).

则

$$\lim_{x \to x_0} \frac{f(x)}{g(x)} = \lim_{x \to x_0} \frac{f'(x)}{g'(x)} = A.$$

证　因为在 $x \to x_0$ 的过程中，不涉及函数 $f(x)$ 与 $g(x)$ 在 x_0 的函数值，所以可以重新定义函数值 $f(x_0) = g(x_0) = 0$，这样这两个函数就在数 x_0 处连续了. 在 x_0 附近任取一数 x，由条件 (2) 知，函数 $f(x)$ 和 $g(x)$ 在以 x_0 和 x 为端点的闭区间上连续，在以 x_0 和 x 为端点的开区间内可导，且 $g'(x) \neq 0$，由柯西中值定理，得

$$\frac{f(x)}{g(x)} = \frac{f(x) - f(x_0)}{g(x) - g(x_0)} = \frac{f'(\xi)}{g'(\xi)}, \quad \xi \text{ 介于 } x \text{ 与 } x_0 \text{ 之间}.$$

又因为 $x \to x_0$ 可推出 $\xi \to x_0$，所以

$$\lim_{x \to x_0} \frac{f'(x)}{g'(x)} = A.$$

□

对于$\frac{\infty}{\infty}$型的不定式，有完全类似的洛必达法则.

定理 3.2.2 $\left(\frac{\infty}{\infty}\text{型洛必达法则}\right)$　如果函数 $f(x)$ 与 $g(x)$ 满足

（1） $\lim\limits_{x\to x_0} f(x)=\infty$， $\lim\limits_{x\to x_0} g(x)=\infty$；

（2） $f(x)$ 与 $g(x)$ 在 x_0 的某去心邻域内可微，并且 $g'(x)\neq 0$；

（3） $\lim\limits_{x\to x_0}\frac{f'(x)}{g'(x)}=A$（$A$ 为有限值或∞）.

则

$$\lim_{x\to x_0}\frac{f(x)}{g(x)}=\lim_{x\to x_0}\frac{f'(x)}{g'(x)}=A.$$

注　只要对条件(2)进行相应的变动，就可以得到其余五种极限过程下的洛必达法则，请读者自己写出.

洛必达法则的作用在于：当计算不定式极限 $\lim\limits_{x\to x_0}\frac{f(x)}{g(x)}$ 遇到困难时，可改为计算极限 $\lim\limits_{x\to x_0}\frac{f'(x)}{g'(x)}$ 代替之.

例 3.2.1　求极限 $\lim\limits_{x\to\pi}\frac{1+\cos x}{\tan x^2}$.

解　所求是$\frac{0}{0}$型不定式，且易验证它满足洛必达法则的条件.

$$\text{原式}=\lim_{x\to\pi}\frac{(1+\cos x)'}{(\tan x^2)'}=\lim_{x\to\pi}\frac{-\sin x}{2\tan x\sec^2 x}=-\frac{1}{2}\lim_{x\to\pi}\cos^3 x=\frac{1}{2}.$$ □

注　在每次使用洛必达法则之前要检查是不是不定式.

例 3.2.2　计算 $\lim\limits_{x\to 0}\frac{\mathrm{e}+\mathrm{e}^{-x}-2}{1-\cos x}$.

解　所求是$\frac{0}{0}$型不定式，且易验证它满足洛必达法则的条件.

$$\text{原式}=\lim_{x\to 0}\frac{\mathrm{e}-\mathrm{e}^{-x}}{\sin x}=\lim_{x\to 0}\frac{\mathrm{e}^x+\mathrm{e}^{-x}}{\cos x}=2.$$ □

注　计算不定式极限 $\lim\limits_{x\to x_0}\frac{f'(x)}{g'(x)}$ 仍遇到困难时，还可以改为计算极限 $\lim\limits_{x\to x_0}\frac{f''(x)}{g''(x)}$ 代替之. 即可以重复使用，但每次使用前一定注意验证还是不是不定式.

例 3.2.3　求极限 $\lim\limits_{x\to+\infty}\frac{\frac{\pi}{2}-\arctan x}{\sin\frac{1}{x}}$.

解　所求是$\frac{0}{0}$型不定式，且易验证它满足洛必达法则的条件.

$$原式=\lim_{x\to+\infty}\frac{\frac{\pi}{2}-\arctan x}{\frac{1}{x}}=\lim_{x\to+\infty}\frac{-\frac{1}{1+x^2}}{-\frac{1}{x^2}}=\lim_{x\to+\infty}\frac{x^2}{1+x^2}\ (这是\frac{\infty}{\infty}型不定式)$$

$$=\lim_{x\to+\infty}\left(1-\frac{1}{1+x^2}\right)=1. \qquad \square$$

注 使用洛必达法则时应注意简化求导运算, 如等价代换, 恒等变形等都可简化求导运算.

例 3.2.4 求极限 $\lim_{x\to0}\frac{x-\arcsin x}{\sin^3 x}$.

解 所求是 $\frac{0}{0}$ 型不定式, 且易验证它满足洛必达法则的条件.

$$原式=\lim_{x\to0}\frac{1-\frac{1}{\sqrt{1-x^2}}}{3x^2}=\frac{1}{3}\lim_{x\to0}\frac{\sqrt{1-x^2}-1}{x^2}=\frac{1}{6}\lim_{x\to0}\frac{x}{\sqrt{1-x^2}\,x}=\frac{1}{6}. \qquad \square$$

例 3.2.5 计算 $\lim_{x\to+\infty}\frac{\ln x}{x^a}\ (a>0)$.

解 所求是 $\frac{\infty}{\infty}$ 型不定式, 且易验证它满足洛必达法则的条件.

$$原式=\lim_{x\to+\infty}\frac{\frac{1}{x}}{ax^{a-1}}=\frac{1}{a}\lim_{x\to+\infty}\frac{1}{x^a}=0. \qquad \square$$

例 3.2.6 计算 $\lim_{x\to+\infty}\frac{x^a}{b^x}\ (a>0,b>1)$.

解 所求是 $\frac{\infty}{\infty}$ 型不定式, 且易验证它满足洛必达法则的条件.

原式 $=\lim_{x\to+\infty}\frac{ax^{a-1}}{b^x\ln b}$. 若 $0<a\leqslant1$ 时, 原式 $=0$. 若 $a>1$, 存在自然数 n, 使得 $n-1<a\leqslant n$, 再连续使用 $n-1$ 次洛必达法则, 得

$$原式=\lim_{x\to+\infty}\frac{a(a-1)x^{a-2}}{b^x(\ln b)^2}=\cdots=\lim_{x\to+\infty}\frac{a(a-1)\cdots(a-n+1)x^{a-n}}{b^x(\ln b)^n}=0. \qquad \square$$

注 例 3.2.5 与例 3.2.6 表明了当 $x\to+\infty$ 时的三个正无穷大量: 指数函数 a^x、幂函数 x^α、对数函数 $\ln x$ 的增大速度的相对关系. 这在几何上看也是十分显然的.

另外还有五类常见的不定式: $0\cdot\infty$, $\infty-\infty$, 1^∞, 0^0, ∞^0, 它们可以通过倒置、通分和化为指数函数的复合形式的技巧, 而转化为 $\frac{0}{0}$ 或 $\frac{\infty}{\infty}$ 型的不定式, 然后使用洛必达法则.

例 3.2.7 求极限 $\lim_{x\to0^+}x^a\ln x\ (a>0)$.

解 所求是 $0\cdot\infty$ 型不定式, 可转化为 $\frac{\infty}{\infty}$ 型的不定式.

原式 $=\lim\limits_{x\to0^+}\dfrac{\ln x}{x^{-a}}=\lim\limits_{x\to0^+}\dfrac{\frac{1}{x}}{-ax^{-a-1}}=-\dfrac{1}{a}\lim\limits_{x\to0^+}x^a=0$. □

注　此例将 $0\cdot\infty$ 型转化为 $\dfrac{\infty}{\infty}$ 型是必要的；若改为 $\dfrac{0}{0}$ 型将不得其解.

例 3.2.8　求极限 $\lim\limits_{x\to1}\left(\dfrac{2}{x^2-1}-\dfrac{1}{x-1}\right)$.

解　所求是 $\infty-\infty$ 型不定式，把 $\dfrac{2}{x^2-1}-\dfrac{1}{x-1}$ 通分，可转化为 $\dfrac{0}{0}$ 型的不定式.

原式 $=\lim\limits_{x\to1}\dfrac{-x+1}{x^2-1}=\lim\limits_{x\to1}\dfrac{-1}{2x}=-\dfrac{1}{2}$. □

例 3.2.9　计算 $\lim\limits_{x\to0^+}\left(\dfrac{\tan x}{x}\right)^{\frac{1}{x^2}}$.

解　所求是 1^∞ 型不定式，可转化为 $\dfrac{0}{0}$ 型的不定式.

$$原式=\mathrm{e}^{\lim\limits_{x\to0^+}\frac{\ln\frac{\tan x}{x}}{x^2}}=\mathrm{e}^{\lim\limits_{x\to0^+}\frac{1}{x^2}(\ln\sin x-\ln\cos x-\ln x)}.$$

因为

$$\begin{aligned}\lim_{x\to0^+}\frac{1}{x^2}(\ln\sin x-\ln\cos x-\ln x)&=\lim_{x\to0^+}\frac{\frac{\cos x}{\sin x}+\frac{\sin x}{\cos x}-\frac{1}{x}}{2x}\\&=\lim_{x\to0^+}\frac{x-\sin x\cos x}{2x^2\sin x\cos x}=\lim_{x\to0^+}\frac{2x-\sin 2x}{4x^3}\\&=\frac{1}{6}\lim_{x\to0^+}\frac{1-\cos 2x}{x^2}=\frac{1}{3},\end{aligned}$$

所以，原式 $=\mathrm{e}^{\frac{1}{3}}$. □

例 3.2.10　求极限 $\lim\limits_{x\to0^+}x^x$，$x>0$.

解　所求是 0^0 型不定式，可转化为 $\dfrac{\infty}{\infty}$ 型的不定式.

原式 $=\lim\limits_{x\to0^+}\mathrm{e}^{x\ln x}=\mathrm{e}^{\lim\limits_{x\to0^+}\frac{\ln x}{1/x}}=\mathrm{e}^{\lim\limits_{x\to0^+}(-x)}=\mathrm{e}^0=1$. □

例 3.2.11　求极限 $\lim\limits_{x\to+\infty}x^{\frac{1}{x}}$.

解　所求是 ∞^0 型不定式，可转化为 $\dfrac{\infty}{\infty}$ 型的不定式.

原式 $=\lim\limits_{x\to+\infty}\mathrm{e}^{\frac{1}{x}\ln x}=\mathrm{e}^{\lim\limits_{x\to+\infty}\frac{\ln x}{x}}=\mathrm{e}^0=1$. □

注　洛必达法则只是 $\lim\limits_{x\to x_0}\dfrac{f(x)}{g(x)}$ 存在的充分条件，但是当 $\lim\limits_{x\to x_0}\dfrac{f'(x)}{g'(x)}$ 不存在时，并不能

说 $\lim\limits_{x\to x_0}\dfrac{f(x)}{g(x)}$ 不存在，只是洛必达法则失效.

习 题 3-2

1. 用洛必达法则求下列极限:

(1) $\lim\limits_{x\to 0}\dfrac{\ln(1+x)}{x}$； (2) $\lim\limits_{x\to 0}\dfrac{e^x-e^{-x}}{\sin x}$；

(3) $\lim\limits_{x\to a}\dfrac{\sin x-\sin a}{x-a}$； (4) $\lim\limits_{x\to \pi}\dfrac{\sin 3x}{\tan 5x}$；

(5) $\lim\limits_{x\to 1}\dfrac{x^3-3x+2}{x^3-x^2-x+1}$； (6) $\lim\limits_{x\to 0}\dfrac{e^x-e^{-x}-2x}{x-\sin x}$；

(7) $\lim\limits_{x\to \frac{\pi}{2}}\dfrac{\ln\sin x}{(\pi-2x)^2}$； (8) $\lim\limits_{x\to a}\dfrac{x^m-a^m}{x^n-a^n}$；

(9) $\lim\limits_{x\to 0^+}\dfrac{\ln\tan 7x}{\ln\tan 2x}$； (10) $\lim\limits_{x\to 0}\dfrac{\tan x-x}{x^2\tan x}$；

(11) $\lim\limits_{x\to 0}\dfrac{3x-\sin 3x}{(1-\cos x)\ln(1+2x)}$； (12) $\lim\limits_{x\to +\infty}\dfrac{\ln\left(1+\dfrac{1}{x}\right)}{\operatorname{arccot} x}$；

(13) $\lim\limits_{x\to 0}\dfrac{\ln(1+x^2)}{\sec x-\cos x}$； (14) $\lim\limits_{x\to 0}x\cot 2x$；

(15) $\lim\limits_{x\to 0}x^2e^{\frac{1}{x^2}}$； (16) $\lim\limits_{x\to \frac{\pi}{2}}(\sec x-\tan x)$；

(17) $\lim\limits_{x\to 0}\left(\dfrac{1}{\sin x}-\dfrac{1}{x}\right)$； (18) $\lim\limits_{x\to 1}\left(\dfrac{m}{1-x^m}-\dfrac{n}{1-x^n}\right)$；

(19) $\lim\limits_{x\to \infty}\left(1+\dfrac{a}{x}\right)^x$； (20) $\lim\limits_{x\to 0^+}x^{\sin x}$；

(21) $\lim\limits_{x\to 0^+}\left(\dfrac{1}{x}\right)^{\tan x}$； (22) $\lim\limits_{x\to 0}\left(\dfrac{\sin x}{x}\right)^{\frac{1}{1-\cos x}}$.

2. 验证极限 $\lim\limits_{x\to 0}\dfrac{x^2\sin\dfrac{1}{x}}{\sin x}$ 存在，但不能用洛必达法则得出.

第三节 泰勒中值定理

导数刻画了函数的瞬时变化率，从而描述了函数局部的变化性态. 本节将进一步说明在微分学中值定理的基础上，以导数为工具还可以成功地从整体研究函数的变化状况.

一般地说，一个函数总是容易计算它在某些特殊数处的函数值 $f(x_0)$，而在这些特殊数附近的函数值 $f(x)$ 则难以计算. 在微分的应用中，我们给出了用一次线性函数——切线——计算函数值的近似计算公式:

$$f(x)\approx f(x_0)+f'(x_0)(x-x_0).$$

这个公式虽然计算简单, 但精度不高, 关键是没给出误差估计, 仅知道其误差当 $x \to x_0$ 时, 是比 $x - x_0$ 高阶的无穷小, 显然不能够满足近似计算时对误差的要求.

由于多项式是一种涉及加、减、乘三种运算的, 也是比较简单的函数, 借助于多项式的近似来研究函数无疑会带来很大的方便. 本节探讨的泰勒中值定理提供了用多项式逼近函数的一条途径, 并且可以估计误差, 从而在理论上和应用中都起着重要的作用.

一、基本定理

我们现在的问题是: 如果函数 $f(x)$ 在含 x_0 的某开区间内具有直到 $n+1$ 阶的导数, 是否存在一个关于 $x - x_0$ 的 n 次多项式

$$P_n(x) = a_0 + a_1(x-x_0) + a_2(x-x_0)^2 + \cdots + a_n(x-x_0)^n,$$

使得 $f(x)$ 与 $P_n(x)$ 仅相差一个比 $(x-x_0)^n$ 高阶的无穷小, 即

$$f(x) = P_n(x) + o(x-x_0)^n \ ?$$

分析　如果存在这样的多项式 $P_n(x)$, 它应是什么样的? 想确定一个多项式 $P_n(x)$, 关键是确定此多项式的系数 a_k. 要想让函数 $f(x)$ 与多项式 $P_n(x)$ 近似, 首先他们在数 x_0 处的值应相等, 即 $f(x_0) = P_n(x_0)$; 其次由于它们的弯曲程度应尽量一致, 这要求在数 x_0 附近它们的各阶变化率应一致, 因而猜想应有

$$f^{(k)}(x_0) = P_n^{(k)}(x_0) \quad (k = 1, 2, \cdots, n).$$

因为

$$P_n(x_0) = a_0,\ P_n'(x_0) = a_1,\ P_n''(x_0) = 2a_2,\ P_n''(x_0) = 3!a_3, \cdots, P_n^{(n)}(x_0) = n!a_n,$$

所以

$$a_0 = f(x_0),\quad a_1 = f'(x_0),\quad a_2 = \frac{f'(x_0)}{2!}, \cdots,\ a_n = \frac{f_n^{(n)}(x_0)}{n!}.$$

$$P_n(x) \triangleq f(x_0) + f'(x_0)(x-x_0) + \frac{f'(x_0)}{2!}(x-x_0)^2 + \cdots + \frac{f^{(n)}(x_0)}{n!}(x-x_0)^n. \qquad (3.3.1)$$

我们称公式(3.3.1)为函数 $f(x)$ 的在数 x_0 处的**泰勒**(Taylor)**多项式**.

显然, 只要函数 $f(x)$ 在含 x_0 的某开区间内具有直到 $n+1$ 阶的导数, 就可以得到其泰勒多项式 $P_n(x)$.

现在的问题是: 可以用函数 $f(x)$ 的泰勒多项式 $P_n(x)$ 来近似表达函数 $f(x)$ 吗? 这等价于问, 函数与多项式的差是什么?

下面的定理表明泰勒多项式 $P_n(x)$ 可以用来近似表达函数 $f(x)$, 即它给出了其误差的具体表达.

定理 3.3.1(泰勒中值定理)　设函数 $f(x)$ 在数 x_0 的某个开区间 (a,b) 内有直到 $n+1$ 阶

的导数, 则对任意一数 $x\in(a,b)$, 有

$$\begin{aligned}f(x)&=P_n(x)+R_n(x)\\&=f(x_0)+f'(x_0)(x-x_0)+\frac{f''(x_0)}{2!}(x-x_0)^2+\cdots+\frac{f^{(n)}(x_0)}{n!}(x-x_0)^n+R_n(x),\end{aligned}\tag{3.3.2}$$

其中 $R_n(x)=\dfrac{f^{(n+1)}(\xi)}{(n+1)!}(x-x_0)^{n+1}$ (ξ 介于 x 与 x_0 之间).

证　由(3.3.2)知, $R_n(x)=f(x)-P_n(x)$, 显然函数 $R_n(x)$ 和 $(x-x_0)^{n+1}$ 在以 x 和 x_0 为端点的闭区间上连续, 开区间内可导, 且 $(x-x_0)^n$ 的导数不为零. 再注意到

$$R_n(x_0)=R_n'(x_0)=\cdots=R_n^{(n-1)}(x_0)=R_n^{(n)}(x_0)=0.$$

由柯西中值公式, 得

$$\frac{R_n(x)}{(x-x_0)^{n+1}}=\frac{R_n(x)-R_n(x_0)}{(x-x_0)^{n+1}-0}=\frac{R_n'(\xi_1)}{(n+1)(\xi_1-x_0)^n}\quad(\xi_1\text{ 介于 }x\text{ 与 }x_0\text{ 之间}).$$

在以 x_0 和 ξ_1 为端点的区间上对函数 $R_n'(x)$ 和 $(x-x_0)^n$ 再用柯西中值公式, 得

$$\frac{R_n(x)}{(x-x_0)^{n+1}}=\frac{R_n'(\xi_1)-R_n'(x_0)}{(n+1)(\xi_1-x_0)^n}=\frac{R_n''(\xi_2)}{(n+1)n(\xi_2-x_0)^{n-1}}\quad(\xi_2\text{ 介于 }\xi_1\text{ 与 }x_0\text{ 之间}).$$

如此连续使用柯西中值公式 $n+1$ 次, 得到

$$\frac{R_n(x)}{(x-x_0)^{n+1}}=\frac{R_n^{(n+1)}(\xi)}{(n+1)!}\quad(\xi\text{ 在 }x\text{ 与 }x_0\text{ 之间}).$$

因为 $P_n^{(n+1)}(x)=0$, 所以 $R_n^{(n+1)}(x)=f^{(n+1)}(x)$, 代入上式, 即得

$$R_n(x)=\frac{f^{(n+1)}(\xi)}{(n+1)!}(x-x_0)^{n+1}.\tag{3.3.3}$$

综上, 定理 3.3.1 得证. □

公式(3.3.2)称为 $f(x)$ 按 $x-x_0$ 的幂展开到 n 阶的**泰勒公式**, 公式(3.3.3)称为其**拉格朗日型余项**.

注　(1) 当 $n=0$ 时, 泰勒公式就变成了拉格朗日公式, 即泰勒中值定理是拉格朗日中值定理向高阶导数的推广.

(2) 可以证明满足定理条件的多项式 $P_n(x)$ 是唯一的(请自证).

(3) 如果把定理的条件降低为函数 $f(x)$ 在数 x_0 的 n 阶导数存在, 泰勒公式的拉格朗日型余项可简化为

$$R_n(x)=o((x-x_0)^n),$$

称为**佩亚诺**(Peano)**型余项**, 符号 $o((x-x_0)^n)$ 表示当 $x\to x_0$ 时, $R_n(x)$ 是比无穷小 $(x-x_0)^n$ 更高阶的无穷小. 当不需要对误差进行数值估计时, 如理论证明中, 用带佩亚

诺型余项的泰勒公式无疑是方便的.

(4) 当 $f^{(n+1)}(x)$ 是有界函数时, 用拉格朗日型余项可以具体地估计误差:

$$\left|R_n(x)\right| = \frac{M}{(n+1)!}(x-x_0)^{n+1}.$$

当然, 泰勒中值定理的作用不仅在于近似计算和估计误差, 它具有重要的理论价值.

(5) 最常用到的是 $x_0=0$ 的情形, 这时的泰勒公式称为**麦克劳林(Maclaurin)公式**. 带有拉格朗日型余项的麦克劳林公式是

$$f(x)=f(0)+\frac{f'(0)}{1!}x+\frac{f''(0)}{2!}+\cdots+\frac{f^{(n)}(0)}{n!}x^n+\frac{f^{(n+1)}(\theta x)}{(n+1)!}x^{n+1}\quad(0<\theta<1). \tag{3.3.4}$$

(6) 泰勒(Taylor, 1685—1731), 英国数学家, 泰勒以微积分学中将函数展开成无穷级数的定理著称于世. 这条定理大致可以叙述为: 函数在一个数的邻域内的值可以用函数在该数的值及各阶导数值组成的无穷级数表示出来.

麦克劳林(Maclaurin, 1689—1746), 英国数学家, 麦克劳林 21 岁时发表了第一本重要著作《构造几何》, 1742 年撰写的《流数论》以泰勒级数作为基本工具, 是对牛顿的流数法作出符合逻辑的、系统解释的第一本书.

佩亚诺(Peano, 1858—1932), 意大利数学家, 佩亚诺致力于发展布尔所创始的符号逻辑系统.1889 年他出版了《几何原理的逻辑表述》一书, 书中他把符号逻辑用来作为数学的基础.

二、常用公式

例 3.3.1　写出 $f(x)=e^x$ 的 n 阶麦克劳林公式.

解　因为

$$f'(x)=f''(x)=\cdots=f^{(n)}(x)=f^{(n+1)}(x)=e^x,$$

所以

$$f'(0)=f''(0)=\cdots=f^{(n)}(0)=1,\quad f^{(n+1)}(\theta x)=e^{\theta x},$$

代入(3.3.4), 即得

$$e^x=1+x+\frac{x^2}{2!}+\cdots+\frac{x^n}{n!}+\frac{x^{n+1}}{(n+1)!}e^{\theta x}\qquad(0<\theta<1).$$

即可以用多项式近似表达 e^x 为

$$e^x\approx 1+x+\frac{x^2}{2!}+\cdots+\frac{x^n}{n!}. \tag{3.3.5}$$

误差为

$$|R_n(x)| = \left|\frac{x^{n+1}\mathrm{e}^{\theta x}}{(n+1)!}\right| < \frac{\mathrm{e}^{|x|}|x|^{n+1}}{(n+1)!}.$$

在(3.3.5)中令 $x=1$ 即可近似计算 e： $\mathrm{e} \approx 1+1+\frac{1}{2!}+\cdots+\frac{1}{n!}$，误差为

$$|R_n(1)| < \frac{\mathrm{e}}{(n+1)!} < \frac{3}{(n+1)!}.$$

如取 $n=9$ 时近似计算 e，$|R_9(1)| < \frac{3}{10!} < 0.000001$，此时 $\mathrm{e} \approx 2.718282$.

当取 $n=3$ 时近似计算 $\sqrt{\mathrm{e}}$，

$$\sqrt{\mathrm{e}} \approx 1+\frac{1}{2}+\frac{1}{2}\left(\frac{1}{2}\right)^2+\frac{1}{6}\left(\frac{1}{2}\right)^3 = 1.646,$$

误差为

$$\left|R_3\left(\frac{1}{2}\right)\right| < \frac{\sqrt{3}}{4!}\left(\frac{1}{2}\right)^4 < 0.01.$$

□

例 3.3.2　写出函数 $f(x)=\sin x$ 的 n 阶麦克劳林公式.

解　$f(0)=\sin 0=0$，又因为

$$f^{(k)}(x) = \sin\left(x+\frac{k\pi}{2}\right) \quad (k=1,2,\cdots,n),$$

从而

$$f^{(k)}(0) = \sin\frac{k\pi}{2} \quad (k=1,2,\cdots,n), \quad f^{(n+1)}(\theta x) = \sin\left(\theta x+\frac{(n+1)\pi}{2}\right).$$

取 $n=2m$，所以

$$\sin x = x-\frac{x^3}{3!}+\frac{x^5}{5!}-\cdots+(-1)^{m-1}\frac{x^{2m-1}}{(2m-1)!}+(-1)^m\frac{\sin\left(\theta x+\frac{2m+1}{2}\pi\right)}{(2m+1)!}x^{2m+1} \quad (0<\theta<1).$$

在上式中分别取 $m=1, 2, 3$，正弦函数的近似公式和误差分别为

$m=1$ 时，$\sin x \approx x$，$|R_2(x)| = \frac{\left|x^3\sin\left(\theta x+\frac{3}{2}\pi\right)\right|}{3!} \leqslant \frac{|x|^3}{6}$；

$m=2$ 时，$\sin x \approx x-\frac{x^3}{3!}$，$|R_4(x)| = \frac{\left|x^5\sin\left(\theta x+\frac{5}{2}\pi\right)\right|}{5!} \leqslant \frac{|x|^5}{5!}$；

$m=3$ 时，$\sin x \approx x-\dfrac{x^3}{3!}+\dfrac{x^5}{5!}$，$\left|R_6(x)\right| \leqslant \dfrac{|x|^7}{7!}$.

类似地可写出另外三个常用的、带有拉格朗日型余项的初等函数的麦克劳林公式:

$$\cos x=1-\frac{x^2}{2!}+\cdots+(-1)^m \frac{x^{2m}}{(2m)!}+(-1)^{m+1} \frac{\cos\theta x}{(2m+2)!} x^{2m+1} \quad (0<\theta<1,\ n=2m);$$

$$\ln(1+x)=x-\frac{x^2}{2}+\frac{x^3}{3}-\cdots+(-1)^{n-1}\frac{x^n}{n}+(-1)^n \frac{x^{n+1}}{(n+1)(1+\theta x)^{n+1}} \quad (0<\theta<1);$$

$$(1+x)^\alpha=1+\alpha x+\frac{\alpha(\alpha-1)}{2!}x^2+\cdots+\frac{\alpha(\alpha-1)\cdots(\alpha-n+1)}{n!}+\frac{\alpha(\alpha-1)\cdots(\alpha-n)}{(n+1)!}(1+\theta x)^{\alpha-n+1}x^{n+1}$$

$$(0<\theta<1,\quad n\neq 0,1,2,\cdots).$$ □

例 3.3.3 试按 $x+1$ 的升幂展开函数 $f(x)=x^3+3x^2-2x+4$.

解 $f(-1)=8$；$f'(x)=3x^2+6x-2$，$f'(-1)=-5$；$f''(x)=6x+6$，$f''(-1)=0$；$f'''(x)=6$，$f'''(-1)=6$；当 $n>3$ 时，$f^{(n)}(x)=0$，有

$$f(x)=f(-1)+f'(-1)(x+1)+\frac{f''(-1)}{2!}(x+1)^2+\frac{f'''(-1)}{3!}(x+1)^3+0=8-5(x+1)+(x+1)^3.$$ □

例 3.3.4 求极限 $\lim\limits_{x\to 0}\dfrac{e^x\sin x-x(1+x)}{x^3}$.

解
$$\text{原式}=\lim_{x\to 0}\frac{\left(1+x+\frac{x^2}{2}+o(x^2)\right)\left(x-\frac{x^3}{3!}+o(x^3)\right)-x(1+x)}{x^3}$$

$$=\lim_{x\to 0}\frac{x+x^2+\frac{x^3}{3}+o(x^3)-x(1+x)}{x^3}=\lim_{x\to 0}\frac{\frac{x^3}{3}+o(x^3)}{x^3}=\frac{1}{3}.$$ □

习　题　3-3

1. 按 $x-4$ 的幂展开多项式 $x^4-5x^3+x^2-3x+4$.
2. 应用麦克劳林公式, 按 x 幂展开函数 $f(x)=(x^2-3x+1)^3$.
3. 求函数 $f(x)=\sqrt{x}$ 按 $x-4$ 的幂展开的带有拉格朗日型余项的 3 阶泰勒公式.
4. 求函数 $f(x)=\ln x$ 按 $x-2$ 的幂展开的带有佩亚诺型余项的 n 阶泰勒公式.
5. 求函数 $f(x)=\dfrac{1}{x}$ 按 $x+1$ 的幂展开的带有拉格朗日型余项的 n 阶泰勒公式.
6. 求函数 $f(x)=\tan x$ 的带有拉格朗日型余项的 3 阶麦克劳林公式.
7. 求函数 $f(x)=xe^x$ 的带有拉格朗日型余项和带有佩亚诺型余项的 n 阶麦克劳林公式.
8. 求函数 $f(x)=\dfrac{1}{3-x}$ 在 $x=1$ 的带有佩亚诺型余项的 n 阶泰勒公式.
9. 利用泰勒公式求下列极限:

(1) $\lim\limits_{x\to+\infty}\left(\sqrt[3]{x^3+3x^2}-\sqrt[4]{x^4-2x^3}\right)$;

(2) $\lim\limits_{x\to 0}\dfrac{e^{x^2}+2\cos x-3}{x^4}$;

(3) $\lim\limits_{x\to 0}\dfrac{\cos x-e^{-\frac{x^2}{2}}}{x^2\left(x+\ln(1-x)\right)}$.

第四节　函数的单调性、极值与凹凸性

一、函数单调性的判定法

设 x_1，x_2 是开区间 (a,b) 内的任意两数，并且 $x_1<x_2$. 我们知道此时如果在 (a,b) 上恒有函数值 $f(x_1)<f(x_2)$（$f(x_1)>f(x_2)$），则称函数 $f(x)$ 在开区间 (a,b) 上(严格)单调增加(减少). 如果函数 $f(x)$ 在开区间 (a,b) 上(严格)单调增加，那么它的导数有什么几何特征呢？由图3-8可看出，$y=f(x)$ 的图形曲线的切线与 x 轴的正向夹角 α 总为锐角，从而其导数 $f'(x)=\tan\alpha>0$；若函数 $f(x)$ 在闭区间 (a,b) 上(严格)单调减小(图3-9)，则曲线 $y=f(x)$ 的切线与 x 轴的夹角 α 总为钝角，从而其导数 $f'(x)<0$.

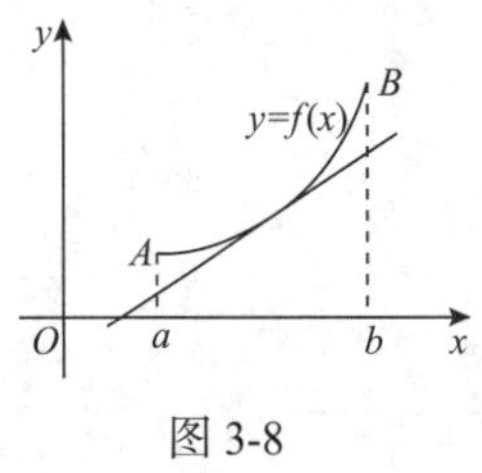

图 3-8

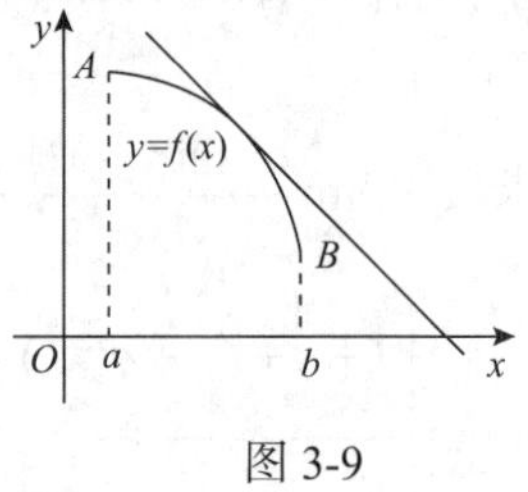

图 3-9

定理 3.4.1　设函数 $f(x)$ 在开区间 (a,b) 内可导.

(1) 若 $x\in(a,b)$ 时恒有 $f'(x)>0$，则 $f(x)$ 在开区间 (a,b) 上**(严格)单调增加**;

(2) 若 $x\in(a,b)$ 时恒有 $f'(x)<0$，则 $f(x)$ 在开区间 (a,b) 上**(严格)单调减少**.

证　设 x_1，x_2 是开区间 (a,b) 的任意两点，并且 $x_1<x_2$，由拉格朗日中值定理，

$$f(x_2)-f(x_1)=f'(\xi)(x_2-x_1)\quad (x_1<\xi<x_2).$$

若 $x\in(a,b)$ 时恒有 $f'(x)>0$，则上式的右端为正值，由 x_1,x_2 的任意性知，(1)得证;

若 $x\in(a,b)$ 时恒有 $f'(x)<0$，则上式的右端为负值，由 x_1,x_2 的任意性知，(2)得证.□

注　为了决定函数 $f(x)$ 在整个定义区间上的单调性，我们可以通过发现定义区间上的**单调性临界数**(左、右两侧单调性相反的数)开始. 这些单调性临界数把定义区间分成一些小开区间，然后我们分别来判断这些小开区间上的 $f'(x)$ 的符号. 如果在某个小开区间上 $f'(x)>0$，那么函数 $f(x)$ 在同样的小开区间上(严格)单调增加；反之，则(严格)单调减少. 如果函数 $f(x)$ 在整个定义区间的单调性临界数分出的所有小开区间上都是(严格)单调增加(减少)的，则我们也称函数 $f(x)$ 在整个定义区间上是**单调增加(减少)的**. 这就是说，定理 3.4.1 中的条件“在开区间 (a,b) 内可导且 $f'(x)>0$ (<0)”，可以改为“在

定义区间 I 内除个别数导数不存在或导数为零外，都有 $f'(x)>0(<0)$ ” 则函数 $f(x)$ 在定义区间 I 上是**单调增加(减少)的**，其中区间 I 为闭区间、开区间、半开区间或无穷区间.

例 3.4.1　讨论函数 $y=\mathrm{e}^x-x-1$ 的单调性.

解　函数的定义域为 $(-\infty,+\infty)$ (图3-10)，且 $y'=\mathrm{e}^x-1$. 注意到当 $x=0$ 时，$y'=0$；当 $x<0$ 时，$y'<0$，所以函数在 $(-\infty,0)$ 上(严格)单调减少；当 $x>0$ 时，$y'>0$，所以函数在 $(0,+\infty)$ 上(严格)单调增加.

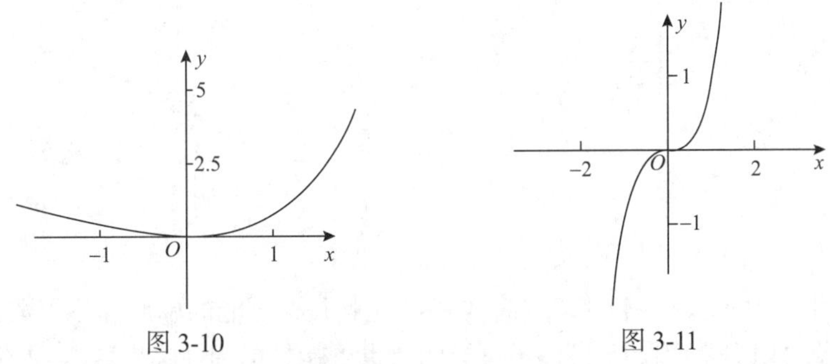

图 3-10　　图 3-11

例 3.4.2　判定函数 $y=x^3$ 的单调性.

解　函数的定义域为 $(-\infty,+\infty)$，$y'=3x^2$. 注意到当 $x=0$ 时 $y'=0$，且当 $x<0$ 时 $y'>0$，故函数在 $(-\infty,0)$ (严格)单调增加；当 $x>0$ 时 $y'>0$，故函数在 $(0,+\infty)$ (严格)单调增加. 所以函数 $y=x^3$ 在 $(-\infty,+\infty)$ 上单调增加，但在数 $x=0$，函数曲线有水平切线(图 3-11). □

注　(1) 条件 $f'(x)>0$ (或 $f'(x)<0$)是函数 $f(x)$ 在定义区间上单调增加(减少)充分非必要条件. 例如，$f(x)=x^3$ 在 $(-\infty,+\infty)$ 内单调增加，但在 $x=0$ 处却有 $f'(0)=0$.

(2) 若函数 $f(x)$ 在区间 I 内恒有 $f'(x)\geqslant 0$ (或 $\leqslant 0$)，无法保证函数的单调性. 但若加上条件：且等号仅在区间内的有限个数处成立，则函数在这个区间内是单调增加(或单调减少)的.

一般地说，函数可能在定义域里的某些区间单调增加，在另一些区间单调减小，这些区间统称为函数的**单调区间**. 讨论函数的单调区间，关键是找出区间的**单调性临界数**. 例 3.4.2 表明函数的稳定点可能是单调性临界数.

例 3.4.3　讨论函数 $y=\dfrac{3}{4}x^4+2x^3-\dfrac{9}{2}x^2+1$ 的单调性(图 3-12).

解　$y'=3x^3+6x^2-9x=3x(x-1)(x+3)$. 令 $y'=0$，得 $x=-3, 0, 1$. 用这三个数将函数的定义域 $(-\infty,+\infty)$ 分为四部分：$(-\infty,-3)$，$(-3,0)$，$(0,1)$，$(1,+\infty)$，分别讨论其上函数的单调性. 此例涉及区间较多，可列表讨论(表 3-1).

表 3-1　函数的单调区间

x	$(-\infty,-3)$	$(-3,0)$	$(0,1)$	$(1,+\infty)$
y'	−	+	−	+
y	↘	↗	↘	↗

故函数在区间$[-3,1]$，$[1,+\infty]$上单调增加，在区间$(-\infty,-3]$，$[0,1]$上单调减少. □

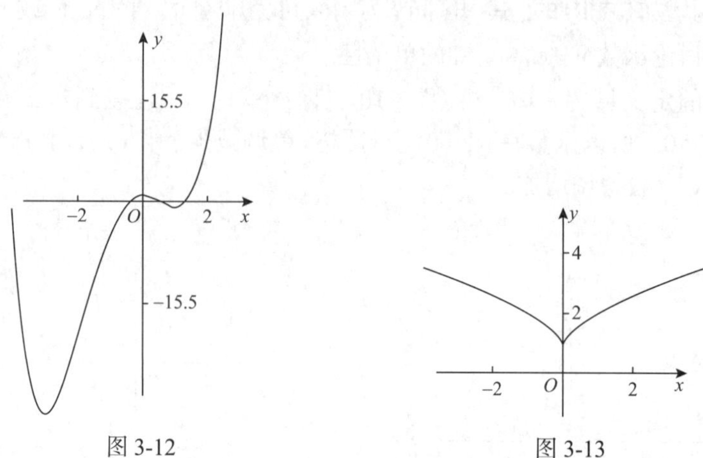

图 3-12　　　　图 3-13

注　采用列表的方法一目了然，简洁高效,尤其是在可能的单调性临界数较多时．开区间讨论符号，闭区间下结论. 另外不可导的点也可能是单调性临界数. 如下例.

例 3.4.4　确定函数 $y=1+\sqrt[3]{x^2}$ 的单调区间(图 3-13).

解　函数的定义域为 $(-\infty,+\infty)$，$y'=\dfrac{2}{3\sqrt[3]{x}}$,则 $x=0$ 是函数的不可导点.当 $x<0$ 时 $y'<0$,函数在 $(-\infty,0]$ 单调减少；当 $x>0$ 时 $y'>0$，函数在 $[0,+\infty)$ 单调增加. □

注　例 3.4.4 的函数是偶函数，也可以仅讨论它在右半平面的情形，而由奇偶性推知左半平面的单调性.

由上面几个例子看到，函数在整个定义区间内不是单调函数，但是可以用稳定点将整个定义区间划分成子区间的并集，在各个子区间上函数具有单调性．由此得到启发，对于可导函数，为确定其单调区间，只要求出在函数定义区间内的全部稳定点，然后用这些稳定点划分函数的定义区间来进行判断．另外，如果函数在某些数处不可导，则划分函数定义区间的单调性临界数，还应包括这些导数不存在的数，由此，确定一般函数 $y=f(x)$ 的单调区间的步骤如下:

(1) 确定函数 $f(x)$ 的定义域;

(2) 找出单调区间的**可能的单调性临界数**，即函数的所有临界数(稳定点和 $f'(x)$ 不存在的数)，并用临界数将定义域分成相应的小区间;

(3) 判断各小区间上 $f'(x)$ 的符号，进而确定 $y=f(x)$ 在各小区间上的单调性.

利用函数的单调性可以证明一些不等式或证明方程有实根.

例 3.4.5　当 $x>1$ 时，证明不等式：$\ln x>\dfrac{2(x-1)}{x+1}$.

证　设 $f(x)=\ln x-2\dfrac{x-1}{x+1}$，则 $f(x)$ 在区间 $[1,+\infty)$ 上连续，且

$$f'(x)=\frac{1}{x}+2\left(1-\frac{2}{x+1}\right)'=\frac{1}{x}+\frac{4}{(1+x)^2}>0,$$

所以函数 $f(x)$ 在区间 $[1,+\infty)$ 上单调增加. 又 $f(1)=0$，所以 $x>1$ 时，$f(x)>f(1)=0$，即有 $f(x)=\ln x-2\dfrac{x-1}{x+1}>0$，从而 $\ln x>\dfrac{2(x-1)}{x+1}$. □

二、函数的极值与凹凸性

1. 函数极值的第一充分条件

在第一节中，我们知道连续函数在定义区间上的极值点将在稳定点和一阶导数不存在的数(即临界数)中去寻找. 注意到，极值点必定是临界数，但是反之未必. 显然，若可导函数 $f(x)$ 在数 x_0 两侧单调性相反，即 $f'(x)$ 异号时，函数在数 x_0 必取得极值，即有如下定理.

定理 3.4.2 (极值的第一充分条件) 设函数 $f(x)$ 在数 x_0 处连续且在 x_0 的某去心邻域 $U^\circ(x_0,\delta)$ 内可导，若在此 $U^\circ(x_0,\delta)$ 内

(1) 当 $x<x_0$ 时，$f'(x)>0$；当 $x>x_0$ 时，$f'(x)<0$，则函数 $f(x)$ 在 x_0 处取到极大值.

(2) 当 $x<x_0$ 时，$f'(x)<0$；当 $x>x_0$ 时，$f'(x)>0$，则函数 $f(x)$ 在 x_0 处取到极小值.

(3) $f'(x)$ 没有改变符号，则函数 $f(x)$ 在 x_0 处不取到极值.

证 由函数的单调性与极值定义即可得证明. □

注 由定理 3.4.2 易看出，函数的单调性临界数是极值点. 函数的临界数(稳定点、不可导的数)是可能的极值点. 要求函数的极值，先将可能的极值点找出来；再利用第一充分条件加以判断.

例 3.4.6 求函数 $y=\sqrt[3]{(x^2-2x)^2}$ 的极值.

解 函数的定义域为 $(-\infty,+\infty)$，且 $y'=\dfrac{2}{3}(x(x-2))^{-\frac{1}{3}}(2x-2)=\dfrac{4(x-1)}{3\sqrt[3]{x(x-2)}}$. 令 $y'=0$，得函数的稳定点 $x=1$ 和不可导数 $x=0$，$x=2$.用极值的第一充分条件来判定极值. 为简明起见，用这三个临界点分定义域为四部分，并列表讨论(表 3-2).

表 3-2 函数的极值

x	$(-\infty,0)$	0	$(0,1)$	1	$(1,2)$	2	$(2,+\infty)$
y'	−	∞	+	0	−	∞	+
y	↘	极小, 0	↗	极大, 1	↘	极小, 0	↗

所以函数有极小值 $f(0)=0, f(2)=0$，极大值 $f(1)=1$. □

2. 曲线的凹凸性与拐点

作函数的图形时，仅知道函数单调性是不够的，还应知道其曲线弯曲的情形，即曲线凹凸的概念. 例如，图 3-14 有两段曲线弧 $\overset{\frown}{AB}$ 和 $\overset{\frown}{BC}$，虽然它们都是上升的，但图形却有显著的不同，$\overset{\frown}{AB}$ 是向上凸的曲线弧，而 $\overset{\frown}{BC}$ 是向上凹的曲线弧，它们的凹凸性不同.

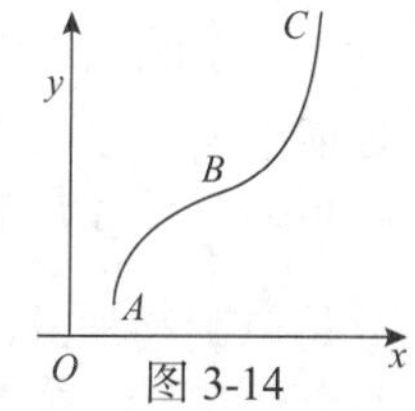

图 3-14

下面我们来研究函数图形的凹凸性及其判定法. 从几何上看, 在有的函数图形曲线弧上, 如果任取两点, 则连接这两点的弦总位于这两点的弧段上方(图 3-15), 而有的曲线弧正好相反(图 3-16). 函数图形曲线的这种性质就是曲线的凹凸性. 因此, 曲线的凹凸性可以用连接曲线弧上任意两点的弧段的中点与曲线弧上相应点(即具有相同横坐标的点)的位置关系来描述, 下面给出函数图形曲线凹凸性的定义.

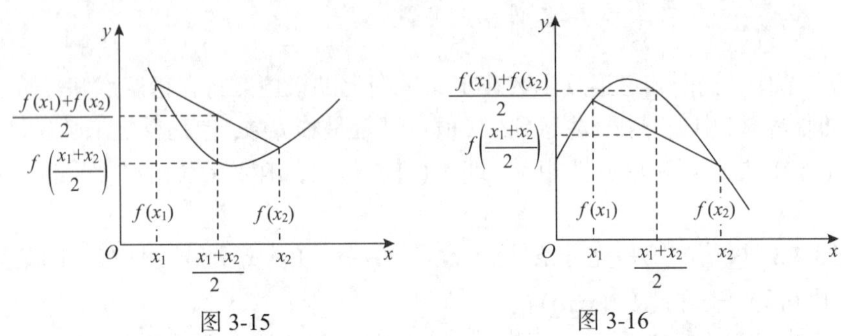

图 3-15　　图 3-16

定义 3.4.1　设 $f(x)$ 在区间 I 上连续, 如果对 I 上任意两个数 x_1, x_2, 恒有

$$f\left(\frac{x_1+x_2}{2}\right) < \frac{f(x_1)+f(x_2)}{2},$$

那么称 $f(x)$ 在 I 上的图形曲线是**(向上)凹的**; 如果恒有

$$f\left(\frac{x_1+x_2}{2}\right) > \frac{f(x_1)+f(x_2)}{2},$$

那么称 $f(x)$ 在 I 上的图形曲线是**(向上)凸的**.

由上述定义可得如下性质.

性质 3.4.1　设函数 $f(x)$ 在区间 I 上除端点外都可导, x_0 为 I 的任一内数, 若对于任意 $x \in I\ (x \neq x_0)$, 都有

$$f(x) > f'(x_0)(x-x_0)+f(x_0) \quad (\text{或 } f(x) < f'(x_0)(x-x_0)+f(x_0)),$$

则称函数 $y=f(x)$ 的图形曲线在区间 I 上是**(向上)凹的**(或**凸的**).

从几何上看, 若函数图形曲线是凹的, 则其上点的切线总是位于曲线弧的下方; 若函数图形曲线是凸的, 则其上点的切线总是位于曲线弧的上方. 我们就用切线

$$y = f'(x_0)(x-x_0)+f(x_0)$$

与曲线 $y=f(x)$ 的相对位置来判定曲线的凹凸.

对于函数图形曲线的凹凸形状, 还可以通过二阶导数来描述. 因为函数的二阶导数是描述一阶导数的单调性的. 从图 3-17 可以看出, 如果函数图形曲线是凹的, 切线的倾斜角随 x 的增大而增大, 由导数的几何意义知 $f'(x)$ 随 x 的增大而增大, 即函数的一阶导数是单调增加的, 所以 $\left(f'(x)\right)' > 0$, 即二阶导数 $f''(x) > 0$; 同样, 从图 3-18 可以看出,

如果曲线是凸的，切线的倾斜角随 x 的增加而减少，就是 $f'(x)$ 随 x 的增大而减少，即函数的一阶导数是单调减少的，所以 $\left(f'(x)\right)'<0$，即二阶导数 $f''(x)<0$．反之结论是否成立呢？下面给出函数图形曲线凹凸性的判定定理．

图 3-17　　图 3-18

定理 3.4.3　设函数 $f(x)$ 在闭区间 $[a,b]$ 上连续．在开区间 (a,b) 内存在一、二阶导数，且恒有

$$f''(x)>0\quad（或\ f''(x)<0），$$

则函数 $f(x)$ 的图形曲线在区间 $[a,b]$ 上是凹（或凸）的．

证　法一：设 $x_1,\ x_2\in[a,b]$，且 $x_1<x_2$，记 $x_0=\dfrac{x_1+x_2}{2}$．由拉格朗日中值公式，得

$$f(x_1)-f(x_0)=f'(\xi_1)(x_1-x_0)=f'(\xi_1)\frac{x_1-x_2}{2},\quad x_1<\xi_1<x_0,$$

$$f(x_2)-f(x_0)=f'(\xi_2)(x_2-x_0)=f'(\xi_2)\frac{x_2-x_1}{2},\quad x_0<\xi_2<x_2,$$

两式相加并应用拉格朗日中值公式得

$$f(x_1)+f(x_2)-2f(x_0)=\left(f'(\xi_2)-f'(\xi_1)\right)\frac{x_2-x_1}{2}=f''(\xi)(\xi_2-\xi_1)\frac{x_2-x_1}{2}>0,$$

其中 $\xi_1<\xi<\xi_2$，即 $\dfrac{f(x_1)+f(x_2)}{2}>f\left(\dfrac{x_1+x_2}{2}\right)$，所以 $f(x)$ 在 $[a,b]$ 上的曲线是凹的．

法二：对于任意 $x_0\in[a,b]$，任意 $x\in[a,b]$，$x\neq x_0$，由二阶泰勒公式，得

$$f(x)=f(x_0)+f'(x_0)(x-x_0)+\frac{f''(\xi)}{2}(x-x_0)^2,\quad \xi\ 在\ x\ 与\ x_0\ 之间.$$

由于

$$f''(x)>0\quad（或\ f''(x)<0），$$

从而

$$\frac{f''(\xi)}{2}(x-x_0)^2>0\quad（或<0）.$$

于是

$$f(x) > f'(x_0)(x-x_0)+f(x_0)\,(\text{或}\ f(x) < f'(x_0)(x-x_0)+f(x_0)).$$

这等价于函数 $f(x)$ 在区间 I 是凹(或凸)的. □

例 3.4.7 判定函数 $y=\arctan x$ 的凹凸性.

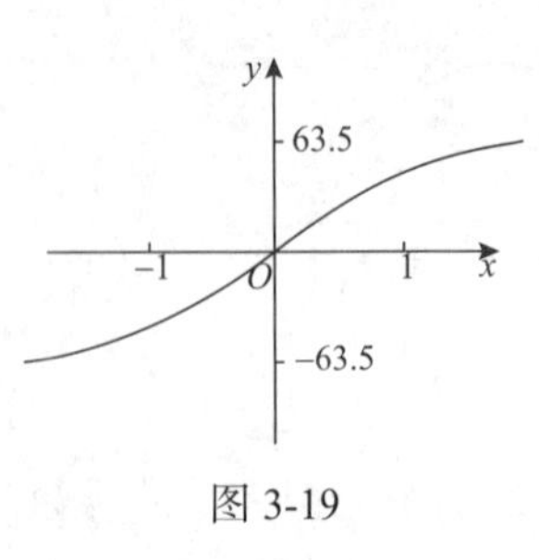

图 3-19

解 $y'=\dfrac{1}{1+x^2}$， $y''=-\dfrac{2x}{(1+x^2)^2}$ ，当 $x>0$ 时， $y''<0$；当 $x<0$ 时， $y''>0$，所以曲线在 $(-\infty,0)$ 上是凹的，在 $[0,+\infty)$ 上是凸的(图 3-19). □

注 与单调性判定时的情形十分类似，函数凹凸的判定条件也可以推广——若函数仅在某区间内的有限个数处的二阶导数等于零，在其他数的二阶导数都大于零(或都小于零)，则函数在此区间上是凹的(或凸的).

例 3.4.8 判定函数 $y=x^4$ 的凹凸性.

解 $y'=4x^3$， $y''=12x^2\geqslant 0$.因为上式中的等号仅在点 $x=0$ 成立，所以函数 $y=x^4$ 在区间 $(-\infty,+\infty)$ 上是凹的（图 3-20). □

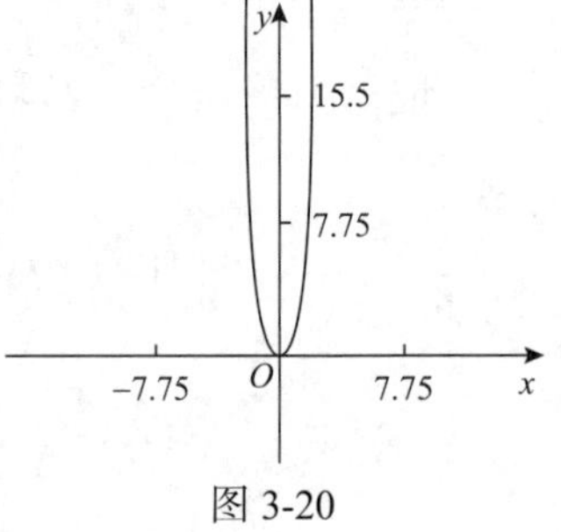

图 3-20

类似于函数单调区间的讨论，一般地说，函数可能在它的定义区间上的某些小区间是凹的，在另一些小区间是凸的，这样的区间称为**函数的凹凸区间**. 讨论函数的凹凸区间，关键是找出区间的**凹凸性临界数**(其左右两边凹凸性相反)，这个数对应的函数图形上的点，称为**凹凸性临界点**. 由上述定理知，二阶导数在其两侧异号的点——二阶导数为零的点、不连续的点和一阶、二阶导数不存在的点都有可能是区间凹凸性临界数.

例 3.4.9 求函数 $y=\dfrac{x}{1+x^2}$ 的凹凸区间.

解 $y'=\dfrac{1-x^2}{(1+x^2)}$， $y''=\dfrac{2x(x^2-2)}{(1+x^2)^3}$. 令 $y''=0$，得 $x=0$ 和 $x=\pm\sqrt{3}$. 注意到函数是奇函数，可仅列表 $x\geqslant 0$ 部分讨论如下(表 3-3).

表 3-3 函数的凹凸区间

x	0	$(0,\sqrt{3})$	$\sqrt{3}$	$(\sqrt{3},+\infty)$
y''	0	−	0	+
y		凸		凹

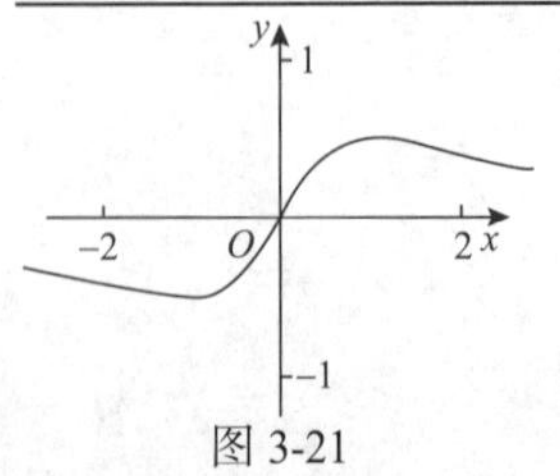

图 3-21

故曲线在区间 $(-\infty,-\sqrt{3}]$ 和 $[0,\sqrt{3}]$ 是凸的，在 $[-\sqrt{3},0]$ 和 $[\sqrt{3},+\infty)$ 是凹的(图 3-21). □

在图 3-14 中的函数图形上 B 点是凸的曲线弧 $\overset{\frown}{AB}$ 到凹的曲线弧 $\overset{\frown}{BC}$ 的凹凸性临界点. 给这样的临界点命名将会带来方便.

定义 3.4.2　若连续函数 $y=f(x)$ 的图形曲线上的点 $(x_0,f(x_0))$ 是函数凹凸性临界点，则点 $(x_0,f(x_0))$ 称为函数 $y=f(x)$ 的图形曲线的**拐点**.

注　与函数的极值点不同，拐点是用几何语言定义的，是平面上的点，必须用两个坐标来表示. 拐点 $(x_0,f(x_0))$ 既然是函数曲线凹凸性临界点，那么在拐点横坐标 x_0 的左 δ 和右 δ 邻域内 $f''(x)$ 为异号. 因此 $y=f(x)$ 的图形曲线的拐点的横坐标只可能是满足 $f''(x_0)=0$ 的数 x_0 或 $f''(x_0)$ 不存在的数 x_0，我们称这样的数 x 为**二阶临界数**，此时点 $(x_0,f(x_0))$ 称为**二阶临界点**. 于是求连续函数 $y=f(x)$ 的图形曲线的拐点的方法如下:

(1) 确定 $y=f(x)$ 的定义区间.

(2) 求出 $y=f(x)$ 的二阶导数，在定义区间内求 $f''(x)=0$ 的数和 $f''(x)$ 不存在的数.

(3) 列表讨论. 用上面求得的数划分 $y=f(x)$ 的定义区间为若干个子区间，在每个子区间内确定 $f''(x)$ 的符号，若 $f''(x)$ 在某分割点 x^* 的左 δ 和右 δ 邻域内异号，则点 $(x^*,f(x^*))$ 是 $y=f(x)$ 的拐点，否则就不是.

注　一个连续函数 $y=f(x)$ 满足 $f''(x)=0$，但 $y=f(x)$ 的图形曲线未必拥有拐点. 例如，设 $f(x)=x^4$，则有 $f''(0)=0$. 但是 $(0,0)$ 不是拐点. 因为当 $x<0$ 或 $x>0$ 时都有 $f''(x)=12x^2>0$，所以由定理 3.4.3 知 $f(x)=x^4$ 的图形曲线在整个定义区间上是凹的.

例 3.4.10　求曲线 $y=(x-1)\sqrt[3]{x^5}$ 的凹凸区间和拐点.

解　$y'=x^{\frac{5}{3}}+(x-1)\cdot\frac{5}{3}\cdot x^{\frac{2}{3}}=\frac{8}{3}x^{\frac{5}{3}}-\frac{5}{3}x^{\frac{2}{3}}$，$y''=\frac{40}{9}x^{\frac{2}{3}}-\frac{10}{9}x^{-\frac{1}{3}}=\frac{10}{9}\cdot\frac{4x-1}{\sqrt[3]{x}}$，令 $y''=0$，得 $x=\frac{1}{4}$；$x=0$ 时，y'' 不存在. 用这两个二阶临界点分定义域为三部分，并列表讨论(表 3-4).

表 3-4　函数的凹凸区间与拐点

x	$(-\infty,0)$	0	$\left(0,\frac{1}{4}\right)$	$\frac{1}{4}$	$\left(\frac{1}{4},+\infty\right)$
y''	+	∞	−	0	+
y	凹	拐	凸	拐	凹

所以曲线的拐点为 $(0,0)$ 和 $\left(\frac{1}{4},-\frac{3}{64}\sqrt[3]{4}\right)$，凹区间为 $(-\infty,0]$ 和 $\left[\frac{1}{4},+\infty\right)$；凸区间为 $\left[0,\frac{1}{4}\right]$. □

3. 极值的第二充分条件

当函数在其稳定点处的二阶导数存在且不为零时，我们还可以给出一个更简便的判别稳定点是否是极大、小值点的方法：见图 3-22 和图 3-23.设函数 $y=f(x)$ 的图形曲线

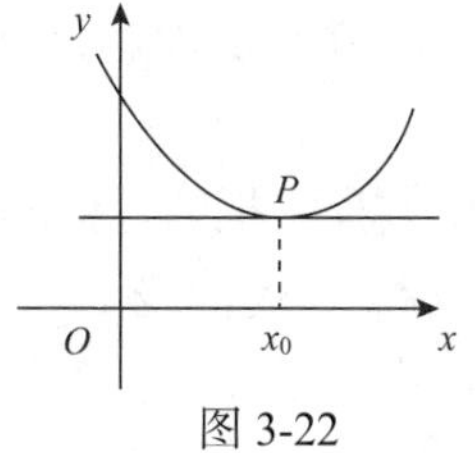

图 3-22

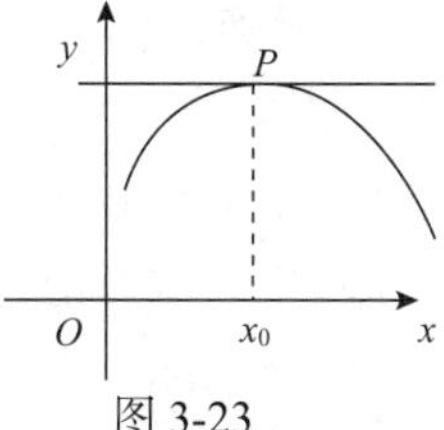

图 3-23

上一点 $P(x_0, f(x_0))$ 满足 $f'(x_0)=0$ 和 $f''(x_0)>0$. 则在 P 点有一个水平切线, 且函数图形在 P 点附近是凹的. 这意味着函数 $y=f(x)$ 的图形在 P 点的切线上方, 我们可以合理地猜测 P 点是函数的一个极小值点.

定理3.4.4（极值的第二充分条件） 如果函数 $f(x)$ 在数 x_0 的二阶导数存在, 并且 $f'(x_0)=0$, $f''(x_0)\neq 0$, 则

（1） $f''(x_0)<0$ 时 $f(x)$ 在数 x_0 取得极大值;

（2） $f''(x_0)>0$ 时 $f(x)$ 在数 x_0 取得极小值.

证 （1）因为 $f''(x_0)<0$ 和 $f'(x_0)=0$, 所以

$$\lim_{x\to x_0}\frac{f'(x)-f'(x_0)}{x-x_0}=\lim_{x\to x_0}\frac{f'(x)}{x-x_0}<0.$$

由极限的保号性知, 存在 $\delta>0$, 使得当 $0<|x-x_0|<\delta$ 时, $\dfrac{f'(x)}{x-x_0}<0$, 这表明 $x-x_0$ 与 $f'(x)$ 异号, 即 $x_0-\delta<x<x_0$ 时, $f'(x)>0$; $x_0<x<x_0+\delta$ 时, $f'(x)<0$, 由极值的第一充分条件知, $f(x)$ 在数 x_0 处取得极大值. 类似可证(2). □

注 若 $f''(x_0)=0$, 则定理 3.4.4 就失效了, 这时需要用定理 3.4.2 来判断. 根据以上两个判定定理, 我们可以归纳出求函数 $f(x)$ 的极值的一般步骤如下:

（1） 确定函数 $f(x)$ 的定义区间.

（2） 求出函数 $f(x)$ 的导数 $f'(x)$.

（3） 求出函数在定义区间内的全部临界数(稳定点和导数不存在的数).

（4） 利用定理 3.4.2 或定理 3.4.4 判断上述临界数是否为函数的极值点, 并求出相应的极值.

例 3.4.11 求函数 $f(x)=x^3+3x^2-9x-6$ 的极值.

解 函数 $f(x)$ 定义域为 $(-\infty,+\infty)$, 且 $f'(x)=3x^2+6x-9=3(x-1)(x+3)$. 令 $y'=0$, $f''(x)=6(x+1)$, 得两个稳定点 $x=-3,1$. 因为 $f''(-3)=-12<0$, $f(-3)=21$ 为极大值; 因为 $f''(1)=12>0$, $f(1)=-11$ 是极小值. □

*三、用切线法求一元方程的实根的近似值

高次代数方程或其他类型的方程求精确根一般比较困难, 人们希望寻求方程近似根的有效计算方法. 下面我们介绍牛顿-拉弗森（Newton-Raphson）切线法.

设函数 $f(x)$ 在区间 $[a,b]$ 上具有二阶导数, $f(a)f(b)<0$, 且 $f'(x)$ 在 $[a,b]$ 上不变号. 则方程 $f(x)=0$ 在 (a,b) 内仅有唯一的实根 ξ. 进而如果 $f''(x)$ 在 (a,b) 上不变号, 则 $[a,b]$ 为这个根 ξ 的**隔离区间**. 此时, 函数 $y=f(x)$ 在 $[a,b]$ 上的图形仅有如下所示的四种情况(图 3-24).

考虑用曲线弧一端的切线来代替曲线弧, 从而求出方程实根的近似解. 在图 3-24 中, 设纵坐标与 $f''(x)$ 同号的端点记为 $(x_0, f(x_0))$, 经过该端点作此曲线 $y=f(x)$ 的切线, 该切线与 x 轴的交点的横坐标 x_1 比 x_0 更接近方程 $f(x)=0$ 的实根 ξ.

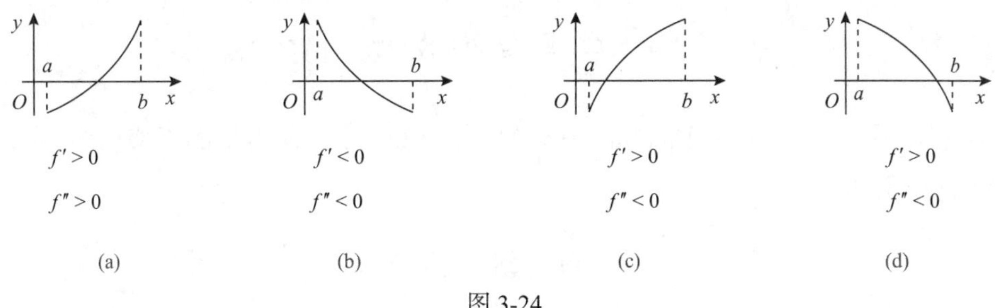

图 3-24

下面以图 3-24 中 $f(a)<0, f(b)>0, f'(x)>0, f''(x)<0$ 的情形为例来说明. 因为 $f(a)$ 与 $f''(x)$ 同号, 所以令 $x_0=a$, 在端点 $(x_0, f(x_0))$ 处作切线, 该切线的方程为

$$y=f'(x_0)(x-x_0)+f(x_0).$$

令 $y=0$. 则从上式可解出 x, 就得到该切线与 x 轴的交点的横坐标

$$x_1=x_0-\frac{f(x_0)}{f'(x_0)},\quad f'(x_0)\neq 0.$$

x_1 比 x_0 更接近方程 $f(x)=0$ 的实根 ξ.

再在点 $(x_1, f(x_1))$ 作切线, 可得根的近似值 x_2, …, 不断重复上述过程. 一般地, 在点 $(x_n, f(x_n))$ 作切线, 可得根的近似值

$$x_{n+1}=x_n-\frac{f(x_n)}{f'(x_n)},\quad f'(x_n)\neq 0. \tag{3.4.1}$$

注　若 $f(b)$ 与 $f''(x)$ 同号, 切线作在端点 b 处, 记 $x_0=b$, 仍用公式(3.4.1)来计算切线与 x 轴的交点的横坐标.

例 3.4.12　用牛顿-拉弗森切线法求方程 $x^3+x+1=0$ 在区间 $[-1,0]$ 内的实根的近似值, 使误差不超过 10^{-4}.

解　令 $f(x)=x^3+x+1$. 因为 $f(-1)=-1<0$, $f(0)=1>0$, $f'(x)=3x^2+1>0$, 此外, 当 $-1<x<0$ 时, $f''(x)=6x<0$, 所以 $[-1,0]$ 是一个隔离区间. 由(3.4.1), 得到

$$x_{n+1}=x_n-\frac{f(x_n)}{f'(x_n)}=\frac{2x_n^3-1}{3x_n^2+1}$$

设 $x_0=-1$, 则

$$x_1=\frac{2x_0^3-1}{3{x_0}^2+1}=-0.75,$$

$$x_2=\frac{2x_1^3-1}{3x_1^2+1}\approx -0.6860465,$$

$$x_3=\frac{2x_2^3-1}{3x_2^2+1}\approx -0.6823396,$$

$$x_4 = \frac{2x_3^3 - 1}{3x_3^2 + 1} \approx -0.6823278, \text{计算停止.}$$

从而原方程 $x^3 + x + 1 = 0$ 的根 ξ 满足 $-0.6823 < \xi < -0.6822$，所得根的近似值为 -0.6823，其误差都小于 10^{-4}． □

习　题　3-4

1. 判定函数 $y = \arctan x - x$ 单调性.
2. 判定函数 $y = x + \cos x \ (0 \leqslant x \leqslant 2\pi)$ 的单调性.
3. 确定下列函数的单调区间:

(1) $y = 2x^3 - 9x^2 + 12x - 3$；　(2) $y = 2x + \dfrac{8}{x} \ (x > 0)$；

(3) $y = \dfrac{10}{4x^3 - 9x^2 + 6x}$；　(4) $y = \ln(x + \sqrt{1 + x^2})$；

(5) $y = (x-1)(x+1)^3$；　(6) $y = \sqrt[3]{(2x-a)(a-x)^2} \ (a > 0)$；

4. 证明下列不等式:

(1) 当 $x > 0$ 时，$1 + \dfrac{1}{2}x > \sqrt{1+x}$；

(2) 当 $x > 0$ 时，$1 + x\ln(x + \sqrt{1+x^2}) > \sqrt{1+x^2}$；

(3) 当 $x > 0$ 时，$x > \ln(1+x)$；

(4) 当 $x > 0$ 时，$\ln(1+x) > x - \dfrac{1}{2}x^2$；

(5) 当 $0 < x < \dfrac{\pi}{2}$ 时，$\tan x > x + \dfrac{1}{3}x^3$；

(6) 当 $x > 4$ 时，$2^x > x^2$.

5. 证明方程 $x^5 + x + 1 = 0$ 在区间 $(-1,0)$ 内有且只有一个实根.
6. 证明方程 $\ln x = \dfrac{x}{\mathrm{e}} - 1$ 在区间 $(0,+\infty)$ 内有两个实根.
7. 讨论方程 $\ln x = ax \ (a > 0)$ 有几个实根?
8. 求函数的极值:

(1) $y = x^3 - 3x^2 - 9x + 5$；　(2) $y = x - \ln(1+x)$；

(3) $y = -x^4 + 2x^2$；　(4) $y = x + \sqrt{1-x}$；

(5) $y = \dfrac{1+3x}{\sqrt{4+5x^2}}$；　(6) $y = \dfrac{3x^2+4x+4}{x^2+x+1}$；

(7) $y = \mathrm{e}^x \cos x$；　(8) $y = x^{\frac{1}{x}}$；

(9) $y = (x-4)\sqrt[3]{(x+1)^2}$；　(10) $y = x + \tan x$.

9. 求函数 $y = x - \dfrac{3}{2}x^{\frac{2}{3}}$ 的单调增减区间和极值.
10. 试证明: 如果函数 $y = ax^3 + bx^2 + cx + d$ 满足条件 $b^2 - 3ac < 0$，那么这函数没有极值.
11. 判定下列曲线的凹凸性:

(1) $y = x^3$；　(2) $y = x - \ln(1+x)$；

(3) $y = 1 + \dfrac{1}{x} \ (x > 0)$；　(4) $y = x\arcsin x$.

12. 求下列函数图形的拐点及凹或凸的区间:

(1) $y=3x^4-4x^3+1$;　　(2) $y=xe^{-x}$;

(3) $y=(x+1)^4+e^x$;　　(4) $y=\ln(x^2+1)$.

13. 利用函数图形的凹凸性, 证明下列不等式:

(1) $\frac{1}{2}(x^n+y^n)>\left(\frac{x+y}{2}\right)^n$ ($x>0,y>0,x\neq y,n>1$);

(2) $\frac{e^x+e^y}{2}>e^{\frac{x+y}{2}}$ $(x\neq y)$.

14. 试证明曲线 $y=\frac{x-1}{x^2+1}$ 有三个拐点位于同一直线上.

15. 问 a, b 为何值时, 点 $(1,3)$ 为曲线 $y=ax^3+bx^2$ 的拐点?

16. 试决定曲线 $y=ax^3+bx^2+cx+d$ 中的 a, b, c, d, 使得 $x=-2$ 处曲线有水平切线, $(1,-10)$为拐点, 且点 $(-2,44)$ 在曲线上.

*17. 设 $y=f(x)$ 在 $x=x_0$ 的某邻域内具有三阶连续导数, 如果 $f''(x_0)=0$, 而 $f'''(x_0)\neq 0$, 试问 $(x_0,f(x_0))$ 是否为拐点? 为什么?

18. 利用极值的第二充分条件探求下列函数的极值.

(1) $y=x^3+3x^2-24x-20$;

(2) $y=(x^2-1)^3+1$.

19. 试问 a 为何值时, 函数 $y=a\sin x+\frac{1}{3}\sin 3x$ 在 $x=\frac{\pi}{3}$ 处取得极值? 它是极大值还是极小值? 并求此极值.

20. 证明方程 $x^5+5x+1=0$ 在区间 $(-1,0)$ 内有唯一的实根, 并用切线法求这个根的近似值, 使误差不超过 0.01.

第五节　函数的最大值与最小值

现在人们知道, 信鸽或其他某些鸟类无论何时飞行都会尽量避免在大的水域上空飞行. 这种行为的原因至今还没完全弄清楚. 然而, 因为湖面上的空气比陆地上的空气更“重”, 所以我们有理由猜测这种行为与信鸽最小化它们的飞行消耗能量有关.

假设我们在湖面上 B 点(图 3-25)的一艘船上释放了一个信鸽. 它将飞过水面到达岸边的 P 点, 再沿着直线在陆地上空飞到湖滨 L 点的鸽房. 如果信鸽在水面飞行每千米消耗 x 能量单位, 在陆地上空飞行每千米消耗 y 能量单位, 那么 P 点在岸边什么位置可以使得总的飞行能量消耗最小化?

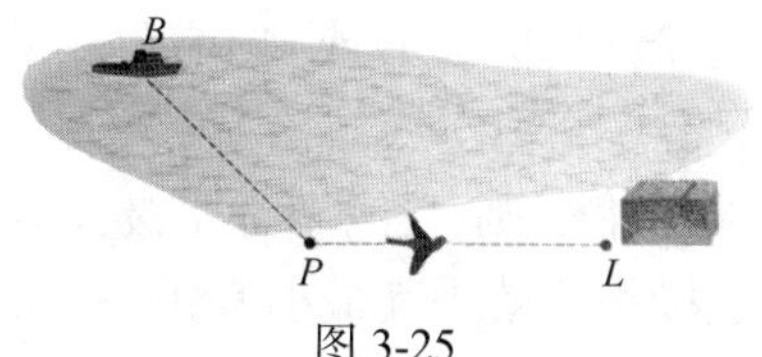

图 3-25

我们在学习微积分时, 最优化(发现最大值或最小值)是最重要应用之一. 这些应用包括利润最大化、消耗最小化、结构强度最大化或者求最短距离等. 在本节, 我们主要研究这类最优化问题.

一般地, 函数的最大值与最小值不等于其极值, 但如果函数的最大值与最小值在区间内部的数取到, 则此最大值或最小值点必是一个极值点. 换句话说, 函数的极值点有可能是其最大值或最小值点. 求区间内部的最大、小值点, 应先找可能的极值点. 最大、小值问题是一个较为复杂的问题, 我们分成以下几种情形来讨论.

一、连续函数在闭区间$[a,b]$上的最大值与最小值

当函数$f(x)$在闭区间$[a,b]$上连续, 在开区间(a,b)内至多有有限多个不可导数和至多有有限多个稳定点时, 可按下述步骤求函数$f(x)$在闭区间$[a,b]$上的最大、小值:

(1) 求出函数$f(x)$在稳定值、不可导数、区间$[a,b]$的端点的函数值;

(2) 进行比较, 最大的就是最大值, 最小的就是最小值.

我们称上述方法为**比较法**.

例3.5.1　求函数$f(x)=x+(1-x)^{\frac{2}{3}}$在区间$[0,2]$上的最大值、最小值.

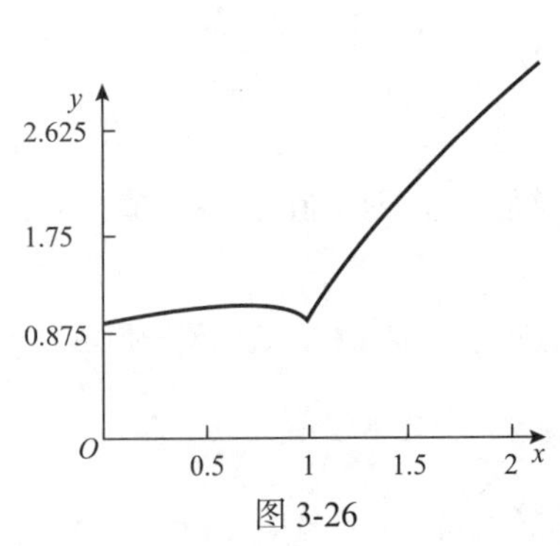

图 3-26

解　$f'(x)=1+\dfrac{2}{3\sqrt[3]{1-x}}$, 令$f'(x)=0$, 得稳定点$x=\dfrac{35}{27}$; 注意到有一个不可导的点$x=1$, 加上两个端点, 求这四个点处的函数值:

$$f(0)=1,\quad f\left(\frac{19}{27}\right)=\frac{31}{27},\quad f(1)=1,\quad f(2)=3,$$

可见最大值为$f(2)=3$, 最小值为$f(0)=f(1)=1$(图 3-26).　□

二、连续函数只有一个极值的情形

求开区间上函数的最大、小值稍复杂些, 因为开区间上的连续函数甚至可以没有最大、小值. 常可利用导数$f'(x)$的符号, 即$f(x)$的单调性, 对$f(x)$的全局性态作大致的分析, 进而确定函数的最大、小值. 但有一个特殊情况, 可确定开区间上函数的极值必是最大值或最小值:

(1) 目标函数$f(x)$在所讨论的区间I(开或闭, 有限或无限)内处处可微;

(2) $f(x)$在区间I内部只有一个稳定点x_0;

(3) $f(x)$在稳定点x_0取得极值, 则: 若$f(x_0)$是极大值, 那么这极大值就是其最大值; 若$f(x_0)$是极小值, 那么这极小值就是其最小值(图 3-27 和图 3-28).

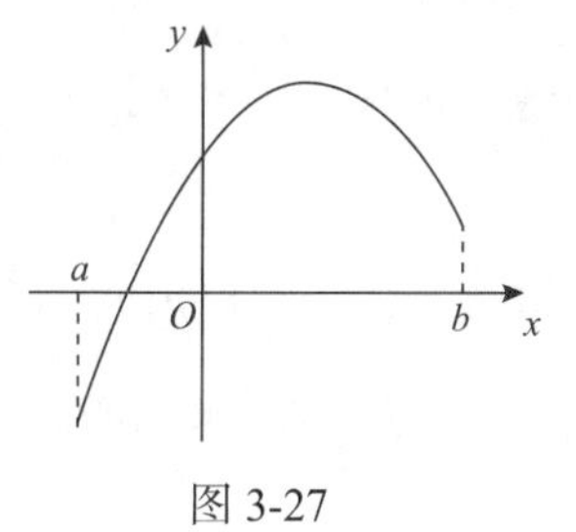

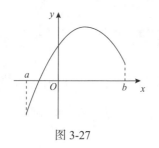

图 3-27

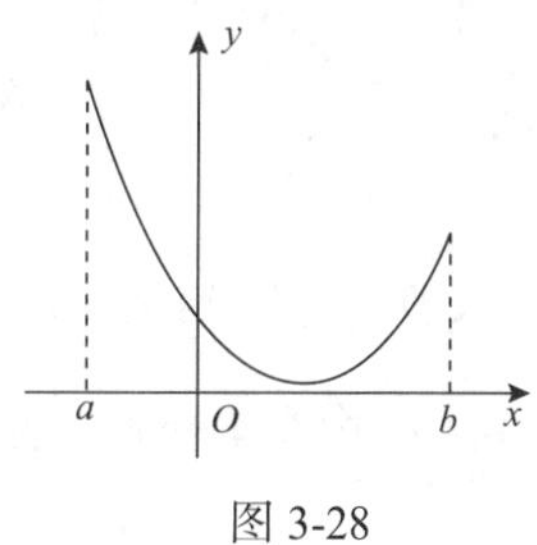

图 3-28

在生产实践中, 常常需要解决在一定条件下怎样产生最小投入、最大产出, 最低成本、最大效益等. 在数学上, 这就是某一函数(通常称为**目标函数**)的最大值与最小值问题.

例 3.5.2 某工厂要建一面积为 512 m^2 的矩形堆料场, 一边可以用原有的墙壁, 其他三面需新建. 问堆料场的长和宽各为多少米时, 能使砌墙所用的料最省?

解 设利用原有旧墙 $x\,\mathrm{m}$, 则堆料场的另一边长为 $\frac{512}{x}\mathrm{m}$, 故新砌墙的总长度为

$$f(x)=x+2\cdot\frac{512}{x},\quad x\in(0,+\infty).$$

于是 $f'(x)=1-\frac{1024}{x^2}$. 令 $f'(x)=0$, 得 $x=32$. 因为

$$f''(32)=\left.\frac{2048}{x^3}\right|_{x=32}=\frac{1}{16}>0,$$

所以 $x=32$ 是 $f(x)$ 的极小值点. 又因为 $x=32$ 是可导函数 $f(x)$ 在开区间 $(0,+\infty)$ 内唯一的稳定点, 从而 $x=32$ 就是函数 $f(x)$ 在 $(0,+\infty)$ 内的最小值点. 即当堆料场的长和宽分别为 32m 和 $\frac{512}{32}=16\,\mathrm{m}$ 时, 能使砌墙所用的料最省. □

在研究实际问题的最大值、最小值时, 还可作如下简化处理:

(1) 若目标函数 $f(x)$ 在其定义区间 I 上处处可微;

(2) 在区间 I 内部有唯一的稳定值 x_0;

(3) 由问题的实际意义能够判定所求最值存在且必在 I 内取到, 则可立即断言 $f(x_0)$ 就是所求的最值, 而不必再先用定理($f'(x)$ 或 $f''(x)$ 符号)去判定是不是极值了.

例 3.5.3 制作一个容积为定数 V 的圆柱形带盖铁皮水箱, 如何设计其底半径 r 与高 h 可用料最省?

解 题意是求圆桶的表面积(目标函数) $S=2\pi r^2+2\pi rh$ 的最小值, 而圆桶体积 $V=\pi r^2h$. 于是 $h=\frac{V}{\pi r^2}$, 代入目标函数 S, 得到 r 的函数,

$$S(r)=2\pi r^2+\frac{2V}{r}.$$

从问题的实际意义知道目标函数 $S(r)$ 的定义域为开区间 $(0,+\infty)$. 求导数

$$S'(r) = 4\pi r - \frac{2V}{r^2},$$

令 $S'(r) = 0$, 得函数在开区间 $(0,+\infty)$ 内的唯一稳定点 $r_0 = \sqrt[3]{\frac{V}{2\pi}}$, 再由问题的实际意义知道该问题必在 $(0,+\infty)$ 内有最小值, 故 $S(r_0)$ 即为所求最小值. 这时水桶的高

$$h_0 = \frac{V}{\pi r_0^2} = \frac{V}{\pi}\left(\sqrt[3]{\frac{V}{2\pi}}\right)^{-2} = 2\sqrt[3]{\frac{V}{2\pi}} = 2r_0,$$

所以, 水桶的高与圆底的直径相等时用料最省. □

例 3.5.4 如图 3-29 所示, 仓库 A 到铁路 BC 的垂直距离 $AB = 20\text{km}$, 垂足 B 到货站 C 的距离 $BC = 100\text{km}$. 计划在 BC 线上选一点 M 作为转运站向仓库 A 建一条公路 MA, 已知铁路与公路的运价之比为 3:5, 问转运站 M 选在何处. 仓库 A 与货站 C 之间的运费最省?

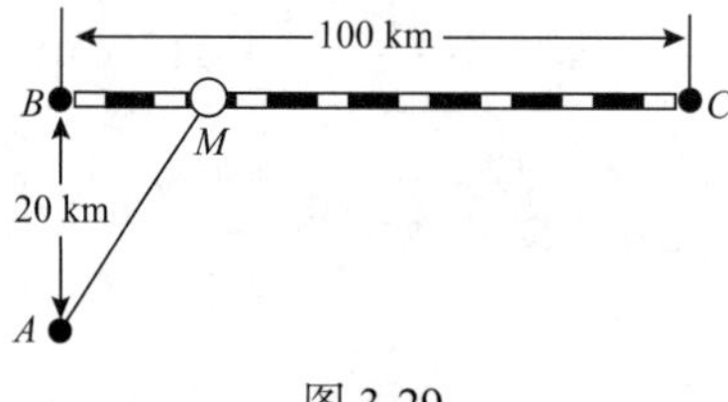

图 3-29

解 设铁路线 BM 段长为 $x\,\text{km}$, 仓库 A 与货站 C 之间的单程运费为 y, 则

$$y = 5\lambda \cdot \sqrt{20^2 + x^2} + 3\lambda \cdot (100 - x),$$

其中 $0 \leqslant x \leqslant 100$, $\lambda > 0$ 是比例系数. 于是问题就归结为目标函数 y 在 $[0,100]$ 上求最小值. 由

$$y' = \left(\frac{5x}{\sqrt{400 + x^2}} - 3\right) \cdot \lambda = 0$$

解得稳定点 $x = 15$.

因为 y 在 $[0,100]$ 内只有一个稳定点, 而实际问题的费用最少必存在, 所以此稳定点就是最小值点. 故转运站 M 选在离 B 点 15km (即离货站 85km) 处运费最省. □

例3.5.5 假设某工厂生产某产品 x 千件的成本是 $C(x) = x^3 - 6x^2 + 15x$, 售出该产品 x 千件的收入是 $R(x) = 9x$. 问是否存在一个能取得最大利润的生产水平? 如果存在的话, 找出这个生产水平.

解 由题意知, 售出 x 千件产品的利润是

$$P(x) = R(x) - C(x).$$

如果 $P(x)$ 取得最大值, 那么它一定在使得 $P'(x) = 0$ 的生产水平处获得. 因此, 令

$$P'(x)=R'(x)-C'(x)=0,$$

即

$$R'(x)=C'(x).$$

得

$$x^2-4x+2=0.$$

解得 $x=\dfrac{4\pm\sqrt{8}}{2}=2\pm\sqrt{2}$，即

$$x_1=2-\sqrt{2}\approx 0.586,\quad x_2=2+\sqrt{2}\approx 3.414.$$

$$P''(x)=-6x+12,\quad P''(x_1)>0,\quad P''(x_2)<0.$$

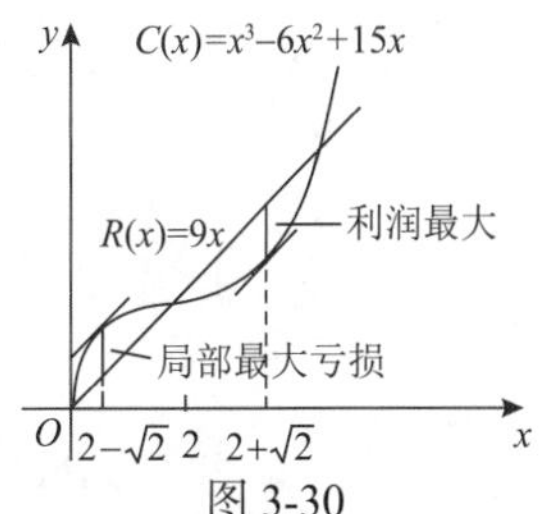

图 3-30

故在 $x_2=3.414$ 处达到最大利润，而在 $x_1=0.586$ 处发生局部最大亏损.

在经济学中，称 $C'(x)$ 为边际成本，$R'(x)$ 为边际收入，$P'(x)$ 为边际利润. 上述结果表明：在给出最大利润的生产水平上，$R'(x)=C'(x)$，即边际收入等于边际成本. 上面的结果也可以从图 3-30 的成本曲线和收入曲线中看出. □

习　题　3-5

1. 求下列函数的最大值、最小值:

(1) $y=2x^3+3x^2-12x+14$，$-3\leqslant x\leqslant 4$；

(2) $y=x^{2/3}(5-2x)$，$-1\leqslant x\leqslant 2$；

(3) $y=x+\sqrt{1-x}$，$-5\leqslant x\leqslant 1$.

2. 问函数 $y=x^2-\dfrac{54}{x}$ $(x<0)$ 在何处取得最小值?

3. 问函数 $y=\dfrac{x}{x^2+1}$ $(x\geqslant 0)$ 在何处取得最大值?

4. 要造一个长方体水池，水池的底面为正方形，正方形边长和水池的高合计 10 米. 问这个水池最大可能的体积为多少?

5. 某房地产公司有 50 套公寓要出租，当租金定为每月 180 元时，公寓会全部租出去. 当租金每月增加 10 元时，就有一套公寓租不出去，而租出去的房子每月需花费 20 元的整修维护费. 试问房租定为多少可获得最大收入?

6. 求内接于椭圆 $\dfrac{x^2}{a^2}+\dfrac{y^2}{b^2}=1$ 而面积最大的矩形的各边之长.

7. 某车间靠墙壁要盖一间长方形小屋，现有存砖只够砌 20cm 长的墙壁，问应围成怎样的长方形才能使这间小屋的面积最大?

8. 某地区防空洞的截面拟建成矩形加半圆(图 3-31)，截面的面积为 5m^2，问底宽 x 为多少时才能使截面的周长最小，从而使建造时所用的材料最省?

图 3-31　　图 3-32

9. 设有重量为5kg 的物体，置于水平面上，受力 F 的作用而开始移动(图3-32)．设摩擦系数$\mu=0.25$，问力 F 与水平线的交角α为多少时，才可使力 F 的大小为最小？

10. 有一杠杆，支点在它的一端．在距支点 0.1m 处挂一重量为 49kg 的物体．加力于杠杆的另一端使杠杆保持水平(图 3-33)．如果杠杆的线密度为 5kg/m，求最省力的杆长？

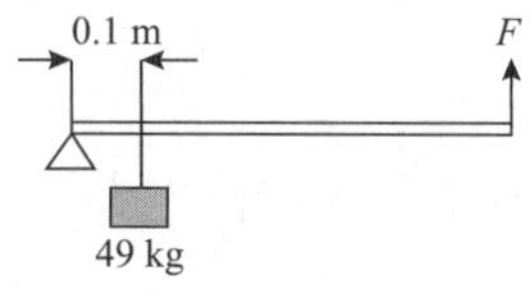

图 3-33

11. 从一块半径为 R 的圆铁片上挖去一个扇形做成一漏斗(图3-34)，问留下的扇形的中心角 φ 取多大时，做成的漏斗的容积最大？

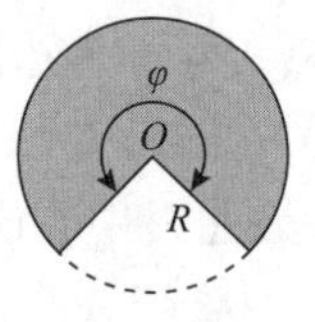

图 3-34

12. 求一条光线从光速为 c_1 的介质中的点 A 穿过水平界面射入到光速为 c_2 的介质中点 B 的路径．如图 3-35 所示，点 A 和 B 位于 xOy 平面且两种介质的分界线为 x 轴，点 P 在介质临分线上，$(0,a),(l,-b)$ 和 $(x,0)$ 分别表示点 A，点 B 和点 P 的坐标，θ_1 和 θ_2 分别表示入射角和折射角．

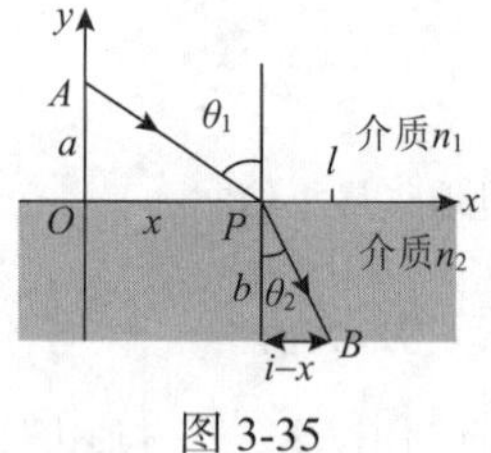

图 3-35

13. 某人利用原材料每天要制作 5 个储藏橱．假设外来木材的运送成本为 6000 元，而存储每个单位材料的成本为 8 元．为使他在两次运送期间的制作周期内平均每天的成本最小，每次他应该订多少原材料以及多长时间订一次货？

第六节　函数的渐近线及函数图形曲线的描绘

一、曲线的渐近线

为了能较为精确地画出函数曲线的图形，我们需要函数曲线渐近线的概念．在第一

章极限部分, 我们已介绍过两种特殊的渐近线的概念:

若 $\lim\limits_{x\to+\infty} f(x)=b$ 或 $\lim\limits_{x\to-\infty} f(x)=b$, 则称直线 $y=b$ 是函数图形曲线 $y=f(x)$ 的一条**水平渐近线**;

若 $\lim\limits_{x\to a^+} f(x)=\infty$ 或 $\lim\limits_{x\to a^-} f(x)=\infty$, 则称直线 $x=a$ 是函数图形曲线 $y=f(x)$ 的一条**铅直渐近线**.

例如, 函数曲线 $y=b+\dfrac{1}{x-a}$, 因为 $x\to\infty$ 时 $y\to b$, 可见直线 $y=b$ 是它的水平渐近线; 因为 $x\to a$ 时 $y\to\infty$, 易知直线 $x=a$ 是它的铅直渐近线.

一般地说, 我们有如下定义.

定义 3.6.1　若曲线 $y=f(x)$ 上的动点 P 沿着曲线无限远离坐标原点时, 点 P 到某直线 l 的距离趋于零, 就称直线 l 是曲线 $y=f(x)$ 的**渐近线**.

通过讨论函数曲线 $y=f(x)$ 上的动点 $P(x,f(x))$ 到直线 $y=ax+b$ 的距离, 可以证明下面的定理.

定理 3.6.1　如果函数 $f(x)$ 满足:

(1) $\lim\limits_{x\to\infty}\dfrac{f(x)}{x}=a$;

(2) $\lim\limits_{x\to\infty}(f(x)-ax)=b$.

则直线 $y=ax+b$ 就是函数图形曲线 $y=f(x)$ 的(斜)渐近线.

例 3.6.1　求函数曲线 $y=f(x)=\dfrac{(x-3)^2}{4(x-1)}$ 的渐近线.

解　因为 $\lim\limits_{x\to1^+}\dfrac{(x-3)^2}{4(x-1)}=+\infty$, $\lim\limits_{x\to1^-}\dfrac{(x-3)^2}{4(x-1)}=-\infty$, 即有铅直渐近线 $x=1$; 又因为 $\lim\limits_{x\to\infty}\dfrac{f(x)}{x}=\lim\limits_{x\to\infty}\dfrac{(x-3)^2}{4x(x-1)}=\dfrac{1}{4}$, $\lim\limits_{x\to\infty}\left(f(x)-\dfrac{1}{4}x\right)=\dfrac{1}{4}\lim\limits_{x\to\infty}\dfrac{(x-3)^2-x^2+x}{x-1}=-\dfrac{5}{4}$, 即有斜渐近线 $y=\dfrac{1}{4}x-\dfrac{5}{4}$.　□

*二、函数图形曲线的描绘

在中学数学里用“求点连线”法描绘了一些函数的图形曲线, 那时是默认了函数的连续性和光滑（即切线的斜率连续变化）性; 而且是盲目的求些点来连线的. 有了微分学的知识, 情况就不同了. 现在我们描绘函数 $y=f(x)$ 的图形曲线, 可按下列步骤进行:

(1) 确定函数的定义域和值域, 并考察函数是否有奇偶性、周期性;

(2) 考察函数是否有渐近线;

(3) 确定函数的单调区间和极值点、函数曲线的凹凸区间和拐点——求临界数和二阶临界数: 求使得 $f'(x)=0$, $f''(x)=0$ 的数和一、二阶不可导数; 用上述临界数和二阶临界数把定义域划分为若干个小区间, 判定一阶导数和二阶导数在各个小区间的符号;

(4) 求出函数在各个临界点和二阶临界点的坐标, 求出曲线与坐标轴的交点的坐标,

再根据需要求出曲线上一些辅助点的坐标;

(5) 将以上诸点按所讨论的单调性和凹凸性光滑地连接起来即得所绘图形曲线.

按照以上步骤(但不可绝对化)绘图, 虽然仍是“求点连线”, 但所求的点是全部的关键点和个别的辅助点, 并且是在确知升降、凹凸和渐近线的基础上连线的, 做到了心中有数; 这样描绘出的函数图形曲线的形态是较为精确的.

例 3.6.2 描绘函数 $y=f(x)=\mathrm{e}^{-x^2}$ 的图形曲线.

解 (1) 定义域为 $(-\infty,+\infty)$ 且为偶函数, 故只需在区间 $(0,+\infty)$ 上进行讨论;

(2) 因为 $\lim\limits_{x\to\infty}\mathrm{e}^{-x^2}=0$, 故有水平渐近线 $y=0$, 但无铅垂和斜渐近线;

(3) $y'=-2x\mathrm{e}^{-x^2}$, $y''=2(2x^2-1)\mathrm{e}^{-x^2}$, 令 $y'=0$, 得 $x=0$, 令 $y''=0$, $x=\pm\dfrac{\sqrt{2}}{2}$; 用点 $x=0$, $x=\dfrac{\sqrt{2}}{2}$ 将 $(0,+\infty)$ 分为两个开区间, 并列表讨论如表 3-5 所示.

表 3-5 函数的单调区间、凹凸区间、拐点示例一

x	0	$\left(0,\dfrac{\sqrt{2}}{2}\right)$	$\dfrac{\sqrt{2}}{2}$	$\left(\dfrac{\sqrt{2}}{2},+\infty\right)$
y'	0	$-$	$-$	$-$
y''	$-$	$-$	0	+
y	极大	↘	拐点 $\left(\dfrac{\sqrt{2}}{2},\mathrm{e}^{-\frac{1}{2}}\right)$	↘

(4) 求 $x=0$ 时, $f(0)=1$, $x=\dfrac{\sqrt{2}}{2}$ 时, $f\left(\dfrac{\sqrt{2}}{2}\right)\approx 0.6$, 为更有把握, 还可增加辅助点:

$x=1$时, $f(1)=\dfrac{1}{\mathrm{e}}\approx 0.37$;

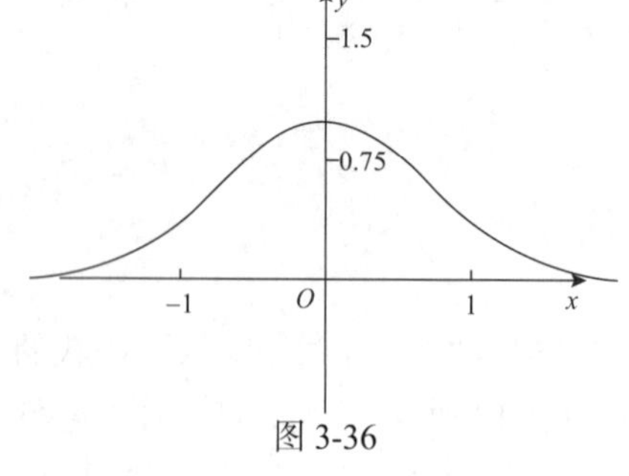

图 3-36

(5) 先在坐标平面上画出渐近线 $y=0$; 在坐标系中标出三个点 $(0,1)$, $\left(\dfrac{\sqrt{2}}{2},0.7\right)$ 与 $(1,0.37)$, 然后根据上表中曲线的单调性与凹凸性光滑地连接上述点, 由对称性绘图即可绘出函数的图形(图 3-36). □

例 3.6.3 描绘函数 $y=f(x)=\dfrac{x}{1-x^2}$ 的图形曲线.

解 (1) 函数的定义区间为

$$(-\infty,-1)\cup(-1,1)\cup(1,+\infty).$$

所给函数是奇函数, 只需研究 $[0,+\infty)$ 内函数的性态.

（2）$y'=\dfrac{x^2+1}{(1-x^2)^2}$，$y'=0$ 无零点，在定义区间内无一阶导数不存在数，

$$y''=\frac{2x(x^2+3)}{(1-x^2)^3}.$$

令 $y''=0$，得 $x=0$，y'' 在 $x=\pm1$ 处不存在.

（3）列表如表 3-6 所示.

表 3-6　函数的单调区间、凹凸区间、拐点示例二

x	0	$(0,1)$	$(1,+\infty)$
y'	+	+	+
y''	0	+	−
y	拐点 $(0,0)$	↗，凹	↗，凸

因为函数是连续奇函数，在 $x>0$ 的邻域内，曲线是凹的，故在 $x<0$ 的邻域内，曲线是凸的，所以点 $(0,0)$ 是拐点.

（4）$\lim\limits_{x\to+\infty}\dfrac{x}{1-x^2}=0$，所以 $y=0$ 是水平渐近线，$\lim\limits_{x\to\pm1}\dfrac{x}{1-x^2}=\infty$，所以 $x=\pm1$ 是垂直渐近线;

（5）补充辅助点 $f(0.5)\approx0.67$，$f(1.5)=-1.2$，$f(2)\approx-0.67$. 描点作图，便可画出函数在 $[0,+\infty)$ 内的图形曲线，然后再利用图形曲线的对称性，便可得到函数在 $(-\infty,-1)\cup(-1,1)\cup(1,+\infty)$ 上的图形曲线，如图 3-37 所示. □

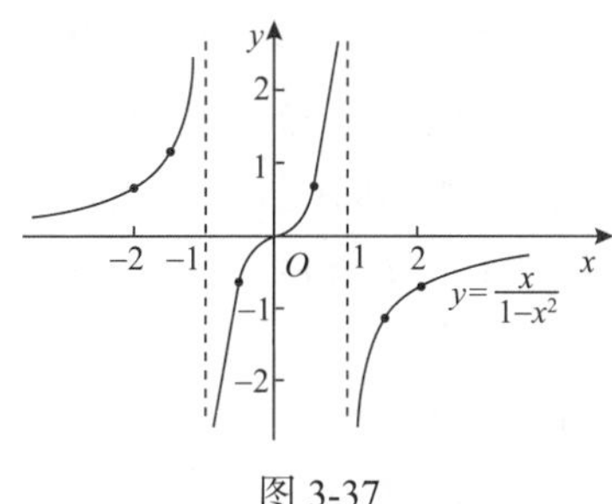

图 3-37

习　题　3-6

1. 求函数 $y=\dfrac{2(x-2)(x+3)}{x-1}$ 的渐近线.

*2. 按照以下步骤作出函数 $y=x^4-4x^3+10$ 的图形.

（1）求 y' 和 y'';

（2）分别求 y' 和 y'' 的零点;

（3）确定函数的增减性、凹凸性、极值点和拐点;

（4）作出函数 $y=x^4-4x^3+10$ 的图形.

*3. 作函数 $y=\dfrac{4(x+1)}{x^2}-2$ 的图形.

*4. 作函数 $\phi(x)=\dfrac{1}{\sqrt{2\pi}}e^{-\frac{x^2}{2}}$ 的图形.

*5. 作函数 $y=\dfrac{\cos x}{\cos 2x}$ 的图形.

第七节　微分学在经济学中的应用

一、经济学中常见的函数

在经济分析中, 人们通常要研究成本、价格、收益等经济量之间的关系. 在实际问题中, 往往多个变量同时出现, 使得相关性异常复杂. 我们先研究两个变量间的函数关系.

1. 需求函数

所有经济活动的目的在于满足人们的需求, 因此经济理论的重要任务是分析消费者的需求, 但需求量并不等同于实际购买量, 因为后者还牵涉商品的供给情况. 消费者对某种商品的需求是由多种因素决定的, 例如, 人口、收入、季节、该商品的价格、其他商品的价格等, 甚至还有一些无法定量描述的因素, 如“癖好”等.

如果除价格外, 收入等其他因素在一定时期内变化很少, 即可以认为其他因素对需求无影响, 则需求量 Q_d 便是价格 P 的函数, 称为**需求函数**, 记为

$$Q_d=Q_d(P).$$

某一商品的需求量是指关于一定价格水平, 在一定的时间内, 消费者愿意而且有支付能力购买的商品量. 一般地, 商品价格上涨会使需求减少, 因此需求函数是单调减少的, $Q_d(P)$ 的反函数 $P=Q_d^{-1}(P)$ 也称为需求函数.

人们常用下面的初等函数近似表示需求函数.

线性函数 $Q_d=-aP+b$, 其中 $a>0$;

幂函数 $Q_d=kp^{-a}$, 其中 $k>0, a>0$;

指数函数 $Q_d=ae^{-bP}$, 其中 $a>0, b>0$.

2. 供给函数

某一商品的供给量是指在一定的价格条件下, 在一定时期内生产者源于生产并可供出的商品量. 供给量也是由多个因素决定的, 如果认为在一段时间内除价格以外的其他因素变化很小, 则供给量 Q_s 便是价格 P 的函数, 称为**供给函数**, 记为

$$Q_s=Q_s(P).$$

一般而言, 商品的市场价格越高, 生产者愿意而且能够向市场提供的商品量也越多, 因此一般的供给函数都是单调增加的.

根据统计数据, 人们常用下面的初等函数近似表示供给函数.

线性函数 $Q_s = aP + b$, 其中 $a > 0$;

幂函数 $Q_s = kP^a$, 其中 $k > 0, a > 0$;

指数函数 $Q_s = ae^{bP}$, 其中 $a > 0, b > 0$.

在同一坐标系中作出需求曲线 D 和供给曲线 S(图 3-38), 若曲线 D 和曲线 S 存在交点 (P_0, Q_0), 则该交点就是供需平衡点, 而 P_0 称为**均衡价格**, Q_0 称为**均衡数量**.

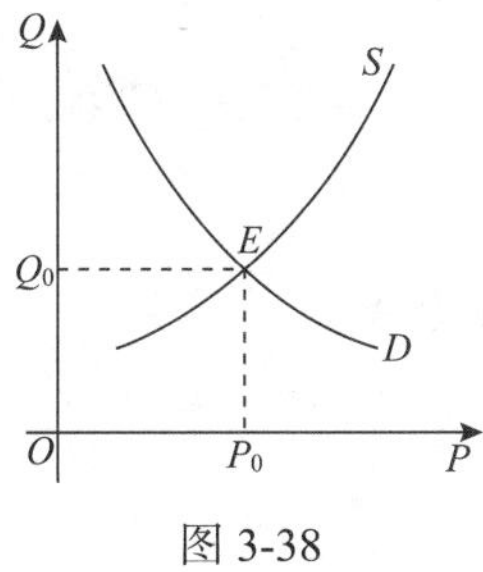

图 3-38

3. 总成本函数、总收益函数、总利润函数

厂商在从事生产经营活动时, 总希望尽可能降低产品的生产成本, 增加收入和利润.

总成本是生产和经营一定数量产品所需要的总投入, **总收益**是指出售一定数量产品所得到的全部收入, **总利润**是总收益减去总成本和上缴的税金后的余额(为简单起见, 以后计算总利润一般不计上缴税金).

总成本、总收益与总利润这些经济变量都与产品的产量或销售量 Q 密切相关, 在不计市场的其他次要影响因素的情况下, 它们都可简单地看成是 Q 的函数, 并分别称为**总成本函数**, 记为 $C(Q)$, **总收益(总收入)**函数, 记为 $R(Q)$, **总利润函数**, 记为 $L(Q)$. 另外我们把 $\overline{C} = \dfrac{C(Q)}{Q}$, $\overline{R} = \dfrac{R(Q)}{Q}$, $\overline{L} = \dfrac{L(Q)}{Q}$ 分别称为**平均成本**、**平均收益**和**平均利润**.

总成本函数 $C(Q)$是 Q 的单调增加函数. 常用的比较简单的总成本函数为多项式. 例如, 如果

$$C(Q) = a + bQ + cQ^2,$$

其中 a,b,c 为正的常数, 则 a 为**固定成本**, $bQ + cQ^2$ 代表原材料成本、劳动力成本等**可变成本**. 如果产品的价格 P 保持不变, 销售量为 Q, 则总收益函数为

$$R(Q) = PQ, \quad \overline{R} = P.$$

总利润函数为

$$L(Q) = R(Q) - C(Q).$$

4. 库存函数

设某企业在计划期 T 内, 对某种物品的总需求量为 Q. 由于库存费用及资金占用等

因素，显然一次进货是不合理的，考虑均匀地分 n 次进货，每次进货批量为 $q=\frac{Q}{n}$，进货周期为 $t=\frac{T}{n}$. 假定每件物品的存储单位时间费用为 C_1，每次进货费用为 C_2，每次进货量相同，进货间隔时间不变，以匀速消耗存储物品，则平均库存为 $\frac{q}{2}$，在时间 T 内综合费用 E 为

$$E=\frac{1}{2}C_1Tq+C_2\frac{Q}{q},$$

其中，$\frac{1}{2}C_1Tq$ 是存储费，$C_2\frac{Q}{q}$ 是进货费用.

二、边际函数

在经济问题中，通常会考虑变化率的问题. 变化率分为平均变化率和瞬时变化率. 平均变化率是函数增量与自变量增量的比值. 函数 $y=f(x)$ 在区间 $[x_0,x_0+\Delta x]$ 上的平均变化率为 $\frac{\Delta y}{\Delta x}$. 瞬时变化率是函数关于自变量的导数，即如果函数 $y=f(x)$ 在点 x_0 处可导，其在点 x_0 处的瞬时变化率为

$$\lim_{\Delta x\to 0}\frac{\Delta y}{\Delta x}=\lim_{\Delta x\to 0}\frac{f(x_0+\Delta x)-f(x_0)}{\Delta x}=f'(x_0),$$

经济学中称它为函数 $y=f(x)$ 在点 x_0 处的**边际函数值**.

设自变量 x 从 x_0 改变一个单位时，y 的增量为 $\Delta y\Big|_{\substack{x=x_0\\ \Delta x=1}}$. 但在实际的经济问题中，$x$ 一般是比较大的量，而 $\Delta x=1$ 就可以看作是一个相对较小的量，由微分学可知，Δy 的近似值为

$$\Delta y\Big|_{\substack{x=x_0\\ \Delta x=1}}\approx \mathrm{d}y=f'(x)\Delta x\Big|_{\substack{x=x_0\\ \Delta x=1}}=f'(x_0),$$

这说明 $f(x)$ 在点 x_0 处，当 x 产生一个单位的改变时，y 近似改变 $f'(x_0)$ 个单位. 因此，在应用问题中研究边际函数值的具体意义时我们略去“近似”二字，于是有如下定义.

定义 3.7.1 设经济函数 $y=f(x)$ 在点 x 处可导，则称导数 $f'(x)$ 为 $f(x)$ 的**边际函数**，$f'(x)$ 在点 x_0 处的值 $f'(x_0)$ 称为**边际函数值**.

例 3.7.1 设函数 $y=\mathrm{e}^{2x}$，试求 y 在 $x=3$ 处的边际函数值.

解 因为 $y'=2\mathrm{e}^{2x}$，所以 $y'\big|_{x=3}=2\mathrm{e}^6$. 该值表明，当 $x=3$ 时，x 改变一个单位(增加或减少一个单位)，y 改变 $2\mathrm{e}^6$ 个单位(增加或减少 $2\mathrm{e}^6$ 单位). □

下面研究经济学中常见的边际函数.

1. 边际成本

总成本函数 $C(Q)$ 的导数 $C'(Q)$ 称为**边际成本**，记为 $MC=C'(Q)$．它（近似地）表示，假定已经生产了 Q 件产品，再生产一件产品所增加的成本值为 $C'(Q)$．

由于生产 Q 件产品的边际成本近似等于多生产一件产品的成本，所以如果将边际成本与平均成本 $\dfrac{C(Q)}{Q}$ 相比较，若边际成本小于平均成本，则应考虑增加产量以降低单件产品的成本；若边际成本大于平均成本，则应考虑减少产量以降低单件产品的成本．

例 3.7.2　设生产某产品 Q 个单位的总成本为 $C=C(Q)=100+12Q+Q^2$，求

(1) 生产 50 个单位时总成本和平均成本；

(2) 生产 50 个单位到 80 个单位时总成本的平均变化率；

(3) 生产 50 个单位时的边际成本，并解释其经济意义．

解　(1) 生产 50 个单位时总成本为

$$C(50)=100+12\cdot 50+50^2=3200,$$

平均成本为

$$\bar{C}(50)=\frac{3200}{50}=64.$$

(2) 生产 50 个单位到 80 个单位时总成本的平均变化率为

$$\frac{\Delta C(Q)}{\Delta Q}=\frac{C(80)-C(50)}{80-50}=\frac{7460-3200}{30}=142.$$

(3) 边际成本函数为 $C'(Q)=12+2Q$，当 $Q=50$ 时的边际成本为

$$C'(50)=12+2\cdot 50=112,$$

它表示当产量为 50 个单位时，再增加（或减少）一个单位，需增加（或减少）成本 112 个单位．　□

本题中边际成本大于平均成本，故应减少产量以降低单件产品的成本．

2. 边际收益

总收益函数 $R(Q)$ 的导数 $R'(Q)$ 称为**边际收益**，记为 $MR=R'(Q)$，它（近似地）表示，假定已经销售了 Q 件产品，再销售一件产品所增加的总收益为 $R'(Q)$．

设价格为 P，且 P 也是销售量 Q 的函数，即 $P=P(Q)$，因此

$$R(Q)=PQ=Q\cdot P(Q),$$

于是边际收益为

$$R'(Q)=P(Q)+QP'(Q).$$

例 3.7.3 假设某产品的需求量 Q 是价格 P 的函数 $Q=100-20P$，求销售量为20个单位时总收益、平均收益与边际收益，并求出销售量从20个单位增加到30个单位时收益的平均变化率.

解 由 $Q=100-20P$ 知，$P=5-\frac{Q}{20}$. 于是总收益为

$$R=QP(Q)=5Q-\frac{Q^2}{20}.$$

销售20个单位时，总收益为

$$R|_{Q=20}=\left(5Q-\frac{Q^2}{20}\right)\bigg|_{Q=20}=80.$$

平均收益为

$$\overline{R}|_{Q=20}=\frac{R(Q)}{Q}\bigg|_{Q=20}=\frac{80}{20}=4.$$

边际收益为

$$R'|_{Q=20}=\left(5-\frac{Q}{10}\right)\bigg|_{Q=20}=3.$$

销售量从20个单位增加到30个单位时收益的平均变化率为

$$\frac{\Delta R}{\Delta Q}=\frac{R(30)-R(20)}{30-20}=\frac{105-80}{10}=2.5.$$

3. 边际利润

总利润函数 $L(Q)$ 的导数 $L'(Q)$ 称为**边际利润**，记为 $ML=L'(Q)$，它(近似地)表示，假定已经生产了 Q 件产品，再生产一件产品所增加的总利润为 $L'(Q)$.

一般情况下，总利润函数 $L(Q)$ 等于总收益函数 $R(Q)$ 与总成本函数 $C(Q)$ 之差，即 $L(Q)=R(Q)-C(Q)$，则边际利润为

$$L'(Q)=R'(Q)-C'(Q).$$

显然，边际利润可由边际收入与边际成本决定，且

$$L'(Q)\begin{cases}>0, & R'(Q)>C'(Q),\\ =0, & R'(Q)=C'(Q),\\ <0, & R'(Q)<C'(Q).\end{cases}$$

当 $R'(Q)>C'(Q)$ 时，$L'(Q)>0$，其经济意义是，当产量达到 Q 时，再多生产一个单

位产品，所增加的收益大于所增加的成本，因而总利润有所增加；当 $R'(Q)<C'(Q)$ 时，$L'(Q)<0$，其经济意义是，此时再多生产一个单位产品，所增加的收益小于所增加的成本，因而总利润将减少.

例 3.7.4 设某企业生产一种商品的总利润 $L(Q)$ (单位：元) 与每月产量 Q (单位: t) 的关系为 $L(Q)=100Q-Q^2$，试确定每月生产 30 t，50 t，55 t 的边际利润，并给出解释.

解 边际利润函数为 $L'(Q)=100-2Q$，则

$$L'(Q)|_{Q=30}=L'(30)=40,$$

$$L'(Q)|_{Q=50}=L'(50)=0,$$

$$L'(Q)|_{Q=55}=L'(55)=-10,$$

上述结果表明，当生产量为每月 30 t时，再增加 1t 利润将增加 40 元；当生产量为每月 50 t时，再增加 1 t 利润不变；当生产量为每月 55 t 时，再增加 1 t 利润将减少 10 元. 因此，对厂家而言，并非生产的产品数量越多利润越高. □

三、弹性函数

边际函数反映了经济函数变化率的大小，属于绝对范围的讨论. 在经济问题中，仅仅用绝对量的概念是不够的. 例如，甲地区每月人均工资是 2000 元，工资涨 500 元；乙地区每月人均工资是 5000 元，工资也涨 500 元. 两个地区工资的绝对改变量都是 500 元，哪个地区的涨幅更大呢？我们只要用它们与其原工资基数相比较就能得到问题的答案. 甲地区工资上涨百分比为 25%，乙地区工资上涨百分比为 10%，显然甲地区的涨幅比乙地区的涨幅更大. 为此我们需要研究函数的相对改变量与相对变化率.

引例 设函数 $y=x^2$，当 x 从 8 增加到 10 时，相应的 y 从 64 增加到 100，即自变量 x 的绝对增量 $\Delta x=2$，函数 y 的绝对增量 $\Delta y=36$，又

$$\frac{\Delta x}{x}=\frac{2}{8}=25\%,\quad \frac{\Delta y}{y}=\frac{36}{64}=56.25\%,$$

即当 x 从 $x=8$ 增加到 $x=10$ 时，x 增加了 25%，y 相应地增加了 56.25%. 我们分别称 $\frac{\Delta x}{x}$ 与 $\frac{\Delta y}{y}$ 为自变量与函数的相对改变量(或相对增量). 如果在本例中再引入下式

$$\frac{\frac{\Delta y}{y}}{\frac{\Delta x}{x}}=\frac{56.25\%}{25\%}=2.25,$$

该式表示在开区间 (8,10) 内，当 x 从 $x=8$ 开始每增加 1%，则相应的 y 便平均改变 2.25%，我们称之为从 $x=8$ 到 $x=10$ 时，函数 $y=x^2$ 的平均相对变化率. 因此我们有如下定义.

定义 3.7.2 设函数 $y=f(x)$ 在点 $x=x_0$ 处可导，函数的相对改变量 $\dfrac{\Delta y}{y_0}=\dfrac{f(x_0+\Delta x)-f(x_0)}{f(x_0)}$ 与自变量的相对改变量 $\dfrac{\Delta x}{x_0}$ 之比 $\dfrac{\frac{\Delta y}{y_0}}{\frac{\Delta x}{x_0}}$ 称为函数 $f(x)$ 从 $x=x_0$ 到 $x=x_0+\Delta x$ 两点间的**平均相对变化率**，亦称**两点间的弹性或弧弹性**.

当 $\Delta x\to 0$ 时，如果 $\dfrac{\frac{\Delta y}{y_0}}{\frac{\Delta x}{x_0}}$ 的极限存在，则称该极限为 $f(x)$ 在 $x=x_0$ 处的**相对变化率**，也就是**相对导数**，也称为在**点** x_0 **处的弹性**，记为 $\left.\dfrac{Ey}{Ex}\right|_{x=x_0}$ 或 $\dfrac{E}{Ex}f(x_0)$. 即

$$\left.\frac{Ey}{Ex}\right|_{x=x_0}=\lim_{\Delta x\to 0}\frac{\frac{\Delta y}{y_0}}{\frac{\Delta x}{x_0}}=\frac{x_0}{y_0}\lim_{\Delta x\to 0}\frac{\Delta y}{\Delta x}=f'(x_0)\frac{x_0}{f(x_0)}.$$

注 (1) 当 x_0 为定值时，$\left.\dfrac{Ey}{Ex}\right|_{x=x_0}$ 为定值，且当 $|\Delta x|$ 很小时，

$$\left.\frac{Ey}{Ex}\right|_{x=x_0}\approx\frac{\frac{\Delta y}{y_0}}{\frac{\Delta x}{x_0}}\text{（弧弹性）}.$$

(2) 对一般的 x，若 $f(x)$ 可导且 $f(x)\neq 0$，则

$$\frac{Ey}{Ex}=\lim_{\Delta x\to 0}\frac{\frac{\Delta y}{y}}{\frac{\Delta x}{x}}=\frac{x}{y}\lim_{\Delta x\to 0}\frac{\Delta y}{\Delta x}=f'(x)\frac{x}{f(x)}$$

是 x 的函数，称为 $f(x)$ 的**弹性函数**(简称弹性)，记为 $\dfrac{Ey}{Ex}$ 或 $\dfrac{E}{Ex}f(x)$.

(3) 函数的弹性(点弹性或弧弹性)与量纲无关，函数 $f(x)$ 在点 x 处的弹性 $\dfrac{E}{Ex}f(x)$ 反映了 x 的变化幅度 $\dfrac{\Delta x}{x}$ 对函数 $f(x)$ 的变化幅度 $\dfrac{\Delta y}{y}$ 的影响，也就是 $f(x)$ 对 x 变化反应的灵敏度.

$\dfrac{E}{Ex}f(x_0)$ 表示在点 $x=x_0$ 处，当 x 产生 1%的变化时，$f(x)$ 近似地改变 $\dfrac{E}{Ex}f(x_0)$. 在

应用问题中，解释弹性的具体意义时，我们可以略去“近似”二字.

(4) 由弹性的定义可知，

$$\frac{Ey}{Ex}=y'\cdot\frac{x}{y}=\frac{y'}{\frac{y}{x}}=\frac{\text{边际函数}}{\text{平均函数}},$$

这样弹性在经济学上表示边际函数与平均函数的比值.

例 3.7.5 求函数 $y=x^{\alpha}$ (α 为常数) 的弹性函数.

解 由弹性定义可知

$$\frac{Ey}{Ex}=y'\cdot\frac{x}{y}=\alpha x^{\alpha-1}\cdot\frac{x}{x^{\alpha}}=\alpha.$$ □

由此例可知，幂函数的弹性函数为常数，因此称之为不变弹性函数.

由定义 3.7.2 注(4)可知，函数 $y=f(x)$ 弹性为边际函数 $\frac{\mathrm{d}y}{\mathrm{d}x}$ 与平均函数 $\frac{y}{x}$ 的比值，而边际函数值在几何上表示 $y=f(x)$ 的曲线上各点切线的斜率，即 $\tan(\pi-\theta_m)=-\tan\theta_m$ (图 3-39).

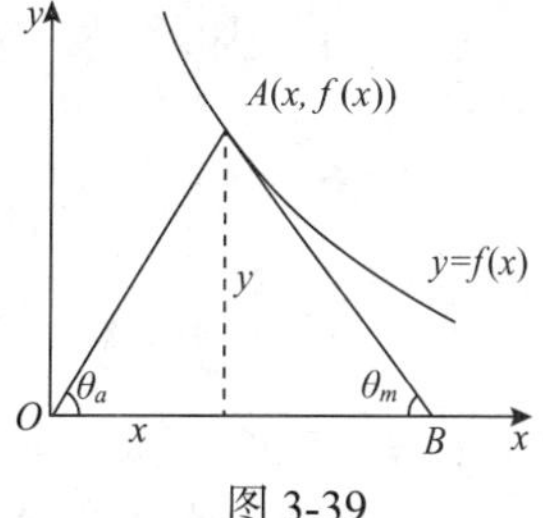

图 3-39

平均函数 $\frac{f(x)}{x}=\tan\theta_a$，因而

$$\frac{Ey}{Ex}=-\frac{\tan\theta_m}{\tan\theta_a}.$$

下面研究经济学中常见的弹性函数.

1. 需求的价格弹性

需求的价格弹性是指当价格变化一定的百分比之后引起的需求量的反应程度. 设需求函数 $Q_d=Q(P)$ 可导，则需求的价格弹性为

$$E_d=\frac{EQ}{EP}=\lim_{\Delta x\to 0}\frac{\frac{\Delta Q}{Q}}{\frac{\Delta P}{P}}=\frac{P}{Q}\lim_{\Delta x\to 0}\frac{\Delta Q}{\Delta P}=\frac{\mathrm{d}Q}{\mathrm{d}P}\cdot\frac{P}{Q},$$

而 $\frac{\frac{\Delta Q}{Q}}{\frac{\Delta P}{P}}$ 称为该商品在 P 与 $P+\Delta P$ 两点间的需求弹性或弧弹性.

例 3.7.6 设某商品的需求函数为 $Q=-5P+100$，求 $P=15$ 时的需求的价格弹性.

解 显然，$\frac{\mathrm{d}Q}{\mathrm{d}P}=-5$，当 $P=15$ 时，$Q=25$，所以 $E_d=-5\cdot\frac{15}{25}=-3$. □

一般地，需求函数是价格的单调减函数，故需求函数的弧弹性为负值，从而 $E_d\leqslant 0$，

在实际问题中一般取负值. 为了讨论方便, 我们取需求价格弹性的绝对值, 记为η, 即

$$\eta=\left|E_d\right|=-\frac{\mathrm{d}Q}{\mathrm{d}P}\cdot\frac{P}{Q}.$$

若$\eta=\left|E_d\right|=1$, 此时商品需求量变动的百分比与价格变动的百分比相等, 称为单位弹性或单一弹性.

若$\eta=\left|E_d\right|<1$, 此时商品需求量变动的百分比低于价格变动的百分比, 称为缺乏弹性或低弹性, 它表示价格变动对需求量的影响不大.

若$\eta=\left|E_d\right|>1$, 此时商品需求量变动的百分比高于价格变动的百分比, 称为富于弹性或高弹性, 它表示价格变动对需求量的影响较大.

例 3.7.7 设某产品的需求函数为$Q=12-\frac{P}{2}$, $0\leqslant P\leqslant 24$, 其中P为价格, Q为需求量. 问

(1) 当$P=6$, 且价格上涨1%时, 需求量Q是增加还是减少, 变化百分比是多少?

(2) 讨论商品价格变化时, 需求量变化

解 (1) 因为

$$\eta(P)=-\frac{\mathrm{d}Q}{\mathrm{d}P}\cdot\frac{P}{Q}=-\left(-\frac{1}{2}\right)\cdot\frac{P}{12-\frac{P}{2}}=\frac{P}{2(12-P)},$$

故$\eta(6)=0.5$.

由于P和Q是按相反方向变化的, 在$P=6$且价格上涨1%时, 需求量Q减少$\eta\%=0.5\%$ (注意: 价格上涨1%, 需求量减少$\eta\%$, 因此不能误认为减少$0.5=50\%$). □

(2) 当$0<\eta<1$时, 即$0<\frac{P}{2(12-P)}<1$时, 因$P\geqslant 0$, 故$12-P>0$, 从而$P<24-2P$, 即$P<8$, 因而当价格P在0与8之间变化, 且价格上涨(下降)1%时, 需求量减少(或增加)$\eta\%$, 这时需求量减少(增加)的百分比小于价格上涨(下降)的百分比(因$\eta<1$);

当$\eta=1$时, 即$\frac{P}{2(12-P)}=1$时, 得$P=8$, 这表明当$P=8$时, 需求量的变动和价格的变动按相同的百分比进行;

当$\eta>1$时, 即$\frac{P}{2(12-P)}>1$时, 得$P>8$, 于是当$8<P<12$且价格上涨(下降)1%时, 需求量减少(或增加)$\eta\%$, 这时需求量减少(增加)的百分比大于价格上涨(下降)的百分比(因$\eta>1$). □

在市场经济中, 商品经营者关心的是提价($\Delta P>0$)或者降价($\Delta P<0$)对总收益的影响. 利用需求弹性的概念, 可以分析价格变动是如何影响销售收益的.

总收益R是商品价格P与销售量Q的乘积, 即

$$R = P \cdot Q = P \cdot Q(P).$$

于是边际总收益为

$$R' = P \cdot Q'(P) + Q(P) = Q(P)\left[1 + Q'(P) \cdot \frac{P}{Q(P)}\right]$$
$$= Q(P)(1 - |E_d|) = Q(P)(1 - \eta).$$

(1) 若$\eta < 1$，表示需求变动的幅度小于价格变动的幅度，此时$R' > 0$，即边际收益大于0，价格上涨，总收益增加；价格下跌，总收益减少．商品的价格和厂商的销售收入呈同方向变动；

(2) 若$\eta > 1$，表示需求变动的幅度大于价格变动的幅度，此时$R' < 0$，即边际收益小于0，价格上涨，总收益减少；价格下跌，总收益增加．商品的价格和厂商的销售收入呈反方向变动；

(3) 若$\eta = 1$，表示需求变动的幅度等于价格变动的幅度，此时$R' = 0$，总收益保持不变，价格变动对厂商销售收益没有影响．

综上所述，总收益的变化受需求弹性的制约，随商品需求弹性的变化而变化．

2. 供给弹性

供给弹性，通常是指供给的价格弹性，设供给函数$Q_s = Q(P)$可导，则供给的价格弹性为

$$E_s = \frac{\mathrm{d}Q}{\mathrm{d}P} \cdot \frac{P}{Q}.$$

例 3.7.8　某商品的供给函数为$Q = 10 + 5P$，求供给弹性函数及$P = 2$时的供给弹性．

解　供给的价格弹性函数为

$$E_s = \frac{\mathrm{d}Q}{\mathrm{d}P} \cdot \frac{P}{Q} = 5 \cdot \frac{P}{10 + 5P} = 1 - \frac{10}{10 + 5P}.$$

当$P = 2$时，$E_s(P) = 0.5$，这表明当$P = 2$时，如果价格上涨1%，供给量也相应地增加0.5%．　□

3. 收益弹性

收益的价格弹性为

$$\frac{ER}{EP} = \frac{\mathrm{d}R}{\mathrm{d}P} \cdot \frac{P}{R};$$

收益的销售弹性为

$$\frac{ER}{EQ}=\frac{\mathrm{d}R}{\mathrm{d}Q}\cdot\frac{Q}{R}.$$

命题 3.7.1 设 R, P, Q 分别为销售总收益、商品价格、销售量. 则

(1) $\frac{ER}{EP}=1-\eta$, $\frac{ER}{EQ}=1-\frac{1}{\eta}$;

(2) $\frac{\mathrm{d}R}{\mathrm{d}P}=f(P)(1-\eta)$, $\frac{\mathrm{d}R}{\mathrm{d}Q}=P\left(1-\frac{1}{\eta}\right)$.

*证 (1) 设 $Q=f(P)$, $R=PQ$, 故

$$\begin{aligned}\frac{ER}{EP}&=\frac{\mathrm{d}R}{\mathrm{d}P}\cdot\frac{P}{R}=\frac{1}{Q}\left(Q+P\frac{\mathrm{d}Q}{\mathrm{d}P}\right)\\&=1+\frac{P}{Q}\cdot\frac{\mathrm{d}Q}{\mathrm{d}P}=1-\eta.\end{aligned}$$

$$\begin{aligned}\frac{ER}{EP}&=\frac{\mathrm{d}R}{\mathrm{d}Q}\cdot\frac{Q}{R}=\frac{1}{P}\left(P+Q\frac{\mathrm{d}P}{\mathrm{d}Q}\right)\\&=1-\frac{1}{-\frac{P}{Q}\cdot\frac{\mathrm{d}Q}{\mathrm{d}P}}=1-\frac{1}{\eta}.\end{aligned}$$ □

(2) 由(1)知

$$\frac{ER}{EP}=\frac{\mathrm{d}R}{\mathrm{d}P}\cdot\frac{P}{R}=\frac{\mathrm{d}R}{\mathrm{d}P}\cdot\frac{1}{Q}=1-\eta,$$

故

$$\frac{\mathrm{d}R}{\mathrm{d}P}=Q(1-\eta)=f(P)(1-\eta).$$

同理,

$$\frac{ER}{EQ}=\frac{\mathrm{d}R}{\mathrm{d}Q}\cdot\frac{Q}{R}=\frac{\mathrm{d}R}{\mathrm{d}Q}\cdot\frac{1}{P}=1-\frac{1}{\eta},$$

故

$$\frac{\mathrm{d}R}{\mathrm{d}Q}=P\left(1-\frac{1}{\eta}\right).$$ □

四、经济学的最大值与最小值问题

1. 最大利润问题

例 3.7.9 某工厂在一个月生产某产品 Q 件时，总成本是 $C(Q)=4Q+100$（单位：万元），得到的收益为 $R(Q)=16Q-0.1Q^2$（单位：万元），问一个月生产该产品多少时所获得的利润最大？最大利润是多少？

解 由题设，利润为

$$L(Q)=R(Q)-C(Q)=12Q-0.1Q^2-100 \quad (0<Q<+\infty).$$

显然最大利润在 $(0,+\infty)$ 内取得. 问题转化为求 $L(Q)$ 在 $(0,+\infty)$ 上的最大值.

(1) $L'(Q)=12-0.2Q$，令 $L'(Q)=0$，得到 $Q=60$.

(2) $L''(Q)=-0.2<0$，$L''(60)<0$.

所以 $L(60)=260$ 为 L 的一个极大值. 并且是函数唯一的极大值，故为最大利润. 因此，而一个月生产 60 件产品时，取得最大利润为 260 万元. □

由于 $L(Q)$ 取得最大值的必要条件为 $L'(Q)=0$，即

$$R'(Q)=C'(Q),$$

于是取得最大利润的必要条件为

$$\text{边际收益} = \text{边际成本}.$$

又 $L(Q)$ 取得最大值的充分条件为 $L''(Q)<0$，即 $R''(Q)<C''(Q)$，故取得最大利润的充分条件是

$$\text{边际收益的变化率} < \text{边际成本的变化率},$$

这个称为**最大利润原则**.

2. 最大收益问题

例 3.7.10 设巧克力每周的需求量 Q（单位：kg）是价格 P（单位：元）的函数 $Q=\dfrac{1000}{(2P+1)^2}$. 问 P 为何值时，总收益最大？

解 总收益

$$R=PQ=\frac{1000P}{(2P+1)^2} \quad (0<P<+\infty).$$

问题转化为求 $R(P)$ 在 $(0,+\infty)$ 上的最大值.

令

$$R'(P)=\frac{-2000P+1000}{(2P+1)^3}=0,$$

得 $P=0.5$. 又

$$R''(P)=\frac{8000P-8000}{(2P+1)^4},\quad R''(0.5)=-250<0,$$

从而 $R(0.5)=125$ 为收益 $R(P)$ 的极大值, 并且是函数唯一的极大值, 故为最大收益. 即当价格为 0.5 元时, 有最大收益 125. □

3. 经济批量问题

例 3.7.11 某商场每年销售某商品 a 件, 分为 x 批采购进货. 已知每批采购费用为 b 元, 而未销售的库存费用为 c 元/(年·件). 设销售商品是均匀的, 问分多少批进货时, 才能使以上两种费用的总和最省(a,b,c 为正常数).

解 显然, 采购进货的费用

$$W_1(x)=bx.$$

因为销售均匀, 所以平均库存的商品数应为每批进货的商品数 $\frac{a}{x}$ 的一半 $\frac{a}{2x}$, 因而商品的库存费用

$$W_2(x)=\frac{ac}{2x},$$

总费用为

$$W(x)=W_1(x)+W_2(x)=bx+\frac{ac}{2x}\quad(x>0).$$

问题转化为求 $W(x)$ 的最小值.

令

$$W'(x)=b-\frac{ac}{2x^2}=0,$$

得

$$x=\sqrt{\frac{ac}{2b}}.$$

又

$$W''(x)=\frac{ac}{x^3}>0,$$

所以 $W\left(\sqrt{\frac{ac}{2b}}\right)$ 为 $W(x)$ 的一个最小值. 从而当批数 x 取一个最接近于 $\sqrt{\frac{ac}{2b}}$ 的自然数时,

才能使采购与库存费用之和最省. □

4. 最大税收问题

例 3.7.12　某种商品的平均成本 $\overline{C}(x)=5$，价格函数为 $P(x)=20-5x$（x 为商品数量)，国家向企业每件商品征税为 t 元.

（1）生产多少件商品时，利润最大?

（2）在企业取得最大利润的情况下，t 为何值时才能使总税收最大?

解　（1）总成本 $C(x)=x\overline{C}(x)=5x$,

总收益 $R(x)=xP(x)=20x-5x^2$,

总税收 $T(x)=tx$,

总利润 $L(x)=R(x)-C(x)-T(x)=(15-t)x-5x^2$.

令 $L'(x)=15-t-10x=0$，得 $x=\dfrac{15-t}{10}$. 又

$$L''(x)=-10<0,$$

所以 $L\left(\dfrac{15-t}{10}\right)=\dfrac{(15-t)^2}{20}$ 为最大利润. □

（2）取得最大利润时的税收为

$$T=tx=t\cdot\frac{15-t}{10}=\frac{15t-t^2}{10}.$$

令 $T'=\dfrac{15-2t}{10}=0$，得 $t=2.5$. 又

$$T''=-\frac{1}{5}<0,$$

所以当 $t=2.5$ 时，总税收取得最大值

$$T(2.5)=2.5\cdot\frac{15-2.5}{10}=3.125,$$

此时的总利润为

$$L=\frac{(15-2.5)^2}{20}=7.8125.$$ □

习　题　3-7

1. 设商品的总收益 R 关于销售量 Q 的函数为

$$R(Q)=104Q-0.4Q^2,$$

求:（1）销售量为 Q 时的总收入的边际收入;

(2) 销售量 $Q=50$ 个单位时总收入的边际收入;

(3) 销售量 $Q=100$ 个单位时总收入对 Q 的弹性.

2. 某化工厂日产能力最高为1000 t, 每日产品的总成本 C (单位: 元)是日产量 x (单位: t)的函数

$$C=C(x)=1000+7x+50\sqrt{x}\ ,\quad x\in[0,1000].$$

(1) 求当日产量为100 t 时的边际成本;

(2) 求当日产量为100 t 时的平均单位成本.

3. 某商品价格 P 关于需求量 Q 的函数为 $P=10-\dfrac{Q}{5}$, 求

(1) 总收益函数、平均收益函数和边际收益函数;

(2) 当 $Q=20$ 个单位时的总收益、平均收益和边际收益.

4. 一房地产公司有 50 套公寓要出租, 当月租金定为 1000 元时, 公寓会全部租出去, 当月租金每增加 50 元时, 就会多一套公寓租不出去, 而租出去的公寓每月需花费 100 元的维修费, 试问房租定为多少时可获得最大收入?

5. 假设某产品的需求量 Q 是价格 P 的函数 $Q=100-P$, 商品的总成本 C 是需求量 Q 的函数 $C(Q)=200+50Q$ (元), 每单位商品需纳税 2 元, 试求销售利润最大的商品价格与最大利润.

6. 设某企业生产一种商品 x 件时的总收益为 $R(x)=100x-x^2$, 总成本函数为 $C(x)=200+50x+x^2$ (元), 政府向每件商品征收货物税为 2 元, 试求生产商品多少时, 才能使企业所获利润最大.

7. 设价格函数为 $P=20\mathrm{e}^{-\frac{x}{200}}$ (元), 其中 x 为产量, 求最大收益时的产量、价格和收益.

8. 设生产某商品的总成本函数为 $C(x)=10000+50x+x^2$ (元), 其中 x 为产量, 试求生产商品多少时, 每件产品的平均成本最低. 当 $x=100$ 时, 每件产品的平均成本最低.

第八节　Mathematica 软件应用(3)

一、一元显函数的作图

Mathematica 用内建函数 Plot 作一元显函数 $y=f(x)$ 的图形, 其命令格式为

Plot[f, {x, a, b}, 可选项].

表示画出函数 f 在 $[a,b]$ 上的图形.

命令中的"可选项"可以帮助设置所作图形的各种细节和要求, 例如, 指定原点位置、指定坐标轴、给图像加上颜色等. 每个可选项都以"可选项名→可选值"的形式放在 Plot 中最后边位置. 一次可设置多个可选项, 依次排列并用逗号相隔. 表 3-7 列出了常用的可选项.

表 3-7　常用的可选项

可选项	说明	默认值
PlotStyle	指定曲线的外观(颜色、粗细等)	系统确定以表的形式给出
PlotRange	指定函数因变量的区间	由系统确定
AspectRatio	图形的纵横比例	1/0.618

续表

可选项	说明	默认值
Axes	画坐标轴和设置坐标中心	由系统确定
AxesLabel	指定坐标轴名称	不加
Ticks	坐标轴上刻度的位置	由系统确定
PlotLabel	给图形加上标题	不加

例 3.8.1　作 $y=\frac{1}{5}(x^4-6x^2+8x+7)$ 在 $[5,5]$ 上的图形，并标出 x 轴，y 轴.

解　如图 3-40 所示.

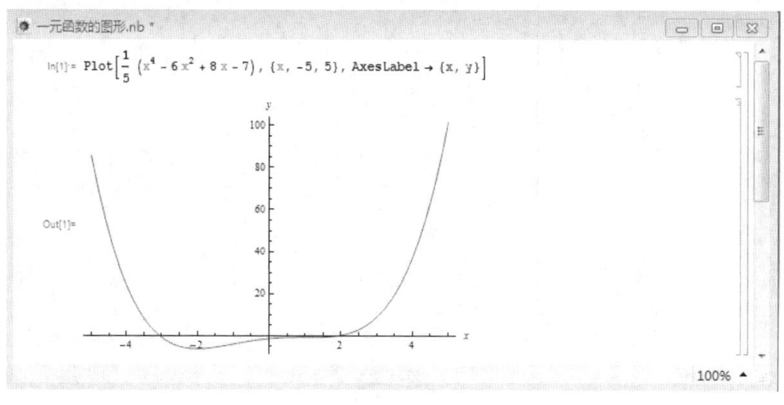

图 3-40

例 3.8.2　作函数 $y=\sin\frac{1}{x}$ 在 $[-2\pi,2\pi]$ 上的图形，并标出 x 轴，y 轴.

解　如图 3-41 所示.

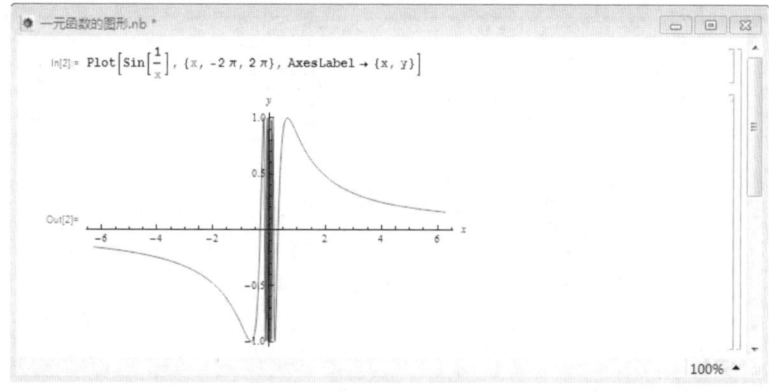

图 3-41

二、参数式函数的作图

Mathematica 用内建函数 ParametricPlot 作参数式函数的图形，其命令格式为

ParametricPlot[{$x(t), y(t)$, {t, α, β}, 可选项].

例 3.8.3　作单位椭圆 $\dfrac{x^2}{4}+\dfrac{y^2}{9}=1$ 的图形.

解　椭圆的参数方程为 $\begin{cases} x=2\cos t, \\ y=3\sin t, \end{cases}$ $0\leqslant t\leqslant 2\pi$. 如图 3-42 所示.

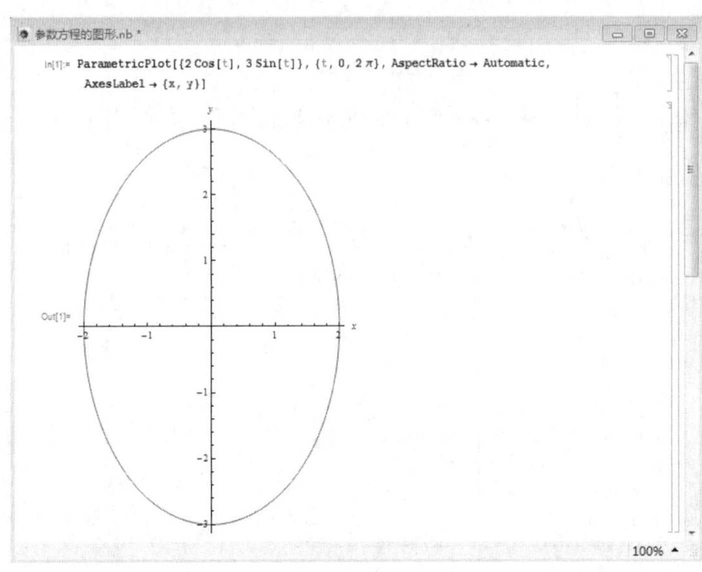

图 3-42

例 3.8.4　作摆线 $\begin{cases} x=5(t-\sin t), \\ y=5(1-\cos t) \end{cases}$ 在区间 $[0,5\pi]$ 上的图形, 并加上标题“摆线”、x 轴和 y 轴.

解　如图 3-43 所示.

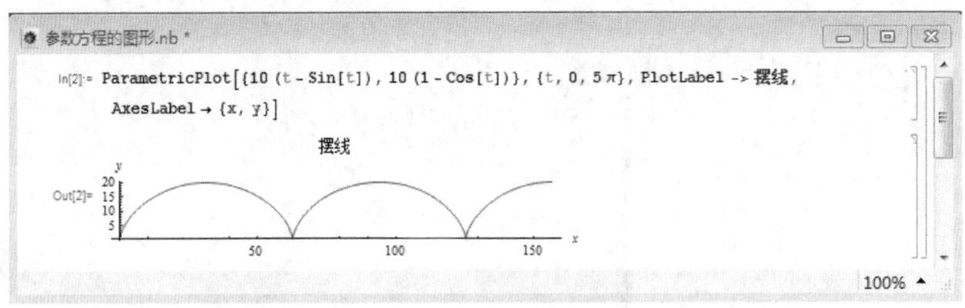

图 3-43

三、Show 函数

Mathematica 用内建函数 Show 重现一个或同时画出几个图形, 其命令格式为

Show [图形名称, 可选项], 再现一个已做好的图形;

Show [图 1, 图2, ⋯, 可选项], 再现一组已做好的图形.

例 3.8.5　画出 $y^2=2x$, $y=x-4$ 在 $[0,10]$ 上的图形.

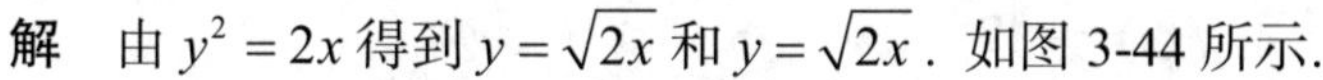

解　由 $y^2 = 2x$ 得到 $y = \sqrt{2x}$ 和 $y = \sqrt{2x}$. 如图 3-44 所示.

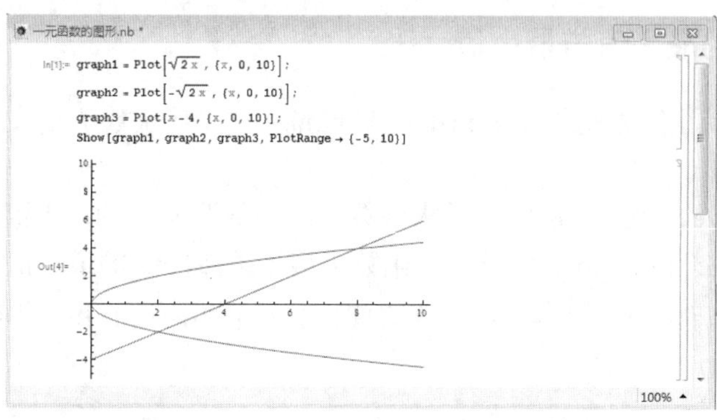

图 3-44

四、一元函数的极值

Mathematica 用内建函数 FindMaximum 和 FindMinimum 求函数 $f(x)$ 的局部极大值和局部极小值. 其命令格式为

（1） FindMinimum$[f,\{x,x_0\}]$　搜索 f 在 x_0 附近的极小值, 输出结果为 $\{f_{\min}, \{x \to x_{\min}\}\}$, 其中 $x_{\min}$ 为极小值点, $f_{\min}$ 为极小值;

（2） FindMaximum$[f,\{x,x_0\}]$　搜索 f 在 x_0 附近的极大值, 输出结果为 $\{f_{\max}, \{x \to x_{\max}\}\}$, 其中 $x_{\max}$ 为极大值点, $f_{\max}$ 为极大值.

例 3.8.6　求函数 $f(x) = 2x^3 - 6x^2 - 18x + 7$ 的极值.

解　先作 $f(x)$ 的图形, 如图 3-45 所示.

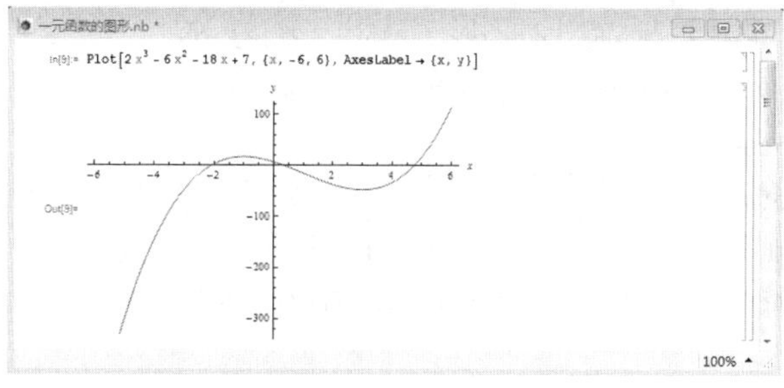

图 3-45

从上图可以看到函数 $f(x)$ 在 $x = -2$ 附近取到极大值, 在 $x = 2$ 附近取到极小值. 如图 3-46 所示.

```
函数的极值.nb *
In[1]:= f[x_] := 2 x^3 - 6 x^2 - 18 x + 7;
        FindMaximum[f[x], {x, -2}]
        FindMinimum[f[x], {x, 2}]
Out[2]= {17., {x → -1.}}
Out[3]= {-47., {x → 3.}}
100%
```

图 3-46

于是极大值 $f(-1)=17$，极小值 $f(3)=-47$.

五、一元函数的最大值与最小值

Mathematica 用内建函数Maximize和Minimize求一元函数 $f(x)$ 的最大值和最小值, 其命令格式:

(1) Maximize [{ f , cons }, x], 求函数 f 满足条件cons的最大值.

(2) Minimize [{ f , cons }, x], 求函数 f 满足条件cons的最小值.

例 3.8.7 求函数 $f(x)=x+\sqrt{1-x}$ 在区间 $[-5, 1]$ 上的最大值和最小值.

解 如图 3-47 所示.

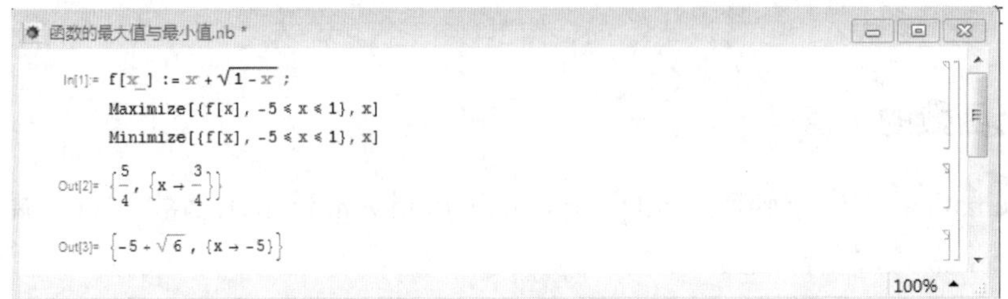

图 3-47

故最大值 $f\left(\dfrac{3}{4}\right)=\dfrac{5}{4}$, 最小值 $f(-5)=-5+\sqrt{6}$.

习 题 3-8

1. 作 $y=\arctan x$ 在区间 $[-2\pi, 2\pi]$ 上的图形, 并标出 x 轴, y 轴.
2. 作 $y=\mathrm{e}^{-x^2}$ 在区间 $[-2,2]$ 上的图形, 并标出 x 轴, y 轴.
3. 作星形线 $\begin{cases} x=5\cos^3 t, \\ y=5\sin^3 t \end{cases}$ 在区间 $[0,2\pi]$ 上的图形.
4. 求函数 $f(x)=x(x-1)(x-2)(x-3)(x-4)$ 的极值.
5. 求函数 $f(x)=x^4-8x^2+2$ 在区间 $[-1,3]$ 上的最大值和最小值.

第四章　不 定 积 分

在第二章中, 我们讨论了如何求一个函数的导函数问题, 本章我们将讨论它的反问题, 即要寻求一个函数, 使其导函数为已知函数. 这是积分学的基本问题之一.

第一节　不定积分的概念及其性质

一、原函数与不定积分

若一物体作变速直线运动且已知它的路程函数 $s(t)$, 则通过求导可得速度函数

$$v(t)=s'(t).$$

现在的问题是: 已知速度函数 $v(t)$, 如何求它的路程函数 $s(t)$?

再如, 已知某产品生产的边际成本函数为 MC, 如何求出其总成本函数?

我们从这类问题中抽象出积分学的重要概念——原函数.

定义 4.1.1　在区间 I 上, 如果可导函数 $F(x)$ 的导函数为 $f(x)$, 即对任何 $x\in I$, 都有

$$F'(x)=f(x).$$

则称函数 $F(x)$ 为 $f(x)$ 在区间 I 上的一个**原函数**.

例如, 因 $(\sin x)'=\cos x$, 故 $\sin x$ 是 $\cos x$ 的一个原函数. 当 $x>0$ 时, $(\ln x)'=\dfrac{1}{x}$, 故 $\ln x$ 是 $\dfrac{1}{x}$ 在区间 $(0,+\infty)$ 上的一个原函数.

关于原函数, 有两个重要的问题:

其一, 一个函数 $f(x)$ 具备什么条件, 其原函数存在?

其二, 若原函数存在, 则原函数是否唯一? 若不唯一, 则所有原函数的结构如何?

关于第一个问题, 我们有以下定理.

定理 4.1.1　如果函数 $f(x)$ 在区间 I 上连续, 则在区间 I 上存在可导函数 $F(x)$, 使得对任意的 $x\in I$ 都有 $F'(x)=f(x)$.

也就是说, 连续函数必存在原函数. 该定理的证明将在下一章介绍.

显然 $\sin x+1$, $\sin x+\pi$, $\cdots$, $\sin x+C$ 都是 $\cos x$ 的原函数, 由此可见, 原函数不是唯一的. 下面研究原函数的结构问题, 我们有以下结论.

定理 4.1.2　如果函数 $F(x)$ 为 $f(x)$ 在区间 I 上的一个原函数, 则 $f(x)$ 的所有原函数都在函数族 $\{F(x)+C\mid -\infty<C<+\infty\}$ 中.

证　先说明 $F(x)+C$ 是 $f(x)$ 的原函数. 事实上,

$$(F(x)+C)'=F'(x)=f(x),$$

故 $F(x)+C$ 是 $f(x)$ 的原函数.

下设 $\Phi(x)$ 是 $f(x)$ 任一的原函数, 即 $\Phi'(x)=f(x)$, 则对任意的 $x\in I$ 上有

$$\left(\Phi(x)-F(x)\right)'=\Phi'(x)-F'(x)=f(x)-f(x)\equiv 0.$$

由推论 3.1.2 知, $\Phi(x)=F(x)+C_0$, 故 $\Phi(x)$ 属于函数族 $\{F(x)+C \mid -\infty<C<+\infty\}$. □

定义 4.1.2 在区间 I 上, $f(x)$ 的所有原函数的集合, 称为 $f(x)$ 在区间 I 上的**不定积分**, 记作 $\int f(x)\mathrm{d}x$. 其中记号 $\int$ 称为**积分号**, $f(x)$ 称为**被积函数**, $f(x)\mathrm{d}x$ 称为**被积表达式**, x 称为**积分变量**.

如果 $F(x)$ 是 $f(x)$ 在区间 I 上的一个原函数, 则 $\{F(x)+C\}$ 是 $f(x)$ 在区间 I 上的所有原函数, 故 $f(x)$ 的不定积分

$$\int f(x)\mathrm{d}x=\{F(x)+C\},$$

为表述方便, 我们通常简记为

$$\int f(x)\mathrm{d}x=F(x)+C,$$

其中任意常数 C 称为**积分常数**, 不可丢. 例如, 表达式 $\int 2x\mathrm{d}x=x^2$ 是不正确的, 因为 $\int 2x\mathrm{d}x$ 表示 $2x$ 的所有原函数, 而 x^2 只是 $2x$ 的一个原函数.

例 4.1.1 求 $\int x^2\mathrm{d}x$.

解 因为 $\left(\frac{1}{3}x^3\right)'=x^2$, 故 $\frac{1}{3}x^3$ 是 x^2 的一个原函数, 从而

$$\int x^2\mathrm{d}x=\frac{1}{3}x^3+C.$$ □

例 4.1.2 求 $\int \mathrm{e}^x\mathrm{d}x$.

解 因为 $(\mathrm{e}^x)'=\mathrm{e}^x$, 故 e^x 是 e^x 的一个原函数, 从而

$$\int \mathrm{e}^x\mathrm{d}x=\mathrm{e}^x+C.$$ □

例 4.1.3 求 $\int \frac{1}{x}\mathrm{d}x$.

解 当 $x>0$ 时, $(\ln x)'=\frac{1}{x}$, 故 $\ln x$ 是 $\frac{1}{x}$ 在 $(0,+\infty)$ 上的一个原函数. 因此, 在 $(0,+\infty)$ 内,

$$\int \frac{1}{x}\mathrm{d}x = \ln x + C .$$

当 $x<0$ 时，$(\ln(-x))' = \frac{1}{-x}\cdot(-1) = \frac{1}{x}$，故 $\ln(-x)$ 是 $\frac{1}{x}$ 在 $(-\infty,0)$ 上的一个原函数. 因此，在 $(-\infty,0)$ 内，

$$\int \frac{1}{x}\mathrm{d}x = \ln(-x) + C .$$

于是

$$\int \frac{1}{x}\mathrm{d}x = \ln|x| + C . \qquad \square$$

函数 $f(x)$ 的一个原函数 $F(x)$ 的图形称为**积分曲线**. 因为 $\int f(x)\mathrm{d}x$ 表示 $f(x)$ 的所有原函数，故 $\int f(x)\mathrm{d}x$ 在几何上表示 $f(x)$ 所有的积分曲线，它是 $F(x)$ 的图形沿 y 轴方向平移得到（图 4-1）.

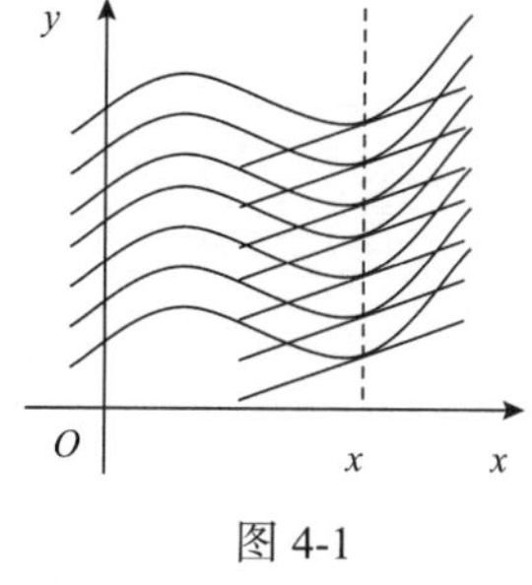

图 4-1

因为 $\int f(x)\mathrm{d}x$ 是 $f(x)$ 的原函数，故

$$\left(\int f(x)\mathrm{d}x\right)' = f(x)$$

或

$$\mathrm{d}\left(\int f(x)\mathrm{d}x\right) = f(x)\mathrm{d}x .$$

又由于 $F(x)$ 是 $F'(x)$ 的一个原函数，故

$$\int F'(x)\mathrm{d}x = F(x) + C$$

或

$$\int \mathrm{d}F(x)\mathrm{d}x = F(x) + C .$$

由此可见，微分运算（以记号 d 表示）与求不定积分的运算$\left(\text{简称积分运算，以}\int\text{表示}\right)$是互逆的. 当记号 $\int$ 与 d 连在一起时，或者抵消，或者抵消后相差一个常数.

二、基本积分表

既然积分运算是微分运算的逆运算，那么很自然地可以从导数公式得到相应的积分公式.

例如，因为$\left(\frac{1}{\mu+1}x^{\mu+1}\right)'=x^{\mu}$，所以$\frac{1}{\mu+1}x^{\mu+1}$是$x^{\mu}$的一个原函数，于是

$$\int x^{\mu}\,\mathrm{d}x=\frac{1}{\mu+1}x^{\mu+1}+C\quad(\mu\neq-1).$$

类似地，可以得到其他积分公式. 下面我们把导数公式和积分公式列成一个表，便于读者比较(表 4-1).

表 4-1 基本积分表

序号	导数公式	基本积分公式
(1)	$(kx)'=k$	$\int k\,\mathrm{d}x=kx+C$ (k 是常数)
(2)	$\left(\frac{1}{\mu+1}x^{\mu+1}\right)'=x^{\mu}$	$\int x^{\mu}\,\mathrm{d}x=\frac{1}{\mu+1}x^{\mu+1}+C\ (\mu\neq-1)$
(3)	$(\ln\lvert x\rvert)'=\frac{1}{x}$	$\int\frac{1}{x}\mathrm{d}x=\ln\lvert x\rvert+C$
(4)	$(\arctan x)'=\frac{1}{1+x^2}$	$\int\frac{1}{1+x^2}\mathrm{d}x=\arctan x+C$
(5)	$(\arcsin x)'=\frac{1}{\sqrt{1-x^2}}$	$\int\frac{1}{\sqrt{1-x^2}}\mathrm{d}x=\arcsin x+C$
(6)	$(\sin x)'=\cos x$	$\int\cos x\,\mathrm{d}x=\sin x+C$
(7)	$(\cos x)'=-\sin x$	$\int\sin x\,\mathrm{d}x=-\cos x+C$
(8)	$(\tan x)'=\sec^2 x$	$\int\sec^2 x\,\mathrm{d}x=\tan x+C$
(9)	$(\cot x)'=-\csc^2 x$	$\int\csc^2 x\,\mathrm{d}x=-\cot x+C$
(10)	$(\sec x)'=\sec x\tan x$	$\int\sec x\tan x\,\mathrm{d}x=\sec x+C$
(11)	$(\csc x)'=-\csc x\cot x$	$\int\csc x\cot x\,\mathrm{d}x=-\csc x+C$
(12)	$(a^x)'=\ln a\cdot a^x$	$\int a^x\,\mathrm{d}x=\frac{1}{\ln a}\cdot a^x+C$
(13)	$(\mathrm{e}^x)'=\mathrm{e}^x$	$\int\mathrm{e}^x\,\mathrm{d}x=\mathrm{e}^x+C$

以上十三个基本积分公式是求不定积分的基础，必须熟记.

例 4.1.4 求$\int x\sqrt{x}\,\mathrm{d}x$.

解 因为$x\sqrt{x}=x^{\frac{3}{2}}$，故

$$\int x\sqrt{x}\,\mathrm{d}x=\int x^{\frac{3}{2}}\,\mathrm{d}x=\frac{1}{\frac{3}{2}+1}x^{\frac{3}{2}+1}+C=\frac{2}{5}x^{\frac{5}{2}}+C.$$ □

注　上面例子表明，在计算不定积分时，需要对被积函数进行恒等变形，转为积分表中所列类型的积分再求不定积分.

三、不定积分的性质

根据不定积分的定义. 可以得到以下的性质:

(1) 设函数 $f(x)$ 及 $g(x)$ 的原函数存在，则

$$\int[f(x)\pm g(x)]\mathrm{d}x=\int f(x)\mathrm{d}x\pm\int g(x)\mathrm{d}x.$$

(2) 设函数 $f(x)$ 的原函数存在，k 为非零常数，则

$$\int kf(x)\mathrm{d}x=k\int f(x)\mathrm{d}x.$$

利用基本积分表以及不定积分的性质，可以求出一些简单函数的不定积分.

例 4.1.5　求 $\int(x^2-3x)\mathrm{d}x$.

解　$\int(x^2-3x)\mathrm{d}x=\int x^2\mathrm{d}x-\int 3x\mathrm{d}x=\int x^2\mathrm{d}x-3\int x\mathrm{d}x$

$$=\frac{1}{3}x^3+C_1-3\left(\frac{1}{2}x^2+C_2\right)$$

$$=\frac{1}{3}x^3-\frac{3}{2}x^2+C\qquad(\text{其中}C=C_1-3C_2).$$

□

注　在求分项积分时，只需要在最后一个积分时加上积分常数 C 即可，没有必要每次积分都加上积分常数.

例 4.1.6　求 $\int\frac{(1-x)^2}{\sqrt{x}}\mathrm{d}x$.

解　该不定积分不能直接用基本积分公式，需要对被积函数进行**化简变形**.

$$\begin{aligned}\int\frac{(1-x)^2}{\sqrt{x}}\mathrm{d}x&=\int\frac{1-2x+x^2}{\sqrt{x}}\mathrm{d}x\\&=\int\frac{1}{\sqrt{x}}\mathrm{d}x-2\int\frac{x}{\sqrt{x}}\mathrm{d}x+\int\frac{x^2}{\sqrt{x}}\mathrm{d}x\\&=\int x^{-\frac{1}{2}}\mathrm{d}x-2\int x^{\frac{1}{2}}\mathrm{d}x+\int x^{\frac{3}{2}}\mathrm{d}x\\&=2\sqrt{x}-\frac{4}{3}\sqrt{x^3}+\frac{2}{5}x^2\sqrt{x}+C.\end{aligned}$$

□

例 4.1.7　求 $\int\tan^2x\mathrm{d}x$.

解　因为 $\sec^2x-1=\tan^2x$，故

$$\int \tan^2 x \mathrm{d}x = \int (\sec^2 x - 1)\mathrm{d}x = \int \sec^2 x \mathrm{d}x - \int \mathrm{d}x$$
$$= \tan x - x + C. \qquad \square$$

例 4.1.8　求 $\int \frac{1}{1+\cos 2x}\mathrm{d}x$.

解　因为 $1+\cos 2x = 2\cos^2 x$，故

$$\int \frac{1}{1+\cos 2x}\mathrm{d}x = \frac{1}{2}\int \frac{1}{\cos^2 x}\mathrm{d}x = \frac{1}{2}\int \sec^2 x \mathrm{d}x = \frac{1}{2}\tan x + C. \qquad \square$$

例 4.1.9　求 $\int \frac{x^4}{1+x^2}\mathrm{d}x$.

解　$$\int \frac{x^4}{1+x^2}\mathrm{d}x = \int \frac{(x^4-1)+1}{1+x^2}\mathrm{d}x = \int \left(\frac{x^4-1}{1+x^2} + \frac{1}{1+x^2}\right)\mathrm{d}x$$
$$= \int \left((x^2-1) + \frac{\mathrm{d}x}{1+x^2}\right)\mathrm{d}x$$
$$= \int (x^2-1)\,\mathrm{d}x + \int \frac{\mathrm{d}x}{1+x^2} = \frac{1}{3}x^3 - x + \arctan x + C. \qquad \square$$

习　题　4-1

1. 设 $f(x)$ 的一个原函数为 $\ln x$，求 $f'(x)$.
2. 设 $f(x) = k\tan 2x$ 的一个原函数是 $\frac{2}{3}\ln(\cos 2x)$，求常数 k .
3. 设 $\int f(x)\mathrm{d}x = \sin x + C$，求 $f(x)$.
4. 若 $\int f(x)\mathrm{d}x = \ln\sqrt{1+x^2} + C$，则 $f'(x)$.
5. 求下列不定积分:

(1) $\int \left(\sqrt{x} + \frac{1}{\sqrt{x}}\right)\mathrm{d}x$；　(2) $\int \frac{x^2}{x-1}\mathrm{d}x$；

(3) $\int \frac{1}{x^4}\mathrm{d}x$；　(4) $\int \left(\frac{1}{x} - \frac{1}{x^2}\right)\mathrm{d}x$；

(5) $\int \frac{1+\sqrt{x}}{x}\mathrm{d}x$；　(6) $\int \frac{(1-x)^2}{x}\mathrm{d}x$；

(7) $\int (3-x^2)^3\mathrm{d}x$；　(8) $\int \frac{x^2}{1+x^2}\mathrm{d}x$；

(9) $\int \frac{3x^4+3x^2+1}{x^2+1}\mathrm{d}x$；　(10) $\int (\sec^2 x + \sin x)\mathrm{d}x$；

(11) $\int \left(1 + \frac{1}{\sin^2 x}\right)\mathrm{d}x$；　(12) $\int \sec x(\sec x - \tan x)\mathrm{d}x$；

(13) $\int \frac{\cos 2x}{\cos x - \sin x}\mathrm{d}x$；　(14) $\int \frac{1}{1+\cos 2x}\mathrm{d}x$；

(15) $\int \cot^2 x\mathrm{d}x$；

6. 设 $f(x)=\mathrm{e}^{-x}$，求 $\int\frac{f'(\ln x)}{x}\mathrm{d}x$.

7. 设 $f(x)=x+\sqrt{x}(x>0)$，求 $\int f'(x^2)\mathrm{d}x$.

第二节　换元积分法

利用基本积分表 4-1 和积分性质，所能计算的不定积分是非常有限的. 比如 $\int(ax+b)^m\mathrm{d}x$，$\int\sqrt{a^2-x^2}\,\mathrm{d}x$ 等不定积分，是无法利用基本积分表和积分性质进行计算的. 因此，有必要研究不定积分的其他求法. 本节将研究不定积分的两类换元法.

一、第一类换元法

设 $f(u)$ 的一个原函数为 $F(u)$，即

$$F'(u)=f(u),\quad \int f(u)\mathrm{d}u=F(u)+C.$$

如果 $u=\varphi(x)$ 可微，那么由复合函数的求导方法得

$$F'(\varphi(x))=f(\varphi(x))\varphi'(x),$$

于是

$$\int f(\varphi(x))\varphi'(x)\mathrm{d}x=F(\varphi(x))+C=F(u)\big|_{u=\varphi(x)}+C,$$

故 $\int f(\varphi(x))\varphi'(x)\mathrm{d}x=\left(\int f(u)\mathrm{d}u\right)\Big|_{u=\varphi(x)}+C$.

由此，我们得到以下定理.

定理 4.2.1　设 $f(u)$ 的具有原函数，$u=\varphi(x)$ 可导，则

$$\int f(\varphi(x))\varphi'(x)\mathrm{d}x=\left(\int f(u)\mathrm{d}u\right)\Big|_{u=\varphi(x)}+C.$$

注　(1) 换元法的关键是进行有效的变量代换. 通过变量代换，变成新变量下的积分，可以用基本积分公式和性质进行解决.

(2) 若 $\int f(x)\mathrm{d}x=F(x)+C$，则 $\int f(\varphi(x))\mathrm{d}\varphi(x)=F(\varphi(x))+C$.

例 4.2.1　求 $\int(ax+b)^m\mathrm{d}x(m\neq-1)$.

解　设 $u=ax+b$，则 $\mathrm{d}u=u'\mathrm{d}x=a\mathrm{d}x$，$\mathrm{d}x=\frac{1}{a}\mathrm{d}u$. 代入原式得

$$\int (ax+b)^m \mathrm{d}x = \int u^m \frac{1}{a}\mathrm{d}u = \frac{1}{a}\cdot\frac{1}{m+1}u^{m+1} + C = \frac{1}{a(m+1)}(ax+b)^{m+1} + C. \qquad \square$$

例 4.2.2　求 $\int \frac{\mathrm{d}x}{a^2+x^2}$.

解　积分恒等变形为

$$\int \frac{\mathrm{d}x}{a^2+x^2} = \frac{1}{a}\int \frac{1}{1+\left(\frac{x}{a}\right)^2}\mathrm{d}\left(\frac{x}{a}\right).$$

由表 4-1 知, $\int \frac{\mathrm{d}x}{1+x^2} = \arctan x + C$, 故应用定理 4.2.1 “注(2)” 得

$$\int \frac{1}{1+\left(\frac{x}{a}\right)^2}\mathrm{d}\left(\frac{x}{a}\right) = \arctan\frac{x}{a} + C.$$

因此,

$$\int \frac{\mathrm{d}x}{a^2+x^2} = \frac{1}{a}\arctan\frac{x}{a} + C. \qquad \square$$

例 4.2.3　求 $\int \tan x\mathrm{d}x$.

解　积分恒等变形为

$$\int \tan x\mathrm{d}x = \int \frac{\sin x}{\cos x}\mathrm{d}x.$$

设 $u=\cos x$, 则 $\mathrm{d}u = u'\mathrm{d}x = -\sin x\mathrm{d}x$, $\sin x\mathrm{d}x = -\mathrm{d}u$. 代入原式得

$$\int \tan x\mathrm{d}x = -\int \frac{\mathrm{d}u}{u} = -\ln|u| + C = -\ln|\cos x| + C. \qquad \square$$

对于例 4.2.3, 如果我们已经熟悉公式 $\sin x = -\mathrm{d}\cos x$, 则积分为

$$\int \tan x\mathrm{d}x = \int \frac{\sin x}{\cos x}\mathrm{d}x = -\int \frac{1}{\cos x}\mathrm{d}\cos x = -\ln|\cos x| + C.$$

可见, 公式 $\sin x = -\mathrm{d}\cos x$ 在解决例 4.2.3 发挥重要作用. 我们将这种公式称为**凑微分公式**. 下面列出在求积分过程中一些常用的凑微分公式, 便于读者使用.

(1)　$\mathrm{d}x = \frac{1}{a}\mathrm{d}(ax+b)$, 特别地, $\mathrm{d}x = \mathrm{d}(x+C)$ (其中 C 为常数);

(2)　$x^{n-1}\mathrm{d}x = \frac{1}{n}\mathrm{d}x^n$, 特别地, $x\mathrm{d}x = \frac{1}{2}\mathrm{d}x^2$, $\frac{1}{\sqrt{x}}\mathrm{d}x = 2\mathrm{d}\sqrt{x}$;

(3) $\frac{1}{x}\mathrm{d}x=\frac{1}{n}\cdot\frac{1}{x^n}\mathrm{d}x^n$; (4) $\cos x\mathrm{d}x=\mathrm{d}\sin x$;

(5) $\sin x\mathrm{d}x=-\mathrm{d}\cos x$; (6) $\sec^2 x\mathrm{d}x=\mathrm{d}\tan x$;

(7) $\mathrm{e}^x\mathrm{d}x=\mathrm{d}\,\mathrm{e}^x$; (8) $\frac{1}{x}\mathrm{d}x=\mathrm{d}\ln x$.

例 4.2.4 $\int x\mathrm{e}^{x^2}\mathrm{d}x$.

解 运用凑微分公式(2)得

$$\int x\mathrm{e}^{x^2}\mathrm{d}x=\frac{1}{2}\int\mathrm{e}^{x^2}\mathrm{d}x^2=\frac{1}{2}\mathrm{e}^{x^2}+C.$$ □

下面我们分三种类型讨论第一类换元法.

类型一 被积函数为有理函数情形.

例 4.2.5 求$\int\frac{\mathrm{d}x}{x^2-a^2}$.

解 被积函数恒等变形为

$$\frac{1}{x^2-a^2}=\frac{1}{(x-a)(x+a)}=\frac{1}{2a}\left(\frac{1}{x-a}-\frac{1}{x+a}\right).$$

于是

$$\begin{aligned}\int\frac{\mathrm{d}x}{x^2-a^2}&=\frac{1}{2a}\int\left(\frac{1}{x-a}-\frac{1}{x+a}\right)\mathrm{d}x\\&=\frac{1}{2a}\left(\int\frac{1}{x-a}\mathrm{d}x-\int\frac{1}{x+a}\mathrm{d}x\right)\\&=\frac{1}{2a}\left(\int\frac{1}{x-a}\mathrm{d}(x-a)-\int\frac{1}{x+a}\mathrm{d}(x+a)\right)\\&=\frac{1}{2a}(\ln|x-a|-\ln|x+a|)+C\\&=\frac{1}{2a}\ln\left|\frac{x-a}{x+a}\right|+C.\end{aligned}$$ □

类型二 被积函数为三角函数的情形.

例 4.2.6 求$\int\cos^2 x\mathrm{d}x$.

解 被积函数恒等变形为$\cos^2 x=\frac{1+\cos 2x}{2}$，于是

$$\begin{aligned}\int\cos^2 x\mathrm{d}x&=\frac{1}{2}\int(1+\cos 2x)\mathrm{d}x=\frac{1}{2}\left(\int\mathrm{d}x+\int\cos 2x\mathrm{d}x\right)\\&=\frac{1}{2}\left(\int\mathrm{d}x+\frac{1}{2}\int\cos 2x\mathrm{d}(2x)\right)\\&=\frac{1}{2}x+\frac{1}{4}\sin 2x+C.\end{aligned}$$ □

对于被积函数为三角函数的情形, 关键是利用三角恒等式对被积函数进行恒等变换. 表 4-2 给出在求积分中一些常用的三角恒等式.

表 4-2 常用三角恒等式

序号	名称	三角恒等式
(1)	基本公式	$\sin^2 x+\cos^2 x=1$; $\sec^2 x=1+\tan^2 x$; $\sec x=\dfrac{1}{\cos x}=\dfrac{\cos x}{\cos^2 x}$
(2)	倍角公式	$\sin 2x=2\sin x\cos x$; $\cos 2x=\cos^2 x-\sin^2 x=2\cos x^2-1=1-2\sin^2 x$; $\tan 2x=\dfrac{2\tan x}{1-\tan^2 x}$
(3)	三倍角公式	$\sin 3x=3\sin x-4\sin^3 x$; $\cos 3x=4\cos^3 x-3\cos x$
(4)	半角公式	$\sin^2\dfrac{x}{2}=\dfrac{1-\cos x}{2}$; $\cos^2\dfrac{x}{2}=\dfrac{1+\cos x}{2}$; $\tan\dfrac{x}{2}=\dfrac{1-\cos x}{\sin x}=\dfrac{\sin x}{1+\cos x}$; $\cot\dfrac{x}{2}=\dfrac{\sin x}{1-\cos x}=\dfrac{1+\cos x}{\sin x}$
(5)	和差化积	$\sin\alpha\pm\sin\beta=2\sin\dfrac{\alpha\pm\beta}{2}\cos\dfrac{\alpha\mp\beta}{2}$; $\cos\alpha+\cos\beta=2\cos\dfrac{\alpha+\beta}{2}\cos\dfrac{\alpha-\beta}{2}$; $\cos\alpha-\cos\beta=-2\sin\dfrac{\alpha+\beta}{2}\sin\dfrac{\alpha-\beta}{2}$; $\tan\alpha\pm\tan\beta=\dfrac{\sin(\alpha\pm\beta)}{\cos\alpha\cdot\cos\beta}=\tan(\alpha\pm\beta)(1\mp\tan\alpha\tan\beta)$
(6)	积化和差	$\sin\alpha\cdot\cos\beta=\dfrac{1}{2}[\sin(\alpha+\beta)+\sin(\alpha-\beta)]$; $\cos\alpha\cdot\sin\beta=\dfrac{1}{2}[\sin(\alpha+\beta)-\sin(\alpha-\beta)]$; $\cos\alpha\cdot\cos\beta=\dfrac{1}{2}[\cos(\alpha+\beta)+\cos(\alpha-\beta)]$; $\sin\alpha\cdot\sin\beta=-\dfrac{1}{2}[\cos(\alpha+\beta)-\cos(\alpha-\beta)]$
(7)	万能公式	$\sin x=\dfrac{2\tan^2\dfrac{x}{2}}{1+\tan^2\dfrac{x}{2}}$; $\cos x=\dfrac{1-\tan^2\dfrac{x}{2}}{1+\tan^2\dfrac{x}{2}}$; $\tan x=\dfrac{2\tan^2\dfrac{x}{2}}{1-\tan^2\dfrac{x}{2}}$

例 4.2.7 求 $\int \cos^3 x\mathrm{d}x$.

解 $\int \cos^3 x\mathrm{d}x = \int \cos^2 x \cdot \cos x\mathrm{d}x$

$$= \int (1-\sin^2 x)\,\mathrm{d}\sin x = \sin x - \frac{1}{3}\sin^3 x + C. \qquad \square$$

例 4.2.8 求 $\int \sec^4 x\mathrm{d}x$.

解 $\int \sec^4 x\mathrm{d}x = \int \sec^2 x \cdot \sec^2 x\mathrm{d}x$

$$= \int (\tan^2 x+1)\,\mathrm{d}\tan x = \frac{1}{3}\tan^3 x + \tan x + C. \qquad \square$$

例 4.2.9 求 $\int \sec x\mathrm{d}x$.

解 $\int \sec x\mathrm{d}x = \int \frac{1}{\cos x}\mathrm{d}x = \int \frac{\cos x}{\cos^2 x}\mathrm{d}x = \int \frac{\mathrm{d}\sin x}{1-\sin^2 x}$

$$= \frac{1}{2}\ln\left(\frac{1+\sin x}{1-\sin x}\right) + C$$

$$= \frac{1}{2}\ln\left(\frac{1+\sin x}{\cos x}\right)^2 + C = \ln|\sec x + \tan x| + C. \qquad \square$$

注 上例的第四步利用了例 4.2.5 的结果.

例 4.2.10 求 $\int \csc x\mathrm{d}x$.

解 利用上例的结果有

$$\int \csc x\mathrm{d}x = \int \sec\left(x+\frac{\pi}{2}\right)\mathrm{d}\left(x+\frac{\pi}{2}\right) = \frac{1}{2}\ln\left(\frac{1+\sin\left(x+\frac{\pi}{2}\right)}{1-\sin\left(x+\frac{\pi}{2}\right)}\right) + C$$

$$= \frac{1}{2}\ln\left(\frac{1-\cos x}{1+\cos x}\right) + C = \frac{1}{2}\ln\left(\frac{1-\cos x}{\sin x}\right)^2 + C \qquad \square$$

$$= \ln|\csc x - \cot x| + C.$$

注 本题也可以用另一种方法求解:

$$\int \csc x\mathrm{d}x = \int \frac{1}{\sin x}\mathrm{d}x = \int \frac{1}{2\sin\frac{x}{2}\cos\frac{x}{2}}\mathrm{d}x = \int \frac{1}{\tan\frac{x}{2}\cdot 2\cos^2\frac{x}{2}}\mathrm{d}x$$

$$\xlongequal{\text{凑微分}} \int \frac{1}{\tan\frac{x}{2}}\mathrm{d}\left(\tan\frac{x}{2}\right) = \ln\left|\tan\frac{x}{2}\right| + C.$$

以上过程用了公式 $\frac{1}{\cos^2\frac{x}{2}}\mathrm{d}x = 2\mathrm{d}\tan\frac{x}{2}$. 两种解法得到的结果, 形式上不同.

例 4.2.11 求 $\int \sin 2x \cos 3x \mathrm{d}x$.

解 被积函数恒等变形为

$$\sin 2x \cos 3x = \frac{1}{2}(\sin 5x - \sin x) .$$

于是

$$\begin{aligned}\int \sin 2x \cos 3x \mathrm{d}x &= \frac{1}{2}\int (\sin 5x - \sin x)\mathrm{d}x = \frac{1}{2}\left(\frac{1}{5}\int \sin 5x \mathrm{d}(5x) - \int \sin x \mathrm{d}x\right) \\ &= -\frac{1}{10}\cos 5x + \frac{1}{2}\cos x + C.\end{aligned}$$

□

类型三 被积函数含有 e^x 或 $\ln x$ 的情形.

例 4.2.12 求 $\int \frac{\mathrm{e}^{3\sqrt{x}}}{\sqrt{x}}\mathrm{d}x$.

解 利用凑微公式(1)和(2)得

$$\int \frac{\mathrm{e}^{3\sqrt{x}}}{\sqrt{x}}\mathrm{d}x = 2\int \mathrm{e}^{3\sqrt{x}}\mathrm{d}\sqrt{x} = \frac{2}{3}\int \mathrm{e}^{3\sqrt{x}}\mathrm{d}(3\sqrt{x}) = \frac{2}{3}\mathrm{e}^{3\sqrt{x}} + C .$$

□

例 4.2.13 求 $\int \frac{\mathrm{d}x}{x(1+2\ln x)}$.

解 利用凑微公式(1)和(8)得

$$\int \frac{\mathrm{d}x}{x(1+2\ln x)} = \int \frac{\mathrm{d}\ln x}{1+2\ln x} = \frac{1}{2}\int \frac{\mathrm{d}(1+2\ln x)}{1+2\ln x} = \frac{1}{2}\ln|1+2\ln x| + C.$$

□

例 4.2.14 求 $\int \frac{\mathrm{d}x}{1+\mathrm{e}^x}$.

解
$$\begin{aligned}\int \frac{\mathrm{d}x}{1+\mathrm{e}^x} &= \int \frac{(1+\mathrm{e}^x)-\mathrm{e}^x}{1+\mathrm{e}^x}\mathrm{d}x = \int \left(1 - \frac{\mathrm{e}^x}{1+\mathrm{e}^x}\right)\mathrm{d}x = \int \mathrm{d}x - \int \frac{\mathrm{e}^x}{1+\mathrm{e}^x}\mathrm{d}x \\ &= \int \mathrm{d}x - \int \frac{1}{1+\mathrm{e}^x}\mathrm{d}(1+\mathrm{e}^x) = x - \ln(\mathrm{e}^x+1) + C.\end{aligned}$$

□

二、第二类换元法

定理 4.2.2 设 $x=\varphi(t)$ 是单调、可导的函数, 并且 $\varphi'(t)\neq 0$. 又设 $f'(\varphi(t))\varphi'(t)$ 具有原函数, 则

$$\int f(x)\mathrm{d}x = \left[\int f(\varphi(t))\varphi'(t)\mathrm{d}t\right]_{t=\varphi^{-1}(x)},$$

其中 $t=\varphi^{-1}(x)$ 是 $x=\varphi(t)$ 的反函数.

证 设 $f(\varphi(t))\varphi'(t)$ 的原函数为 $\Phi(t)$，记 $\Phi(\varphi^{-1}(x))\overset{\Delta}{=}F(x)$. 利用复合函数及反函数的求导法则得

$$F(x)=\frac{\mathrm{d}\Phi}{\mathrm{d}t}\cdot\frac{\mathrm{d}t}{\mathrm{d}x}=f(\varphi(t))\varphi'(t)\cdot\frac{1}{\varphi'(t)}=f(\varphi(t))=f(x),$$

即 $F(x)$ 是 $f(x)$ 的一个原函数，于是

$$\int f(x)\mathrm{d}x=F(x)+C=\Phi(\varphi^{-1}(x))+C=\left[\int f(\varphi(t))\varphi'(t)\mathrm{d}t\right]_{t=\varphi^{-1}(x)}. \qquad \square$$

这种换元法称为**第二类换元法**，通过变量代换 $x=\varphi(t)$ 将积分变量 x 化为 t，从而将积分化为 $\int f(\varphi(t))\varphi'(t)\mathrm{d}t$，而这是一个易求的不定积分. 然后利用 $x=\varphi(t)$ 的反函数 $t=\varphi^{-1}(x)$ 代回去从而得到原积分的结果. 第二类换元法的关键选择合适的变量代换，这要根据被积函数的具体情况进行选择.

情形一 被积函数含有 $\sqrt{a^2-x^2}$（$a>0$ 为常数）.

此时设 $x=a\sin t$，$t\in\left[-\frac{\pi}{2},\frac{\pi}{2}\right]$，则

$$\sqrt{a^2-x^2}=\sqrt{a^2-a^2\sin^2 t}=a\cos t,\quad \mathrm{d}x=x'\mathrm{d}t=a\cos t\,\mathrm{d}t.$$

例 4.2.15 求 $\int\sqrt{a^2-x^2}\,\mathrm{d}x\ (a>0)$.

解 设 $x=a\sin t$，$t\in\left[-\frac{\pi}{2},\frac{\pi}{2}\right]$，则

$$\begin{aligned}\int\sqrt{a^2-x^2}\mathrm{d}x&=\int a\cos t\cdot a\cos t\mathrm{d}t=a^2\int\cos^2 t\mathrm{d}t=a^2\left(\frac{t}{2}+\frac{\sin 2t}{4}\right)+C\\&=\frac{a^2}{2}t+\frac{a^2}{2}\sin t\cos t+C.\end{aligned}$$

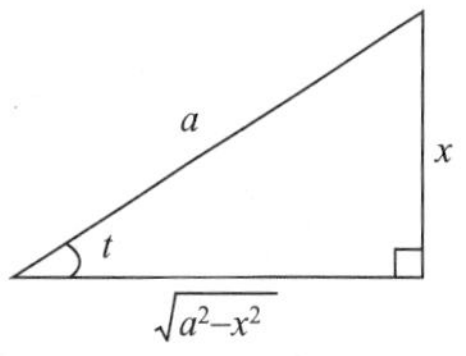

图 4-2

因为 $x=a\sin t$，故 $\sin t=\frac{x}{a}$. 现根据 $\sin t=\frac{x}{a}$ 作辅助直角三角形(图 4-2)，利用边角关系得到，$\cos t=\frac{\sqrt{a^2-x^2}}{a}$，因此

$$\int\sqrt{a^2-x^2}\,\mathrm{d}x=\frac{a^2}{2}\arcsin\frac{x}{a}+\frac{1}{2}x\sqrt{a^2-x^2}+C. \qquad \square$$

注 在利用三角代换求解不定积分时，为了计算方便，通常通过作**辅助直角三角形**的方法进行变量回代的.

情形二 被积函数含有 $\sqrt{a^2+x^2}$（$a>0$ 为常数）.

此时设 $x=a\tan t$，$t\in\left(-\frac{\pi}{2},\frac{\pi}{2}\right)$，则

$$\sqrt{x^2+a^2}=\sqrt{a^2\tan^2 t+a^2}=a\sec t,\quad \mathrm{d}x=x'\mathrm{d}t=a\sec^2 t\,\mathrm{d}t.$$

例 4.2.16 求 $\displaystyle\int\frac{\mathrm{d}x}{\sqrt{x^2+a^2}}\ (a>0)$.

解 设 $x=a\tan t$，$t\in\left(-\dfrac{\pi}{2},\dfrac{\pi}{2}\right)$，则

$$\int\frac{\mathrm{d}x}{\sqrt{x^2+a^2}}=\int\frac{a\sec^2 t}{a\sec t}\mathrm{d}t=\frac{1}{2}\ln\left|\frac{1+\sin t}{1-\sin t}\right|+C_1.$$

因为 $x=a\tan t$，所以 $\tan t=\dfrac{x}{a}$，作辅助直角三角形(图 4-3)，便有

$$\sin t=\frac{x}{\sqrt{x^2+a^2}},$$

因此

$$\int\frac{\mathrm{d}x}{\sqrt{x^2+a^2}}=\ln(\sqrt{x^2+a^2}+x)+C,$$

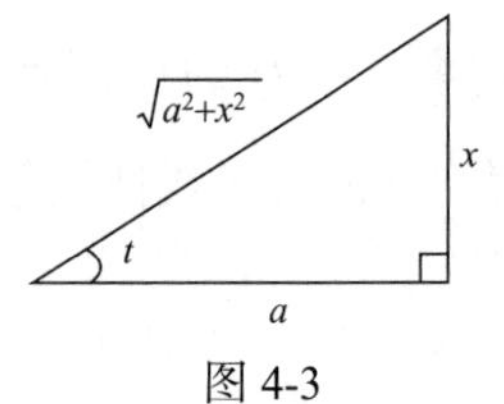

图 4-3

其中 $C=C_1-\ln a$. □

情形三 被积函数含有 $\sqrt{x^2-a^2}$（$a>0$ 为常数).

此时 $x\geqslant a$ 或 $x\leqslant -a$. 当 $x\geqslant a$ 时，设 $x=a\sec t$，$t\in\left(0,\dfrac{\pi}{2}\right)$，则

$$\sqrt{x^2-a^2}=\sqrt{a^2\sec^2 t-a^2}=a\tan t,\quad \mathrm{d}x=a\sec t\tan t\,\mathrm{d}t.$$

当 $x\leqslant -a$ 时，设 $x=-u$，$u\in[a,+\infty)$，可以转化为 $x\geqslant a$ 的情形进行处理.

例 4.2.17 求 $\displaystyle\int\frac{\mathrm{d}x}{\sqrt{x^2-a^2}}\ (a>0)$.

解 （1）当 $x>a$ 时，设 $x=a\sec t$，$t\in\left(0,\dfrac{\pi}{2}\right)$，则

$$\int\frac{\mathrm{d}x}{\sqrt{x^2-a^2}}=\int\frac{a\sec t\tan t}{a\tan t}\mathrm{d}t=\int\sec t\,\mathrm{d}t=\frac{1}{2}\ln\left|\frac{1+\sin t}{1-\sin t}\right|+C_1.$$

由 $x=a\sec t$ 作辅助直角三角形(图 4-4)，便有 $\sin t=\dfrac{\sqrt{x^2-a^2}}{x}$，

因此

$$\int\frac{\mathrm{d}x}{\sqrt{x^2-a^2}}=\ln|x+\sqrt{x^2-a^2}|+C.$$

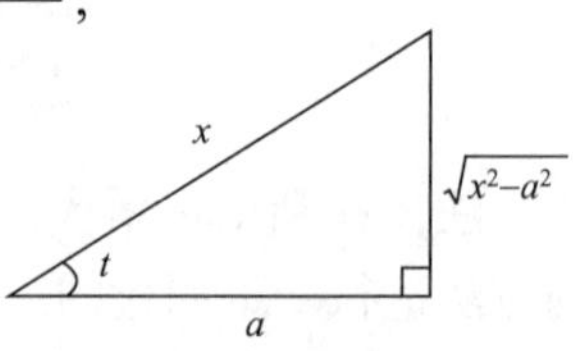

图 4-4

其中 $C=C_1-\ln a$. □

(2) 当 $x<-a$ 时，设 $x=-u$，$u\in(0,+\infty)$，于是

$$\int\frac{\mathrm{d}x}{\sqrt{x^2-a^2}}=-\int\frac{\mathrm{d}u}{\sqrt{u^2-a^2}}=-\ln\left|u+\sqrt{u^2-a^2}\right|+C_1$$
$$=-\ln\left|-x+\sqrt{x^2-a^2}\right|+C_1=\ln\left|x+\sqrt{x^2-a^2}\right|+C.$$

把 $x>a$ 及 $x<-a$ 的结果合并, 可以写作

$$\int\frac{\mathrm{d}x}{\sqrt{x^2-a^2}}=\ln\left|x+\sqrt{x^2-a^2}\right|+C.$$ □

情形四 被积函数含有 $\sqrt[n]{ax+b}$, $\sqrt[n]{\dfrac{ax+b}{cx+d}}$.

此时设 $t=\sqrt[n]{ax+b}$, $t=\sqrt[n]{\dfrac{ax+b}{cx+d}}$.

例 4.2.18 求 $\displaystyle\int\frac{x+2}{\sqrt{2x+1}}\mathrm{d}x$.

解 设 $t=\sqrt{2x+1}$, 则 $x=\dfrac{1}{2}(t^2-1)$, $\mathrm{d}x=t\mathrm{d}t$, 被积函数变为

$$\frac{x+2}{\sqrt{2x+1}}=\frac{\frac{1}{2}(t^2-1)+2}{t}=\frac{\frac{1}{2}(t^2+3)}{t},$$

于是

$$\int\frac{x+2}{\sqrt{2x+1}}\mathrm{d}x=\int\frac{\frac{1}{2}(t^2+3)}{t}\cdot t\mathrm{d}t=\frac{1}{2}\int(t^2+3)\mathrm{d}t$$
$$=\frac{1}{6}t^3+\frac{3}{2}t+C=\frac{1}{6}(\sqrt{2x+1})^3+\frac{3}{2}\sqrt{2x+1}+C.$$ □

除了以上常见的四种类型外, 如果被积函数含有 $\left(\dfrac{1}{x}\right)^k$ ($k>0$ 为常数), 则可作变量代换 $x=\dfrac{1}{t}$. 通常称此变换为**倒代换**.

例 4.2.19 求 $\displaystyle\int\frac{\sqrt{1-x^2}}{x^4}\mathrm{d}x$.

解 设 $x=\dfrac{1}{t}$, 则 $\mathrm{d}x=-\dfrac{1}{t^2}\mathrm{d}t$, 于是

$$\int\frac{\sqrt{1-x^2}}{x^4}\mathrm{d}x=\int\frac{\sqrt{1-\frac{1}{t^2}}\cdot\left(-\frac{1}{t^2}\right)\mathrm{d}t}{\frac{1}{t^4}}=-\int(t^2-1)^{\frac{1}{2}}\,|t|\mathrm{d}t,$$

当 $x>0$ 时，

$$\int\frac{\sqrt{1-x^2}}{x^4}\mathrm{d}x=-\int(t^2-1)^{\frac{1}{2}}t\mathrm{d}t$$
$$=-\frac{1}{2}\int(t^2-1)^{\frac{1}{2}}\mathrm{d}(t^2-1)=-\frac{1}{3}(t^2-1)^{\frac{3}{2}}+C$$
$$=-\frac{(1-x^2)^{\frac{3}{2}}}{3x^2}+C$$

当 $x<0$ 时，我们也可得到 $\int\frac{\sqrt{1-x^2}}{x^4}\mathrm{d}x=-\frac{(1-x^2)^{\frac{3}{2}}}{3x^3}+C$

综上，$\int\frac{\sqrt{1-x^2}}{x^4}\mathrm{d}x=-\frac{(1-x^2)^{\frac{3}{2}}}{3x^3}+C$．　□

在本节的例题中，有几个积分是以后经常用的(比如考研、数学竞赛)，所以它们通常也当作公式使用．这样，常用的积分公式，除了基本积分表外，再添加下面几个(其中常数 $a>0$)：

(14) $\int\tan x\mathrm{d}x=-\ln|\cos x|+C$;

(15) $\int\cot x\mathrm{d}x=\ln|\sin x|+C$;

(16) $\int\sec x\mathrm{d}x=\ln|\sec x+\tan x|+C$;

(17) $\int\csc x\mathrm{d}x=\ln|\csc x-\cot x|+C$;

(18) $\int\frac{1}{a^2+x^2}\mathrm{d}x=\frac{1}{a}\arctan\frac{x}{a}+C$;

(19) $\int\frac{1}{x^2-a^2}\mathrm{d}x=\frac{1}{2a}\ln\left|\frac{x-a}{x+a}\right|+C$;

(20) $\int\frac{1}{\sqrt{a^2-x^2}}\mathrm{d}x=\arcsin\frac{x}{a}+C$;

(21) $\int\frac{1}{\sqrt{x^2+a^2}}\mathrm{d}x=\ln(x+\sqrt{x^2+a^2})+C$;

(22) $\int\frac{1}{\sqrt{x^2-a^2}}\mathrm{d}x=\ln|x+\sqrt{x^2-a^2}|+C$.

习　题　4-2

1. 设 $f(x)=\frac{1}{1-x^2}$，求 $f(x)$ 的原函数．

2. 设 $f(x)$ 的一个原函数为 $x\cos(x^2)$，求不定积分 $\int f(2x)\mathrm{d}x$.

3. 设不定积分 $\int f(x)\mathrm{d}x=\sin x+C$，求不定积分 $\int xf(1-x^2)\mathrm{d}x$．

4. 已知 $\int \sec^2 \frac{x}{2} \mathrm{d}(kx) = \tan \frac{x}{2} + C$，求 k .

5. 设 $f(x)$ 的一个原函数为 $F(x)$，求 $\int f(2x) \mathrm{d}x$.

6. 求下列不定积分:

(1) $\int \frac{\mathrm{d}x}{\sqrt{1+3x}}$;

(2) $\int \left(1+\frac{1}{1+2x}\right) \mathrm{d}x$;

(3) $\int x\,(x+\sqrt{1-x^2}\,) \mathrm{d}x$;

(4) $\int \frac{\mathrm{d}x}{\sqrt{a^2-x^2}}$，其中 a 是正常数;

(5) $\int \frac{\mathrm{e}^{\sqrt{x}}}{\sqrt{x}} \mathrm{d}x$;

(6) $\int \frac{\mathrm{d}x}{1+3x}$;

(7) $\int \left(1+\frac{1}{1+2x}\right) \mathrm{d}x$;

(8) $\int \frac{\mathrm{d}x}{x\,(1+x^2)}$;

(9) $\int \frac{\mathrm{d}x}{1-x^2}$;

(10) $\int \frac{x+1}{x^2+1} \mathrm{d}x$;

(11) $\int x(3-x^2)^3 \mathrm{d}x$;

(12) $\int \frac{x}{1+2x^4} \mathrm{d}x$;

(13) $\int (6+5x)^4 \mathrm{d}x$;

(14) $\int \frac{x+1}{x^2+4} \mathrm{d}x$;

(15) $\int x(x+\sqrt{1-x^2}) \mathrm{d}x$;

(16) $\int (2x-3)^{10} \mathrm{d}x$;

(17) $\int \frac{x+2}{(x-1)^4} \mathrm{d}x$;

(18) $\int \frac{\mathrm{d}x}{(2x+1)^4}$;

(19) $\int \frac{x^3}{1-x} \mathrm{d}x$;

(20) $\int \frac{x}{(x+1)^4} \mathrm{d}x$;

(21) $\int \frac{x+2}{x^2+4} \mathrm{d}x$;

(22) $\int \frac{x}{(x+1)^4} \mathrm{d}x$;

(23) $\int \frac{x}{1+2x} \mathrm{d}x$;

(24) $\int \cos^3 x \mathrm{d}(\cos x)$;

(25) $\int \frac{\cos x \mathrm{d}x}{\sqrt{1-4\sin^2 x}}$;

(26) $\int \frac{1}{x^2} \cos \frac{2}{x} \mathrm{d}x$;

(27) $\int \sin^3 x \, \mathrm{d}x$;

(28) $\int \frac{1}{1+\sin 2x} \mathrm{d}x$;

(29) $\int \frac{\sin x}{1+\cos x} \mathrm{d}x$;

(30) $\int \tan^3 x \sec x \mathrm{d}x$;

(31) $\int \frac{1}{\sin x \cos x} \mathrm{d}x$;

(32) $\int \cos^3 x \mathrm{d}x$;

(33) $\int \frac{\sin x}{1-\cos x} \mathrm{d}x$;

(34) $\int \frac{1}{1+\mathrm{e}^x} \mathrm{d}x$;

(35) $\int \frac{1}{\mathrm{e}^x+\mathrm{e}^{-x}} \mathrm{d}x$;

(36) $\int \frac{1}{1+\mathrm{e}^{-x}} \mathrm{d}x$;

(37) $\int \frac{\mathrm{e}^x-1}{\mathrm{e}^x+1} \mathrm{d}x$;

(38) $\int \left(1+\frac{1}{\sin^2 x}\right) \mathrm{d}\sin x$;

(39) $\int \ln x \mathrm{d} \ln x$.

7. 求下列不定积分:

(1) $\int \frac{x-1}{\sqrt{4-x^2}}\mathrm{d}x$; (2) $\int \frac{\sqrt{9-x^2}}{x}\mathrm{d}x$;

(3) $\int \sqrt{1-x^2}\mathrm{d}x$; (4) $\int \frac{\mathrm{d}x}{x^2\sqrt{1+x^2}}$;

(5) $\int \frac{1}{\sqrt{x^2-4}}\mathrm{d}x$; (6) $\int \frac{x-1}{\sqrt{4+x^2}}\mathrm{d}x$;

(7) $\int \frac{2x-1}{\sqrt{1-x^2}}\mathrm{d}x$; (8) $\int \frac{\mathrm{d}x}{1+\sqrt{x+1}}$;

(9) $\int \frac{\mathrm{d}x}{1+\sqrt{x}}$; (10) $\int \frac{1-x}{\sqrt{x}+1}\mathrm{d}x$;

(11) $\int \frac{x+1}{\sqrt{2x}+1}\mathrm{d}x$; (12) $\int \frac{\mathrm{d}x}{1+\sqrt{2x}}$;

(13) $\int \frac{\sqrt{x-1}}{x}\mathrm{d}x$; (14) $\int \frac{1}{\sqrt{1+\mathrm{e}^x}}\mathrm{d}x$.

第三节 分部积分法

上一节在复合函数求导法则的基础上, 得到了换元积分法. 本节我们将利用两个函数乘积的求导法则, 得到另一种求积分的方法——分部积分法.

设函数 $u=u(x)$ 及 $v=v(x)$ 具有连续导数, 那么两个函数乘积的导数公式为

$$(uv)'=u'v+uv',$$

移项得

$$uv'=(uv)'-u'v.$$

两边求不定积分得

$$\int uv'\mathrm{d}x=uv-\int u'v\,\mathrm{d}x,$$

因为 $v'\mathrm{d}x=\mathrm{d}v$, $u'\mathrm{d}x=\mathrm{d}u$, 故

$$\int uv'\mathrm{d}x=\int u\,\mathrm{d}v=uv-\int v\,\mathrm{d}u. \tag{4.3.1}$$

公式(4.3.1)称为**分部积分**公式.

在应用分部积分计算不定积分的过程中, 关键需要处理好两个问题: 一是确定函数 u, 另一个是凑微分 $v'\mathrm{d}x=\mathrm{d}v$.

例 4.3.1 求 $\int x\cos x\mathrm{d}x$.

解 这个积分用换元法不易求得结果, 现在用分部积分法求它. 设 $u=x$, $\cos x\mathrm{d}x$ 可以凑成微分 $\mathrm{d}\sin x$, 即 $\cos x\mathrm{d}x=\mathrm{d}\sin x$, 于是由公式(4.3.1)得

$$\int x\cos x\mathrm{d}x=\int x\mathrm{d}\sin x=x\sin x-\int\sin x\mathrm{d}x=x\sin x+\cos x+C.$$ □

注 如果设$u=\cos x$，凑微分$x\mathrm{d}x=\frac{1}{2}\mathrm{d}x^2$，能否求得结果?

$$\begin{aligned}\int x\cos x\mathrm{d}x&=\frac{1}{2}\int\cos x\mathrm{d}x^2=\frac{1}{2}x^2\cos x-\frac{1}{2}\int x^2\mathrm{d}\cos x\\&=\frac{1}{2}x^2\cos x+\frac{1}{2}\int x^2\sin x\mathrm{d}x.\end{aligned}$$

上式右端的积分比原积分更加不容易求出. 因此，选取$u=\cos x$是无法求出积分的.

由此可见，利用分部积分法的关键是选择适当的u. 如果u选择不当就可能求不出结果. 函数u的选择一般遵循以下的优先次序:

反三角函数$\rightarrow$对数函数$\rightarrow$幂函数$\rightarrow$三角函数$\rightarrow$指数函数.

例 4.3.2 求$\int x\mathrm{e}^x\mathrm{d}x$.

解 设$u=x$，$\mathrm{e}^x\mathrm{d}x=\mathrm{d}\mathrm{e}^x$，于是由公式(4.3.1)得

$$\int x\mathrm{e}^x\mathrm{d}x=\int x\mathrm{d}\mathrm{e}^x=x\mathrm{e}^x-\int\mathrm{e}^x\mathrm{d}x=x\mathrm{e}^x-\mathrm{e}^x+C.$$ □

例 4.3.3 求$\int x\ln x\mathrm{d}x$.

解 设$u=\ln x$，$x\mathrm{d}x=\frac{1}{2}\mathrm{d}x^2$，于是由公式(4.3.1)得

$$\begin{aligned}\int x\ln x\mathrm{d}x&=\frac{1}{2}\int\ln x\mathrm{d}x^2=\frac{1}{2}\left(x^2\ln x-\int x^2\mathrm{d}\ln x\right)\quad\left(\text{这里}\mathrm{d}\ln x=\frac{1}{x}\mathrm{d}x\right)\\&=\frac{1}{2}\left(x^2\ln x-\int x\mathrm{d}x\right)=\frac{1}{2}x^2\ln x-\frac{1}{4}x^2+C.\end{aligned}$$ □

例 4.3.4 求$\int\ln x\mathrm{d}x$.

解 由公式(4.3.1)得

$$\int\ln x\mathrm{d}x=x\ln x-\int x\mathrm{d}\ln x=x\ln x-\int\mathrm{d}x=x\ln x-x+C.$$ □

例 4.3.5 求$\int x\arctan x\mathrm{d}x$.

解 设$u=\arctan x$，$x\mathrm{d}x=\frac{1}{2}\mathrm{d}x^2$，则

$$\begin{aligned}\int x\arctan x\mathrm{d}x&=\frac{1}{2}\int\arctan x\mathrm{d}x^2\\&=\left(\frac{1}{2}x^2\arctan x-\int x^2\mathrm{d}\arctan x\right)\end{aligned}$$

$$=\frac{1}{2}\left(x^2\arctan x-\int\frac{x^2}{1+x^2}\mathrm{d}x\right)$$

$$=\frac{1}{2}\left(x^2\arctan x-\int\left(1-\frac{1}{1+x^2}\right)\mathrm{d}x\right)$$

$$=\frac{1}{2}x^2\arctan x-\frac{1}{2}(x-\arctan x)+C.$$ □

注 本例的第三个等符号应用了微分 $\mathrm{d}\arctan x=\frac{1}{1+x^2}\mathrm{d}x$，这种运算在利用分部积分法计算不定积分是常见的.

例 4.3.6 求 $\int \mathrm{e}^x\sin x\mathrm{d}x$.

解 设 $u=\sin x$， $\mathrm{e}^x\mathrm{d}x=\mathrm{d}\mathrm{e}^x$，则

$$\int \mathrm{e}^x\sin x\mathrm{d}x=\int\sin x\mathrm{d}\mathrm{e}^x=\mathrm{e}^x\sin x-\int\mathrm{e}^x\mathrm{d}\sin x \quad (\text{这里}\mathrm{d}\sin x=\cos x\mathrm{d}x)$$

$$=\mathrm{e}^x\sin x-\int\mathrm{e}^x\cos x\mathrm{d}x$$

(再次利用分部积分)

$$=\mathrm{e}^x\sin x-\int\cos x\mathrm{d}\mathrm{e}^x$$

$$=\mathrm{e}^x\sin x-\mathrm{e}^x\cos x-\int\mathrm{e}^x\sin x\mathrm{d}x.$$

上式右端的第三项是所求积分 $\int\mathrm{e}^x\sin x\mathrm{d}x$，把它移到等式左边，再等式两端除以 2 得

$$\int\mathrm{e}^x\sin x\,\mathrm{d}x=\frac{1}{2}\mathrm{e}^x(\sin x-\cos x)+C.$$ □

注 (1) 因上式右端已不包含积分项，所以必须加上任意常数 C .

(2) 在计算不定积分时，有时需要多次使用分部积分法. 比如，上例中使用了两次分部积分法.

例 4.3.7 求 $\int\arctan\sqrt{x}\,\mathrm{d}x$.

解 设 $\sqrt{x}=t$，则 $x=t^2$， $\mathrm{d}x=x'\mathrm{d}t=2t\mathrm{d}t$，则

$$\int\arctan\sqrt{x}\mathrm{d}x=2\int t\arctan t\,\mathrm{d}t.$$

利用例 4.3.5 的结果，并用 $t=\sqrt{x}$ 代回便得

$$\int\arctan\sqrt{x}\mathrm{d}x=2\left[\frac{1}{2}t^2\arctan t-\frac{1}{2}(t-\arctan t)\right]+C$$

$$=t^2\arctan t-t+\arctan t+C$$

$$=(x+1)\arctan\sqrt{x}-\sqrt{x}+C.$$ □

在本例的求解过程中，先利用变量代换 $t=\sqrt{x}$ 进行换元将原积分化为 $\int t\arctan t\mathrm{d}t$，

然后利用分部积分进行计算. 这种“先换元, 后分部积分”的方法是常用的.

习 题 4-3

1. 设 e^x 是 $f(x)$ 的一个原函数, 求 $\int xf(x)dx$.

2. 已知 $F(x)$ 是 $\cos x$ 的一个原函数, $F(0)=0$, 求 $\int xF(x)dx$.

3. 求下列不定积分:

(1) $\int x\ln(1+x^2)dx$; (2) $\int (x+e^x)xdx$;

(3) $\int \ln(x+\sqrt{x^2+a^2})dx$; (4) $\int \frac{\ln x}{x^3}dx$;

(5) $\int x\ln(1+x)dx$; (6) $\int \ln(x+1)dx$;

(7) $\int (x+e^x)xdx$; (8) $\int x^2\ln xdx$;

(9) $\int xe^{-x}dx$; (10) $\int xe^{2x}dx$;

(11) $\int x\sin 2x dx$; (12) $\int x\tan^2 xdx$;

(13) $\int x^2\cos x dx$; (14) $\int \arctan xdx$;

(15) $\int \tan^3 x \sec x dx$; (16) $\int \frac{x}{\cos^2 x}dx$;

(17) $\int \arcsin x dx$; (18) $\int e^{2x}\sin e^x dx$;

(19) $\int e^x\cos xdx$; (20) $\int x^2\sin 3x dx$;

(21) $\int x^2\arctan x dx$; (22) $\int \ln\cos x\cdot\sec^2 xdx$;

(23) $\int \frac{\ln\cos x}{\cos^2 x}dx$; (24) $\int e^{\sqrt{x+1}}dx$;

(25) $\int e^{\sqrt{x}}dx$.

4. 已知 $f(x)$ 的一个原函数是 $\arccos x$, 求 $\int xf(x)dx$.

5. 设 $f(x)$ 的一个原函数为 $\sin x$, 求 $\int x^2 f''(x)dx$.

6. 已知 $f(x)$ 的一个原函数是 $\cos\frac{x}{2}$, 求 $\int \frac{f'(x)}{1+f^2(x)}dx$.

第四节 Mathematica 软件应用(4)

Mathematica 用内建函数 Integrate 求不定积分, 它的命令格式为

Integrate [$f[x]$, x],

表示不定积分 $\int f(x)dx$.

在 Mathematica 中计算不定积分的命令输入方式有两种.

(1) 使用不定积分按钮 “$\int$ ■d□”. 其步骤如下:

(i) 单击“数学助手”面板上的不定积分按钮 “$\int$ ■d□”, 则在笔记本窗口中显示 “$\int$ [expr] d [var] ”;

(ii) 在 “[expr]” 中输入被积函数的表达式; 在 “[var]” 中或按 Tab 键, 输入积分变量名;

(iii) 按 Shift + Enter 键, 等待输出结果.

(2) 使用内建函数 Integrate .

在笔记本窗口中输入 Integrate [$f[x]$, x], 然后按 Shift + Enter 键, 等待输出结果.

注 Mathematica 只输出 $f(x)$ 的一个原函数, 所以写答案时, 一定要加上任意常数 C .

例 4.4.1 求 $\int \frac{1}{x^2\sqrt{1+x^2}}\mathrm{d}x$.

解 (1) 使用不定积分按钮 “$\int$ ■d□” (图 4-5).

不定积分的计算.nb *

In[1]:= $\int \frac{1}{x^2\sqrt{1+x^2}}\,dx$

Out[1]= $-\frac{\sqrt{1+x^2}}{x}$

100%

图 4-5

(2) 使用内建函数 Integrate (图 4-6).

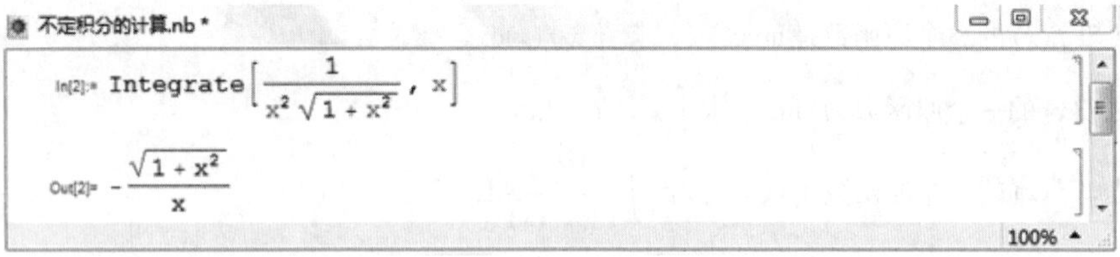

不定积分的计算.nb *

In[2]:= Integrate$\left[\frac{1}{x^2\sqrt{1+x^2}},\ x\right]$

Out[2]= $-\frac{\sqrt{1+x^2}}{x}$

100%

图 4-6

所以 $\int \frac{1}{x^2\sqrt{1+x^2}}\mathrm{d}x = -\frac{\sqrt{1+x^2}}{x} + C.$

例 4.4.2 求 $\int \frac{1}{x^2(x-1)^3}\mathrm{d}x$.

解 (1) 使用不定积分按钮 “$\int$ ■d□” (图 4-7).

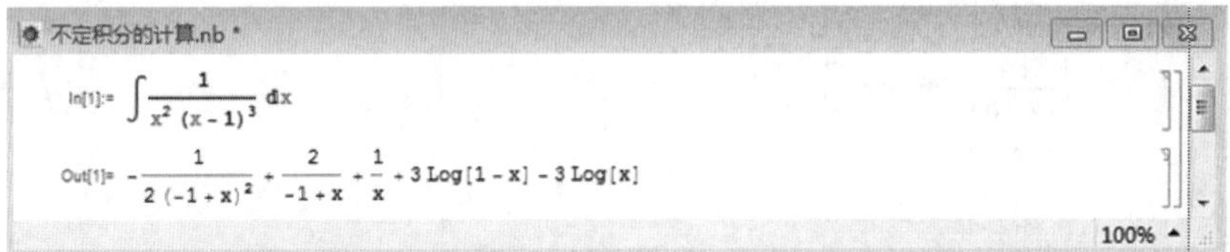

图 4-7

(2) 使用内建函数 Integrate (图 4-8).

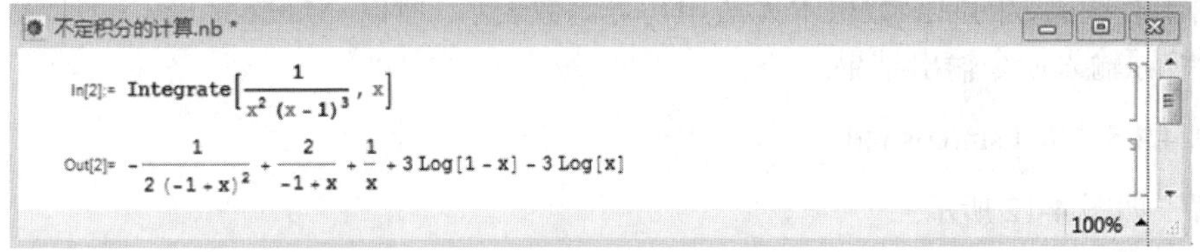

图 4-8

所以 $\int \frac{1}{x^2(x-1)^3}\mathrm{d}x = -\frac{1}{2(x-1)^2}+\frac{1}{x-1}+\frac{1}{x}-3\ln\left|\frac{x-1}{x}\right|+C$.

例 4.4.3 求 $\int \frac{x+\sin x}{1+\cos x}\mathrm{d}x$.

解 (1) 使用不定积分按钮 "$\int$ ■d□" (图 4-9).

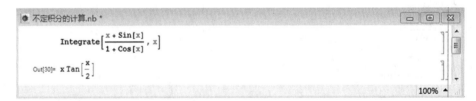

图 4-9

(2) 使用内建函数 Integrate (图 4-10).

图 4-10

所以 $\int \frac{x+\sin x}{1+\cos x}\mathrm{d}x = x\tan\frac{x}{2}+C$.

例 4.4.4 求 $\int \frac{f'(x)}{1+f^2(x)}\mathrm{d}x$.

解 如图 4-11 所示.

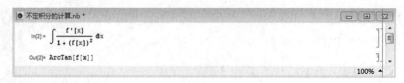

图 4-11

所以 $\int \frac{f'(x)}{1+f^2(x)} \mathrm{d}x = \arctan(f(x)) + C$.

由于有些函数的原函数根本无法用初等函数表示, 所以 Mathematica 会计算不出结果, 而按原输入命令输出结果.

例 4.4.5　求 $\int \sin(\cos x)\mathrm{d}x$.

解　如图 4-12 所示.

图 4-12

习　题　4-4

用 Mathematica 求下列不定积分:

1. $\int \frac{\sin x \cos x}{1+\sin^4 x} \mathrm{d}x$.

2. $\int \frac{\mathrm{d}x}{x(x^6+4)}$.

3. $\int \frac{\mathrm{d}x}{x^2\sqrt{x^2-1}}$.

4. $\int \frac{\sin^2 x}{\cos^3 x} \mathrm{d}x$.

5. $\int \frac{x^3}{(1+x^8)^2} \mathrm{d}x$.

6. $\int \frac{\mathrm{d}x}{(2+\cos x)\sin x}$.

第五章　定　积　分

本章讨论积分学的另一个基本问题——定积分问题. 我们先从几何和力学问题出发引进定积分的定义, 然后讨论它的性质与及计算方法. 关于定积分的应用, 将在第六章讨论.

第一节　定积分的概念及其性质

一、定积分问题举例

1. 曲边梯形的面积

问题一　设 $y=f(x)$ 在区间 $[a,b]$ 连续、非负, 由曲线 $y=f(x)$ 及直线 $x=a$, $x=b$, $y=0$ 围成的图形(图 5-1)称为**曲边梯形**, 其中曲线弧称为**曲边**.那么, 如何求出这种图形的面积 A?

我们知道, 矩形的高是不变的, 它的面积为

$$\text{矩形的面积=底}\times\text{高}.$$

但曲边梯形在底边上各处的高 $f(x)$ 在区间 $[a, b]$ 上是变动的, 故其面积不能根据上面公式进行计算.

对于窄曲边梯形(图 5-2), 我们可以用一个与它同底、底上某点函数值为高的小矩形进行近似, 而对于整个曲边梯形, 由于其高 $f(x)$ 在区间 $[a, b]$ 上是连续变化的, 在一段很小的区间上它的变化很小, 近似于不变. 因此, 用一组垂直于 x 轴的直线把曲边梯形分割成若干个小曲边梯形, 于是整个曲边梯形的面积 A 就等于这些小曲边梯形的面积之和. 对于每个小曲边梯形, 只要分割得很细, 每个小曲边梯形很窄, 则其高的变化就很小, 这样可以在每个小曲边梯形上作一个与它同底、底上某点函数值为高的小矩形, 用这个小矩形的面积近似代替小曲边梯形的面积, 进从而得到 A 的近似值, 如图 5-1 所示. 显然, 随着分割越细, 近似程度就越好, 当无限细分时, 则所有小矩形的面积之和就无限逼近于整个曲边梯形的面积 A, 再应用极限概念, 就可确定出曲边梯形的面积的准确值.

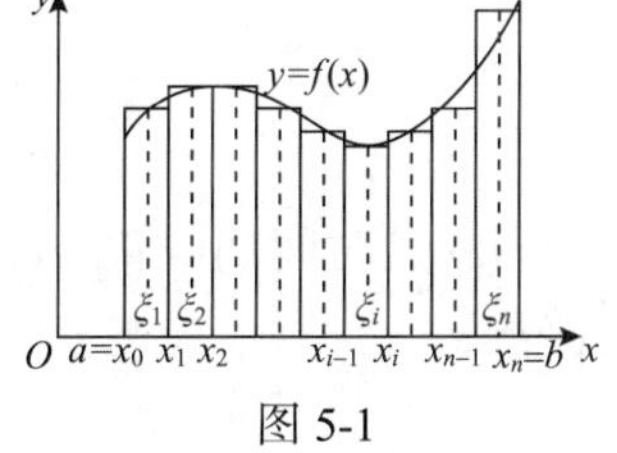

图 5-1

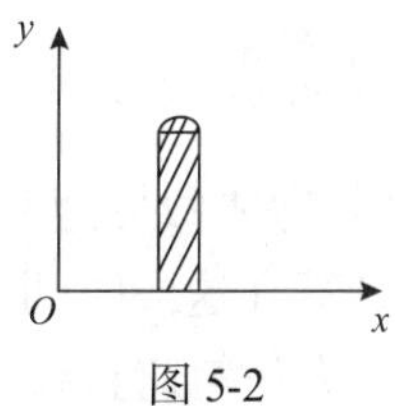

图 5-2

由上述分析, 可归纳出下列三步:

(1) 分割: 在区间$[a, b]$中任意插入若干个分点

$$a = x_0 < x_1 < x_2 < \cdots < x_{n-1} < x_n = b,$$

把$[a, b]$分割成n个小区间

$$[x_0, x_1], [x_1, x_2], \cdots, [x_{n-1}, x_n],$$

它们的长度依次为

$$\Delta x_1 = x_1 - x_0, \Delta x_2 = x_2 - x_1, \cdots, \Delta x_n = x_n - x_{n-1}.$$

经过每个分点x_i作平行于y轴的直线段, 这样就把曲边梯形分割成n个**窄曲边梯形**.

(2) 近似求和: 如果记每个窄曲边梯形面积为ΔA_i ($i=1, 2, \cdots, n$), 则由(1)知, 曲边梯形的面积为

$$A = \sum_{i=1}^{n} \Delta A_i.$$

在每个小区间$[x_{i-1}, x_i]$上任取一点ξ_i, 以$[x_{i-1}, x_i]$为底, $f(\xi_i)$为高的窄矩形近似代替第i个窄曲边梯形($i=1, 2, \cdots, n$), 于是就得到ΔA_i的近似值, 即

$$\Delta A_i \approx \Delta x_i f(\xi_i),$$

从而

$$A = \sum_{i=1}^{n} \Delta A_i \approx \sum_{i=1}^{n} f(\xi_i)\Delta x_i.$$

为了得到曲边梯形面积的精确值, 我们需要将区间$[a,b]$无限细分下去, 使每个小区间长度都趋于零, 此时所有窄矩形面积之和的极限就可以定义为曲边梯形面积A. 故我们有以下步骤.

(3) 取极限: 为了保证所有小区间长度都无限缩小, 要求我们小区间长度中的最大者趋于零. 如记$\lambda = \max(\Delta x_1, \Delta x_2, \cdots, \Delta x_n)$, 则上述条件等价于$\lambda \to 0$. 于是曲边梯形的面积为

$$A = \lim_{\lambda \to 0} \sum_{i=1}^{n} f(\xi_i)\Delta x_i.$$

2. 变速直线运动的路程

问题二 设某物体做变速直线运动, 速度$v = v(t)$是时间间隔$[T_1, T_2]$上t的连续函数, 且$v(t) \geqslant 0$, 计算在这段时间内物体所经过的路程s.

我们知道, 如果是匀速直线运动, 则

$$路程=速度 \times 时间.$$

但是，在现在讨论的问题中，速度不是常量，而是随时间 t 变化的变量，因此所求的路程 s 不能直接按照上面公式计算. 然而，在小段时间内，就可以用匀速运动近似代替变速运动. 由于物体运动的速度函数 $v=v(t)$ 是连续函数，在很短的一段时间内，速度变化很小，近似于匀速. 因此，如果把时间间隔分小，我们可以参照解决曲边梯形的面积时采用的“分割、近似求和、取极限”的步骤求出变速直线运动的路程.

（1）分割：在时间间隔区间 $[T_1, T_2]$ 中任意插入若干个分点

$$T_1=t_0<t_1<t_2<\cdots<t_{n-1}<t_n=T_2,$$

把 $[T_1, T_2]$ 分割成 n 个小段

$$[t_0, t_1], [t_1, t_2], \cdots, [t_{n-1}, t_n],$$

各个小时间段依次为

$$\Delta t_1=t_1-t_0, \Delta t_2=t_2-t_1, \cdots, \Delta t_n=t_n-t_{n-1}.$$

相应地，在各个小时间段内物体经过的路程依次为

$$\Delta s_1, \Delta s_2, \cdots, \Delta s_n,$$

（2）近似求和：由（1）可知，物体在时间间隔 $[T_1, T_2]$ 内经过的路程为

$$s=\sum_{i=1}^{n}\Delta s_i.$$

在每个时间间隔 $[t_{i-1}, t_i]$ 上任取一个时刻 τ_i，以 τ_i 时的速度 $v(\tau_i)$ 代替时间段 $[t_{i-1}, t_i]$ 上各个时刻的速度（$i=1, 2, \cdots, n$），于是就得到 Δs_i 的近似值，即

$$\Delta s_i \approx v(\tau_i)\Delta t_i,$$

从而

$$s=\sum_{i=1}^{n}\Delta s_i \approx \sum_{i=1}^{n}v(\tau_i)\Delta t_i.$$

（3）取极限：记 $\lambda=\max(\Delta t_1,\Delta t_2,\cdots,\Delta t_n)$，则变速直线运动的路程为

$$s=\lim_{\lambda\to 0}\sum_{i=1}^{n}v(\tau_i)\Delta t_i .$$

二、定积分的定义

从以上两个例子可以看到，所要计算的量，即曲边梯形的面积 A 及变速直线运动的路程 s 的实际意义虽然不同，前者是几何问题，后者是物理问题，但它们都取决于一个函数及其自变量的变化区间，例如，曲边梯形的高度 $y=f(x)$ 及其底边上的点 x 的变化

区间$[a, b]$, 变速运动的速度$v = v(t)$及其时间t的变化区间$[T_1, T_2]$.

其次, 计算这些量的方法与步骤是相同的, 且它们都归结为具有相同结构的一种特定和的极限, 即

$$\text{面积}\ A = \lim_{\lambda \to 0} \sum_{i=1}^{n} f(\xi_i) \Delta x_i ,$$

$$\text{路程}\ s = \lim_{\lambda \to 0} \sum_{i=1}^{n} v(\tau_i) \Delta t_i .$$

下面我们抛开这些问题的具体意义, 抓住它们在数量关系上共同的本质与特性加以概括, 就可以抽象出定积分的定义.

定义 5.1.1 设函数$f(x)$在$[a, b]$上有界, 在$[a, b]$中任意插入若干个分点

$$a = x_0 < x_1 < x_2 < \cdots < x_{n-1} < x_n = b ,$$

把$[a, b]$分割成n个小区间

$$[x_0, x_1], [x_1, x_2], \cdots, [x_{n-1}, x_n],$$

它们的长度依次为

$$\Delta x_1 = x_1 - x_0, \Delta x_2 = x_2 - x_1, \cdots, \Delta x_n = x_n - x_{n-1}.$$

在每个小区间$[x_{i-1}, x_i]$上任取一点ξ_i, 作函数值$f(\xi_i)$与小区间长度Δx_i的乘积$f(\xi_i)\Delta x_i$, 并作和

$$S = \sum_{i=1}^{n} f(\xi_i) \Delta x_i .$$

记$\lambda = \max(\Delta x_1, \Delta x_2, \cdots, \Delta x_n)$, 如果不论对区间$[a, b]$怎样划分, 也不论在小区间$[x_{i-1}, x_i]$上点$\xi_i$怎样选取, 只要当$\lambda \to 0$时, 和$S$总趋于确定的极限$I$, 那么称这个极限$I$为函数$f(x)$在区间$[a, b]$上的**定积分**(简称为积分), 记作$\int_a^b f(x)\mathrm{d}x$, 即

$$\int_a^b f(x)\mathrm{d}x = \lim_{\lambda \to 0} \sum_{i=1}^{n} f(\xi_i) \Delta x_i ,$$

其中$f(x)$称为**被积函数**, $f(x)\mathrm{d}x$称为**被积表达式**, x称为**积分变量**, a称为**积分下限**, b称为**积分上限**, $[a, b]$称为**积分区间**.

注 (1) 和式$\sum_{i=1}^{n} f(\xi_i) \Delta x_i$称为$f(x)$的**积分和**. 如果$f(x)$在区间$[a, b]$上的定积分存在, 就称$f(x)$在$[a, b]$上**可积**.

(2) 定积分仅与被积函数及积分区间有关, 而与积分变量的记号无关, 即

$$\int_a^b f(x)\mathrm{d}x = \int_a^b f(t)\mathrm{d}t = \int_a^b f(u)\mathrm{d}u,$$

这是因为定积分是一个确定的数值.

下面给出定积分存在的两个充分条件.

定理 5.1.1　设 $f(x)$ 在区间 $[a, b]$ 上连续, 则 $f(x)$ 在 $[a, b]$ 上可积.

定理 5.1.2　设 $f(x)$ 在区间 $[a, b]$ 上有界, 且只有有限个间断点, 则 $f(x)$ 在 $[a, b]$ 上可积.

利用定积分的定义, 前面所讨论的两个实际问题可以分别表述如下:

曲线 $y = f(x)$（$f(x) \geqslant 0$）, x 轴及两条直线 $x = a$, $x = b$ 所围成的曲边梯形的面积 A 等于函数 $f(x)$ 在区间 $[a, b]$ 上的定积分,

$$A = \int_a^b f(x)\mathrm{d}x.$$

物体以变速 $v = v(t)$（$v(t) \geqslant 0$）作直线运动, 从时刻 $t = T_1$ 到时刻 $t = T_2$, 这物体经过的路程 s 等于函数 $v(t)$ 在区间 $[T_1, T_2]$ 上的定积分, 即

$$s = \int_{T_1}^{T_2} v(t)\mathrm{d}t.$$

下面讨论定积分的几何意义.

(1) 在 $[a, b]$ 上 $f(x) \geqslant 0$ 时(图 5-3(a)), 我们知道定积分 $\int_a^b f(x)\mathrm{d}x$ 在几何上表示由曲线 $y = f(x)$, 两条直线 $x = a$, $x = b$ 及 x 轴围成的曲边梯形的面积;

(2) 在 $[a, b]$ 上 $f(x) \leqslant 0$ 时(图 5-3(b)), 由曲线 $y = f(x)$, 两条直线 $x = a$, $x = b$ 及 x 轴围成的曲边梯形在 x 轴的下方, 定积分 $\int_a^b f(x)\mathrm{d}x$ 在几何上表示这个曲边梯形面积的负值;

(3) 在 $[a, b]$ 上 $f(x)$ 既取得正值又取得负值时(图 5-3(c)), 定积分 $\int_a^b f(x)\mathrm{d}x$ 在几何上表示在 x 轴上方图形面积减去 x 轴下方图形面积所得之差.

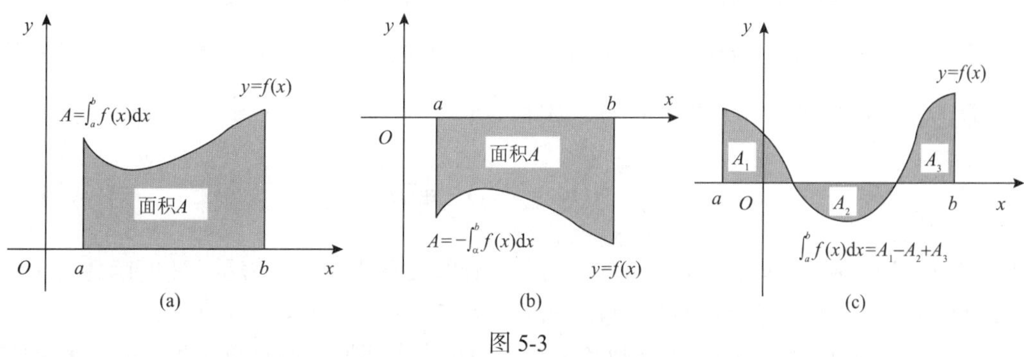

图 5-3

例 5.1.1 根据定积分的几何意义计算下列定积分:

(1) $\int_{-a}^{a}\sqrt{a^2-x^2}\mathrm{d}x\ (a>0)$; (2) $\int_{0}^{2\pi}\sin t\mathrm{d}t$.

解 (1) 画出被积函数 $y=\sqrt{a^2-x^2}$ 的图像(上半圆), 如图 5-4(a)所示, 可知 $y=\sqrt{a^2-x^2}$ 与 x 轴所围成的平面图形的面积为 $\frac{1}{2}\pi\cdot a^2$, 根据定积分的几何意义得

$$\int_{-a}^{a}\sqrt{a^2-x^2}\mathrm{d}x=\frac{1}{2}\pi a^2. \qquad \square$$

(2) 画出被积函数 $y=\sin t$ 在 $[0,2\pi]$ 上的图像, 如图 5-4(b)所示, 可知 $y=\sin t$ 在 $[0, 2\pi]$ 上与 t 轴所围成的平面图形在 t 轴上方和下方的面积相等, 根据定积分的几何意义得

$$\int_{0}^{2\pi}\sin t\mathrm{d}t=0. \qquad \square$$

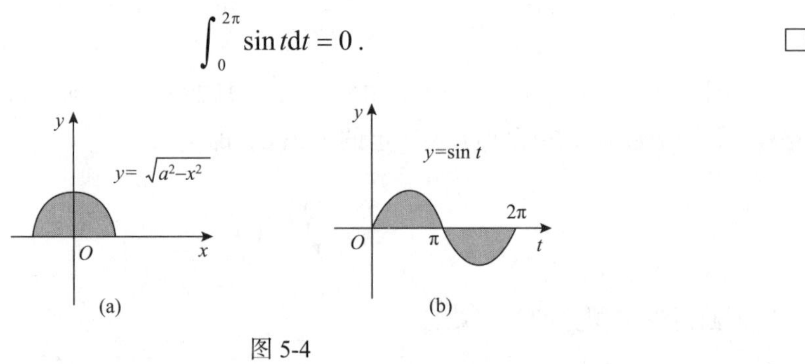

图 5-4

三、牛顿-莱布尼茨公式

应用定义计算定积分是一个复杂的过程, 尤其当被积函数是一些复杂的函数时, 其困难就更大. 因此, 我们必须寻求计算定积分的新方法.

下面我们研究变速直线运动中的位置函数 $s=s(t)$ 与速度函数 $v=v(t)$ 之间的联系, 从中获得启发.

设一物体在直线上运动. 在这条直线上取定原点、正向及单位长度, 使它成为一数轴. 设时刻 t 物体所在的位置为 $s(t)$, 速度为 $v(t)$ (为了讨论方便起见, 可以设 $v(t)\geqslant 0$).

从第一节知道, 物体在时间间隔 $[T_1,T_2]$ 内所经过的路程等于速度函数 $v(t)$ 在 $[T_1,T_2]$ 上的定积分, 即 $\Delta s=\int_{T_1}^{T_2}v(t)\mathrm{d}t$; 另一方面, 这段路程 Δs 又等于位置函数 $s(t)$ 在时间区间 $[T_1,T_2]$ 上的增量, 即 $\Delta s=s(T_2)-s(T_1)$. 因此,

$$\int_{T_1}^{T_2}v(t)\mathrm{d}t=s(T_2)-s(T_1). \tag{5.1.1}$$

因为 $s'(t)=v(t)$, 即 $s(t)$ 是 $v(t)$ 的原函数, 所以关系式(5.1.1)表示, 速度函数 $v(t)$ 在区间 $[T_1,T_2]$ 上定积分等于 $v(t)$ 的原函数 $s(t)$ 在 $[T_1,T_2]$ 上的增量 $s(T_2)-s(T_1)$.

对于在区间 $[a, b]$ 上的连续函数 $f(x)$, 下面给出利用原函数计算定积分的一个重要

公式.

定理 5.1.3 如果函数 $F(x)$ 是连续函数 $f(x)$ 在区间 $[a, b]$ 上的一个原函数, 则

$$\int_a^b f(x)\,\mathrm{d}x = F(b) - F(a).$$

这一公式称为**牛顿-莱布尼茨公式**, 也称为**微积分基本公式**. 我们将在下一节给出定理的证明.

注 为了方便起见, 我们将 $F(b)-F(a)$ 记作 $\left[F(x)\right]_a^b$ 或 $F(x)\big|_a^b$, 于是

$$\int_a^b f(x)\,\mathrm{d}x = \left[F(x)\right]_a^b \text{ 或 } F(x)\Big|_a^b.$$

牛顿 (Newton, 1643—1727), 英国数学家、物理学家、天文学家和哲学家. 著有《自然哲学的数学原理》、《光学》、《二项式定理》和《微积分》. **莱布尼茨** (Leibniz, 1646—1716), 德国数学家、自然科学家、物理学家、历史学家和哲学家, 一位举世罕见的科学天才. 他们在同一时间段, 不同的地点, 独立地发明了微积分. 因此, 牛顿和莱布尼茨都被称为高等数学之父.

例 5.1.2 计算 $\displaystyle\int_{\frac{1}{\sqrt{3}}}^{\sqrt{3}} \frac{1}{1+x^2}\,\mathrm{d}x$.

解 因为 $\arctan x$ 是 $\dfrac{1}{1+x^2}$ 的一个原函数, 故由微积分基本公式得

$$\begin{aligned}\int_{\frac{1}{\sqrt{3}}}^{\sqrt{3}} \frac{1}{1+x^2}\,\mathrm{d}x &= \left[\arctan x\right]_{\frac{1}{\sqrt{3}}}^{\sqrt{3}} = \arctan(\sqrt{3}) - \arctan\left(\frac{1}{\sqrt{3}}\right) \\ &= \frac{\pi}{3} - \frac{\pi}{6} = \frac{\pi}{6}.\end{aligned}$$

□

例 5.1.3 计算 $\displaystyle\int_1^2 \left(x^2 + \frac{1}{x^4}\right)\mathrm{d}x$.

解 因为 $\displaystyle\int\left(x^2+\frac{1}{x^4}\right)\mathrm{d}x = \frac{1}{3}x^3 - \frac{1}{3}x^{-3} + C$, 故 $\dfrac{1}{3}x^3 - \dfrac{1}{3}x^{-3}$ 是 $x^2 + \dfrac{1}{x^4}$ 的一个原函数. 由微积分基本公式得

$$\begin{aligned}\int_1^2\left(x^2+\frac{1}{x^4}\right)\mathrm{d}x &= \left[\frac{1}{3}x^3 - \frac{1}{3}x^{-3}\right]_1^2 \\ &= \left(\frac{1}{3}\cdot 2^3 - \frac{1}{3}\cdot 2^{-3}\right) - \left(\frac{1}{3}\cdot 1^3 - \frac{1}{3}\cdot 1^{-3}\right) = \frac{21}{8}.\end{aligned}$$

□

四、定积分的性质

为了计算方便, 对定积分作以下两点补充规定:

(1) 当$a=b$时，$\int_a^a f(x)\mathrm{d}x=0$；

(2) $\int_a^b f(x)\mathrm{d}x=-\int_b^a f(x)\mathrm{d}x$.

于是，交换定积分的上下限时，定积分的绝对值不变但符号相反.

下面讨论定积分的性质，假定各性质中所列出的定积分都是存在的.

性质 5.1.1　$\int_a^b [f(x)\pm g(x)]\mathrm{d}x=\int_a^b f(x)\mathrm{d}x\pm\int_a^b g(x)\mathrm{d}x$.

证　设$f(x)$，$g(x)$的原函数分别为$F(x)$，$G(x)$，则

$$(F(x)\pm G(x))'=f(x)\pm g(x),$$

于是$F(x)\pm G(x)$是$f(x)\pm g(x)$的原函数. 由牛顿-莱布尼茨公式得到

$$\begin{aligned}\int_a^b [f(x)\pm g(x)]\mathrm{d}x&=\left[F(x)\pm G(x)\right]_a^b\\&=F(x)\big|_a^b\pm G(x)\big|_a^b\\&=\int_a^b f(x)\mathrm{d}x\pm\int_a^b g(x)\mathrm{d}x.\end{aligned}$$

□

性质 5.1.2　$\int_a^b kf(x)\mathrm{d}x=k\int_a^b f(x)\mathrm{d}x$（$k$是常数）.

证　设$f(x)$的原函数为$F(x)$，则

$$(kF(x))'=kf(x),$$

于是$kF(x)$是$f(x)$的原函数. 由牛顿-莱布尼茨公式得

$$\begin{aligned}\int_a^b kf(x)\mathrm{d}x&=\left[kF(x)\right]_a^b=k\left[F(x)\right]_a^b\\&=k\int_a^b f(x)\mathrm{d}x.\end{aligned}$$

□

性质 5.1.3（关于积分区间可加性）

$$\int_a^b f(x)\mathrm{d}x=\int_a^c f(x)\mathrm{d}x+\int_c^b f(x)\mathrm{d}x \text{（图 5-5）}.$$

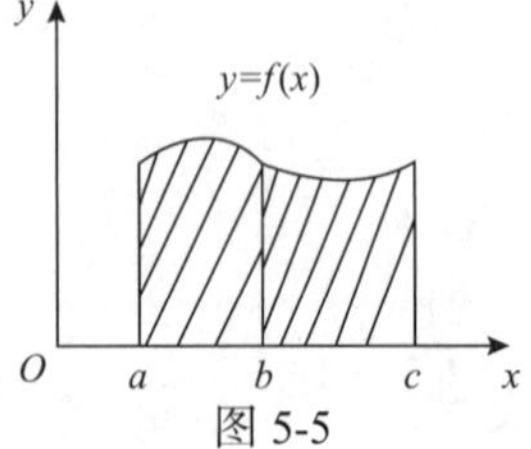

图 5-5

证　设$f(x)$的原函数为$F(x)$，由牛顿-莱布尼茨公式得

$$\begin{aligned}\int_a^c f(x)\mathrm{d}x+\int_c^b f(x)\mathrm{d}x&=\left[F(x)\right]_a^c+\left[F(x)\right]_c^b\\&=F(c)-F(a)+F(b)-F(c)\\&=F(b)-F(a)=\int_a^b f(x)\mathrm{d}x.\end{aligned}$$

□

注　不论a, b, c的相对位置如何，性质 5.1.3 中等式总是成立的.

例 5.1.4　求定积分$\int_{-1}^{1}|x|\mathrm{d}x$.

解　$\int_{-1}^{1}|x|\mathrm{d}x=\int_{-1}^{0}|x|\mathrm{d}x+\int_{0}^{1}|x|\mathrm{d}x$

$$=\int_{-1}^{0}(-x)\mathrm{d}x+\int_{0}^{1}x\mathrm{d}x$$

$$=\left[\frac{1}{2}x^2\right]_0^{-1}+\left[\frac{1}{2}x^2\right]_0^{1}=\frac{1}{2}+\frac{1}{2}=1.$$ □

性质 5.1.4　$\int_a^b \mathrm{d}x=b-a$ (图 5-6).

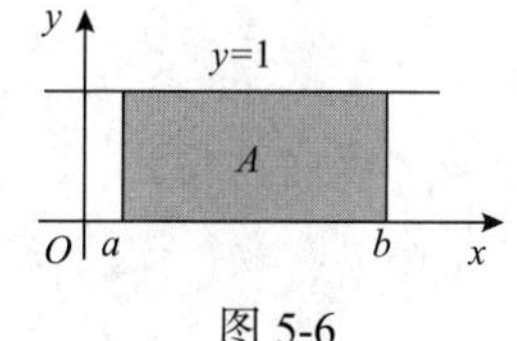

图 5-6

证　由牛顿-莱布尼茨公式得

$$\int_a^b \mathrm{d}x=x\Big|_a^b=b-a.$$ □

性质 5.1.5 (保号性)　如果在区间$[a,\ b]$上$f(x)\geqslant 0$,则

$$\int_a^b f(x)\mathrm{d}x\geqslant 0.$$

证　设$f(x)$的原函数为$F(x)$，则$\left(F(x)\right)'=f(x)\geqslant 0$，从而$F(b)-F(a)\geqslant 0$.由牛顿-莱布尼茨公式得

$$\int_a^b f(x)\mathrm{d}x=F(b)-F(a)\geqslant 0.$$ □

推论 5.1.1　如果在区间$[a,\ b]$上$f(x)\leqslant g(x)$,则$\int_a^b f(x)\mathrm{d}x\leqslant\int_a^b g(x)\mathrm{d}x$.

证　由于$g(x)\geqslant f(x)$，故$g(x)-f(x)\geqslant 0$．由保号性知,

$$\int_a^b[g(x)-f(x)]\mathrm{d}x\geqslant 0,$$

从而

$$\int_a^b f(x)\mathrm{d}x\leqslant\int_a^b g(x)\mathrm{d}x.$$ □

推论 5.1.2　$\left|\int_a^b f(x)\mathrm{d}x\right|\leqslant\int_a^b|f(x)|\mathrm{d}x\ (a<b)$.

证　因为$-|f(x)|\leqslant f(x)\leqslant|f(x)|$，由保号性知,

$$\left|\int_a^b f(x)\mathrm{d}x\right|\leqslant\int_a^b|f(x)|\mathrm{d}x.$$ □

性质 5.1.6　设 $M=\max\limits_{[a,b]} f(x)$, $m=\min\limits_{[a,b]} f(x)$,则

$$m(b-a)\leqslant\int_a^b f(x)\mathrm{d}x\leqslant M(b-a)\quad(a<b).$$

这个性质表明, 由被积函数 $f(x)$ 在积分区间 $[a, b]$ 上的最大值与最小值, 可以估计积分值的大致范围.

证　因为 $m\leqslant f(x)\leqslant M$, 故由性质 5.1.4 和推论 5.1.1 知,

$$\int_a^b m\,\mathrm{d}x\leqslant\int_a^b f(x)\,\mathrm{d}x\leqslant\int_a^b M\,\mathrm{d}x,$$

即

$$m(b-a)\leqslant\int_a^b f(x)\,\mathrm{d}x\leqslant M(b-a).$$ □

性质 5.1.7 (积分中值定理)　如果函数 $f(x)$ 在区间 $[a, b]$ 上连续, 则在 $[a, b]$ 上至少存在一个点 ξ, 使

$$\int_a^b f(x)\,\mathrm{d}x=f(\xi)(b-a).$$

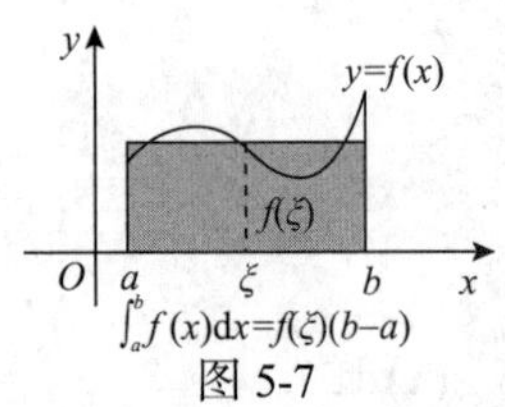

图 5-7

注　(1) 积分中值定理的几何解释: 在 $[a, b]$ 上至少存在一个点 ξ, 使得以区间 $[a, b]$ 为底、$y=f(x)$ 为曲边的曲边梯形的面积等于同一底边而高为 $f(\xi)$ 的矩形的面积.

(2)　$f(\xi)=\dfrac{1}{b-a}\displaystyle\int_a^b f(x)\mathrm{d}x$ 称为函数 $f(x)$ 在区间 $[a, b]$ 上的平均值. 如图 5-7 所示, $f(\xi)$ 可以看作曲边梯形的平均高度.

习　题　5-1

1. 求 $\dfrac{\mathrm{d}}{\mathrm{d}x}\displaystyle\int_a^b \arctan x\mathrm{d}x$.

2. 设圆 $x^2+y^2=a^2$, $a>0$ 所围成区域的面积为 S, 求 $\displaystyle\int_0^a\sqrt{a^2-x^2}\mathrm{d}x$.

3.设 $f(x)$ 在 $[a,b]$ 上是非负函数, 若区间 $[c,d]\subset[a,b]$, 且 $I_1=\displaystyle\int_a^b f(x)\,\mathrm{d}x$, $I_2=\displaystyle\int_c^d f(x)\,\mathrm{d}x$, 说明 I_1 与 I_2 的大小关系.

4. 设 $f(x)$ 在闭区间 $[a, b]$ 上连续, 试证 $[a, b]$ 上至少存在一点 ξ, 使 $\displaystyle\int_a^b f(x)\,\mathrm{d}x=f(\xi)(b-a)$, 其中 $a\leqslant\xi\leqslant b$.

5. 求定积分:

(1) $\displaystyle\int_0^a(3x^2-x+1)\mathrm{d}x$;　　(2) $\displaystyle\int_1^4\left(x^2+\frac{1}{x^4}\right)\mathrm{d}x$;

(3) $\int_4^9 (\sqrt{x}(1+\sqrt{x})\mathrm{d}x$; (4) $\int_{-\frac{1}{2}}^{\frac{1}{2}} \frac{\mathrm{d}x}{\sqrt{1-x^2}}$;

(5) $\int_{-1}^{0} \frac{3x^4+3x^2+1}{x^2+1}\mathrm{d}x$; (6) $\int_0^{\frac{\pi}{4}} \tan^2 x\mathrm{d}x$;

(7) $\int_0^{\frac{\pi}{2}} \sin^2 x\mathrm{d}x$; (8) $\int_0^{\frac{\pi}{2}} \sqrt{1-\cos 2x}\,\mathrm{d}x$.

第二节 微积分的基本公式

牛顿-莱布尼茨公式为我们计算定积分创造了方便. 本节我们将研究这个公式的证明问题, 为此, 我们先引入积分上限函数的概念.

一、积分上限函数及其导数

设函数 $f(x)$ 在区间 $[a,b]$ 上连续, u 为 $[a, b]$ 上一点, 我们考察 $f(x)$ 在部分区间 $[a, u]$ 上的定积分. 由于 $f(x)$ 在 $[a, u]$ 上仍然连续, 故定积分 $\int_a^u f(x)\mathrm{d}x$ 存在. 因为定积分与积分变量的记号无关, 所以, 为了明确起见, 我们将积分变量改为 t, 而积分上限 u 用 x 表示, 则上面定积分可以写成

$$\int_a^x f(t)\mathrm{d}t.$$

如果上限 x 在区间 $[a, b]$ 上变动, 对于每一个取定的 x, 都有唯一确定的积分值 $\int_a^x f(t)\mathrm{d}t$ 与之对应, 这样就在 $[a, b]$ 定义了一个函数 $\Phi(x)=\int_a^x f(t)\,\mathrm{d}t$, 称这个函数为**积分上限函数**(图 5-8).

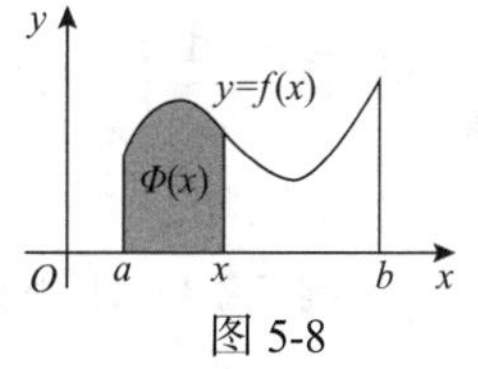

图 5-8

下面给出这个函数的一个重要性质.

定理 5.2.1 如果 $f(x)$ 在区间 $[a, b]$ 上连续, 则 $\Phi(x)=\int_a^x f(t)\,\mathrm{d}t$ 在 $[a, b]$ 上可导, 且

$$\Phi'(x)=\frac{\mathrm{d}}{\mathrm{d}x}\int_a^x f(t)\mathrm{d}t=f(x), \quad x\in[a, b].$$

证 设 x 获得增量 Δx, 使得 $x+\Delta x\in[a,b]$, 则

$$\Phi(x+\Delta x)-\Phi(x)=\int_a^{x+\Delta x} f(t)\mathrm{d}t-\int_a^x f(t)\,\mathrm{d}t=\int_x^{x+\Delta x} f(t)\mathrm{d}t.$$

应用积分中值定理, 得到

$$\Phi(x+\Delta x)-\Phi(x)=\int_x^{x+\Delta x} f(t)\,\mathrm{d}t=f(\xi)\Delta x,$$

其中ξ介于x与$x+\Delta x$之间. 于是

$$\lim_{\Delta x\to 0}\frac{\varPhi(x+\Delta x)-\varPhi(x)}{\Delta x}=\lim_{\Delta x\to 0}f(\xi)=f(x)$$

(这是因为$f(x)$在区间$[a,b]$上连续, 而当$\Delta x\to 0$时, $\xi\to x$, 从而$f(\xi)\to f(x)$). 这就是说, $\varPhi(x)$的导数存在且$\varPhi'(x)=f(x)$. □

注 这个重要结论揭示了积分与导数之间的内在联系, **即积分上限函数的导数就等于被积函数在上限处的值**.

定理 5.2.1 说明了$\varPhi(x)$是连续函数$f(x)$的一个原函数, 即我们得到如下推论.

推论 5.2.1 如果$f(x)$在区间$[a,b]$上连续, 则$\varPhi(x)=\int_a^x f(t)\mathrm{d}t$是$f(x)$在$[a,b]$上的一个原函数.

推论5.2.1表明了连续函数的原函数是存在的, 同时也揭示了定积分与原函数之间的联系. 因此, 我们有可能通过原函数计算定积分.

上面介绍了积分上限函数$\varPhi(x)=\int_a^x f(t)\mathrm{d}t$及其可导性, 相应地, 称函数$\int_x^b f(t)\mathrm{d}t$为**积分下限函数**. 设$f(x)$是连续函数, 根据定积分的性质和复合函数的求导法则, 我们可以证明以下几个重要结果.

(1) $\dfrac{\mathrm{d}}{\mathrm{d}x}\int_x^b f(t)\mathrm{d}t=-f(x)$;

(2) $\dfrac{\mathrm{d}}{\mathrm{d}x}\int_a^{\varphi(x)} f(t)\mathrm{d}t=f(\varphi(x))\varphi'(x)$, 这里$\varphi(x)$是可导函数;

(3) $\dfrac{\mathrm{d}}{\mathrm{d}x}\int_{\varphi_1(x)}^{\varphi_2(x)} f(t)\mathrm{d}t=f(\varphi_2(x))\varphi_2'(x)-f(\varphi_1(x))\varphi_1'(x)$, 这里$\varphi_1(x)$, $\varphi_2(x)$是可导函数.

证明略.

例 5.2.1 求下列极限

(1) $\lim\limits_{x\to 0}\dfrac{\int_0^x \sin t^2\mathrm{d}t}{x-\sin x}$;　　(2) $\lim\limits_{x\to 0}\dfrac{\int_{6x}^0 \cos t^2\mathrm{d}t}{3\sin x}$.

解 易知这两个是$\dfrac{0}{0}$型的不定式, 我们利用洛必达法则进行计算.

(1) 因为$\dfrac{\mathrm{d}}{\mathrm{d}x}\int_0^x \sin t^2\mathrm{d}t=\sin x^2$, 所以

$$\lim_{x\to 0}\frac{\int_0^x \sin t^2\mathrm{d}t}{x-\sin x}=\lim_{x\to 0}\frac{\sin x^2}{1-\cos x}=\lim_{x\to 0}\frac{x^2}{\frac{1}{2}x^2}=2$$

(这里利用了等价无穷小的替换).

(2) 因为$\dfrac{\mathrm{d}}{\mathrm{d}x}\int_{6x}^0 \cos t^2\mathrm{d}t=-\cos(6x)^2\cdot(6x)'=-6\cos(36x^2)$, 所以

$$\lim_{x\to 0}\frac{\int_{6x}^{0}\cos t^2\mathrm{d}t}{3\sin x}=\lim_{x\to 0}\frac{-6\cos(36x^2)}{3\cos x}=-2. \qquad \square$$

例 5.2.2 设 $f(x)$ 在 $[a, b]$ 连续，且 $F(x)=\int_a^x (x-t)f(t)\mathrm{d}t$，$x\in[a, b]$，试求二阶导数 $F''(x)$.

解 因为 $F(x)$ 的被积函数含有求导变量 x，所以先需要对 $F(x)$ 进行恒等变形，把 x 分离，然后再进行求导运算.

显然，$F(x)=x\int_a^x f(t)\mathrm{d}t-\int_a^x tf(t)\mathrm{d}t$，所以

$$F'(x)=\int_a^x f(t)\mathrm{d}t+xf(x)-xf(x)=\int_a^x f(t)\mathrm{d}t,$$

于是

$$F''(x)=f(x). \qquad \square$$

二、牛顿-莱布尼茨公式的证明

下面我们给出牛顿-莱布尼茨公式的证明.

牛顿-莱布尼茨公式 如果函数 $F(x)$ 是连续函数 $f(x)$ 在区间 $[a, b]$ 上的一个原函数，则

$$\int_a^b f(x)\mathrm{d}x=F(b)-F(a).$$

证 因为 $F(x)$ 是 $f(x)$ 的一个原函数，积分上限函数 $\int_a^x f(x)\mathrm{d}x$ 也是 $f(x)$ 的一个原函数，而两个原函数之间相差某个常数 C，所以

$$F(x)=\int_a^x f(x)\mathrm{d}x+C.$$

令 $x=a$，得 $C=F(a)$. 从而 $\int_a^x f(x)\mathrm{d}x=F(x)-F(a)$. 再令 $x=b$，得到

$$\int_a^b f(x)\mathrm{d}x=F(b)-F(a). \qquad \square$$

注 (1) 根据上一节补充规定(2)，该公式对于 $a>b$ 的情形同样成立.

(2) 这一公式进一步揭示了定积分与被积函数的原函数(或不定积分)之间的联系. 它表明：一个连续函数 $f(x)$ 在区间 $[a, b]$ 上的定积分等于 $f(x)$ 的任意一个原函数在 $[a, b]$ 上的增量. 这为定积分的计算提供了一个简单而有效的计算方法.

例 5.2.3 计算：$\int_1^{\mathrm{e}}\frac{\ln x}{x}\mathrm{d}x$.

解 $\int_1^e \frac{\ln x}{x}dx = \int_1^e \ln x d\ln x = \left[\frac{1}{2}(\ln|x|)^2\right]_1^e = \frac{1}{2}(\ln e)^2 - \frac{1}{2}\ln 1 = \frac{1}{2}$. □

例 5.2.4 设$\int_0^x f(t)dt = \frac{x^4}{2}$，求$\int_0^4 \frac{1}{\sqrt{x}}f(\sqrt{x})dx$.

解 等式$\int_0^x f(t)dt = \frac{x^4}{2}$两边关于$x$求导得

$$f(x) = 2x^3.$$

于是

$$\int_0^4 \frac{1}{\sqrt{x}}f(\sqrt{x})dx = \int_0^4 \frac{1}{\sqrt{x}}\cdot 2(\sqrt{x})^3 dx = 2\int_0^4 x\,dx = [x^2]_0^4 = 16.$$ □

例 5.2.5 计算$\int_0^2 |x-1|\,dx$.

解 被积函数$f(x)=|x-1|$可看作分段函数

$$f(x)=\begin{cases}1-x, & x\in[0,1],\\ x-1, & x\in(1,2],\end{cases}$$

则

$$\begin{aligned}\int_0^2 |x-1|dx &= \int_0^1 (1-x)dx + \int_1^2 (x-1)dx\\ &= \left[x-\frac{1}{2}x^2\right]_0^1 + \left[\frac{1}{2}x^2 - x\right]_1^2 = \frac{1}{2}+\frac{1}{2} = 1.\end{aligned}$$ □

习 题 5-2

1. 设$f(x)$为定义在[0, 4]上的连续函数, 且$\int_1^{x-2} f(t)dt = x^2 - \sqrt{3}$，求$f(2)$.

2. 求以下函数的导数:

(1) $\frac{d}{dx}\int_{x^2}^{x^3}\frac{dt}{\sqrt{1+t^2}}$；　　(2) $\frac{d}{dx}\int_0^{\sin x}\sqrt{1-t^2}\,dt$；

(3) $\frac{d}{dx}\int_1^{x^3}\frac{dt}{\sqrt{1+t^2}}$；　　(4) $\frac{d}{dx}\int_0^{x^2}\sqrt{1+t^2}\,dt$；

(5) 设$y=\int_{x^2}^{x^3} f(t)\,dt$，求$\frac{dy}{dx}$；

(6) 设$f(x)$可导, 且$f(x) = -2 + \frac{1}{x}\int_3^x f(t)\,dt$，求$f'(x)$.

3. 根据条件, 求函数$f(x)$:

(1) 设$\int_0^x f(t)\,dt = x\sin x$，求$f(x)$；　　(2) 设$\frac{d}{dx}\int_0^{e^{-x}} f(t)\,dt = e^x$，求$f(x)$；

(3) 设 $\int_0^x f(t)\mathrm{d}t = x\cos x$，求 $f(x)$； (4) 设 $\frac{\mathrm{d}}{\mathrm{d}x}\int_1^{-x} f(t)\mathrm{d}t = x\mathrm{e}^{3x}$，求 $f(x)$；

(5) 设 $\int f(x)\mathrm{d}x = \arcsin 2x + \sqrt[3]{x} + C$，求 $f(x)$.

4. 求下列极限:

(1) $\lim\limits_{x\to 0}\dfrac{\int_0^x (\mathrm{e}^t + \mathrm{e}^{-t} - 2)\,\mathrm{d}t}{\ln(1+x^3)}$； (2) $\lim\limits_{x\to 0}\dfrac{\int_0^x (\mathrm{e}^t + \mathrm{e}^{-t} - 2)\,\mathrm{d}t}{1-\cos x}$；

(3) $\lim\limits_{x\to 0}\dfrac{\int_0^x \cos t^2\,\mathrm{d}t}{x}$； (4) $\lim\limits_{x\to 0}\dfrac{\int_0^x \sin t^2\mathrm{d}t}{x-\sin x}$；

(5) $\lim\limits_{x\to 0}\dfrac{\int_0^x t\cos t\,\mathrm{d}t}{(\sin 4x)^2}$；

5. 已知 $\int_0^a x(2-3x)\,\mathrm{d}x = 2$，求常数 a.

6. 设 $y = \int_a^x (t-x)f(t)\mathrm{d}t$, 求 y''.

7. 讨论函数 $f(x) = \int_0^{x^2} \mathrm{e}^{-t^2}\mathrm{d}t$ 的单调性与凹凸性.

8. 设 $f(x)$ 在区间 $[0, +\infty)$ 上连续且 $f(x) > 0$，证明: $F(x) = \dfrac{\int_0^x t f(t)\,\mathrm{d}t}{\int_0^x f(t)\,\mathrm{d}t}$ 在区间 $[0, +\infty)$ 内为单调增加函数.

9. 设 $\int_0^x t f(t)\,\mathrm{d}t = x\ln x$，求不定积分 $\int f(x)\,\mathrm{d}x$.

10. 设 $f(x)$ 在区间 $[a, b]$ 上连续，$f(x) > 0$，且 $F(x) = \int_a^x f(t)\,\mathrm{d}t + \int_b^x \frac{1}{f(t)}\mathrm{d}t$，$x\in[a, b]$，证明:

(1) $F'(x) \geqslant 2$；

(2) 方程 $F(x)=0$ 在区间 $[a, b]$ 上有且仅有一个根.

11. 设 $f(x) = x^2 - \int_0^1 f(x)\,\mathrm{d}x$，求函数 $f(x)$.

第三节 定积分的换元法和分部积分法

由上一节知道，计算定积分 $\int_a^b f(x)\mathrm{d}x$ 的简便方法是转化为求 $f(x)$ 的原函数的增量. 在第四章，我们可以利用换元法和分部积分法求一些函数的原函数. 因此，在一定条件下，可以利用换元法和分部积分法计算定积分. 本节将讨论这两种方法.

一、定积分的换元法

我们先给出换元法的一个重要定理.

定理 5.3.1 假设函数 $f(x)$ 在区间 $[a, b]$ 上连续，函数 $x=\varphi(t)$ 满足条件:

(1) $\varphi(\alpha)=a,\ \varphi(\beta)=b$；

（2） $\varphi(t)$ 在 $[\alpha, \beta]$（或 $[\beta, \alpha]$）上有连续导数, 且其值域 $R_\varphi = [a, b]$, 则有

$$\int_a^b f(x)\mathrm{d}x = \int_\alpha^\beta f(\varphi(t))\,\varphi'(t)\,\mathrm{d}t .$$

这个公式称为**定积分的换元公式**.

证　上式两边的被积函数都是连续的, 因此不仅两边的定积分都存在, 而且由上一节推论 5.2.1 知道, 被积函数的原函数也都存在. 所以两边的定积分都可应用微积分基本公式.

（1） 假设 $F(x)$ 是 $f(x)$ 的一个原函数, 则

$$\int_a^b f(x)\mathrm{d}x = F(b) - F(a) .$$

（2） 记 $\Phi(t) = F(\varphi(t))$, 它是由 $F(x)$ 和 $x = \varphi(t)$ 复合而成的函数. 由复合函数求导法则, 得

$$\Phi'(t) = \frac{\mathrm{d}F}{\mathrm{d}x}\cdot\frac{\mathrm{d}x}{\mathrm{d}t} = f(x)\varphi'(t) = f(\varphi(t))\varphi'(t) ,$$

这表明 $\Phi(t)$ 是 $f(\varphi(t))\varphi'(t)$ 的一个原函数, 因此有

$$\begin{aligned}\int_\alpha^\beta f(\varphi(t))\varphi'(t)\,\mathrm{d}t &= \Phi(\beta) - \Phi(\alpha)\\ &= F(\varphi(\beta)) - F(\varphi(\alpha)) = F(b) - F(a).\end{aligned}$$

于是

$$\int_a^b f(x)\mathrm{d}x = \int_\alpha^\beta f(\varphi(t))\,\varphi'(t)\,\mathrm{d}t . \qquad \square$$

这就证明了换元公式.

注　（1） 在换元法中, 变量代换 $x = \varphi(t)$ 把积分变量 x 变成 t, 积分限也要换成新的变量 t 的积分限, 即**换元必换限, 下限对下限, 上限对上限**;

（2） 求出 $f(\varphi(t))\varphi'(t)$ 的原函数后, 不必像计算不定积分那样把 $\varphi(t)$ 换成原变量 x 的函数, 而只需要将新变量 t 的上下限代入 $\Phi(t)$ 进行相减即可.

例 5.3.1　计算 $\int_0^a \sqrt{a^2 - x^2}\,\mathrm{d}x\ (a > 0)$.

解　设 $x = a\sin t$, 则

$$当\ x = 0\ 时, t_{下} = 0; \quad 当\ x = a\ 时, t_{上} = \frac{\pi}{2}. \tag{5.3.1}$$

被积函数为 $\sqrt{a^2 - x^2} = a\cos t$, $\mathrm{d}x = a\cos t\,\mathrm{d}t$, 于是

$$\int_0^a \sqrt{a^2-x^2}\,\mathrm{d}x = a^2\int_0^{\frac{\pi}{2}}\cos^2 t\,\mathrm{d}t = \frac{a^2}{2}\int_0^{\frac{\pi}{2}}(1+\cos 2t)\,\mathrm{d}t$$

$$=\left[\frac{a^2}{2}\left(t+\frac{1}{2}\sin 2t\right)\right]_0^{\frac{\pi}{2}} = \frac{\pi a^2}{4}. \qquad \square$$

在本例中, 通过变量代换 $x=a\sin t$, 将积分变量 x 化为 t, 因此要进行积分上下限的变换(见(5.3.1)), 将上下限由 $[0, a]$ 变为 $\left[0, \frac{\pi}{2}\right]$. 在计算过程中, 利用积分变量为 t 的积分的原函数进行计算, 而没有换成原变量 x 的函数.

注 例 5.3.1 中 $t_{上}$ 表示变量 t 的上限, $t_{下}$ 表示 t 的下限.

换元公式也可以反过来使用. 为了方便起见, 把换元公式中左右两边对调位置, 同时将 t 记为 x, 而将 x 记为 t, 得

$$\int_a^b f(\varphi(x))\,\varphi'(x)\,\mathrm{d}x = \int_\alpha^\beta f(t)\mathrm{d}t.$$

这样就可以用变量代换 $t=\varphi(x)$ 引入新变量, 而 $\alpha=\varphi(a),\ \beta=\varphi(b)$.

例 5.3.2 计算 $\int_1^4 \frac{\sqrt{x-1}}{x}\mathrm{d}x$.

解 设 $\sqrt{x-1}=t$, 则 $x=t^2+1$ 且当 $x=1$ 时, $t_{下}=0$; 当 $x=4$ 时, $t_{上}=\sqrt{3}$. 被积函数为 $\frac{\sqrt{x-1}}{x}=\frac{t}{t^2+1}$, $\mathrm{d}x=2t\,\mathrm{d}t$, 于是

$$\int_1^4 \frac{\sqrt{x-1}}{x}\mathrm{d}x = \int_0^{\sqrt{3}}\frac{2t^2}{t^2+1}\mathrm{d}t = \int_0^{\sqrt{3}}\frac{2(t^2+1)-2}{t^2+1}\mathrm{d}t$$

$$=2\int_0^{\sqrt{3}}1\,\mathrm{d}t - 2\int_0^{\sqrt{3}}\frac{1}{t^2+1}\mathrm{d}t = 2\sqrt{3}-\frac{2\pi}{3}. \qquad \square$$

例 5.3.3 计算 $\int_0^1 x^2\sqrt{1-x^2}\,\mathrm{d}x$.

解 设 $x=\sin t$, 则 $\sqrt{1-x^2}=\cos t$, $\mathrm{d}x=\cos t\,\mathrm{d}t$ 且

$$当 x=0 时, t_{下}=0; \quad 当 x=1 时, t_{上}=\frac{\pi}{2}.$$

所以

$$\int_0^1 x^2\sqrt{1-x^2}\,\mathrm{d}x = \int_0^{\frac{\pi}{2}}\sin^2 t\cos^2 t\,\mathrm{d}t = \frac{1}{4}\int_0^{\frac{\pi}{2}}\sin^2 2t\,\mathrm{d}t$$

$$=\frac{1}{8}\int_0^{\frac{\pi}{2}}(1-\cos 4t)\,\mathrm{d}t = \frac{1}{8}\left[t-\frac{1}{4}\sin 4t\right]_0^{\frac{\pi}{2}} = \frac{\pi}{16}. \qquad \square$$

例 5.3.4 计算 $\int_0^{\frac{\pi}{2}} \sin^3 x\,\mathrm{d}x$.

解 $$\int_0^{\frac{\pi}{2}} \sin^3 x\,\mathrm{d}x = \int_0^{\frac{\pi}{2}} \sin^2 x\cdot\sin x\,\mathrm{d}x$$

$$= -\int_0^{\frac{\pi}{2}} (1-\cos^2 x)\,\mathrm{d}\cos x$$

$$= -\left[\cos x - \frac{1}{3}\cos^3 x\right]_0^{\frac{\pi}{2}} = \frac{2}{3}.$$ □

下面给出 $f(x)$ 在对称区间上定积分的性质.

命题 5.3.1 设 $f(x)$ 在区间 $[-a, a]$ 上连续, 则

(1) 如果 $f(x)$ 是奇函数, 则

$$\int_{-a}^{a} f(x)\,\mathrm{d}x = 0.$$

(2) 如果 $f(x)$ 是偶函数, 则

$$\int_{-a}^{a} f(x)\,\mathrm{d}x = 2\int_0^a f(x)\,\mathrm{d}x.$$

证 因为 $\int_{-a}^{a} f(x)\,\mathrm{d}x = \int_{-a}^{0} f(x)\,\mathrm{d}x + \int_0^a f(x)\,\mathrm{d}x$, 对 $\int_{-a}^{0} f(x)\,\mathrm{d}x$ 左变量代换 $x=-t$, 则 $\mathrm{d}x = -\mathrm{d}t$ 且

$$当 x=-a 时, t_{下}=a; \quad 当 x=0 时, t_{上}=0.$$

于是

$$\int_{-a}^{0} f(x)\,\mathrm{d}x = \int_a^0 f(-t)(-\mathrm{d}t) = \int_0^a f(-t)\,\mathrm{d}t = \int_0^a f(-x)\,\mathrm{d}x.$$

因此

$$\int_{-a}^{a} f(x)\,\mathrm{d}x = \int_0^a [f(-x)+f(x)]\,\mathrm{d}x.$$

(1) 如果 $f(x)$ 是奇函数, 则 $f(-x) = -f(x)$, 于是

$$\int_{-a}^{a} f(x)\,\mathrm{d}x = 0.$$

(2) 如果 $f(x)$ 是偶函数, 则 $f(-x) = f(x)$, 于是

$$\int_{-a}^{a} f(x)\,\mathrm{d}x = 2\int_0^a f(x)\,\mathrm{d}x.$$ □

例 5.3.5 计算下列定积分.

(1) $\int_{-5}^{5}\frac{x^2\sin x}{1+x^4}\mathrm{d}x$; (2) $\int_{-1}^{1}x^2\mathrm{d}x$; (3) $\int_{-1}^{1}\frac{\sin x+1}{x^2+1}\mathrm{d}x$.

解 (1) 显然被积函数 $\frac{x^2\sin x}{1+x^4}$ 是奇函数, 故由命题 5.3.1 知,

$$\int_{-5}^{5}\frac{x^2\sin x}{1+x^4}\mathrm{d}x=0. \qquad \square$$

(2) 因为被积函数 x^2 是偶函数, 故

$$\int_{-1}^{1}x^2\mathrm{d}x=2\int_{0}^{1}x^2\mathrm{d}x=\frac{2}{3}[x^3]_0^1=\frac{2}{3}. \qquad \square$$

(3) 显然,

$$\int_{-1}^{1}\frac{\sin x+1}{x^2+1}\mathrm{d}x=\int_{-1}^{1}\frac{\sin x}{x^2+1}\mathrm{d}x+\int_{-1}^{1}\frac{1}{x^2+1}\mathrm{d}x.$$

因为 $\frac{\sin x}{x^2+1}$ 是奇函数, 故 $\int_{-1}^{1}\frac{\sin x}{x^2+1}\mathrm{d}x=0$. 因为 $\frac{1}{x^2+1}$ 是偶函数, 故

$$\int_{-1}^{1}\frac{1}{x^2+1}\mathrm{d}x=2\int_{0}^{1}\frac{1}{x^2+1}\mathrm{d}x=2\left[\arctan x\right]_0^1=2\left(\frac{\pi}{4}-0\right)=\frac{\pi}{2}.$$

因此

$$\int_{-1}^{1}\frac{\sin x+1}{x^2+1}\mathrm{d}x=0+\frac{\pi}{2}=\frac{\pi}{2}. \qquad \square$$

例 5.3.6 设 $f(x)=\begin{cases}\frac{1}{1+x}, & x\geqslant 0,\\ \frac{1}{1+\mathrm{e}^x}, & x<0,\end{cases}$ 求 $\int_0^2 f(x-1)\,\mathrm{d}x$.

解 设 $x-1=t$, 则 $x=t+1$, $\mathrm{d}x=\mathrm{d}t$, 且

$$当 x=0 时, t_{下}=-1; \quad 当 x=2 时, t_{上}=1.$$

于是

$$\begin{aligned}\int_0^2 f(x-1)\,\mathrm{d}x&=\int_{-1}^{1}f(t)\mathrm{d}t=\int_{-1}^{1}f(x)\mathrm{d}x\\&=\int_{-1}^{0}\frac{1}{1+\mathrm{e}^x}\mathrm{d}x+\int_{0}^{1}\frac{1}{1+x}\mathrm{d}x\\&=1-[\ln(1+\mathrm{e}^{-x})]_{-1}^{0}+[\ln(1+x)]_0^1\\&=\ln(1+\mathrm{e}).\end{aligned} \qquad \square$$

二、定积分的分部积分

定理 5.3.2 设$u(x), v(x)$在$[a, b]$具有连续可导函数, 则

$$\int_a^b u(x)\,\mathrm{d}v = [u(x)v(x)]_a^b - \int_a^b v(x)\,\mathrm{d}u .$$

证 由不定积分的分部积分法和微积分基本公式, 可得

$$\int_a^b u(x)\,\mathrm{d}v = \left[\int u(x)\,\mathrm{d}v\right]_a^b = \left[u(x)v(x) - \int v(x)\,\mathrm{d}u\right]_a^b$$
$$= [u(x)v(x)]_a^b - \int_a^b v(x)\mathrm{d}u.$$

□

这就是定积分的**分部积分公式**.

例 5.3.7 求$\int_0^1 x\mathrm{e}^{-x}\mathrm{d}x$.

解 因为$\mathrm{e}^{-x}\mathrm{d}x = -\mathrm{d}\mathrm{e}^{-x}$, 所以

$$\int_0^1 x\mathrm{e}^{-x}\mathrm{d}x = -\int_0^1 x\mathrm{d}\mathrm{e}^{-x} = -\left([x\mathrm{e}^{-x}]_0^1 - \int_0^1 \mathrm{e}^{-x}\mathrm{d}x\right)$$
$$= -\left(\mathrm{e}^{-1} + [\mathrm{e}^{-x}]_0^1\right) = 1 - 2\mathrm{e}^{-1}.$$

□

例 5.3.8 求$\int_0^1 \arctan x\mathrm{d}x$.

解
$$\int_0^1 \arctan x\mathrm{d}x = [x\arctan x]_0^1 - \int_0^1 x\mathrm{d}(\arctan x)$$
$$= \frac{\pi}{4} - \int_0^1 \frac{x}{1+x^2}\mathrm{d}x = \frac{\pi}{4} - \frac{1}{2}\int_0^1 \frac{1}{1+x^2}\mathrm{d}x^2$$
$$= \frac{\pi}{4} - \frac{1}{2}[\ln(1+x^2)]_0^1 = \frac{\pi}{4} - \frac{1}{2}\ln 2.$$

□

例 5.3.9 求$\int_0^1 \sin(\sqrt{x})\mathrm{d}x$.

解 先用换元法再利用分部积分. 设$t = \sqrt{x}$, 则$x = t^2$, $\mathrm{d}x = 2t\mathrm{d}t$, 且

$$当 x = 0 时, t_{下} = 0; \quad 当 x = 1 时, t_{上} = 1.$$

于是

$$\int_0^1 \sin(\sqrt{x})\mathrm{d}x = 2\int_0^1 t\sin t\mathrm{d}t = -2\int_0^1 t\mathrm{d}(\cos t)$$
$$= -2\left([t\cos t]_0^1 - \int_0^1 \cos t\mathrm{d}t\right)$$
$$= -2(\cos 1 - [\sin t]_0^1) = 2(\sin 1 - \cos 1).$$

□

*例 **5.3.10** 求$\int_1^{\mathrm{e}} \sin(\ln x)\mathrm{d}x$.

解 先用换元法. 设 $t=\ln x$, 则 $x=\mathrm{e}^t$, $\mathrm{d}x=\mathrm{e}^t\mathrm{d}t$, 且

$$\text{当 } x=1 \text{时}, t_{\text{下}}=0; \quad \text{当 } x=\mathrm{e} \text{时}, t_{\text{上}}=1.$$

于是

$$\int_1^{\mathrm{e}}\sin(\ln x)\mathrm{d}x=\int_0^1\sin t\cdot\mathrm{e}^t\mathrm{d}t.$$

因为

$$\begin{aligned}\int_0^1\sin t\cdot\mathrm{e}^t\mathrm{d}t=\int_0^1\sin t\mathrm{d}\mathrm{e}^t&=[\mathrm{e}^t\sin t]_0^1-\int_0^1\mathrm{e}^t\mathrm{d}(\sin t)\\&=\mathrm{e}\sin 1-\int_0^1\cos t\cdot\mathrm{e}^t\mathrm{d}t\\&=\mathrm{e}\sin 1-\int_0^1\cos t\mathrm{d}\mathrm{e}^t\\&=\mathrm{e}\sin 1-\left([\mathrm{e}^t\cos t]_0^1-\int_0^1\mathrm{e}^t\mathrm{d}(\cos t)\right)\\&=\mathrm{e}\sin 1-\mathrm{e}\cos 1+1-\int_0^1\sin t\cdot\mathrm{e}^t\mathrm{d}t,\end{aligned}$$

所以

$$\int_0^1\sin t\cdot\mathrm{e}^t\mathrm{d}t=\frac{1}{2}(\mathrm{e}\sin 1-\mathrm{e}\cos 1+1),$$

即

$$\int_1^{\mathrm{e}}\sin(\ln x)\mathrm{d}x=\frac{1}{2}(\mathrm{e}\sin 1-\mathrm{e}\cos 1+1).$$ □

***例 5.3.11** 证明: $\int_0^{\frac{\pi}{2}}\sin^n x\,\mathrm{d}x=\int_0^{\frac{\pi}{2}}\cos^n x\,\mathrm{d}x$（$n$ 为正整数）.

证 显然, 等式两端积分的被积函数是正弦函数与余弦函数的转化关系, 可设 $x=\frac{\pi}{2}-t$, 则 $\mathrm{d}x=-\mathrm{d}t$ 且

$$\text{当 } x=0 \text{ 时}, \ t_{\text{下}}=\frac{\pi}{2}; \quad \text{当 } x=\frac{\pi}{2} \text{ 时}, \ t_{\text{上}}=0.$$

于是

$$\begin{aligned}\text{左边}&=\int_0^{\frac{\pi}{2}}\sin^n x\,\mathrm{d}x=\int_{\frac{\pi}{2}}^0\sin^n\left(\frac{\pi}{2}-t\right)(-\mathrm{d}t)\\&=\int_0^{\frac{\pi}{2}}\cos^n t\,\mathrm{d}t=\int_0^{\frac{\pi}{2}}\cos^n x\,\mathrm{d}x=\text{右边}.\end{aligned}$$ □

注 利用定积分的分部积分公式可以得到

$$I_n=\int_0^{\frac{\pi}{2}}\sin^n x\,\mathrm{d}x=\int_0^{\frac{\pi}{2}}\cos^n x\,\mathrm{d}x$$

$$=\begin{cases}\dfrac{n-1}{n}\cdot\dfrac{n-3}{n-2}\cdot\dfrac{n-5}{n-4}\cdot\cdots\cdot\dfrac{3}{4}\cdot\dfrac{1}{2}\cdot\dfrac{\pi}{2}, & n\text{是正偶数};\\ \dfrac{n-1}{n}\cdot\dfrac{n-3}{n-2}\cdot\dfrac{n-5}{n-4}\cdot\cdots\cdot\dfrac{4}{5}\cdot\dfrac{2}{3}\cdot 1, & n\text{是大于}1\text{的正奇数}.\end{cases}\tag{5.3.2}$$

在定积分计算中可直接利用公式(5.3.2)，简化计算过程，证明参见文献[4]. 例如，

$$\int_0^{\frac{\pi}{2}}\sin^2 x\,\mathrm{d}x=\frac{\pi}{4},\ \int_0^{\frac{\pi}{2}}\sin^3 x\,\mathrm{d}x=\frac{2}{3},\ \int_0^{\frac{\pi}{2}}\sin^4 x\,\mathrm{d}x=\frac{3\pi}{16},$$

$$\int_0^{\frac{\pi}{2}}\sin^5 x\,\mathrm{d}x=\frac{8}{15},\ \int_0^{\frac{\pi}{2}}\sin^6 x\,\mathrm{d}x=\frac{5\pi}{32},\ \cdots.$$

习 题 5-3

1. 设 $f(x)$ 为连续函数，求积分 $\int_{\frac{1}{n}}^{n}\left(1-\frac{1}{t^2}\right)f\left(t+\frac{1}{t}\right)\mathrm{d}t$.

2. 求下列定积分:

(1) $\int_{-1}^{1}(x+\cos x)\sqrt[3]{x}\,\mathrm{d}x$;　　(2) $\int_{-5}^{5}\frac{x^2\sin x}{1+x^4}\mathrm{d}x$;

(3) $\int_{-1}^{1}(x+\cos x)x\,\mathrm{d}x$;　　(4) $\int_{-1}^{1}\frac{x^3\cos x+x}{1+x^2}\mathrm{d}x$;

(5) $\int_{-\frac{\pi}{2}}^{\frac{\pi}{2}}\sqrt{1-\cos^2 x}\,\mathrm{d}x$;

(6) 设 $f(x)$ 在 $[-a, a]$ 上连续，求 $\int_{-a}^{a}(f(x)+f(-x))\sin x\mathrm{d}x$.

3. 用换元法求下面定积分:

(1) $\int_0^a x^2\sqrt{a^2-x^2}\,\mathrm{d}x$;　　(2) $\int_1^2\frac{\mathrm{d}x}{x\sqrt{4-x^2}}$;

(3) $\int_1^{\mathrm{e}}\frac{1}{x(2x+1)}\mathrm{d}x$;　　(4) $\int_{-1}^{1}\frac{x}{\sqrt{5-4x}}\mathrm{d}x$;

(5) $\int_0^4\frac{x+2}{\sqrt{2x+1}}\mathrm{d}x$;　　(6) $\int_0^1\frac{1-x}{\sqrt{x}+1}\mathrm{d}x$;

(7) $\int_0^1\frac{1}{\mathrm{e}^x+\mathrm{e}^{-x}}\mathrm{d}x$;　　(8) $\int_0^{\ln 2}\sqrt{\mathrm{e}^x-1}\,\mathrm{d}x$;

(9) 设 $f(3x+1)=x\mathrm{e}^{\frac{x}{2}}$，求 $\int_0^1 f(t)\mathrm{d}t$.

4. 设 $f(x)$ 在 $[a, b]$ 上连续，证明: $\int_a^b f(x)\mathrm{d}x=\int_a^b f(a+b-x)\mathrm{d}x$.

5. 设连续函数 $f(x)$ 是奇函数, 证明: $\int_0^x f(t)\mathrm{d}t$ 是偶函数.

6. 设 $f(x)$ 是 $[-a, a]$ 上连续奇函数, 证明: $\int_{-a}^{a} f(x)\mathrm{d}x = 0$.

7. 求下列定积分:

(1) $\int_0^5 |2x-4|\mathrm{d}x$;　(2) $\int_0^2 |2x-1|\mathrm{d}x$;

(3) $\int_{\frac{1}{\mathrm{e}}}^{\mathrm{e}} |\ln x|\mathrm{d}x$;　(4) $\int_0^{\pi}\sqrt{1+\cos 2x}\,\mathrm{d}x$;

(5) $\int_0^{\pi}\sqrt{\sin x-\sin^3 x}\,\mathrm{d}x$;

(6) 求 $\int_0^2 f(x)\mathrm{d}x$, 其中 $f(x)=\begin{cases} x+1, & x\leqslant 1, \\ \dfrac{1}{2}x^2, & x>1; \end{cases}$

(7) 设 $f(x)=\begin{cases} \dfrac{1}{1+x}, & x\geqslant 0, \\ \dfrac{1}{1+\mathrm{e}^x}, & x<0, \end{cases}$ 求 $\int_{-2}^{2} f(x+1)\,\mathrm{d}x$;

(8) 设 $f(x)=\begin{cases} 1+x, & x<0, \\ x^2, & x\geqslant 0, \end{cases}$ 求 $\int_{-1}^{1} f(x)\mathrm{d}x$;

8. 用分部积分法求以下定积分:

(1) $\int_0^1 x\mathrm{e}^{-2x}\mathrm{d}x$;　(2) $\int_1^2 \frac{\ln x}{\sqrt{x}}\mathrm{d}x$;

(3) $\int_1^2 x\ln(1+x^2)\mathrm{d}x$;　(4) $\int_1^{\mathrm{e}} x\ln(1+x)\,\mathrm{d}x$;

(5) $\int_0^4 \mathrm{e}^{\sqrt{x}}\,\mathrm{d}x$.

9. 若 $\int_1^b \ln x\mathrm{d}x = 1$, 求 b.

10. 设连续函数 $f(x)$ 满足 $f(x)=\ln x-\int_1^{\mathrm{e}} f(x)\,\mathrm{d}x$, 求 $f(x)$.

11. 设 $f(x)=x^2+\int_0^2 f(x)\mathrm{d}x$, 证明: $\int_0^2 f(x)\mathrm{d}x=-\frac{8}{3}$.

12. 设连续函数 $f(x)$ 满足 $f(2x+1)=x\mathrm{e}^x$, 证明: $\int_3^5 f(t)\mathrm{d}t = 2\mathrm{e}^2$.

第四节　反 常 积 分

在第二节中我们介绍了积分上限(或下限)函数 $\Phi(t)=\int_a^t f(x)\mathrm{d}x$ $\left(或 \Phi(t)=\int_t^b f(x)\mathrm{d}x\right)$, 现在考虑这种函数的极限, 从而得到反常积分的概念.

一、无穷限的反常积分

定义 5.4.1　设函数 $f(x)$ 在区间 $[a,+\infty)$ 上连续, 取 $t>a$, 如果积分上限函数

$$\Phi(t)=\int_a^t f(x)\mathrm{d}x$$

的极限 $\lim\limits_{t\to+\infty}\Phi(t)$ 存在, 称此极限为函数 $f(x)$ 在无穷区间 $[a,+\infty)$ 上的**反常积分**, 记作 $\int_a^{+\infty}f(x)\mathrm{d}x$, 即

$$\int_a^{+\infty}f(x)\mathrm{d}x=\lim_{t\to+\infty}\int_a^t f(x)\mathrm{d}x.$$

注 如果极限 $\lim\limits_{t\to+\infty}\int_a^t f(x)\mathrm{d}x$ 存在, 则称反常积分 $\int_a^{+\infty}f(x)\mathrm{d}x$ **收敛**; 如果极限 $\lim\limits_{t\to+\infty}\int_a^t f(x)\mathrm{d}x$ 不存在, 反常积分 $\int_a^{+\infty}f(x)\mathrm{d}x$ 就没有意义, 习惯上称为反常积分 $\int_a^{+\infty}f(x)\mathrm{d}x$ **发散**, 此时记号 $\int_a^{+\infty}f(x)\mathrm{d}x$ 不再表示数值了.

定义 5.4.2 设函数 $f(x)$ 在区间 $(-\infty, b]$ 上连续, 取 $t<b$, 如果积分下限函数

$$\Phi(t)=\int_t^b f(x)\mathrm{d}x$$

的极限 $\lim\limits_{t\to-\infty}\Phi(t)$ 存在, 称此极限为函数 $f(x)$ 在无穷区间 $(-\infty, b]$ 上的**反常积分**, 记作 $\int_{-\infty}^{b}f(x)\mathrm{d}x$, 即

$$\int_{-\infty}^{b}f(x)\mathrm{d}x=\lim_{t\to-\infty}\int_t^b f(x)\mathrm{d}x.$$

此时, 称反常积分 $\int_{-\infty}^{b}f(x)\mathrm{d}x$ **收敛**. 如果极限 $\lim\limits_{t\to-\infty}\int_t^b f(x)\mathrm{d}x$ 不存在, 称反常积分 $\int_{-\infty}^{b}f(x)\mathrm{d}x$ **发散**.

定义 5.4.3 设函数 $f(x)$ 在区间 $(-\infty, +\infty)$ 上连续, 如果反常积分

$$\int_{-\infty}^{0}f(x)\mathrm{d}x \text{ 和 } \int_0^{+\infty}f(x)\mathrm{d}x$$

都收敛, 则上述两个反常积分之和为函数 $f(x)$ 在无穷区间 $(-\infty, +\infty)$ 上的**反常积分**, 记作 $\int_{-\infty}^{+\infty}f(x)\mathrm{d}x$, 即

$$\begin{aligned}\int_{-\infty}^{+\infty}f(x)\mathrm{d}x&=\int_{-\infty}^{0}f(x)\mathrm{d}x+\int_0^{+\infty}f(x)\mathrm{d}x\\&=\lim_{a\to-\infty}\int_a^0 f(x)\mathrm{d}x+\lim_{b\to+\infty}\int_0^b f(x)\mathrm{d}x.\end{aligned}$$

此时，称反常积分$\int_{-\infty}^{+\infty} f(x)\mathrm{d}x$**收敛**；否则，称反常积分$\int_{-\infty}^{+\infty} f(x)\mathrm{d}x$**发散**.

上述反常积分统称为**无穷限的反常积分**或称为**无穷限的广义积分**.

关于反常积分的计算，下面给出一个重要的结论.

命题5.4.1　设$F(x)$是连续函数$f(x)$的一个原函数，$\lim\limits_{x\to+\infty} F(x) \overset{\text{记作}}{=\!=} F(+\infty)$，$\lim\limits_{x\to-\infty} F(x) \overset{\text{记作}}{=\!=} F(-\infty)$都存在，则下面三个积分收敛且

（1）$\int_{a}^{+\infty} f(x)\mathrm{d}x = \left[F(x)\right]_{a}^{+\infty} = F(+\infty) - F(a)$；

（2）$\int_{-\infty}^{b} f(x)\mathrm{d}x = \left[F(x)\right]_{-\infty}^{b} = F(b) - F(-\infty)$；

（3）$\int_{-\infty}^{+\infty} f(x)\mathrm{d}x = \left[F(x)\right]_{-\infty}^{+\infty} = F(+\infty) - F(-\infty)$.

这个命题称为反常积分的牛顿-莱布尼茨公式.

注　命题5.4.1中，如果$F(+\infty)=\infty$，$F(-\infty)=\infty$，则结论也成立，参见文献[6].

例5.4.1　计算反常积分$\int_{0}^{+\infty} \mathrm{e}^{-\alpha x}\mathrm{d}x \ (\alpha>0)$.

解　$\int_{0}^{+\infty} \mathrm{e}^{-\alpha x}\mathrm{d}x = -\dfrac{1}{\alpha}\int_{0}^{+\infty} \mathrm{e}^{-\alpha x}\mathrm{d}(-\alpha x).$

$$= -\frac{1}{\alpha}[\mathrm{e}^{-\alpha x}]_{0}^{+\infty} = -\frac{1}{\alpha}(0-1) = \frac{1}{\alpha}.$$

□

例5.4.2　计算广义积分$\int_{-\infty}^{+\infty} \dfrac{1}{1+x^2}\mathrm{d}x$.

解　$\int_{-\infty}^{+\infty} \dfrac{1}{1+x^2}\mathrm{d}x = \arctan x\Big|_{-\infty}^{+\infty}$

$$= \lim_{x\to+\infty} \arctan x - \lim_{x\to-\infty} \arctan x$$

$$= \frac{\pi}{2} - \left(-\frac{\pi}{2}\right) = \pi.$$

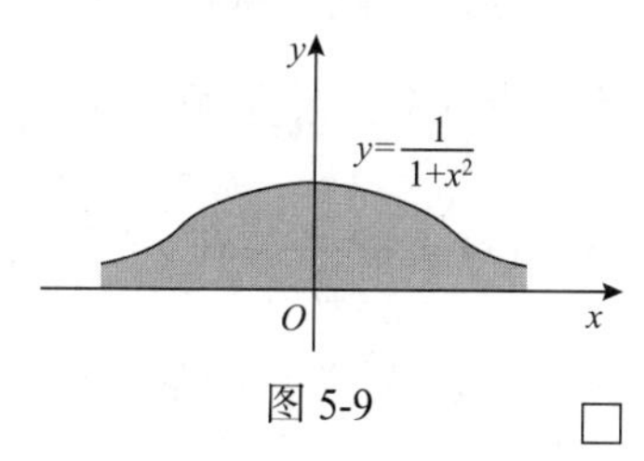

图5-9

□

这个无穷限积分表示曲线$y=\dfrac{1}{1+x^2}$向左右无限延伸与x轴之间的图形面积为π，如图5-9所示.

例5.4.3　讨论p-积分$\int_{a}^{+\infty} \dfrac{\mathrm{d}x}{x^p}$的敛散性.

解　（1）当$p=1$时，$\int_{a}^{+\infty} \dfrac{\mathrm{d}x}{x} = [\ln|x|]_{a}^{+\infty} = +\infty$.

（2）当$p\neq1$时，$\int_{a}^{+\infty} \dfrac{\mathrm{d}x}{x^p} = \left[\dfrac{1}{1-p}x^{1-p}\right]_{a}^{+\infty}$.

若$1-p>0$，即$p<1$，则$\lim\limits_{x\to+\infty} x^{1-p} = +\infty$，于是$\int_{a}^{+\infty} \dfrac{\mathrm{d}x}{x^p} = +\infty$；

若$1-p<0$，即$p>1$，则$\lim\limits_{x\to+\infty}x^{1-p}=0$，于是$\int_a^{+\infty}\frac{\mathrm{d}x}{x^p}=\frac{a^{1-p}}{p-1}$.

综上所述, 当$p>1$时，p-积分收敛且$\int_a^{+\infty}\frac{\mathrm{d}x}{x^p}=\frac{a^{1-p}}{p-1}$；当$p\leqslant 1$时，$p$-积分发散. □

例 5.4.4 计算反常积分$\int_0^{+\infty}t\mathrm{e}^{-pt}\,\mathrm{d}t\,(p>0)$.

解 因为$\mathrm{e}^{-pt}\,\mathrm{d}t=-\frac{1}{p}\mathrm{d}\mathrm{e}^{-pt}$，故

$$\begin{aligned}\int_0^{+\infty}t\mathrm{e}^{-pt}\,\mathrm{d}t&=-\frac{1}{p}\int_0^{+\infty}t\,\mathrm{d}\mathrm{e}^{-pt}=-\frac{1}{p}\left([t\mathrm{e}^{-pt}]_0^{+\infty}-\int_0^{+\infty}\mathrm{e}^{-pt}\,\mathrm{d}t\right)\\&=-\frac{1}{p}\left(0-\int_0^{+\infty}\mathrm{e}^{-pt}\,\mathrm{d}t\right)=\frac{1}{p}\int_0^{+\infty}\mathrm{e}^{-pt}\,\mathrm{d}t\\&=-\frac{1}{p^2}[\mathrm{e}^{-pt}]_0^{+\infty}=-\frac{1}{p^2}(0-1)=\frac{1}{p^2}.\end{aligned}$$

□

*二、无界函数的反常积分

我们先看下面几个例子.

例 5.4.5 (1) $\int_1^2\frac{1}{x-1}\mathrm{d}x$；(2) $\int_1^2\frac{1}{x-2}\mathrm{d}x$；(3) $\int_1^2\frac{1}{x-3/2}\mathrm{d}x$.

这几个例子从形式上看都是在有穷区间[1, 2]上的积分, 但它们的被积函数在这个区间上都是无界的. 显然，$f(x)=\frac{1}{x-1}$在$x=1$处无界，$f(x)=\frac{1}{x-2}$在$x=2$处无界, $f(x)=\frac{1}{x-3/2}$在$x=\frac{3}{2}$处无界, 那么这些积分就不属于定积分的范畴. 我们称无界点$x=1$，2，$\frac{3}{2}$为函数的瑕点, 而将这种积分称为瑕积分. 一般地我们有以下定义.

定义 5.4.4 如果函数$f(x)$在点a的任意邻域内无界, 则点a称为$f(x)$的**瑕点**. 无界函数的反常积分也称为**瑕积分**.

定义 5.4.5 设函数$f(x)$在区间$(a, b]$上连续, 点a为$f(x)$的瑕点. 取$t>a$，如果积分下限函数

$$\Phi(t)=\int_t^b f(x)\mathrm{d}x$$

的极限$\lim\limits_{t\to a^+}\Phi(t)$存在, 称此极限为函数$f(x)$在区间$(a, b]$上的**反常积分**或称为**无界函数的广义积分**, 也称为**瑕积分**, 仍然记作$\int_a^b f(x)\,\mathrm{d}x$，即

$$\int_a^b f(x)\,\mathrm{d}x=\lim_{t\to a^+}\int_t^b f(x)\,\mathrm{d}x .$$

如果极限 $\lim\limits_{t\to a^+}\int_t^b f(x)\mathrm{d}x$ 存在，则称瑕积分 $\int_a^b f(x)\mathrm{d}x$ **收敛**；如果极限 $\lim\limits_{t\to a^+}\int_t^b f(x)\mathrm{d}x$ 不存在，瑕积分 $\int_a^b f(x)\mathrm{d}x$ **发散**，此时记号 $\int_a^b f(x)\mathrm{d}x$ 不再表示数值了.

定义 5.4.6　设函数 $f(x)$ 在区间 $[a, b)$ 上连续，点 b 为 $f(x)$ 的瑕点. 取 $t<b$，如果积分上限函数

$$\Phi(t)=\int_a^t f(x)\mathrm{d}x$$

的极限 $\lim\limits_{t\to b^-}\Phi(t)$ 存在，称此极限为函数 $f(x)$ 在区间 $[a, b)$ 上的**反常积分**，也称为**瑕积分**，仍然记作 $\int_a^b f(x)\mathrm{d}x$，即

$$\int_a^b f(x)\mathrm{d}x=\lim_{t\to b^-}\int_a^t f(x)\mathrm{d}x.$$

此时，瑕积分 $\int_a^b f(x)\mathrm{d}x$ **收敛**；如果极限 $\lim\limits_{t\to b^-}\int_a^t f(x)\mathrm{d}x$ 不存在，瑕积分 $\int_a^b f(x)\mathrm{d}x$ **发散**.

定义 5.4.7　设函数 $f(x)$ 在区间 $[a, b]$ 上除点 c（$a<c<b$）外连续，点 c 为 $f(x)$ 的瑕点. 如果瑕积分

$$\int_a^c f(x)\mathrm{d}x \text{ 和 } \int_c^b f(x)\mathrm{d}x$$

都收敛，则上述两个瑕积分之和为函数 $f(x)$ 在区间 $[a, b]$ 上的**瑕积分**，记作 $\int_a^b f(x)\mathrm{d}x$，即

$$\begin{aligned}\int_a^b f(x)\mathrm{d}x&=\int_a^c f(x)\mathrm{d}x+\int_c^b f(x)\mathrm{d}x\\&=\lim_{t\to c^-}\int_a^t f(x)\mathrm{d}x+\lim_{t\to c^+}\int_t^b f(x)\mathrm{d}x.\end{aligned}$$

此时，称瑕积分 $\int_a^b f(x)\mathrm{d}x$ **收敛**；否则，称瑕积分 $\int_a^b f(x)\mathrm{d}x$ **发散**.

关于瑕积分的计算，下面给出一个重要的结论.

命题 5.4.2　设 $F(x)$ 是连续函数 $f(x)$ 的一个原函数，则

（1）如果 a 为瑕点，$F(a^+)$ 存在，则

$$\int_a^b f(x)\mathrm{d}x=\left[F(x)\right]_{a^+}^b=F(b)-F(a^+);$$

（2）如果 b 为瑕点，$F(b^-)$ 存在，则

$$\int_a^b f(x)\,\mathrm{d}x = \left[F(x)\right]_a^{b^-} = F(b^-) - F(a);$$

(3) 如果c（$a<c<b$）为瑕点，$F(c^-)$（$F(c^+)$）存在，则

$$\begin{aligned}\int_a^b f(x)\,\mathrm{d}x &= \int_a^c f(x)\,\mathrm{d}x + \int_c^b f(x)\,\mathrm{d}x \\ &= \left[F(x)\right]_a^{c^-} + \left[F(x)\right]_{c^+}^b \\ &= \left(F(c^-) - F(a)\right) + \left(F(b) - F(c^+)\right).\end{aligned}$$

这个命题称为瑕积分的牛顿-莱布尼茨公式.

注 命题 5.4.2 中，如果$F(a^+)=\infty$，$F(b^-)=\infty$，则结论也成立.

例 5.4.6 计算$\int_{-1}^1 \frac{1}{x}\,\mathrm{d}x$.

解 被积函数$f(x)=\frac{1}{x}$在积分区间$[-1, 1]$上有瑕点$x=0$，故

$$\int_{-1}^1 \frac{1}{x}\,\mathrm{d}x = \int_{-1}^0 \frac{1}{x}\,\mathrm{d}x + \int_0^1 \frac{1}{x}\,\mathrm{d}x.$$

但$\int_{-1}^0 \frac{1}{x}\,\mathrm{d}x = \left[\ln|x|\right]_{-1}^0 = +\infty$，从而瑕积分$\int_{-1}^1 \frac{1}{x}\,\mathrm{d}x$发散. □

注 如果忽视了被积函数$f(x)=\frac{1}{x}$的瑕点$x=0$，就会得到以下错误的结果:

$$\int_{-1}^1 \frac{1}{x}\,\mathrm{d}x = [\ln|x|]_{-1}^1 = 0.$$

由此可见，对于反常积分，分析其是否有瑕点是重要的一步.

例 5.4.7 求积分$\int_0^a \frac{\mathrm{d}x}{\sqrt{a^2-x^2}}$ $(a>0)$.

解 显然$x=a$是瑕点，所以

$$\int_0^a \frac{\mathrm{d}x}{\sqrt{a^2-x^2}} = \left[\arcsin\frac{x}{a}\right]_0^{a^-} = \frac{\pi}{2}.$$ □

例 5.4.8 讨论瑕积分$\int_a^b \frac{\mathrm{d}x}{(x-a)^q}$的敛散性.

解 当$q=1$时，$\int_a^b \frac{\mathrm{d}x}{x-a} = [\ln|x-a|]_{a^+}^b = +\infty$；

当$q\neq 1$时，$\int_a^b \frac{\mathrm{d}x}{(x-a)^q} = \left[\frac{(x-a)^{1-q}}{1-q}\right]_{a^+}^b = \begin{cases} \frac{(b-a)^{1-q}}{1-q}, & q<1, \\ +\infty, & q>1. \end{cases}$

所以，当$q<1$时，该瑕积分收敛，其值为$\dfrac{(b-a)^{1-q}}{1-q}$；当$q\geqslant 1$时，该瑕积分发散. □

习　题　5-4

1. 判断下列各反常积分的敛散性. 如果收敛，计算反常积分的值：

（1）$\int_1^{+\infty}\dfrac{\mathrm{d}x}{x^4}$；　　（2）$\int_1^{+\infty}\dfrac{\mathrm{d}x}{\sqrt{x}}$；

（3）$\int_0^{+\infty}x\mathrm{e}^{-x^2}\mathrm{d}x$；　　（4）$\int_0^{+\infty}\dfrac{\mathrm{d}x}{(1+x)(1+x^2)}$；

（5）$\int_0^{+\infty}\mathrm{e}^{-pt}\sin\omega t\mathrm{d}t\ (p>0,\ \omega>0)$；　　（6）$\int_{-\infty}^{+\infty}\dfrac{\mathrm{d}x}{x^2+2x+2}$；

（7）$\int_{\mathrm{e}^2}^{+\infty}\dfrac{4\mathrm{d}x}{x(\ln x)^2}$；　　（8）$\int_1^{+\infty}\dfrac{1}{x(x+1)}\mathrm{d}x$；

（9）$\int_{-\infty}^{+\infty}\dfrac{\mathrm{d}x}{1+x^2}$；　　（10）$\int_2^{+\infty}\dfrac{\mathrm{d}x}{x\ln x}$；

（11）$\int_0^2\dfrac{\mathrm{d}x}{(1-x)^2}$；　　（12）$\int_1^{+\infty}\cos x\mathrm{d}x$；

（13）$\int_0^1\dfrac{x\mathrm{d}x}{\sqrt{x-1}}$；　　（14）$\int_0^2\dfrac{\mathrm{d}x}{(1-x)^2}$；

（15）$\int_1^2\dfrac{x\mathrm{d}x}{\sqrt{x-1}}$；　　（16）$\int_1^{\mathrm{e}}\dfrac{\mathrm{d}x}{x\sqrt{1-(\ln x)^2}}$.

2. 已知广义积分$\int_0^1\dfrac{\mathrm{d}x}{x^k}\ (k>0)$收敛，求$k$的取值范围.

3. 若$\int_0^{+\infty}a\mathrm{e}^{-x}\mathrm{d}x=2$，求$a$.

4. 已知反常积分$\int_1^{+\infty}x^{1+2p}\mathrm{d}x$收敛，说明$p$满足的条件.

5. 当k为何值时，反常积分$\int_2^{+\infty}\dfrac{\mathrm{d}x}{x(\ln x)^k}$收敛？当$k$为何值时，这反常积分发散？又当$k$为何值时，这反常积分取最小值？

第五节　Mathematica 软件应用(5)

一、定积分的计算

Mathematica 用内建函数 Integrate 求定积分，它的命令格式为

$$\text{Integrate}[f[x],\{x,a,b\}],$$

表示定积分$\int_a^b f(x)\mathrm{d}x$.

在 Mathematica 中计算定积分的命令输入方式有两种.

（1）使用定积分按钮“$\int_{\square}^{\square}\blacksquare\,\mathrm{d}\square$”. 其步骤如下:

(i) 单击“数学助手”面板上的定积分按钮“$\int_{\square}^{\square}\blacksquare \mathrm{d}\square$”，则在笔记本窗口中显示“$\int_{\boxed{\text{lower}}}^{\boxed{\text{upper}}}\boxed{\text{expr}}\,\mathrm{d}\boxed{\text{var}}$”；

(ii) 在 $\boxed{\text{upper}}$ 中输入积分上限 b，在 $\boxed{\text{lower}}$ 中输入积分下限 a；在“$\boxed{\text{expr}}$”中输入被积函数的表达式；在“$\boxed{\text{var}}$”中或按 Tab 键，输入积分变量名；

(iii) 按 Shift + Enter 键，等待输出结果.

(2) 使用内建函数 Integrate .

在笔记本窗口中输入 Integrate [$f[x]$,{ x , a , b }]，然后按 Shift+Enter 键，等待输出结果.

例 5.5.1　求 $\int_0^2 \frac{x}{(x^2-2x+2)^2}\mathrm{d}x$.

解　(1) 使用定积分按钮“$\int_{\square}^{\square}\blacksquare \mathrm{d}\square$”(图 5-10).

定积分的计算.nb *
In[1]:= $\int_0^2 \frac{x}{(x^2-2x+2)^2}\,dx$
Out[1]= $\frac{2+\pi}{4}$
100%

图 5-10

(2) 使用内建函数 Integrate (图 5-11).

定积分的计算.nb *
In[2]:= Integrate[$\frac{x}{(x^2-2x+2)^2}$, {x, 0, 2}]
Out[2]= $\frac{2+\pi}{4}$
100%

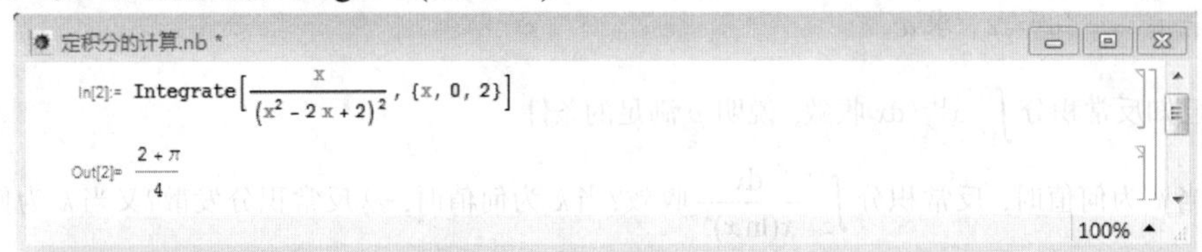

图 5-11

所以 $\int_0^2 \frac{x}{(x^2-2x+2)^2}\mathrm{d}x=\frac{2+\pi}{4}$.

例 5.5.2　求 $\int_0^{\frac{\pi}{2}}|\sin(t+1)|\,\mathrm{d}t$.

解　如图 5-12 所示.

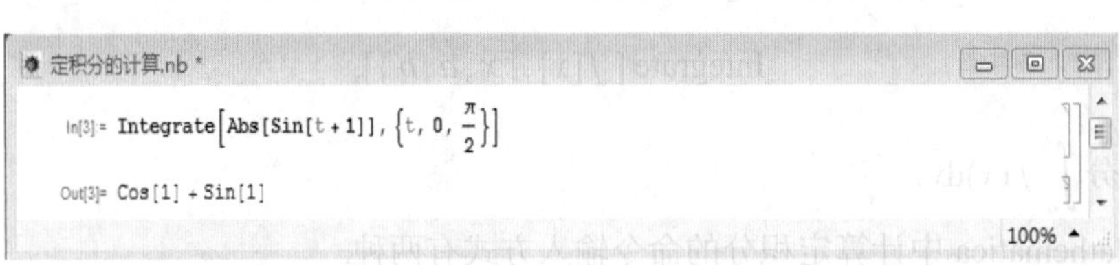

定积分的计算.nb *
In[3]:= Integrate[Abs[Sin[t+1]], {t, 0, $\frac{\pi}{2}$}]
Out[3]= Cos[1] + Sin[1]
100%

图 5-12

所以$\int_0^{\frac{\pi}{2}}|\sin(t+1)|\,\mathrm{d}t=\cos 1+\sin 1$.

例 5.5.3　求$\int_0^{\pi}(x\sin x)^2\mathrm{d}x$.

解　如图 5-13 所示.

图 5-13

所以$\int_0^{\pi}(x\sin x)^2\mathrm{d}x=\frac{\pi}{12}(2\pi^2-3)$.

二、反常积分的计算

例 5.5.4　计算下列无穷限的广义积分:

(1) $\int_0^{+\infty}\frac{\mathrm{d}x}{(1+x)(1+x^2)}$;　　(2) $\int_{-\infty}^{+\infty}\frac{\mathrm{d}x}{x^2+2x+2}$.

解　如图 5-14 所示.

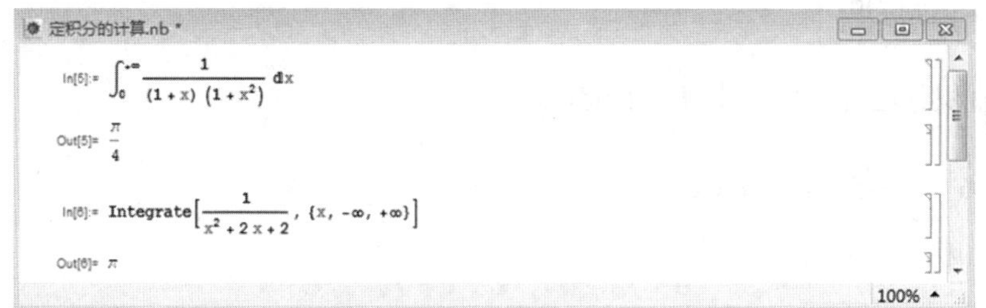

图 5-14

所以$\int_0^{+\infty}\frac{\mathrm{d}x}{(1+x)(1+x^2)}=\frac{\pi}{4}$; $\int_{-\infty}^{+\infty}\frac{\mathrm{d}x}{x^2+2x+2}=\pi$.

例 5.5.5　计算广义积分$\int_{-1}^{1}\frac{1}{\sqrt{|x|}}\mathrm{d}x$.

解　由于$x=0$是瑕点，我们要将积分区间$[-1,1]$分成两部分，$[-1,1]=[-1,0]\cup[0,1]$，然后进行计算，如图 5-15 所示.

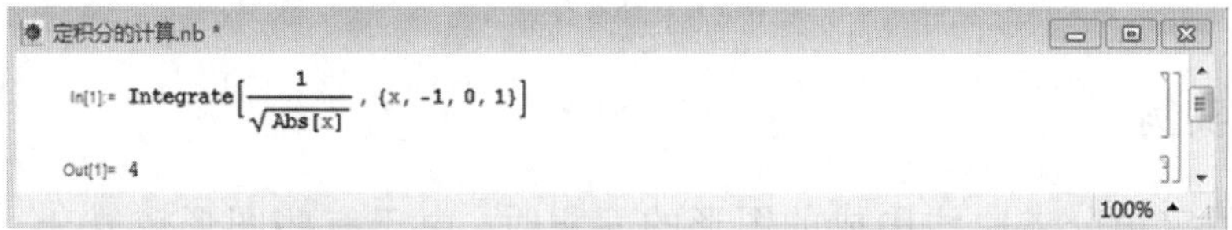

图 5-15

如果在 7.0 以上版本运行

$$\text{Integrate}\left[\frac{1}{\sqrt{\text{Abs[x]}}},\{\text{x},-1,1\}\right]$$

可直接得到结果, 如图 5-16 所示.

图 5-16

所以 $\int_{-1}^{1}\frac{1}{\sqrt{|x|}}\mathrm{d}x=4$.

三、定积分的数值计算

对于不易求出原函数的定积分, Mathematica 用内建函数 NIntegrate 进行计算数值积分, 它有两种命令格式:

(1) NIntegrate [$f(x)$, $\{x,a,b\}$];

(2) $\text{N}\left[\int_a^b f(x)\mathrm{d}x\right]$.

表示用数值积分法计算定积分 $\int_a^b f(x)\mathrm{d}x$.

例 5.5.6 $\int_0^1\sqrt{5-x^2-x^7}\,\mathrm{d}x$.

解 如图 5-17 所示.

所以 $\int_0^1\sqrt{5-x^2-x^7}\,\mathrm{d}x=1.65353$.

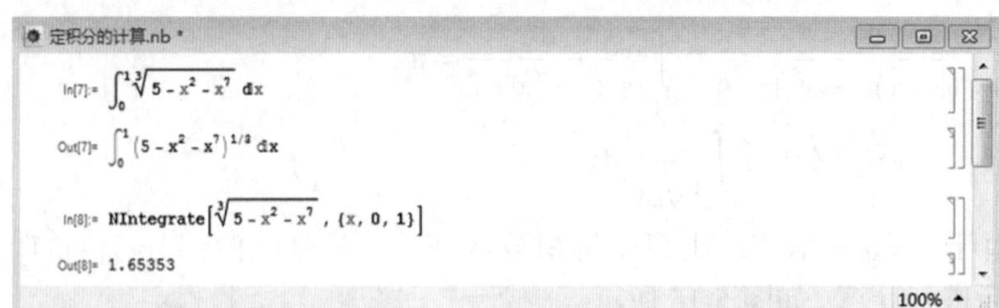

图 5-17

四、应用实例

在利用定积分求曲线围成的图形的面积时, 由于有些图形较复杂, 可以利用 Mathematica 形象地画出所求的图形, 找出交点, 然后进行数值求解.

例 5.5.7　在区间$[-1,5]$上，求曲线$f(x)=\mathrm{e}^{-(x-1)^2\sin 2x}$和曲线$g(x)=(x-2)^2$所围成图形的面积.

解　先画出函数的图形，如图 5-18 所示.

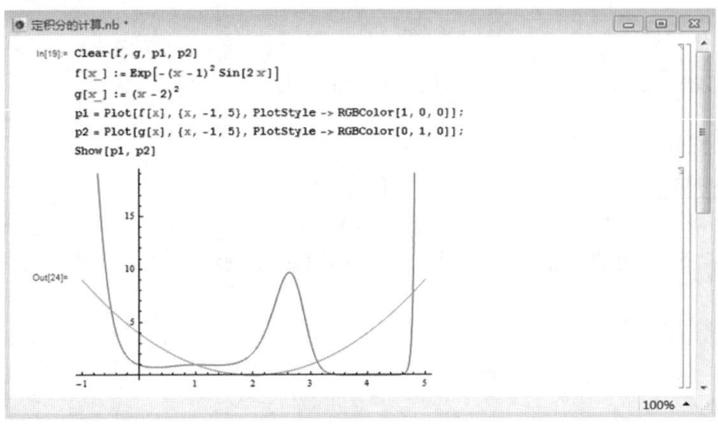

图 5-18

从图 5-18 可以看出，所求的面积区域共分为三个小区域. 可以求出两个函数的交点，对三个区域分别利用定积分求出面积，如图 5-19 所示.

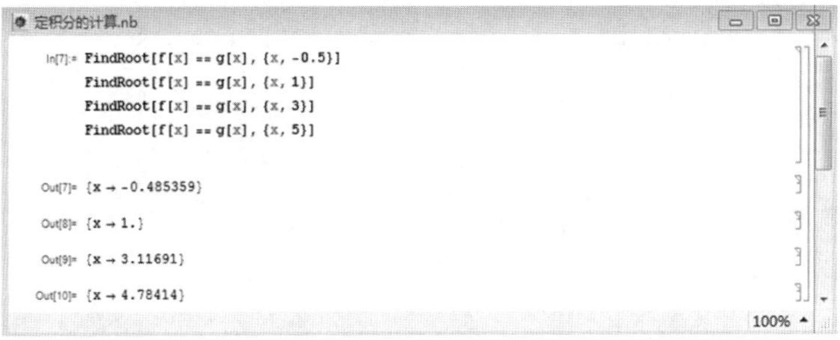

```
定积分的计算.nb
In[7]:= FindRoot[f[x] == g[x], {x, -0.5}]
        FindRoot[f[x] == g[x], {x, 1}]
        FindRoot[f[x] == g[x], {x, 3}]
        FindRoot[f[x] == g[x], {x, 5}]

Out[7]= {x → -0.485359}
Out[8]= {x → 1.}
Out[9]= {x → 3.11691}
Out[10]= {x → 4.78414}
```

图 5-19

于是我们求得四个交点的近似值$x=-0.485359$, $x=1$, $x=3.11691$, $x=4.78414$（命令“PlotRoot[f [x]==g[x], {x,–0.5}]”表示求方程在$x=0.5$附近的近似值）. 下面利用定积分计算每个区域的面积，如图 5-20 所示.

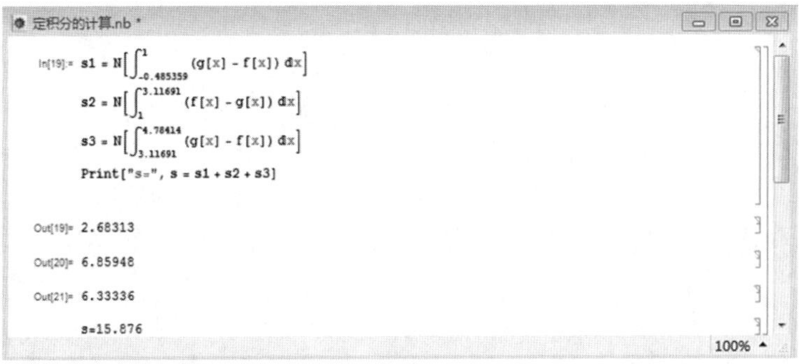

```
定积分的计算.nb *
In[19]:= s1 = N[∫_{-0.485359}^{1} (g[x] - f[x]) dx]
         s2 = N[∫_{1}^{3.11691} (f[x] - g[x]) dx]
         s3 = N[∫_{3.11691}^{4.78414} (g[x] - f[x]) dx]
         Print["s=", s = s1 + s2 + s3]

Out[19]= 2.68313
Out[20]= 6.85948
Out[21]= 6.33336
         s=15.876
```

图 5-20

故两曲线围成图形的面积近似值为15.876 .

习 题 5-5

1. 计算下列定积分:

(1) $\int_0^{\pi}\sqrt{1+\cos 2x}\mathrm{d}x$;　　　　(2) $\int_{\frac{1}{e}}^{e}|\ln x|\mathrm{d}x$.

2. 计算广义积分:

(1) $\int_1^{+\infty}\frac{x\arctan x}{1+x^3}\mathrm{d}x$;　　　　(2) $\int_1^2\frac{\mathrm{d}x}{\sqrt[3]{x^2-3x+2}}$.

3. 在区间[−1, 5]上，求曲线 $f(x)=\mathrm{e}^{-(x-2)^2\cos(\pi x)}$ 和曲线 $g(x)=(x-2)^2$ 所围成图形的面积.

第六章　定积分的应用

定积分在数学、物理学、经济学、工程和科学技术等诸多领域有着广泛实际的应用. 本章在建立定积分元素法的基础上, 主要讨论定积分在几何学及在物理学、经济学中的简单应用, 一方面阐述在这些学科中的一些问题能否与如何转化为定积分问题讨论, 另一方面, 重点解决在几何应用中关于平面图形的面积、平面曲线的弧长、已知截面面积函数的立体体积及旋转体体积的计算, 在物理应用中利用元素法处理有关物理量的计算问题(包括不均匀物体的质量、液体静压力、引力及变力做功等的计算问题), 以及在经济领域的一些简单应用.

第一节　定积分的元素法

定积分的元素法是根据定积分的定义抽象出来的将实际问题转化成定积分讨论的一种方法, 是把研究对象分为无限多个无限小的部分, 取出有代表性的微小的一部分进行分析处理, 再从局部到全体综合起来加以考虑的科学思维方法. 在处理问题时, 从对事物的微小部分(元素)分析入手, 达到解决事物整体. 这是一种深刻的思维方法, 是先分割逼近, 找到规律, 再累计求和, 达到了解整体.

回顾上一章曲边梯形的面积问题, 通过“分割、近似求和、取极限”的步骤, 得到了曲边梯形的面积为

$$A=\int_a^b f(x)\mathrm{d}x=\lim_{\lambda\to 0}\sum_{i=1}^{n} f(\xi_i)\Delta x_i .$$

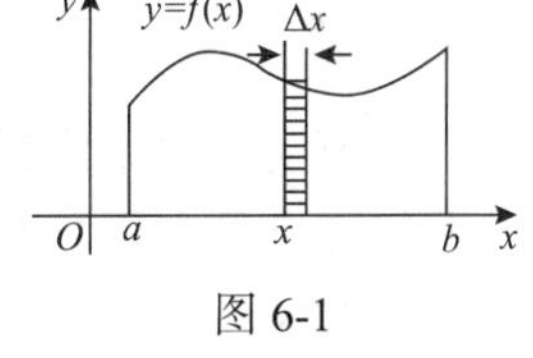

图 6-1

这一过程处理稍显复杂, 我们采用下面的方法.

如图 6-1 所示, 在闭区间 $[a,b]$ 上任取一点 x, 此处任给一个“宽度”为 Δx 的窄曲边梯形, 那么其面积可以用微小的“矩形”面积代替, 表示为

$$\mathrm{d}A=f(x)\Delta x=f(x)\mathrm{d}x ,$$

此时我们把 $\mathrm{d}A=f(x)\mathrm{d}x$ 称为“面积元素”. 把这些微小的面积全部累加起来, 就是整个图形的面积了. 这种累加通过什么来实现呢? 当然就是通过积分, 它就是以面积元素 $f(x)\mathrm{d}x$ 为被积表达式, 以 $[a,b]$ 为积分区间的定积分 $A=\int_a^b f(x)\mathrm{d}x$.

从另外一个角度看, 我们知道非负连续函数 $y=f(x)$ 在闭区间 $[a,b]$ 上的曲边梯形的面积为 $A=\int_a^b f(x)\mathrm{d}x$, 积分上限函数 $A(x)=\int_a^x f(t)\mathrm{d}t$ 就是以 $[a,x]$ 为底的曲边梯形的面积函数. 而其微分 $\mathrm{d}A=f(x)\mathrm{d}x$ 表示点 x 处以 $\mathrm{d}x$ 为宽的小曲边梯形面积的近似值. 因而 $f(x)\mathrm{d}x$ 称为曲边梯形的面积元素是合适的.

再如，求变速直线运动质点的运动路程时，我们在 T_0 到 T_1 的时间段内，任取一个时间值 t，再任给一个时间增量 Δt，那么在这个非常短暂的时间内（Δt 内），质点可看作匀速运动，质点的速度为 $v(t)$，其运动路程为

$$\mathrm{d}S = v(t)\Delta t = v(t)\mathrm{d}t,$$

$\mathrm{d}S = v(t)\mathrm{d}t$ 就是“路程元素”，把它们全部累加起来之后就是

$$S = \int_{T_0}^{T_1} v(t)\mathrm{d}t.$$

用这样的思想方法，将来我们还可以得出“弧长元素”“体积元素”“质量元素”等.

上面这种方法通常称为**元素法**(**或微元法**)，它是对于总量具有可加性的应用问题常用的方法. 一般情况下，为求某一量 U，先将此量分布在某一区间 $[a,b]$ 上. 元素法的指导思想是把定积分定义中的三个步骤简化成实用的两步：第一步，无限分细求元素，在 $[a,b]$ 上任取微小区间 $[x,x+\mathrm{d}x]$，求出在这一区间上总量 U 部分量 ΔU 的近似值 $\mathrm{d}U=f(x)\mathrm{d}x$；第二步，无限累加求总量，即在 $[a,b]$ 上积分，可得 $U=\int_a^b f(x)\mathrm{d}x$. 步骤一相当于定积分概念中的分割和近似，步骤二相当于求和取极限.

第二节　定积分在几何上的应用

本节主要讨论定积分在几何学上的应用，包括平面曲线的长度、平面图形的面积和一些特殊立体的体积等几何量的计算，首先采用元素法计算各种坐标系下基本图形的几何量，从而推广到一般图形的计算.

一、平面图形的面积

1. 直角坐标系下平面图形的面积

直角坐标系下的基本图形是 X-型与 Y-型平面图形.

如图 6-2 所示，把由直线 $x=a, x=b(a<b)$ 及两条连续曲线 $y=f_1(x), y=f_2(x)$ $(f_1(x)\leqslant f_2(x))$ 所围成的平面图形称为 X-型图形，在直角坐标系中该图形具有以下特点，平行于 y 轴的直线从平面图形的最左侧(对应 $x=a$)移动到最右侧(对应 $x=b$)的过程中，自下而上与图形的两条连续边界曲线先后各有一个交点. 同理把由直线 $y=c, y=d(c<d)$ 及两条连续曲线 $x=g_1(y), x=g_2(y)(g_1(y)\leqslant g_2(y))$ 所围成的平面图形称为 Y-型图形，如图 6-3 所示.

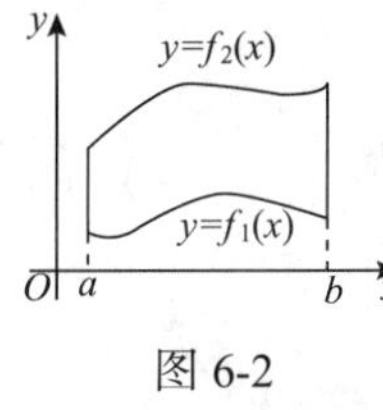

图 6-2

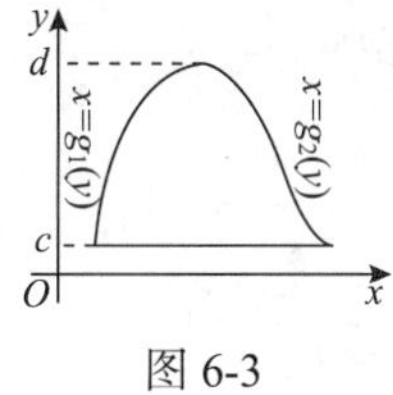

图 6-3

下面用元素法分析 X-型平面图形的面积.

取横坐标 x 为积分变量, $x\in[a,b]$. 在区间 $[a,b]$ 上任取一微小区间 $[x,x+\mathrm{d}x]$, 相应于小区间上的窄条的面积可以用高为 $f_2(x)-f_1(x)$, 底为 $\mathrm{d}x$ 的矩形的面积近似代替. 因此得到面积元素

$$\mathrm{d}A=[f_2(x)-f_1(x)]\mathrm{d}x,$$

从而得到 X-型平面图形的面积为

$$A=\int_a^b[f_2(x)-f_1(x)]\mathrm{d}x. \tag{6.2.1}$$

同理利用元素法分析 Y-型图形的面积, 类似可以得到

$$A=\int_c^{\mathrm{d}}[g_2(y)-g_1(y)]\mathrm{d}y. \tag{6.2.2}$$

对于非 X-型或非 Y-型平面图形, 我们可以进行适当的分割, 划分成若干个 X-型图形和 Y-型图形, 然后利用前面介绍的方法去求面积.

例6.2.1　求由两条抛物线 $y^2=x, y=x^2$ 所围成的图形面积.

解　这两条抛物线围成的图形如图 6-4 所示. 先求它们的交点, 故解方程组

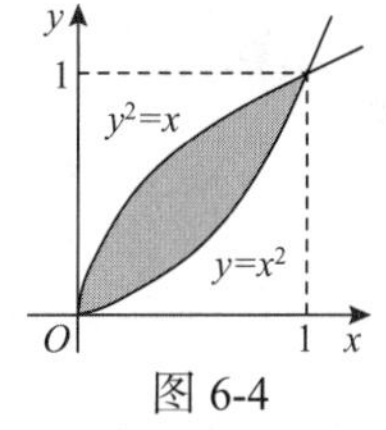

图 6-4

$$\begin{cases}y^2=x,\\ y=x^2,\end{cases}$$

得交点(0, 0), (1, 1).

将该平面图形视为 X-型图形, 确定积分变量为 x, 积分区间为[0, 1]. 由公式(6.2.1), 所求图形的面积为

$$A=\int_0^1(\sqrt{x}-x^2)\mathrm{d}x=\left(\frac{2}{3}x^{\frac{3}{2}}-\frac{1}{3}x^3\right)\Bigg|_0^1=\frac{1}{3}.$$ □

例6.2.2　求抛物线 $y^2=2px$ 与直线 $y=x-4p$ 所围成的平面图形的面积, 其中 p 为常数, 且 $p>0$.

解　如图 6-5 所示, 联立方程组

$$\begin{cases}y^2=2px,\\ y=x-4p,\end{cases}$$

求得交点 $A(2p,-2p), B(8p,4p)$.

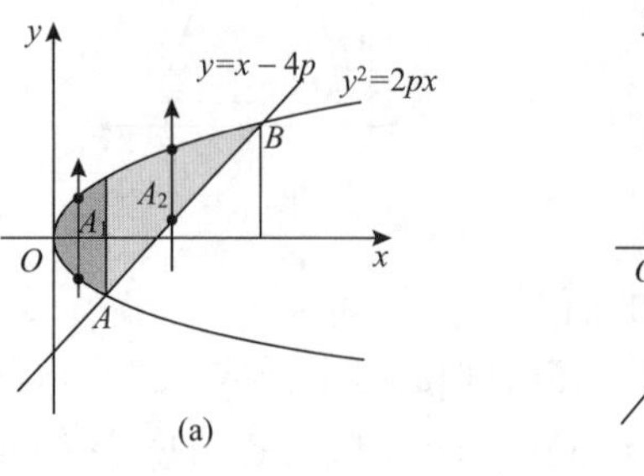

(a)

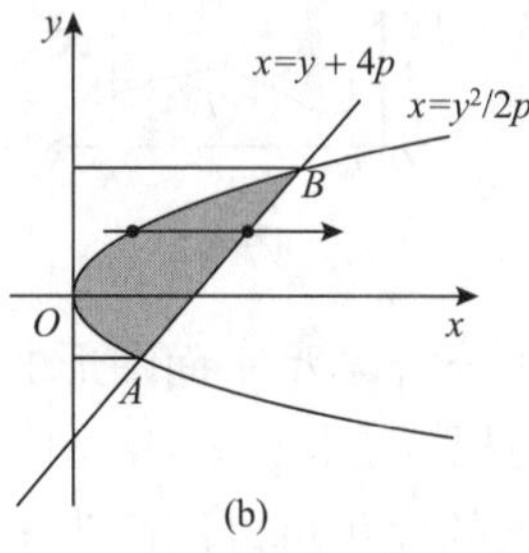

(b)

图 6-5

若取 x 为积分变量, 如图 6-5(a)所示, 则面积 A 包含两部分 A_1 和 A_2.

其中 A_1 的面积元素为 $\mathrm{d}A_1=[\sqrt{2px}-(-\sqrt{2px})]\mathrm{d}x=2\sqrt{2px}\mathrm{d}x$, 积分区间为 $[0,2p]$, 则由公式(6.2.1)得

$$A_1=\int_0^{2p}2\sqrt{2px}\mathrm{d}x=\frac{16}{3}p^2.$$

A_2 的面积元素为 $\mathrm{d}A_2=[\sqrt{2px}-(x-4p)]\mathrm{d}x$, 积分区间为 $[2p,8p]$, 从而由公式(6.2.1),

$$A_2=\int_{2p}^{8p}[\sqrt{2px}-(x-4p)]\mathrm{d}x=\frac{38}{3}p^2.$$

所以, 所求面积 $A=A_1+A_2=18p^2$.

若取 y 为积分变量, 如图 6-5(b)所示, 积分区间为 $[-2p,4p]$, 其面积元素为

$$\mathrm{d}A=\left(y+4p-\frac{1}{2p}y^2\right)\mathrm{d}y,$$

由公式(6.2.2)得, 其面积 $A=\int_{-2p}^{4p}\left(y+4p-\frac{1}{2p}y^2\right)\mathrm{d}y=18p^2$, 显然取 y 为积分变量计算较简单. □

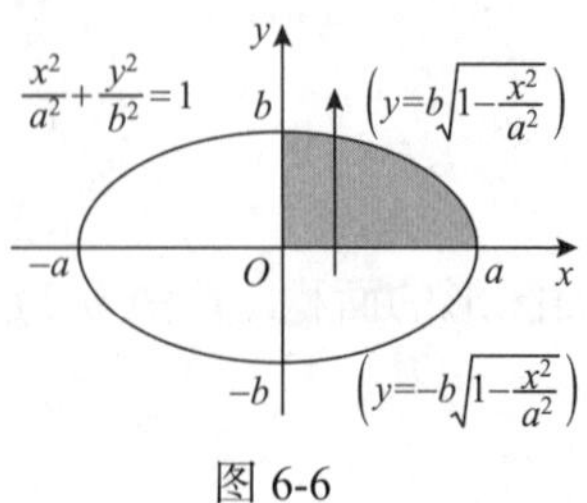

图 6-6

例 6.2.3 求椭圆 $\frac{x^2}{a^2}+\frac{y^2}{b^2}=1$ 所围成的图形的面积.

解 显然, 整个椭圆的面积是椭圆在第一象限部分的四倍, 椭圆在第一象限部分面积是 $[0,a]$ 上椭圆函数 y 的曲边梯形(图 6-6), 所以

$$S=4\int_0^a y\mathrm{d}x.$$

椭圆的参数方程为 $x=a\cos t, y=b\sin t$, 采用定积分的换元积分法得

$$S=4\int_0^a y\mathrm{d}x=4\int_{\frac{\pi}{2}}^0 b\sin t\mathrm{d}(a\cos t)$$

$$=-4ab\int_{\frac{\pi}{2}}^0 \sin^2 t\mathrm{d}t=2ab\int_0^{\frac{\pi}{2}}(1-\cos 2t)\mathrm{d}t=2ab\cdot\frac{\pi}{2}=ab\pi. \qquad \square$$

从上例可以看出，若采用参量函数计算平面图形的面积，相应的基本图形为曲边梯形.

2. 极坐标系下的平面图形

先简单介绍一下极坐标的基本知识，在平面内引一射线 Ox，并选定一个长度单位，把射线 Ox 叫做**极轴**，其端点 O 叫做**极点**. 对于平面内的任意一点 M，用 r 表示点 M 到极点 O 的距离，r $(r\geqslant 0)$ 叫做**极径**，用 θ（通常约定 $0\leqslant\theta\leqslant 2\pi$ 或 $-\pi\leqslant\theta\leqslant\pi$）表示线段 OM 与极轴的夹角，θ 叫做**极角**. 有序数对 (r,θ) 叫做点 M 的**极坐标**. 如图 6-7 所示，这样建立的平面坐标系称为**极坐标系**.

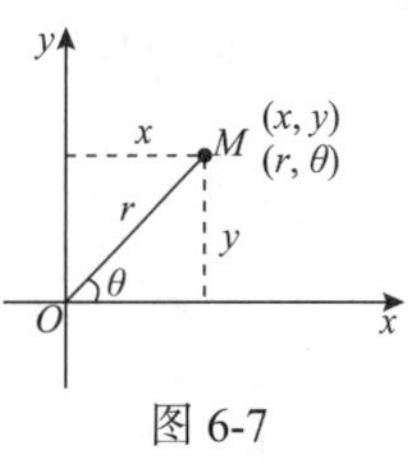

图 6-7

在极坐标系中，平面上的任意一点 M，一定有一有序数对 (r,θ) 与之对应；反过来，任一有序数对 (r,θ)，在平面有一点 M 与之对应.

极坐标与直角坐标的关系　以平面直角坐标系 x 轴的正半轴作为极坐标系的极轴 Ox，这样平面内的任意一点 M 就有两种不同的坐标，其直角坐标为 (x,y)，极坐标为 (r,θ)，如图 6-7 所示，则有

$$\begin{cases}x=r\cos\theta,\\ y=r\sin\theta,\end{cases}\quad r=\sqrt{x^2+y^2},\quad \tan\theta=\frac{y}{x}\ (x\neq 0). \tag{6.2.3}$$

利用 $\begin{cases}x=r\cos\theta,\\ y=r\sin\theta\end{cases}$ 可将点的极坐标化为点的直角坐标. 利用 $r=\sqrt{x^2+y^2}$, $\tan\theta=\dfrac{y}{x}$ $(x\neq 0)$ 可以由点的直角坐标求出点的极坐标.

在直角坐标系中，曲线可以用含变量 x，y 的方程（通常称为**直角坐标方程**）来表示；同样地，在极坐标系中，曲线可以用含变量 r，θ 的方程（通常称为**极坐标方程**）来表示.建立曲线的极坐标方程的方法与建立曲线的直角坐标方程相类似. 利用式(6.2.3)可以把曲线的极坐标方程与曲线的直角坐标方程进行相互转化.

极坐标情形下的基本图形是**曲边扇形**.

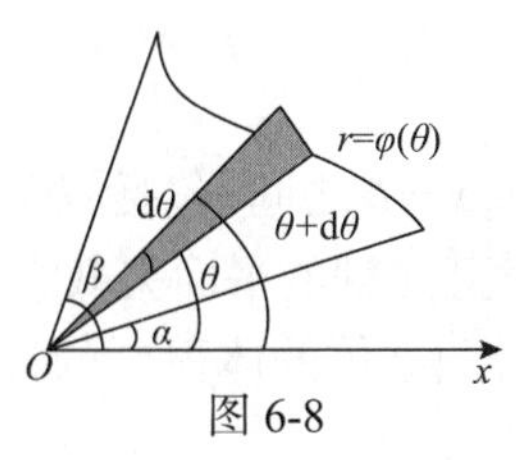

图 6-8

由曲线 $r=\varphi(\theta)$ 及射线 $\theta=\alpha,\theta=\beta$ 围成的图形称为曲边扇形，其中 $r=\varphi(\theta)$ 在 $[\alpha,\beta]$ 上非负连续，且 $0\leqslant\beta-\alpha\leqslant 2\pi$. 取极角 θ 为积分变量，如图 6-8 所示，小区间 $[\theta,\theta+\mathrm{d}\theta]$ 的窄曲边扇形的面积可近似为

$$\mathrm{d}S=\frac{1}{2}[\varphi(\theta)]^2\mathrm{d}\theta,$$

从而曲边扇形的面积为

$$S=\int_{\alpha}^{\beta}\frac{1}{2}[\varphi(\theta)]^{2}\mathrm{d}\theta. \tag{6.2.4}$$

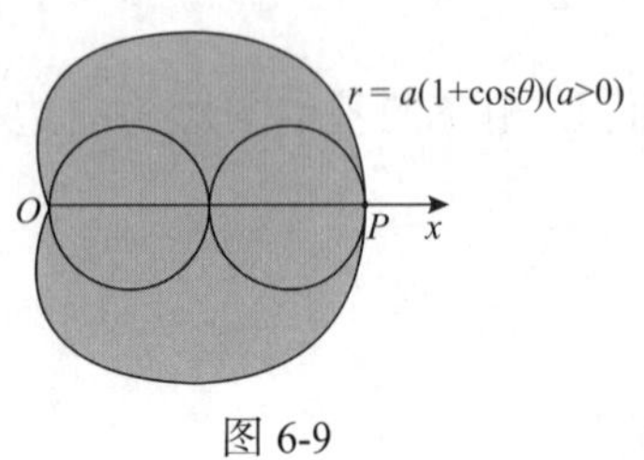

图 6-9

例6.2.4　直径均为 a 的两个圆周外切，当一个圆周沿另一个圆周滚动时，动圆周上一点 P 的轨迹就是心形线（图 6-9），心形线的极坐标方程为 $r=a(1+\cos\theta)$ $(0\leqslant\theta\leqslant 2\pi)$．计算心形线所围成的图形的面积.

解　由对称性，所围图形面积 S 为极轴上方部分面积的两倍，该部分面积由心形线 $r=a(1+\cos\theta)$ 和两射线 $r=0, r=\pi$ 围成，从而由公式(6.2.4)可得

$$S=2\int_{0}^{\pi}\frac{1}{2}[a(1+\cos\theta)]^{2}\mathrm{d}\theta=a^{2}\int_{0}^{\pi}(1+2\cos\theta+\cos^{2}\theta)\mathrm{d}\theta$$

$$=a^{2}\left[\frac{3}{2}\theta+2\sin\theta+\frac{1}{4}\sin 2\theta\right]_{0}^{\pi}=\frac{3}{2}\pi a^{2}.$$ □

例6.2.5　求二曲线 $r=\sin\theta$ 与 $r=\sqrt{3}\cos\theta$ 所围公共部分的面积.

解　如图 6-10 所示，当 θ 等于 0 和 $\frac{\pi}{3}$ 时，两曲线相交，所围公共部分的面积为

$$A=\frac{1}{2}\int_{0}^{\frac{\pi}{3}}\sin^{2}\theta\mathrm{d}\theta+\frac{1}{2}\int_{\frac{\pi}{3}}^{\frac{\pi}{2}}3\cos^{2}\theta\mathrm{d}\theta$$

$$=\frac{5\pi}{24}-\frac{5\sqrt{3}}{8}.$$

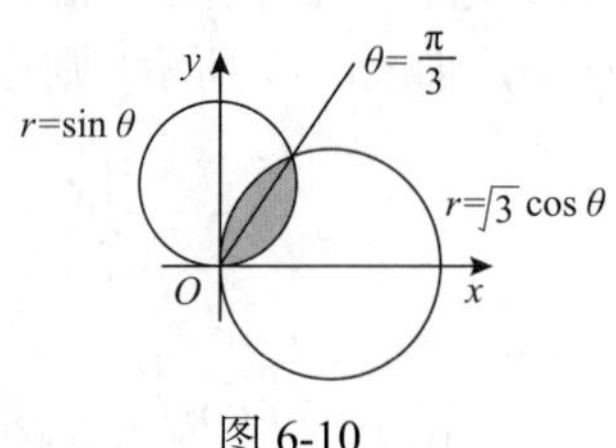

图 6-10

二、体积

1. 平行截面面积为已知的立体的体积

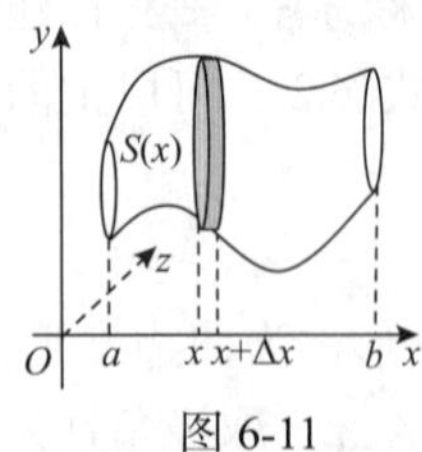

图 6-11

我们看下面一个空间立体，假设我们知道它在 x 处截面面积为 $S(x)$，可否利用元素法的思想求出它的体积呢?

如果像切红薯片一样，把它切成薄片，则每个薄片可近似看作直柱体，其体积等于底面积乘高，所有薄片体积加在一起就近似等于该立体的体积.

下面我们继续用**元素法**导出公式.

这里我们讨论的基本立体是夹在垂直于 x 轴的两个平面 $x=a, x=b$ 之间(包括只与平面交于一点的情况)，其中 $a<b$，如图 6-11 所示. 如果用任意垂直于 x 轴的平面去截它，所得的截交面面积为 $A=A(x)$，假定 $A(x)$ 连续，则用元素法可以得到立体的体积 V 的计算公式.

过小区间 $[x, x+\mathrm{d}x]$ 两端作垂直于 x 轴的平面，截得立体一薄片，对应体积元素为

$\mathrm{d}V=A(x)\mathrm{d}x$. 因此立体体积

$$V=\int_a^b A(x)\mathrm{d}x. \tag{6.2.5}$$

例 6.2.6　如图 6-12 所示，经过一椭圆柱体的底面的短轴、与底面交成角 α 的一平面，可截得圆柱体一块楔形块，求此楔形块的体积.

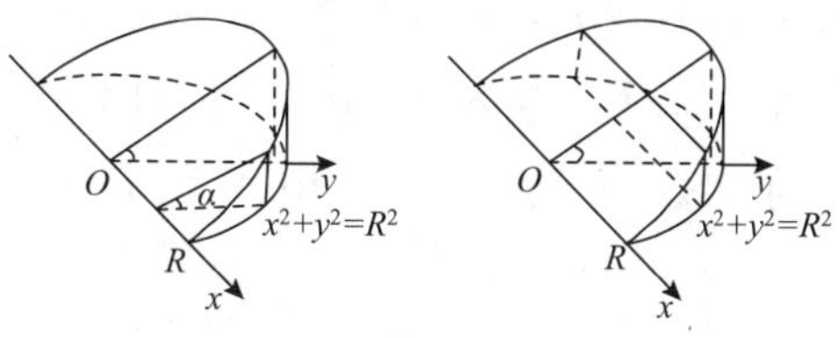

图 6-12

解　用 x 作自变量. V 分布在区间 $[-R,R]$ 上. $\forall x\in[-R,R]$，用垂直于 x 轴且过 x 点的平面截 V 所得截面为直角三角形，其面积 $A(x)=\dfrac{1}{2}\sqrt{R^2-x^2}\sqrt{R^2-x^2}\tan\alpha$，由公式(6.2.5)得

$$V=\frac{1}{2}\tan\alpha\int_{-R}^{R}(R^2-x^2)\mathrm{d}x=R^3\tan\alpha-\frac{1}{3}R^3\tan\alpha=\frac{2}{3}R^3\tan\alpha.$$

若用 y 作自变量. V 分布在区间 $[0,R]$ 上. $\forall y\in[0,R]$，用垂直于 y 轴且过 y 点的平面截 V 所得截面为一矩形，其面积 $A(y)=2\sqrt{R^2-y^2}\,y\tan\alpha$，由公式(6.2.5)得

$$V=2\tan\alpha\int_0^R\left(\sqrt{R^2-y^2}\,y\right)\mathrm{d}y=\tan\alpha\int_0^R\sqrt{R^2-y^2}\,\mathrm{d}y^2$$

$$=-\frac{2}{3}\tan\alpha\left(\sqrt{R^2-y^2}\right)^3\Big|_0^R=\frac{2}{3}R^3\tan\alpha.$$ □

例6.2.7　求两圆柱 $x^2+y^2=a^2$，$x^2+z^2=a^2$ 所围的立体体积.

解　先画出两圆柱的图像，图 6-13 中看到的是所求立体的八分之一的图像，(因为两圆柱半径相同)该立体被平面 $x=\xi$ 所截的截面，是一个边长为 $\sqrt{a^2-\xi^2}$ 的正方形，所以截面面积 $S(\xi)=a^2-\xi^2$，考虑到是八个卦限，所以有 $V=8\int_0^a(a^2-x^2)\mathrm{d}x=\dfrac{16}{3}a^3$. □

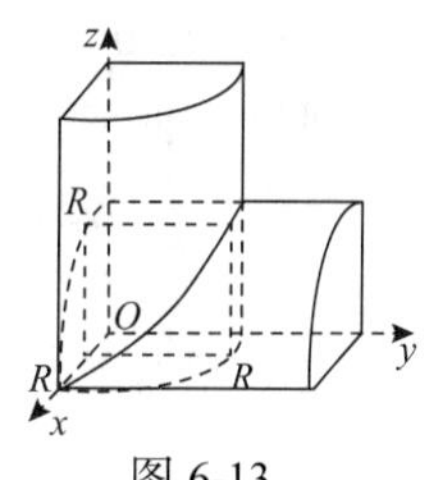

图 6-13

2. 旋转体的体积

旋转体就是由一个平面图形绕这平面内一条直线旋转一周而成的立体，这直线叫做**旋转轴**.

常见的旋转体有圆柱、圆锥、圆台、球体等.

这里我们首先考虑的基本立体图形是由曲边梯形绕一直边旋转所得的旋转体. 这样

的旋转体可以看作是由连续曲线 $y=f(x)$，直线 $x=a,x=b$ 及 x 轴所围成的曲边梯形绕 x 轴旋转一周而成的立体，也可看作以 $S(x)=\pi f^2(x)$ 为截面面积函数的立体，因而该旋转体的体积为

$$V=\int_a^b \pi[f(x)]^2\mathrm{d}x. \tag{6.2.6}$$

例 6.2.8 连接坐标原点 O 及点 $P(h,r)$的直线，直线 $x=h$ 及 x 轴围成一个直角三角形，将它绕 x 轴旋转构成一个底半径为 r，高为 h 的圆锥体，计算这圆锥体的体积.

解 直角三角形斜边的直线方程为 $y=\frac{r}{h}x$，由公式(6.2.6)，所求圆锥体的体积为

$$V=\int_0^h \pi\left(\frac{r}{h}x\right)^2\mathrm{d}x=\frac{\pi r^2}{h^2}\left[\frac{1}{3}x^3\right]_0^h=\frac{1}{3}\pi hr^2$$ □

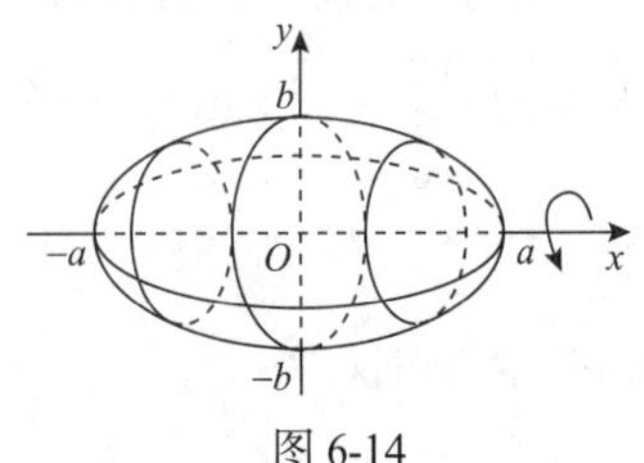

图 6-14

例 6.2.9 计算由椭圆 $\frac{x^2}{a^2}+\frac{y^2}{b^2}=1$ 所成的图形绕 x 轴旋转而成的旋转体(旋转椭球体)的体积.

解 如图 6-14 所示，这个旋转椭球体也可以看作是由半个椭圆

$$y=\frac{b}{a}\sqrt{a^2-x^2}$$

及 x 轴围成的图形绕 x 轴旋转而成的立体，体积元素为 $\mathrm{d}V=\pi y^2\mathrm{d}x$，于是所求旋转椭球体的体积为

$$\begin{aligned}V&=\int_{-a}^a \pi\frac{b^2}{a^2}(a^2-x^2)\mathrm{d}x\\&=\pi\frac{b^2}{a^2}\left[a^2x-\frac{1}{3}x^3\right]_{-a}^a=\frac{4}{3}\pi ab^2.\end{aligned}$$ □

例6.2.10 计算由摆线 $x=a(t-\sin t),y=a(1-\cos t)$ 的一拱，直线 $y=0$ 所围成的图形分别绕 x 轴，y 轴旋转而成的旋转体的体积.

解 所给图形绕 x 轴旋转而成的旋转体的体积为

$$\begin{aligned}V_x&=\int_0^{2\pi a}\pi y^2\mathrm{d}x=\pi\int_0^{2\pi}a^2(1-\cos t)^2\cdot a(1-\cos t)\mathrm{d}t\\&=\pi a^3\int_0^{2\pi}(1-3\cos t+3\cos^2 t-\cos^3 t)\mathrm{d}t\\&=5\pi^2a^3.\end{aligned}$$

所给图形绕 y 轴旋转而成的旋转体的体积是两个旋转体体积的差. 设曲线左半边为 $x=x_1(y)$，右半边为 $x=x_2(y)$，则

$$V_y = \int_0^{2a} \pi x_2^2(y)\mathrm{d}y - \int_0^{2a} \pi x_1^2(y)\mathrm{d}y$$
$$= \pi\int_{2\pi}^{\pi} a^2(t-\sin t)^2 \cdot a\sin t\mathrm{d}t - \pi\int_0^{\pi} a^2(t-\sin t)^2 \cdot a\sin t\mathrm{d}t$$
$$= -\pi a^3\int_0^{2\pi}(t-\sin t)^2\sin t\mathrm{d}t = 6\pi^3 a^3.$$

□

例 6.2.11 证明: 由平面图形 $0\leqslant a\leqslant x\leqslant b, 0\leqslant y\leqslant f(x)$ 绕 y 轴旋转所成的旋转体的体积为

$$V=2\pi\int_a^b xf(x)\mathrm{d}x .$$

证 如图 6-15 所示, 在 x 处取一宽为 $\mathrm{d}x$ 的小曲边梯形, 小曲边梯形绕 y 轴旋转所得的旋转体的体积近似为中空圆柱体,其体积为

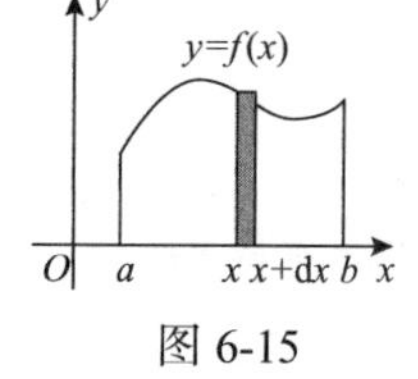

图 6-15

$$\pi(x+\mathrm{d}x)^2 f(x) - \pi x^2 f(x)$$
$$\approx 2xf(x)\mathrm{d}x.$$

这就是体积元素, 即 $\mathrm{d}V = 2xf(x)\mathrm{d}x$.于是平面图形绕 y 轴旋转所成的旋转体的体积为

$$V=\int_a^b 2\pi xf(x)\mathrm{d}x = 2\pi\int_a^b xf(x)\mathrm{d}x .$$

□

三、平面曲线的弧长

设 A, B 是曲线弧上的两个端点, 在弧 AB 上任取分点 $A = M_0, M_1, M_2,\cdots, M_{i-1}, M_i,\cdots, M_{n-1}, M_n = B$, 并依次连接相邻的分点得一内接折线, 当分点的数目无限增加且每个小段 $M_{i-1}M_i$ 都缩向一点时, 如果此折线的长 $\sum\limits_{i=1}^{n}|M_{i-1}M_i|$ 的极限存在, 则称此极限为曲线弧 AB 的弧长, 并称此曲线弧 AB 是可求长的. 下面我们不加证明给出以下结论: **光滑曲线弧是可求长的**.

下面就光滑曲线在不同表示形式下, 给出其相应的弧长公式.

若曲线弧由直角坐标方程

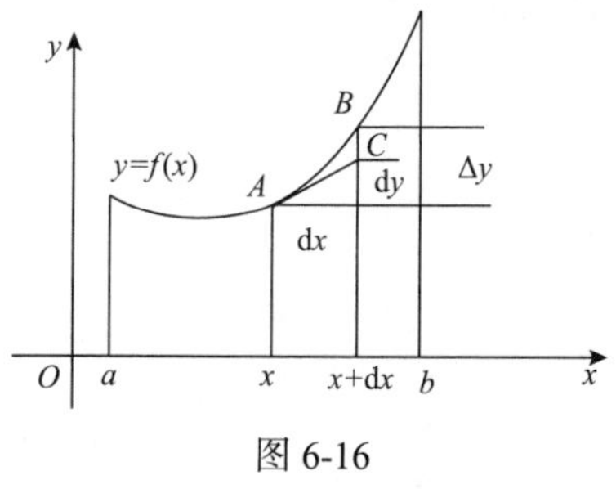

图 6-16

$$y = f(x), \quad a\leqslant x\leqslant b$$

给出, 其中 $f(x)$ 在区间 $[a,b]$ 上具有一阶连续导数. 现在来计算这曲线弧的长度.

如图 6-16 所示, 横坐标 x 为积分变量, 它的变化区间为 $[a,b]$, 曲线 $y = f(x)$ 上相应于 $[a,b]$ 上任一小区间 $[x,x+\mathrm{d}x]$ 的一段弧的长度, 可以用该曲线在点 $(x, f(x))$ 处的切线上相应的一小段的长度来近似代替, 而切线上这相应的小段的长度为 $\sqrt{(\mathrm{d}x)^2+(\mathrm{d}y)^2}=\sqrt{1+y'^2}\mathrm{d}x$, 从而得弧长元素(即**弧微分**)

$$ds = \sqrt{1+y'^2}dx. \tag{6.2.7}$$

以 $\sqrt{1+y'^2}dx$ 为被积表达式，在闭区间 $[a,b]$ 上作定积分，便得所求的弧长为

$$s = \int_a^b \sqrt{1+y'^2}dx. \tag{6.2.8}$$

若曲线弧由参数方程 $x=\varphi(t), y=\psi(t)(\alpha \leqslant t \leqslant \beta)$ 给出，其中 $\varphi(t),\psi(t)$ 在 $[\alpha,\beta]$ 上具有连续导数.

因为 $\dfrac{dy}{dx}=\dfrac{\psi'(t)}{\varphi'(t)}$，$dx=\varphi'(t)dt$，所以弧长元素为

$$ds = \sqrt{1+\frac{\psi'^2(t)}{\varphi'^2(t)}}\phi'(t)dt=\sqrt{\phi'^2(t)+\psi'^2(t)}dt,$$

所求弧长为

$$s=\int_\alpha^\beta \sqrt{\varphi'^2(t)+\psi'^2(t)}dt. \tag{6.2.9}$$

若曲线弧由极坐标方程

$$r=r(\theta) \quad (\alpha \leqslant \theta \leqslant \beta)$$

给出，其中 $r(\theta)$ 在 $[\alpha,\beta]$ 上具有连续导数. 由直角坐标与极坐标的关系可得

$$x=r(\theta)\cos\theta, \quad y=r(\theta)\sin\theta, \quad \alpha \leqslant \theta \leqslant \beta.$$

于是得弧长元素为

$$ds=\sqrt{x'^2(\theta)+y'^2(\theta)}d\theta = \sqrt{r^2(\theta)+r'^2(\theta)}d\theta,$$

从而所求弧长为

$$s = \int_\alpha^\beta \sqrt{r^2(\theta)+r'^2(\theta)}d\theta. \tag{6.2.10}$$

例 6.2.12 计算曲线 $y=2x^{\frac{3}{2}}$ 上相应于 x 从 $\dfrac{1}{3}$ 到 $\dfrac{5}{3}$ 的一段弧的长度.

解 $y'=3x^{\frac{1}{2}}$，从而弧长元素

$$ds = \sqrt{1+y'^2}dx = \sqrt{1+9x}dx.$$

由公式(6.2.8)，所求弧长为

$$s = \int_{\frac{1}{3}}^{\frac{5}{3}} \sqrt{1+9x}dx = \frac{1}{9}\cdot\frac{2}{3}(1+9x)^{\frac{3}{2}}\Big|_{\frac{1}{3}}^{\frac{5}{3}} = \frac{2}{27}(4^3-2^3) = 4\frac{4}{27}.$$ □

例6.2.13　求悬链线 $y=\dfrac{\mathrm{e}^{x}+\mathrm{e}^{-x}}{2}$ 从 $x=0$ 到 $x=a$ 那一段的弧长(图6-17).

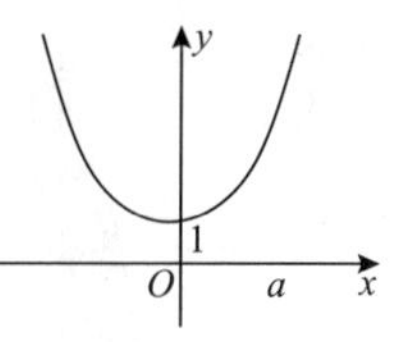

图 6-17

解

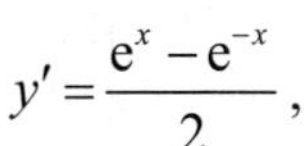

$$y'=\frac{\mathrm{e}^{x}-\mathrm{e}^{-x}}{2},$$

代入公式(6.2.8)，得

$$\begin{aligned}s&=\int_{0}^{a}\sqrt{1+y'^{2}}\mathrm{d}x\\&=\int_{0}^{a}\frac{\mathrm{e}^{x}+\mathrm{e}^{-x}}{2}\mathrm{d}x=\frac{\mathrm{e}^{a}-\mathrm{e}^{-a}}{2}.\end{aligned}$$ □

例 6.2.14　计算摆线 $x=a(t-\sin\theta), y=a(1-\cos\theta)(a>0)$ 的一拱 $(0\leqslant\theta\leqslant 2\pi)$ 的长度.

解　弧长元素为

$$\mathrm{d}s=\sqrt{a^{2}(1-\cos\theta)^{2}+a^{2}\sin^{2}\theta}\mathrm{d}\theta=a\sqrt{2(1-\cos\theta)}\mathrm{d}\theta=2a\sin\frac{\theta}{2}\mathrm{d}\theta,$$

由公式(6.2.9)，所求弧长为

$$s=\int_{0}^{2\pi}2a\sin\frac{\theta}{2}\mathrm{d}\theta=2a\left[-2\cos\frac{\theta}{2}\right]_{0}^{2\pi}=8a.$$ □

例 6.2.15　求阿基米德螺线 $r=a\theta(a>0)$ 相应于 θ 从 0 到 2π 一段的弧长(图 6-18).

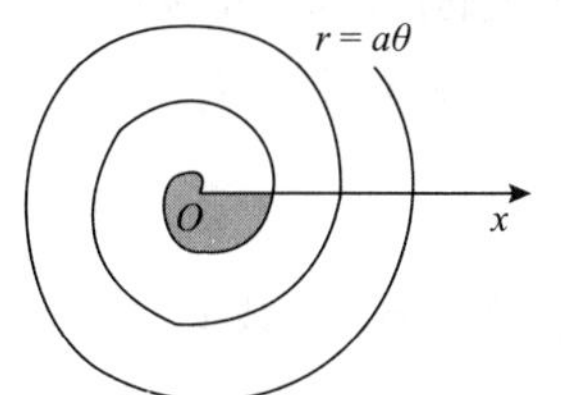

图 6-18

解　弧长元素为

$$\mathrm{d}s=\sqrt{a^{2}\theta^{2}+a^{2}}\mathrm{d}\theta=a\sqrt{1+\theta^{2}}\mathrm{d}\theta,$$

于是所求弧长为

$$s=\int_{0}^{2\pi}a\sqrt{1+\theta^{2}}\mathrm{d}\theta=\frac{a}{2}[2\pi\sqrt{1+4\pi^{2}}+\ln(2\pi+\sqrt{1+4\pi^{2}})].$$ □

习　题　6-2

1. 用定积分表示下列各图中阴影部分的面积.

(1)

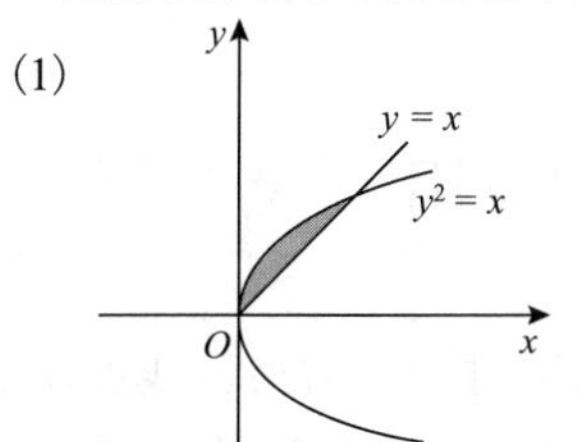

(2)

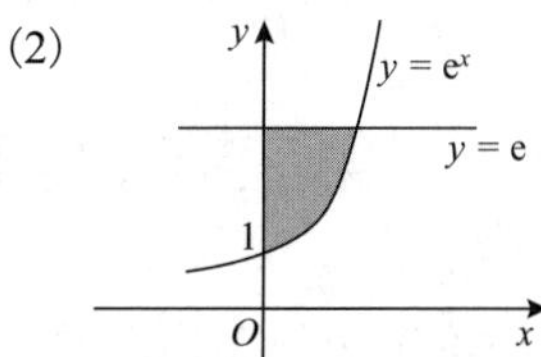

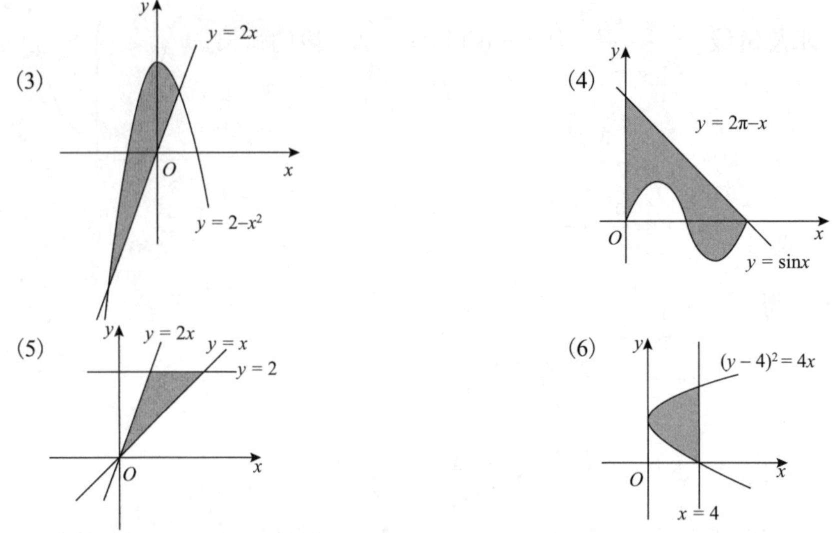

2. 求曲线 $y=2-x^2$ 与 $y=|x|$ 所围成的平面图形的面积.

3. 求由抛物线 $y=-x^2+4x-3$ 及其在点 $(0,-3)$ 和 $(3,0)$ 处的切线所围成的图形的面积.

4. 设常数 $m<0$ 时, 曲线 $y=x-x^2$ 与直线 $y=mx$ 围成的面积为 36, 试求常数 m 的值.

5. 求由抛物线 $y^2=4ax$ 与过焦点的弦所围成的图形面积的最小值.

6. 求由对数螺线 $r=ae^{\theta}$ 及射线 $\theta=-\pi$, $\theta=\pi$ 所围成的图形的面积.

7. 求由 $r=3\cos\theta$ 及 $r=1+\cos\theta$ 所围图形的公共部分的面积.

8. 设由曲线 $y=1-x^2$ 及其在点 $(1,0)$ 处的切线和 y 轴所围成的平面图形为 S. 试求:

(1) S 的面积 A;

(2) S 绕 x 轴旋转一周所得旋转体的体积 V.

9. 求由抛物线 $y=x^2$, 直线 $x=2$ 及 x 轴所围平面图形分别绕 x 轴, y 轴旋转所得立体的体积.

10. 一立体的底面为一半径为 5 的圆, 已知垂直于底面的一条固定直径的截面都是等边三角形, 求立体的体积.

11. 求半径为 R, 高为 h 的球冠的体积 ($0<h\leqslant R$).

12. 求由摆线 $x=a(t-\sin t)$, $y=a(1-\cos t)(a>0)$ 的一拱及 $y=0$ 所围成的图形绕直线 $y=2a$ 旋转一周所产生的旋转体体积.

13. 已知一抛物线通过 x 轴上的两点 $A(1,0)$, $B(3,0)$.

(1) 求证: 两坐标轴与该抛物线所围成的面积等于 x 轴与该抛物线所围图形的面积.

(2) 计算上述两个平面图形绕 x 轴旋转一周所产生的两个旋转体体积之比.

14. 计算曲线 $y=\ln(1-x^2)$ 上相应于 $0\leqslant x\leqslant\dfrac{1}{2}$ 的一段弧长.

15. 计算星形线 $x=a\cos^3 t,\ y=a\sin^3 t(a>0)$ 的全长.

第三节　定积分在物理学中的应用

本节主要讨论定积分在物理学上的应用, 主要利用元素法讨论变力沿直线做功、水压力等物理量的计算, 并可以将该方法应用到其他可以转化为定积分处理的物理问题.

一、变力沿直线所做的功

物体在一个常力 F 的作用下，沿力的方向作直线运动，则当物体移动距离 s 时，F 所做的功 $W=F\cdot s$.

我们用微元法来分析物体在变力作用下的做功问题. 设力 F 的方向不变，但其大小随着位移而连续变化. 如图 6-19 所示，物体在 F 的作用下，沿平行于力的作用方向作直线运动. 取物体运动路径为 x 轴，位移量为 x，则 $F=F(x)$. 现物体从点 $x=a$ 移动到点 $x=b$，求力 F 做功 W.

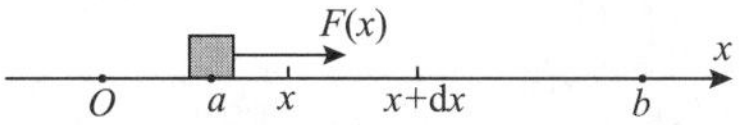

图 6-19

在区间 $[a,b]$ 上任取一小时段 $[x,x+\mathrm{d}x]$，力 F 在此小时段上的功元素为 $\mathrm{d}W$. 由于 $F(x)$ 的连续性，物体移动在这一小时段时，力 $F(x)$ 的变化很小，它可以近似地看成不变，那么在小时段 $\mathrm{d}x$ 上就可以使用常力做功的公式. 于是，功的微元为 $\mathrm{d}W=F(x)\mathrm{d}x$. 根据元素法，所做功 W 为

$$W=\int_a^b F(x)\mathrm{d}x. \tag{6.3.1}$$

例6.3.1　用铁锤将铁钉击入木板. 设木板对铁钉的阻力与铁钉击入木板的深度成正比，在击第一次时，将铁钉击入木板1cm，如果铁锤每次打击铁钉所做的功相等，问锤击第二次时，铁钉又击入多少?

解　设铁钉击入木板的深度为 x，所受阻力

$$f=kx \quad (k\text{ 为比例常数}).$$

铁锤第一次将铁钉击入木板 1cm，由公式(6.3.1)，所做的功为

$$W=\int_0^1 kx\mathrm{d}x=\frac{k}{2}.$$

由于第二次锤击铁钉所做的功与第一次相等，故有

$$\int_1^x kt\mathrm{d}t=\frac{k}{2}.$$

其中 $x>1$ 为两锤共将铁钉击入木板的深度. 上式即

$$\frac{k}{2}(x^2-1)=\frac{k}{2},$$

易得 $x=\sqrt{2}$，从而第二次锤击击入 $(\sqrt{2}-1)\mathrm{cm}$.　□

例6.3.2　一个点电荷 O 会形成一个电场，其表现就是对周围的其他电荷 A 产生沿径

向 OA 作用的引力或斥力；电场内单位正电荷所受的力称为电场强度. 据库仑定律, 距点电荷 $r=OA$ 处的电场强度为

$$F(r)=k\frac{q}{r^2}\quad (k\text{ 为比例常数}, q\text{ 为点电荷 } O \text{ 的电量}).$$

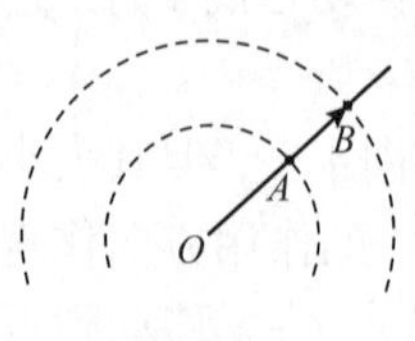

图 6-20

如图 6-20 所示, 现若电场中单位正电荷 A 沿 OA 从 $r=OA=a$ 移到 $r=OB=b$ ($a<b$), 求电场对它所做的功 W.

解　这是在变力 $F(r)$ 对移动物体作用下的做功问题. 因为作用力和移动路径在同一直线上, 故以 r 为积分变量, 可应用公式(6.3.1), 得

$$W=\int_a^b k\frac{q}{r^2}\mathrm{d}r=kq\left[-\frac{1}{r}\right]_a^b=kq\left(\frac{1}{a}-\frac{1}{b}\right).$$ □

例 6.3.3　把重 Q 的物体, 用钢缆从深 l (m) 的深井底提升到井口, 则提升力不但要对重物做功, 而且要对钢缆自重做功. 设钢缆的线密度为 ρ(kg / m), 求拉力所做的总功 W.

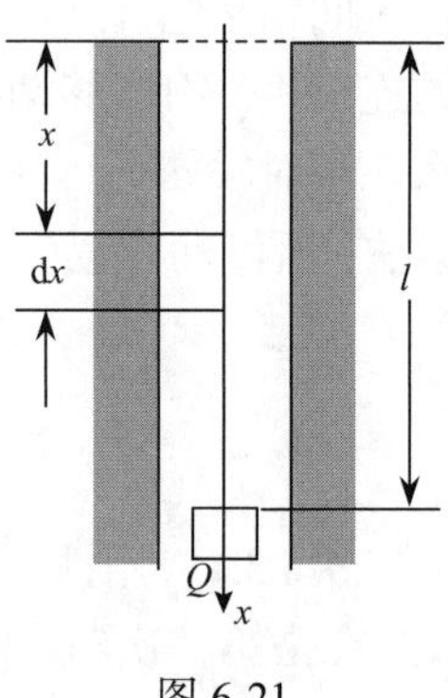

图 6-21

解　W 可以分为两部分, 第一部分为拉重物 Q 到井口做功 W_1, $W_1=Ql$. 第二部分为克服钢缆自重做功 W_2, 则 $W=W_1+W_2$. 在提升过程中, 钢缆的长度逐渐变短, 因此克服自重的拉力也逐渐变小, 所以 W_2 是变力做功.

如图 6-21 所示, 在井口下 x(m) 处, 取钢缆微段 $[x,x+\mathrm{d}x]$, 则微段重为 $\rho\mathrm{d}x$, 提升该微段钢缆到井口的做功微元为

$$\mathrm{d}w_2=\rho gx\mathrm{d}x\quad (g=9.8\mathrm{m/s^2}\text{ 为重力加速度});$$

克服钢缆自重做功 w_2, 是克服 x 从 0 到 l 所有微段自重的做功微元的累积, 则

$$w_2=\int_0^l \mathrm{d}W_2=\rho g\int_0^l x\mathrm{d}x=\frac{1}{2}\rho gl^2.$$

所以拉力所做总功是 $W=Ql+\dfrac{1}{2}\rho gl^2$. □

例 6.3.4　一圆台形水池, 深 $15\mathrm{m}$, 上下口半径分别为 $20\mathrm{m}$ 和 $10\mathrm{m}$, 如果把其中盛满的水全部抽干, 需要做多少功?

解　如图建立坐标系. 水是被“一层层”地抽出去的, 在这个过程中, 不但每层水的重力在变, 提升的高度也在连续地变化, 其中抽出任意一层水(x 处厚为 $\mathrm{d}x$ 的扁圆柱体, 如图 6-22 阴影部分)所做的功为抽水做功的微元 $\mathrm{d}W$, 则

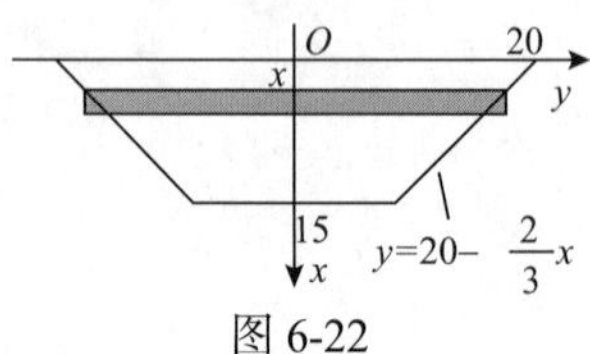

图 6-22

$$\begin{aligned}\mathrm{d}W&=\mathrm{d}V\cdot\rho\cdot g\cdot x\\&=\rho gx\left(20-\frac{2}{3}x\right)^2\pi\mathrm{d}x,\end{aligned}$$

从而

$$W=\int_0^{15}\rho gx\pi\left(20-\frac{2}{3}x\right)^2\mathrm{d}x$$

$$=\rho g\pi\left(200x^2-\frac{80}{9}x^3+\frac{1}{9}x^4\right)\Big|_0^{15}=202125\pi(\mathrm{kJ}).\qquad\square$$

二、水压力

从物理学知道, 在水深为 h 处的压强为 $p=\gamma h$, 这里 γ 是水的比重. 如果有一面积为 A 的平板水平地放置在水深为 h 处, 那么, 平板一侧所受的水压力为

$$P=p\cdot A.$$

如果这个平板铅直放置在水中, 那么, 由于水深不同的点处压强 p 不相等, 所以平板所受水的压力就不能用上述方法计算.

例 6.3.5 一个横放着的圆柱形水桶, 桶内盛有半桶水. 设桶的底半径为 R, 水的比重为 γ, 计算桶的一个端面上所受的压力.

解 桶的一个端面是圆片, 与水接触的是下半圆, 取坐标系如图 6-23 所示, 在水深 x 处于圆片上取一窄条, 其宽为 $\mathrm{d}x$, 得压力元素为 $\mathrm{d}P=2\rho x\sqrt{R^2-x^2}\mathrm{d}x$, 所求压力为

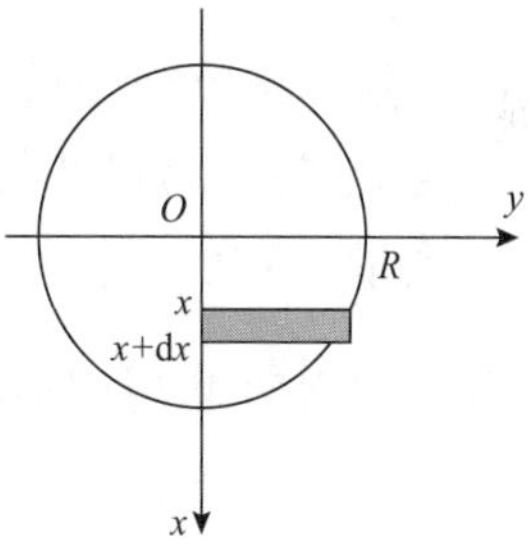

图 6-23

$$P=\int_0^R 2\rho x\sqrt{R^2-x^2}\mathrm{d}x=-\rho\int_0^R(R^2-x^2)^{\frac{1}{2}}\mathrm{d}(R^2-x^2)$$

$$=-\rho\left[\frac{2}{3}(R^2-x^2)^{\frac{3}{2}}\right]_0^R=\frac{2\rho g}{3}R^3\qquad\square$$

*三、引力

从物理学知道, 质量分别为 m_1, m_2, 相距为 r 的两质点间的引力的大小为

$$F=G\frac{m_1m_2}{r^2}.$$

其中 G 为引力系数, 引力的方向沿着两质点连线方向.

如果要计算一根细棒对一个质点的引力, 那么, 由于细棒上各点与该质点的距离是变化的, 且各点对该质点的引力的方向也是变化的, 就不能用上述公式来计算.

例 6.3.6 设有一长度为 l, 线密度为 ρ 的均匀细直棒, 在其中垂线上距棒 a 单位处有一质量为 m 的质点 M, 试计算该棒对质点 M 的引力.

解 以细棒中心点为原点 O, 沿细棒方向为 y 轴, 建立坐标系, 质点 M 位于 x 轴上. 由对称性知, 引力在垂直方向上的分量为零, 所以只需求引力在水平方向的分量. 取 y 为积分变量, 它的变化区间为 $\left[-\frac{l}{2}, \frac{l}{2}\right]$, 在 $\left[-\frac{l}{2}, \frac{l}{2}\right]$ 上 y 点取长为 $\mathrm{d}y$ 的一小段, 其质量

为ρdy, 与M相距$r=\sqrt{a^2+y^2}$，于是在水平方向上, 引力元素为

$$\mathrm{d}F_x = G\frac{m\rho\mathrm{d}y}{a^2+y^2}\cdot\frac{-a}{\sqrt{a^2+y^2}} = -G\frac{am\rho\mathrm{d}y}{(a^2+y^2)^{3/2}},$$

引力在水平方向的分量为

$$F_x = -\int_{-\frac{l}{2}}^{\frac{l}{2}} G\frac{am\rho\mathrm{d}y}{(a^2+y^2)^{3/2}} = -\frac{2Gm\rho l}{a}\cdot\frac{1}{\sqrt{4a^2+l^2}}. \qquad \square$$

*四、交流电路的平均值与有效值

例6.3.7 设交流电$i(t)=I_0\sin\omega t$，其中I_0是电流最大值, ω为角频率, 而周期为$T=\dfrac{2\pi}{\omega}$, 求交流电的平均功率.

解 由物理学知, 经过时间t, 直流电流I消耗在电阻R上的功为$W=I^2Rt$，交流电的电流强度$i(t)$虽然是变化的, 但在很短时间间隔内, 可以近似看作是不变的, 取t为积分变量, 在$[0,T]$上任取一微小区间$[t,t+\mathrm{d}t]$, 在dt时间内功的微元$\mathrm{d}W=i^2(t)R\mathrm{d}t$，所以在一个周期$[0,T]$内消耗在电阻$R$上的功$W$为$W=\int_0^T Ri^2(t)\mathrm{d}t$.

交流电的平均功率为

$$\begin{aligned}\overline{p} &= \frac{1}{T}\int_0^T Ri^2(t)\mathrm{d}t = \frac{1}{\frac{2\pi}{\omega}}\int_0^{\frac{2\pi}{\omega}} RI_0^2\sin^2\omega t\mathrm{d}t = \frac{\omega\cdot RI_0^2}{2\pi}\int_0^{\frac{2\pi}{\omega}}\sin^2\omega t\mathrm{d}t \\ &= \frac{\omega\cdot RI_0^2}{2\pi}\int_0^{\frac{2\pi}{\omega}}\frac{1-\cos 2\omega t}{2}\mathrm{d}t = \frac{\omega\cdot RI_0^2}{4\pi}\left(t-\frac{1}{2\omega}\sin 2\omega t\right)\Bigg|_0^{\frac{2\pi}{\omega}} = \frac{RI_0^2}{2}.\end{aligned}$$

从物理学可知直流电流I消耗在R上功率为I^2R，而交流电在一周期内消耗在R上的平均功率为$\dfrac{1}{T}\int_0^T Ri^2(t)\mathrm{d}t$，当交流电流的平均功率等于直流电流的功率时, 这个直流电流的值I就叫做交流电流的有效值. 因此有

$$I^2R = \frac{1}{T}\int_0^T Ri^2(t)\mathrm{d}t,$$

$$I = \sqrt{\frac{1}{T}\int_0^T i^2(t)\mathrm{d}t}. \tag{6.3.2}$$

同样可得计算交流电压的有效值. 因为

$$I=\frac{U}{R}\text{和}i(t)=\frac{u(t)}{R},$$

即有

$$P = I^2 R = \frac{U^2}{R},$$

$$\overline{p} = \frac{R}{T}\int_0^T i^2(t)\mathrm{d}t = \frac{R}{T}\int_0^T \frac{u^2(t)}{R^2}\mathrm{d}t,$$

$$\frac{U^2}{R} = \frac{1}{RT}\int_0^T u^2(t)\mathrm{d}t,$$

$$U = \sqrt{\frac{1}{T}\int_0^T u^2(t)\mathrm{d}t}. \tag{6.3.3}$$

例 6.3.8　求正弦电流 $i(t) = I_m \sin\omega t$ 的有效值, 其中 I_m, ω 都是常数

解　由公式(6.3.2), 有

$$I = \sqrt{\frac{\omega}{2\pi}\int_0^{\frac{2\pi}{\omega}} I_m^2 \sin^2\omega t\mathrm{d}t} = I_m\sqrt{\frac{\omega}{2\pi}\int_0^{\frac{2\pi}{\omega}} \frac{1-\cos 2\omega t}{2}\mathrm{d}t}$$

$$= I_m\sqrt{\frac{\omega}{2\pi}\left[\frac{t}{2} - \frac{\sin 2\omega t}{4\omega}\right]\Bigg|_0^{\frac{2\pi}{\omega}}} = \frac{I_m}{\sqrt{2}}.$$

□

习　题　6-3

1. 有一弹簧, 用 5 牛顿的力可以把它拉长 0.01 米, 求把弹簧拉长 0.1 米, 力所做的功.

2. 设有一半径为 10 米的半球形蓄水池, 池中蓄满了水, 求把水从池口全部抽出所做的功.

3. 圆柱形水桶高 5m, 底面半径为 3m, 桶内充满了水, 求要把桶内的水全部抽完需要做的功.

4. 有一圆台形容器高为 5m, 上底面半径为 3m, 下底面半径为 2m, 容器内盛满了水, 问将水全部吸出需做多少功?

5. 一储油罐装有密度为 $\rho = 0.96\times10^3\mathrm{kg/m^3}$ 的油料. 为了便于清理, 罐的下部侧面开有半径 $R = 380\mathrm{mm}$ 的圆孔, 孔中心距液面 $h = 6800\mathrm{mm}$ 孔口挡板用螺钉铆紧, 已知每个螺钉能承受 4.9kN 的力. 问至少需要多少个螺钉?

6. 古埃及大金字塔为一正四棱锥, 设高为 125m, 塔基为 230m×230m 的正方形, 传说历时 20 年才建成. 若建造金字塔所用石块的密度为 $3210\mathrm{kg/m^3}$, 试求建成这座金字塔所做的功, 并由此大致估算需要多少工匠直接投入建塔工程.

7. 一横放的半径为 R 的圆柱形油桶盛有半桶油, 油的密度为 ρ, 计算桶的圆形一侧所受的压力.

8. 有一闸门, 形状与尺寸如图 6-24 所示, 水面超过闸门顶 2m, 求闸门一侧所受到的水的压力.

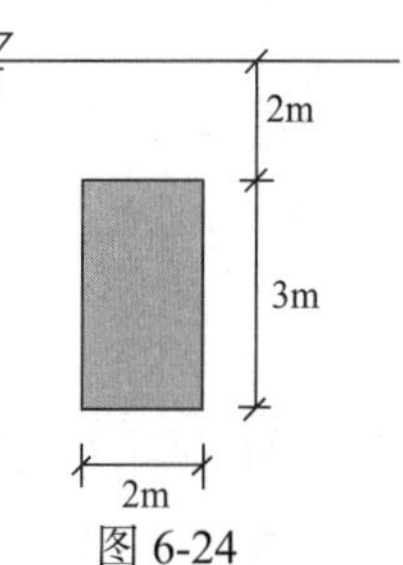

图 6-24

9. 某水坝中有一直立等腰梯形闸门, 上、下底分别为 8m 和 4m, 高为 4m. 现设水的比重为 $\rho = 0.98\mathrm{kN/m^3}$. 当水面在闸门上沿时, 求闸门所受的压力.

第四节　定积分在经济学中的应用

本节主要讨论定积分在经济学中的简单应用. 由第三章边际分析知道, 对一已知经济函数 $F(x)$（例如, 需求函数 $Q(P)$, 总成本函数 $C(x)$ 和利润函数 $L(x)$ 等), 其边际函数就是它的导函数 $F'(x)$. 作为导数(微分)的逆运算, 若对已知的边际函数 $F'(x)$ 求不定积分, 则可求得原经济函数

$$F(x)=\int F'(x)\mathrm{d}x,$$

其中, 积分常数 C 可由经济函数的具体条件确定.

若 $F(0)$ 已知, 可由牛顿–莱布尼茨公式 $\int_0^x \mathrm{F}'(\mathrm{t})\mathrm{d}t=F(x)-F(0)$, 求得原经济函数

$$F(x)=\int_0^x F'(t)\mathrm{d}t+F(0). \tag{6.4.1}$$

仍由牛顿–莱布尼茨公式可求得原经济函数由 a 到 b 的变动值(或增量)

$$\Delta F=F(b)-F(a)=\int_a^b F'(x)\mathrm{d}x.$$

一、由边际函数求原函数

例6.4.1　已知边际成本为 $C'(x)=7+\dfrac{25}{\sqrt{x}}$, 固定成本为1000元, 求总成本函数.

解　由公式(6.4.1)知,

$$\begin{aligned}C(x)&=C(0)+\int_0^x C'(t)\mathrm{d}t\\&=1000+\int_0^x\left(7+\frac{25}{\sqrt{t}}\right)\mathrm{d}t=1000+[7t+50\sqrt{t}]_0^x\\&=1000+7x+50\sqrt{x}.\end{aligned}$$

□

例6.4.2　已知某公司独家生产某产品, 销售 Q 单位商品时, 边际收入函数为

$$R'(Q)=\frac{ab}{(Q+b)^2}-c\ (\text{元/单位})\quad (a,b,c>0\ 为常数).$$

求: (1)公司的总收入函数; (2)该产品的需求函数.

解　(1) 由公式(6.4.1), 总收入函数为

$$R(Q)=\int_0^Q R'(x)\mathrm{d}x=\int_0^Q\left[\frac{ab}{(x+b)^2}-c\right]\mathrm{d}x$$

$$=\left(-\frac{ab}{x+b}\right)\bigg|_0^Q-cQ=a-\frac{ab}{Q+b}-cQ. \qquad \square$$

(2) 设产品的价格为 P，则 $R=PQ=a-\dfrac{ab}{Q+b}-cQ$，从而得产品的需求函数为

$$P=\frac{a}{Q}-\frac{ab}{Q(Q+b)}-c=\frac{a}{Q+b}-c. \qquad \square$$

二、由变化率求总量

利用微分学的思想可以求总量的变化率(边际变化). 反过来, 若已知总量的变化率(边际变化), 也可以利用积分学的思想来求总量.

常用的几个求总量的积分公式:

(1) 已知某产品在时刻 t 的总产量的变化率为 $f(t)$，则从时刻 t_1 到时刻 t_2 的总产量为

$$Q=\int_{t_1}^{t_2}f(t)\mathrm{d}t. \tag{6.4.2}$$

(2) 已知边际成本 $C'(x)$ 是产品的产量 x 的函数, 则生产第 a 个单位产品到第 b 个单位产品的可变成本为

$$C_{a,b}=\int_{a-1}^{b}C'(x)\mathrm{d}x. \tag{6.4.3}$$

例6.4.3　已知某产品总产量的变化率为 $Q'(t)=40+12t$ (件/天), 求从第5天到第10天的产品总产量.

解　由公式(6.4.2), 所求的总产量为

$$\begin{aligned}Q&=\int_5^{10}Q'(t)\mathrm{d}t\\&=\int_5^{10}(40+12t)\mathrm{d}t=(40t+6t^2)\big|_5^{10}=650(\text{件}).\end{aligned} \qquad \square$$

例 6.4.4　已知某产品的边际成本为 $C'(x)=2x^2-3x+2$ (元/单位), 求:

(1) 生产前 6 个单位产品的可变成本;

(2) 若固定成本 $C(0)=6$ 元, 求前 6 个产品的平均成本;

(3) 求生产第 10 个到第 15 个单位产品时的平均成本.

解　(1) 由公式(6.4.3), 生产前 6 个单位产品, 即从生产第 1 个到第 6 个单位的可变成本为

$$C_{1,6}=\int_0^6(2x^2-3x+2)\mathrm{d}x=\left[\frac{2}{3}x^3-\frac{3}{2}x^2+2x\right]_0^6=102\ (\text{元}) \qquad \square$$

(2) $C(6)=\int_0^6(2x^2-3x+2)\mathrm{d}x+6=108$（元），则前 6 个产品的平均成本为

$$\overline{C}(6)=\frac{108}{6}=18\text{（元/单位）}.\qquad\square$$

(3) $C_{10,15}=\int_{10-1}^{15}(2x^2-3x+2)\mathrm{d}x=\left[\frac{2}{3}x^3-\frac{3}{2}x^2+2x\right]_9^{15}=1560$（元），则

$$\overline{C}_{10,15}=\frac{C_{10,15}}{6}=\frac{1560}{6}=260\text{（元/单位）}.\qquad\square$$

三、消费者剩余与生产者剩余

在经济管理中，一般说来，商品价格低，需求就大；反之，商品价格高，需求就小，因此需求函数 $Q=f(P)$ 是价格 P 的单调递减函数.

同时商品价格低，生产者就不愿生产，因而供给就少；反之，商品价格高，供给就多，因此供给函数 $Q=g(P)$ 是价格P的单调递增函数.

由于函数 $Q=f(P)$ 与 $Q=g(P)$ 都是单调函数，所以分别存在反函数 $P=f^{-1}(Q)$ 与 $P=g^{-1}(Q)$，此时函数 $P=f^{-1}(Q)$ 也称为需求函数，而 $P=g^{-1}(Q)$ 也称为供给函数.

需求曲线（函数）$P=f^{-1}(Q)$ 与供给曲线（函数）$P=g^{-1}(Q)$ 的交点 $A(P^*,Q^*)$ 称为均衡点，在此点供需达到均衡. 均衡点的价格 P^* 称为均衡价格，即对某商品而言，顾客愿买、生产者愿卖的价格. 如果消费者以比他们原来预期的价格低的价格（如均衡价格）购得某种商品，由此而节省下来的钱的总数称为消费者剩余.

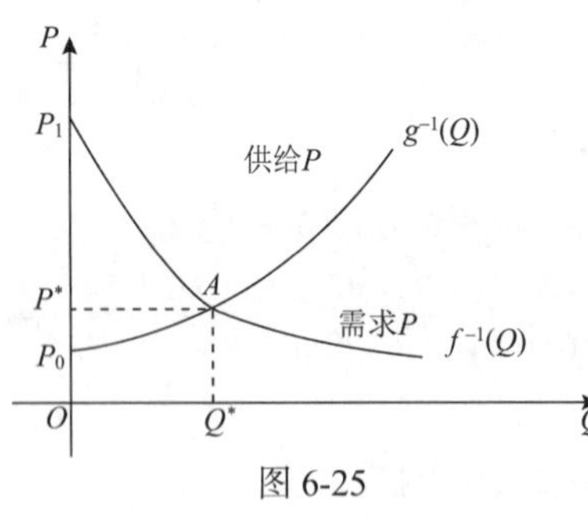

图 6-25

假设消费者以较高价格 $P=f^{-1}(Q)$ 购买某商品并情愿支付，Q^* 为均衡商品量，则在 $[Q,Q+\Delta Q]$ 内消费者消费量近似为 $f^{-1}(Q)\Delta Q$，故消费者的总消费量为 $\int_0^{Q^*}f^{-1}(Q)\mathrm{d}Q$，它是需求曲线 $P=f^{-1}(Q)$ 在0与 Q^* 之间的曲边梯形 OQ^*AP_1 的面积，如图6-25所示. 如果商品是以均衡价格 P^* 出售，那么消费者实际销售量为 P^*Q^*. 因此，消费者剩余为

$$\int_0^{Q^*}f^{-1}(Q)\mathrm{d}Q-P^*Q^*,$$

它是曲边三角形 P_1AP^* 的面积.

如果生产者以均衡价格 P^* 出售某商品，而没有以他们本来计划的以较低的售价 $P=g^{-1}(Q)$ 出售该商品，由此所获得的额外收入，称它为生产者剩余.

同理分析可知，P^*Q^* 是生产者实际出售商品的收入总额，$\int_0^{Q^*}g^{-1}(Q)\mathrm{d}Q$ 是生产者按

原计划以较低价格售出商品所获得的收入总额, 故生产者剩余为

$$P^*Q^* - \int_0^{Q^*} g^{-1}(Q)\mathrm{d}Q,$$

它是曲边三角形 P_0AP^* 的面积.

例6.4.5　设某产品的需求函数是 $P = 30 - 0.2\sqrt{Q}$. 如果价格固定在每件10元, 试计算消费者剩余.

解　已知需求函数 $P = f^{-1}(Q) = 30 - 0.2\sqrt{Q}$, 首先求出对应于 $P^* = 10$ 的 Q^* 值, 令 $30 - 0.2\sqrt{Q} = 10$, 得 $Q^* = 10000$. 于是消费者剩余为

$$\begin{aligned}
&\int_0^{Q^*} f^{-1}(Q)\mathrm{d}Q - P^*Q^* \\
&= \int_0^{10000} (30 - 0.2\sqrt{Q})\mathrm{d}Q - 10\times 10000 \\
&= \left(30Q - \frac{2}{15}Q^{3/2}\right)\Bigg|_0^{10000} - 100000 \\
&= 66666.67(\text{元}).
\end{aligned}$$

□

四、资本现值和投资

对于一个正常运营的企业而言, 其资金的收入与支出往往是分散地在一定时期发生的, 比如购买一批原料后支出费用, 售出产品后得到货款等. 但这种资金的流转在企业经营过程中经常发生, 特别对大型企业, 其收入和支出更是频繁地进行着. 在实际分析过程中为了计算的方便, 我们将它近似地看作是连续地发生的, 并称之为收入流(或支出流). 若已知在 t 时刻收入流的变化率为 $f(t)$ (单位: 元/年、元/月等), 那么如何计算收入流的终值和现值呢?

企业在 $[0,T]$ 这一段时间内的收入流的变化率为 $f(t)$, 连续复利的年利率为 r. 为了能够利用计算单笔款项现值的方法计算收入流的现值, 将收入流分成许多小收入段, 相应地将区间 $[0,T]$ 平均分割成长度为 Δt 的小区间. 当 Δt 很小时, $f(t)$ 在每一子区间内的变化很小, 可看作常数, 在 t 与 $t+\Delta t$ 之间收入的近似值为 $f(t)\Delta t$, 相应收入的现值为 $f(t)\mathrm{e}^{-rt}\Delta t$, 再将各小时间段内收入的现值相加并取极限, 可求总收入的现值为 $\int_0^T f(t)\mathrm{e}^{-rt}\mathrm{d}t$, 类似地可求得总收入的终值为 $\int_0^T f(t)\mathrm{e}^{-(T-t)t}\mathrm{d}t$.

例6.4.6　现对某企业给予一笔投资 A, 经测算, 该企业在 T 年中可以按每年 a 元的均匀收入率获得收入, 若年利润为 r, 试求:

(1) 该投资的纯收入贴现值;

(2) 收回该笔投资的时间为多少?

解　(1) 求投资的纯收入贴现值. 因收入率为 a, 年利润为 r, 故投资后的 T 年中获总收入的现值为

$$y=\int_0^T a\mathrm{e}^{-rt}\mathrm{d}t=\frac{a}{r}(1-\mathrm{e}^{-rT}),$$

从而投资所获得的纯收入的贴现值为

$$R=y-A=\frac{a}{r}(1-\mathrm{e}^{-rT})-A.$$ □

(2) 求收回投资的时间. 收回投资, 即为总收入的现值等于投资. 由 $\frac{a}{r}(1-\mathrm{e}^{-rT})=A$ 得收回投资的时间为 $T=\frac{1}{r}\ln\frac{a}{a-Ar}$. □

习 题 6-4

1. 设某种产品每天生产 x 件时的总成本为 C (元), 且边际成本为 $C'(x)=20+\frac{15}{\sqrt{x}}$ (元/件), 求日产量从 100 件到 400 件时的总成本和平均成本.

2. 设某企业直销某种产品, 收入 R (元)为销售量 x 的函数 $R=R(x)$, 若已知收入的变化率(边际收入) $R'(x)=4(4-x)\mathrm{e}^{-\frac{x}{4}}$ (元/单位). 试求生产 x 个单位的总收入函数.

3. 设某商品现售价 5000 元, 分期付款购买, 10 年付清. 若每年付款的数额相同, 且以年利率 3%贴现, 按连续复利计算, 每年应付款多少元?

4. 设某产品的总成本 C (万元)的变化率是生产量 x (百台)的函数, 且

$$\frac{\mathrm{d}C(x)}{\mathrm{d}x}=6+\frac{x}{2}\ (\text{万元/百台}),$$

总收入 R (万元)的变化率也是产量 x 的函数, 且

$$\frac{\mathrm{d}R(x)}{\mathrm{d}x}=12-x\ (\text{万元/百台}).$$

求: (1) 产量从 100 台增加到 300 台时, 总成本与总收入的变化量各是多少?

(2) 试问产量为多大时, 总利润最大?

(3) 已知固定成本为 $C_0=5$ (万元), 总成本、总利润与产量 x 的关系式是?

(4) 若在最大利润的基础上再增加生产 200 台, 总利润将发生什么变化?

第七章　常微分方程

第一节　基 本 概 念

一、微分方程

到现在为止，我们在中学阶段学过代数方程 $f(x)=0$，例如

$$ax^2+bx+c=0. \tag{7.1.1}$$

其解是数. 在第二章中也学过函数方程：$f(x,y)=0$，其解是一个(隐)函数.

本章中我们将接触一类新的方程. 先看下例，我们知道抛物线有非常重要的一个光学性质：从焦点出发的光线经过抛物线的反射就形成平行光束. 其实际应用就是汽车远光灯和探照灯. 自然要问：是否有其他的曲线也有相同的性质使得能够做出不同的远光灯？

如图 7-1 所示，建立坐标系，以光源位置为原点 O，以经过原点的光束为 y 轴. 设曲线方程为 $y=f(x)$. 在曲线上任一点 $P(x,y)$ 处，入射光线 OP 的方程为

$$Y=\frac{y}{x}X.$$

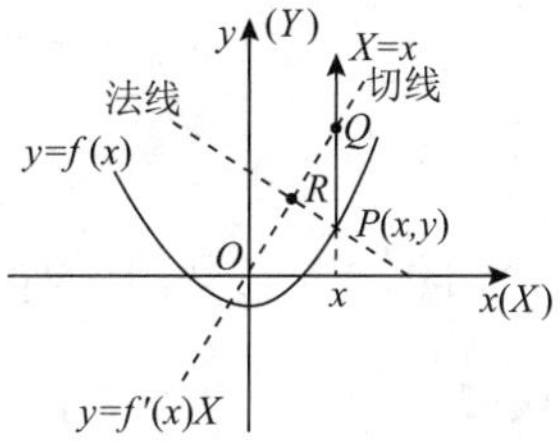

图 7-1

反射光线的方程为 $X=x$. 根据光学性质，入射光线和反射光线关于点 $P(x,y)$ 处的法线

$$X-x+f'(x)(Y-y)=0$$

对称. 于是，经过原点 O 平行于点 $P(x,y)$ 处切线的直线 $Y=f'(x)X$ 与反射光线 $X=x$ 的交点

$$Q(x,xf'(x))$$

是原点 O 关于该法线的对称点，即点 $R\left(\frac{1}{2}x,\frac{1}{2}xf'(x)\right)$ 在法线上，从而

$$-\frac{1}{2}x+f'(x)\left(\frac{1}{2}xf'(x)-y\right)=0 .$$

整理, 并用 $y'=f'(x)$ 得

$$xy'^2-2yy'-x=0 . \tag{7.1.2}$$

我们看到, 具有与抛物线同样光学性质的未知函数 $y=f(x)$ 满足一个含有该未知函数导数的方程. 这种方程就叫做微分方程.

一般而言, 这种含有未知函数导数的函数方程就叫做**微分方程**. 如果未知函数是一元的, 则称为**常微分方程**, 有时就简称微分方程或方程. 这是本章主要研究的对象; 如果未知函数是多元的, 则称为偏微分方程.

方程中未知函数可以出现高阶导数. 此时出现的最高阶导数的阶亦称为微分方程的阶. 例如, 上面的方程是一阶微分方程. 其一般形式为

$$F(x,y,y')=0 . \tag{7.1.3}$$

此种形式的方程称为**一阶隐式方程**. 若将 y' 解出所得方程

$$y'=f(x,y) . \tag{7.1.4}$$

则称为**一阶显式方程**. 例如, 上面的方程(7.1.2)为一阶隐式方程. 若将 y' 解出则得一阶显式方程

$$y'=\frac{y+\sqrt{x^2+y^2}}{x} \text{ 或 } y'=\frac{y-\sqrt{x^2+y^2}}{x} .$$

n 阶隐式微分方程的一般形式为

$$F(x,y',y'',\cdots,y^{(n)})=0 . \tag{7.1.5}$$

n 阶显式微分方程的一般形式为

$$y^{(n)}=f(x,y',y'',\cdots,y^{(n-1)}) . \tag{7.1.6}$$

二、方程的解

作为方程, 和代数方程或隐函数方程一样, 最重要的是它的解. 简单地说微分方程的解是满足微分方程的函数.

定义7.1.1 如果函数 $y=y(x)$ 在区间 I 上可导, 且使得对任何 $x\in I$ 都有

$$F(x,y(x),y'(x))=0 \quad (\text{或 } y'(x)=f(x,y(x))),$$

则称函数 $y=y(x)$ 是隐式方程 $F(x,y,y')=0$ (或显式方程 $y'=f(x,y)$)在区间 I 上的一个解.

类似地可定义高阶方程的解.

例如，

(1) 函数 $y=\mathrm{e}^x$ 是方程 $y'-y=0$ 在区间 $(-\infty,+\infty)$ 上的一个解；

(2) 函数 $y=\sqrt{1-x^2}$ 是方程 $yy'+x=0$ 在区间 $(-1,1)$ 上的一个解；

(3) 函数 $y=\sin x$ 和 $y=\cos x$ 都是二阶方程 $y''+y=0$ 在区间 $(-\infty,+\infty)$ 上的解；

(4) 函数 $y=\frac{1}{2}(x^2-1)$ 是方程 $xy'^2-2yy'-x=0$ 在区间 $(-\infty,+\infty)$ 上的解.

从这些例子可以看到，微分方程的解一般不止一个. 事实上往往有无穷多个. 例如，

(1) 对任何常数 C，函数 $y=C\mathrm{e}^x$ 都是方程 $y'-y=0$ 在区间 $(-\infty,+\infty)$ 上的解；

(2) 对任何常数 C_1 和 C_2，函数 $y=C_1\sin x+C_2\cos x$ 都是方程 $y''+y=0$ 在区间 $(-\infty,+\infty)$ 上的解.

一般而言，这种 n 阶微分方程的含有 n 个任意常数的解称为该 n 阶微分方程的**通解**；而像上面所列出的单个的解则称为**特解**.

和代数方程或隐函数方程一样，微分方程也并不总是有解的. 例如，方程 $y'^2+y^2+1=0$ 就不可能有解. 于是就有一个基本问题：什么样的微分方程是有解的？也就是微分方程的解的存在性问题. 因其理论性较强，本书不涉及. 读者可参考相关书籍[7].

第二个问题便是：对于一些简单或特殊的微分方程，如何去求出其解？这个过程也称为**解方程**. 我们将着重讨论这个问题.

值得注意的是，一些看似简单的微分方程，例如，著名的里卡蒂(Riccati)方程

$$y'=x^2+y^2$$

的解是存在的，但求不出来，即不能用初等函数将解表示出来！因此，便有第三个问题：当方程有解但求不出时，如何研究解的性质？与解的存在性问题一样，因为理论性较强，本书基本不涉及这方面的内容. 读者可参考相关书籍[1]. 可以说，这三个问题就构成了整个微分方程理论.

习　题　7-1

1. 下列方程中，哪些是微分方程？并指出微分方程的阶数.

(1) $2x^2\mathrm{d}y-y\mathrm{d}x=0$；　(2) $y^2-3y-4=0$；

(3) $y''y'+x^2y'+y=3$；　(4) $xy'^2-yy'+x=0$；

(5) $\frac{\mathrm{d}^2x}{\mathrm{d}t^2}-2\frac{\mathrm{d}x}{\mathrm{d}t}=x+3$；　(6) $y^{(4)}+y''y'''-x^2=\mathrm{e}^x$.

2. 验证下列各题中，前面所给函数是否为后面微分方程的解(其中 C 为任意常数).

(1) $y=3\sin x-4\cos x,\ y''+y=0$；

(2) $y=\mathrm{e}^{-3x}+\frac{1}{3},\ \frac{\mathrm{d}y}{\mathrm{d}x}+3y=1$；

(3) $y=x^2\mathrm{e}^x,\ y''-2y'+y=1$；

(4) $y=C_1\mathrm{e}^{\alpha x}+C_2\mathrm{e}^{\beta x},\ y''-(\alpha+\beta)y'+\alpha\beta y=0$.

3. 某曲线上点 $P(x,y)$ 处的法线与 x 轴的交点为 Q，且线段 PQ 被 y 轴平分，试求该曲线所满足的微分方程.

第二节　变量可分离方程

一、变量可分离方程

从本节开始, 我们将介绍若干能够解出的方程. 先看下例.

例7.2.1　解方程 $y' = xy$.

解　设 $y = y(x)$ 是其解, 则 $y'(x) = xy(x)$. 如果 $y = y(x)$ 不恒为 0, 则有

$$\frac{y'(x)}{y(x)} = x.$$

两边积分, 得

$$\int \frac{y'(x)}{y(x)}\mathrm{d}x = \int x\mathrm{d}x,$$

$$\ln|y(x)| = \frac{1}{2}x^2 + C,$$

$$y(x) = \pm\mathrm{e}^{\frac{1}{2}x^2 + C}.$$

将常数 $\pm\mathrm{e}^C$ 仍然记为 C, 则得通解 $y(x) = C\mathrm{e}^{\frac{1}{2}x^2}$. 注意, 当 $C = 0$ 时, $y(x) = 0$ 也是解. 于是原方程的所有解为 $y(x) = C\mathrm{e}^{\frac{1}{2}x^2}$, 其中 C 为任意常数. □

在例 7.2.1 解方程过程中使用了不定积分, 因而称为积分法. 而能够使用积分法的关键是等式

$$\frac{y'(x)}{y(x)} = x.$$

由于 $y' = \frac{\mathrm{d}y}{\mathrm{d}x}$, 因此此式也可写成

$$\frac{\mathrm{d}y}{y} = x\mathrm{d}x.$$

就是说, 方程中出现的自变量 x 和因变量 y 被分离到了等式的两边. 所以这种方程亦被称为**变量可分离方程**. 其一般形式为

$$\frac{\mathrm{d}y}{\mathrm{d}x} = f(x)g(y). \tag{7.2.1}$$

解变量可分离方程(7.2.1)的过程如下:

(1) 先解代数方程 $g(y) = 0$ 得原方程的常函数解 $y = y_0$, 这种解可能不存在, 也可能不止一个;

(2) 当 $g(y)$ 不恒为 0 时,分离变量得

$$\frac{\mathrm{d}y}{g(y)}=f(x)\mathrm{d}x,$$

再两边积分而得

$$\int\frac{\mathrm{d}y}{g(y)}=\int f(x)\mathrm{d}x.$$

由此即得通解.

例7.2.2　解方程 $\dfrac{\mathrm{d}y}{\mathrm{d}x}=\mathrm{e}^{x-y}$.

解　$\mathrm{e}^{x-y}=\mathrm{e}^{x}\cdot\mathrm{e}^{-y}$ 而 $\mathrm{e}^{-y}\neq 0$，因此可分离变量得

$$\mathrm{e}^{y}\mathrm{d}y=\mathrm{e}^{x}\mathrm{d}x.$$

$$\int\mathrm{e}^{y}\mathrm{d}y=\int\mathrm{e}^{x}\mathrm{d}x.$$

于是有

$$\mathrm{e}^{y}=\mathrm{e}^{x}+C.$$

这种形式的通解称为**隐式通解**(隐函数解). 若将 y 解出便得**显式通解**(显函数解)

$$y=\ln(C+\mathrm{e}^{x}).$$ □

注　隐式(通)解相当于解是由函数方程确定的隐函数，也因此未必总是能够得到显式解的.

例7.2.3　解方程 $y'=\dfrac{\sqrt{1-y^2}}{\sqrt{1-x^2}}$，并且求出满足条件 $y\left(\dfrac{1}{2}\right)=\dfrac{\sqrt{3}}{2}$ 的解.

解　首先，方程有常函数解 $y=\pm 1$. 当 $y\neq\pm 1$ 时分离变量得

$$\frac{\mathrm{d}y}{\sqrt{1-y^2}}=\frac{\mathrm{d}x}{\sqrt{1-x^2}},$$

$$\int\frac{\mathrm{d}y}{\sqrt{1-y^2}}=\int\frac{\mathrm{d}x}{\sqrt{1-x^2}}.$$

由此得隐式通解

$$\arcsin y=\arcsin x+C.$$

将 y 解出得显式通解

$$y=\sin(\arcsin x+C).$$

值得注意的是, 此方程的两个常函数解 $y=\pm 1$ 不包含在通解中.

现在来求满足条件 $y\left(\frac{1}{2}\right)=\frac{\sqrt{3}}{2}$ 的解. 首先常函数解 $y=\pm 1$ 不满足该条件. 因此从通解中去寻找. 由于 $y\left(\frac{1}{2}\right)=\frac{\sqrt{3}}{2}$, 因此常数 C 要满足

$$\frac{\sqrt{3}}{2}=\sin\left(\arcsin\frac{1}{2}+C\right).$$

解之得 $C=\frac{\pi}{6}$. 从而所求满足条件 $y\left(\frac{1}{2}\right)=\frac{\sqrt{3}}{2}$ 的解为

$$y=\sin\left(\arcsin x+\frac{\pi}{6}\right)=\frac{\sqrt{3}}{2}x+\frac{1}{2}\sqrt{1-x^2}\ . \qquad \square$$

在此例中求满足条件 $y\left(\frac{1}{2}\right)=\frac{\sqrt{3}}{2}$ 的解的问题通常称为**柯西初值问题**. 一阶方程的柯西初值问题的一般形式为

$$\begin{cases} y'=f(x,y), \\ y|_{x=x_0}=y_0. \end{cases}$$

求解柯西初值问题的过程就如上例所示, 一般先求出通解; 再用条件去确定常数; 最后用求出的常数代入通解便得柯西初值问题的解.

二、可化为变量可分离方程的方程

有些方程本身不是变量可分离方程, 但通过某种变换可转化为变量可分离方程. 如下例所示.

例7.2.4 解方程 $y'=\frac{y+\sqrt{x^2+y^2}}{x}\ (x>0)$.

解 这是本章开始所述的具有与抛物线同样光学性质的未知函数 $y=f(x)$ 满足的显式方程. 令 $u=\frac{y}{x}$, 则 $y=xu$, $y'=xu'+u$. 代入原方程并化简可得

$$xu'=\sqrt{1+u^2}\ .$$

此为变量可分离方程. 分离变量并两边积分就有

$$\int\frac{\mathrm{d}u}{\sqrt{1+u^2}}=\int\frac{\mathrm{d}x}{x},$$

$$\ln\left(u+\sqrt{1+u^2}\right)=\ln x+C,$$

$$u+\sqrt{1+u^2}=\mathrm{e}^C x\ .$$

将不为 0 的常数 e^C 重新记为 $C\neq 0$，则 $u=\dfrac{C^2x^2-1}{2Cx}$. 于是由 $y=xu$ 知原方程的通解为

$$y=\frac{C^2x^2-1}{2C}.$$

从这个通解可看出只有抛物线具有反射光线平行的性质(图 7-2). □

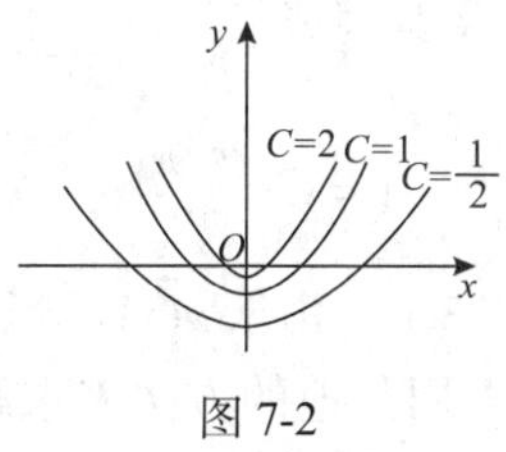

图 7-2

习　题　7-2

1. 求下列微分方程的通解:

(1) $xy'-y\ln y=0$;　　(2) $y'=e^{x+y}$;

(3) $e^{x-y}dx-dy=0$;　　(4) $y\dfrac{dy}{dx}=x(1-y^2)$;

(5) $y'=x^2y^2$;　　(6) $\sqrt{1-x^2}\,y'=\sqrt{1-y^2}$;

(7) $(x-1)dy-(1+y)dx=0$;　　(8) $y'-e^{x-y}+e^x=0$.

2. 求下列微分方程的特解:

(1) 微分方程 $y'-xy'=2y^2+2y'$ 满足初始条件 $y|_{x=0}=1$ 的特解.

(2) 微分方程 $y'+3y=8,\ y(0)=2$ 的特解.

(3) 微分方程 $ydx=x\ln ydy$ 满足 $y\big|_{x=1}=1$ 的特解.

(4) 微分方程 $\cos ydx+(1+e^{-x})\sin ydy=0$ 满足初始条件 $y|_{x=0}=\dfrac{\pi}{4}$ 的特解.

第三节　一阶线性方程

通常地，一阶微分方程(7.1.4)的通解是很难求出的. 但对一些特殊的一阶方程，通解还是比较容易求得. 例如，变量可分离方程. 本节中，我们考虑当方程(7.1.4)的右端函数 $f(x,y)$ 关于 y 是线性函数时的如下方程:

$$y'=p(x)y+q(x),\tag{7.3.1}$$

其中 $p(x)$ 和 $q(x)$ 是已知函数. 这种方程称为**一阶线性微分方程**. 当 $q(x)$ 恒为 0 时，即方程

$$y'=p(x)y,\tag{7.3.2}$$

称为**一阶线性齐次微分方程**; 当 $q(x)$ 不恒为 0 时, 方程(7.3.1)称为**一阶线性非齐次微分方程**. 它不是变量可分离方程.

对一阶线性齐次微分方程(7.3.2), 容易看到其是变量可分离方程. 如果 $p(x)$ 有某个原函数 $P(x)$: $P'(x)=p(x)$, 则其通解容易求得为

$$y=C\mathrm{e}^{P(x)}. \tag{7.3.3}$$

根据原函数与不定积分的关系, 常将其写成

$$y=C\mathrm{e}^{\int p(x)\mathrm{d}x}. \tag{7.3.4}$$

对一阶线性非齐次微分方程(7.3.1), 由于 $q(x)$ 不恒为0, 它不是变量可分离方程. 如何求解此种方程呢? 我们先看能否用其他的方法来求解一阶线性齐次微分方程(7.3.2), 使得这种方法也适用于一般的一阶线性非齐次微分方程(7.3.1).

由于已经知道一阶线性齐次微分方程(7.3.2)的通解为(7.3.3), 因此

$$y\mathrm{e}^{-P(x)}=C.$$

两边求导得

$$y'\mathrm{e}^{-P(x)}-P'(x)y\mathrm{e}^{-P(x)}=0,$$

即

$$\big(y'-p(x)y\big)\mathrm{e}^{-P(x)}=0,$$
$$y'-p(x)y=0.$$

这就是原方程(7.3.2). 将上述过程倒回去, 便得到了一阶线性齐次微分方程的另一种解法. 在此过程中, 在方程两边乘上函数 $\mathrm{e}^{-P(x)}$ 使得左边成为导数, 再通过积分就能得到通解. 所以此种方法通常称为**积分因子法**. 我们将看到这种积分因子法也适用于一阶线性非齐次方程.

例7.3.1　解方程 $y'=xy$.

解　此时 $p(x)=x$ 有原函数 $P(x)=\dfrac{1}{2}x^2$. 将方程化为 $y'-xy=0$, 再两边乘以 $\mathrm{e}^{-\frac{1}{2}x^2}$ 得

$$y'\mathrm{e}^{-\frac{1}{2}x^2}-yx\mathrm{e}^{-\frac{1}{2}x^2}=0.$$

于是由 $\left(y\mathrm{e}^{-\frac{1}{2}x^2}\right)'=y'\mathrm{e}^{-\frac{1}{2}x^2}-yx\mathrm{e}^{-\frac{1}{2}x^2}$ 知

$$\left(y\mathrm{e}^{-\frac{1}{2}x^2}\right)'=0.$$

即 $y\mathrm{e}^{-\frac{1}{2}x^2}=C$, 从而得方程的通解为

$$y = C\mathrm{e}^{\frac{1}{2}x^2}.$$ □

例7.3.2 解方程 $y' = xy + x$.

解 写原方程为 $y' - xy = x$. 两边乘以 $\mathrm{e}^{-\frac{1}{2}x^2}$ 得

$$\left(y\mathrm{e}^{-\frac{1}{2}x^2}\right)' = y'\mathrm{e}^{-\frac{1}{2}x^2} - yx\mathrm{e}^{-\frac{1}{2}x^2} = x\mathrm{e}^{-\frac{1}{2}x^2}.$$

于是

$$y\mathrm{e}^{-\frac{1}{2}x^2} = \int x\mathrm{e}^{-\frac{1}{2}x^2}\mathrm{d}x = -\mathrm{e}^{-\frac{1}{2}x^2} + C.$$

从而, 原方程的通解为

$$y = C\mathrm{e}^{\frac{1}{2}x^2} - 1.$$ □

例7.3.3 解方程 $y' = y\tan x + \dfrac{\mathrm{e}^x}{\cos x}$.

解 两边乘以 $\cos x$ 并移项得 $y'\cos x - y\sin x = \mathrm{e}^x$. 于是有

$$(y\cos x)' = \mathrm{e}^x.$$

从而 $y\cos x = \mathrm{e}^x + C$. 由此即得方程通解为

$$y = \frac{C}{\cos x} + \frac{\mathrm{e}^x}{\cos x}.$$ □

可将积分因子法用于一般的一阶线性微分方程(7.3.1): 在方程(7.3.1)的两边乘上 $\mathrm{e}^{-P(x)}$, 其中 $P'(x) = p(x)$, 再移项得

$$y'\mathrm{e}^{-P(x)} - P'(x)y\mathrm{e}^{-P(x)} = q(x)\mathrm{e}^{-P(x)}.$$

从而

$$\left(y\mathrm{e}^{-P(x)}\right)' = q(x)\mathrm{e}^{-P(x)}.$$

由此即得

$$y\mathrm{e}^{-P(x)} = \int q(x)\mathrm{e}^{-P(x)}\mathrm{d}x = Q(x) + C,$$

其中 $Q(x)$ 是 $q(x)\mathrm{e}^{-P(x)}$ 的一个原函数: $Q'(x) = q(x)\mathrm{e}^{-P(x)}$. 于是得通解

$$y = C\mathrm{e}^{P(x)} + Q(x)\mathrm{e}^{P(x)}. \tag{7.3.5}$$

从该通解公式(7.3.5)可看到, 通解分为两项, 前项 $C\mathrm{e}^{P(x)}$ 是对应齐次方程(7.3.2)的

通解, 后项 $Q(x)e^{P(x)}$ 是原方程的一个特解(对应常数 $C=0$). 这就导出了一阶线性微分方程的通解结构定理: **一阶线性微分方程的通解等于对应齐次方程的通解和原方程的一个特解之和**. 这个结论对高阶的线性微分方程或方程组仍然成立.

最后, 我们来给出柯西初值问题

$$\begin{cases} y' = p(x)y + q(x), \\ y\big|_{x=x_0} = y_0 \end{cases}$$

的解, 也就是方程 $y' = p(x)y + q(x)$ 的满足条件 $y|_{x=x_0} = y_0$ 或 $y(x_0) = y_0$ 的特解 $y(x)$. 我们取

$$P(x) = \int_{x_0}^{x} p(t)\mathrm{d}t, \quad Q(x) = \int_{x_0}^{x} q(\zeta)e^{-P(\zeta)}\mathrm{d}\zeta .$$

于是方程 $y' = p(x)y + q(x)$ 的通解为

$$y = Ce^{\int_{x_0}^{x} p(t)\mathrm{d}t} + e^{\int_{x_0}^{x} p(t)\mathrm{d}t}\int_{x_0}^{x} q(\zeta)e^{-\int_{x_0}^{\zeta} p(t)\mathrm{d}t}\mathrm{d}\zeta .$$

再将条件 $y\big|_{x=x_0} = y_0$ 代入得 $C = y_0$. 因此柯西初值问题的解为

$$y = y_0e^{\int_{x_0}^{x} p(t)\mathrm{d}t} + e^{\int_{x_0}^{x} p(t)\mathrm{d}t}\int_{x_0}^{x} q(\zeta)e^{-\int_{x_0}^{\zeta} p(t)\mathrm{d}t}\mathrm{d}\zeta . \tag{7.3.6}$$

注 在求解具体方程的柯西初值问题时, 没有必要记忆公式, 只要用上述方法即可.

例7.3.4 求解柯西初值问题

$$\begin{cases} y' = \dfrac{y}{x} + x^2, \\ y\big|_{x=1} = 1. \end{cases}$$

解 方程两边乘以 $\dfrac{1}{x}$ 并且移项得

$$\left(\frac{y}{x}\right)' = x .$$

于是 $\dfrac{y}{x} = \dfrac{1}{2}x^2 + C$, 从而得通解

$$y = Cx + \frac{1}{2}x^3 .$$

将条件 $y\big|_{x=1} = 1$ 代入, 得 $C = \dfrac{1}{2}$. 从而所求柯西初值问题的解为

$$y=\frac{1}{2}x+\frac{1}{2}x^3. \qquad \square$$

习　题　7-3

1. 求下列微分方程的通解:

(1) $y'+2xy=xe^{-x^2}$;　(2) $y'=e^x+y$;

(3) $y'\cos^2 x+y=\tan x$;　(4) $\frac{dy}{dx}+2xy=4x$;

(5) $\frac{dy}{dx}+y\cos x=e^{-\sin x}$;　(6) $y'=\frac{\sin x}{x}-\frac{y}{x}$;

(7) $y'+\frac{1}{x}y=\frac{1}{x^2}$;　(8) $y'+y=e^x$;

(9) $y'+y\tan x=\sin 2x$.

2. 求下列微分方程的特解:

(1) 微分方程 $y'+\frac{y}{x}=0$ 满足 $y(2)=1$ 的特解;

(2) 微分方程 $y'+\frac{1}{x}y+e^x=0$ 满足初始条件 $y(1)=0$ 的特解;

(3) 微分方程 $xy'-\frac{1}{x+1}y=x,\ y|_{x=1}=1$ 的特解;

(4) 微分方程 $y'-\frac{2}{x+1}y=(x+1)^3$ 满足初始条件 $y|_{x=0}=\frac{3}{2}$ 的特解;

(5) 微分方程 $y'+y\cos x=\sin x\cos x$ 满足初始条件 $y|_{x=0}=1$ 的特解.

3. 求方程 $y=e^x+\int_0^x y(t)dt$ 的解.

第四节　高阶常系数线性方程

对一般的高阶线性方程

$$y^{(n)}+a_1(x)y^{(n-1)}+\cdots+a_{n-1}(x)y'+a_n(x)y=f(x) \quad (n\geqslant 2) \tag{7.4.1}$$

的通解, 即使是二阶方程

$$y''+a(x)y'+b(x)y=f(x) \tag{7.4.2}$$

也是很难求出的. 那么有没有某些特殊类型的高阶线性方程, 其通解可求? 本节就来考虑这个问题.

首先对于二阶方程(7.4.2), 可以看到如果 $b(x)=0$, 则其通解是可以求出的. 原因是: 若令

$$y'=u, \tag{7.4.3}$$

则 u 满足一阶线性方程

$$u' + a(x)u = f(x). \tag{7.4.4}$$

其通解可求，因而原方程 $y'' + a(x)y' = f(x)$ 的通解可通过依次解两个一阶线性方程(7.4.3)和(7.4.4)而求出.

例7.4.1 解方程 $y'' - \dfrac{y'}{x} = x^2$.

解 令 $y' = u$，则 $u' - \dfrac{u}{x} = x^2$. 该方程为一阶线性非齐次方程, 用积分因子法可求出通解为

$$u = Cx + \frac{1}{2}x^3.$$

于是原方程的解 y 满足

$$y' = u = Cx + \frac{1}{2}x^3.$$

从而得原方程的通解

$$y = \int\left(Cx + \frac{1}{2}x^3\right)\mathrm{d}x = \frac{1}{2}Cx^2 + \frac{1}{8}x^4 + D. \qquad \square$$

从例 7.4.1 的求解过程可以看出, 求解过程变成了解两个一阶线性方程: 先解 $u' - \dfrac{u}{x} = x^2$，再解 $y' = u$.

按照这个思路, 我们来考察一般的二阶线性方程(7.4.2). 设在记

$$y' - \lambda(x)y = u$$

之下, 方程(7.4.2)可以转化为 u 的一阶线性方程.

将 $y' = u + \lambda(x)y$ 和

$$y'' = (u + \lambda(x)y)' = u' + \lambda(x)y' + \lambda'(x)y = u' + \lambda(x)u + [\lambda^2(x) + \lambda'(x)]y$$

代入方程得

$$u' + [a(x) + \lambda(x)]u + [\lambda'(x) + \lambda^2(x) + a(x)\lambda(x) + b(x)]y = f(x).$$

这就是说当 $\lambda(x)$ 满足

$$\lambda'(x) + \lambda^2(x) + a(x)\lambda(x) + b(x) = 0 \tag{7.4.5}$$

时, 二阶线性方程(7.4.2)就可化为两个一阶线性方程:

$$u' + [a(x) + \lambda(x)]u = f(x) \text{ 和 } y' - \lambda(x)y = u.$$

从而可求出通解来. 遗憾的是这样的 $\lambda(x)$ 尽管是一阶微分方程(7.4.5)的解, 但由于该方程不是线性的, 一般而言是求不出的. 但对一些特殊的函数 $a(x),b(x)$, 微分方程(7.4.5)的解 $\lambda(x)$ 是可求的. 这就是我们接下来要讨论的情形: 函数 $a(x),b(x)$ 是常数, 此时的 $\lambda(x)$ 可以是常数.

一、二阶常系数线性齐次方程的解

设 a,b 为常数, 现在考虑二阶常系数线性方程

$$y''+ay'+by=f(x). \tag{7.4.6}$$

当 $f(x)=0$ 时称为其对应的**二阶常系数线性齐次方程**. 此时, 按照上面的分析, 可取常数 λ 满足

$$\lambda^2+a\lambda+b=0, \tag{7.4.7}$$

而将二阶常系数线性方程转化为两个一阶线性方程, 再通过依次求解而得到原方程的通解. 由于微分方程(7.4.6)的解与代数方程(7.4.7)的根有非常紧密的关系, 因此代数方程(7.4.7)称为线性微分方程(7.4.6)的**特征方程**. 特征方程(7.4.7)的根就自然称为**特征根**.

例 7.4.2　解方程 $y''-6y'+9y=0$.

解　此时, 特征方程为 $\lambda^2-6\lambda+9=0$, 解之得特征根 $\lambda=3$.

再令 $u=y'-3y$, 则由原方程知 $u'-3u=0$. 解之得

$$u=Ce^{3x}.$$

于是原方程的解 y 满足 $y'-3y=Ce^{3x}$. 两边乘以 e^{-3x} 得 $(e^{-3x}y)'=C$. 由此即知

$$e^{-3x}y=Cx+D.$$

从而原方程的通解为

$$y=e^{3x}(Cx+D).$$ □

例 7.4.3　解方程 $y''-6y'+8y=0$.

解　先解特征方程 $\lambda^2-6\lambda+8=0$ 得特征根 $\lambda=2$ 或 4.

再令 $u=y'-2y$, 则由原方程知 $u'-4u=0$. 解之得

$$u=Ce^{4x}.$$

于是原方程的解 y 满足 $y'-2y=Ce^{4x}$. 两边乘以 e^{-2x} 得 $(e^{-2x}y)'=Ce^{2x}$. 由此即知

$$e^{-2x}y=\int Ce^{2x}dx=\frac{1}{2}Ce^{2x}+D.$$

从而原方程的通解为

$$y=\frac{1}{2}Ce^{4x}+De^{2x}. \qquad \square$$

仔细观察这两例, 可以看到如下的一般结论:

(1) 如果特征方程(7.4.7)有一个二重特征根 $\lambda=-\frac{a}{2}\left(\text{此时} b=\frac{a^2}{4}\right)$, 则二阶常系数齐次微分方程

$$y''+ay'+by=0. \tag{7.4.8}$$

的通解为

$$y=e^{-\frac{1}{2}ax}(Cx+D); \tag{7.4.9}$$

(2) 如果特征方程(7.4.7)有两个相异特征根 $\lambda_{1,2}=\frac{-a\pm\sqrt{a^2-4b}}{2}\left(\text{此时} b\neq\frac{a^2}{4}\right)$, 则二阶常系数齐次微分方程(7.4.8)的通解为

$$y=Ce^{\lambda_1 x}+De^{\lambda_2 x}. \tag{7.4.10}$$

例 7.4.4 解方程 $y''+4y'+13y=0$.

解 特征方程 $\lambda^2+4\lambda+13=0$ 有两个相异根 $\lambda_{1,2}=-2\pm 3\mathrm{i}$, 因此得通解为

$$y=Ce^{(-2+3\mathrm{i})x}+De^{(-2-3\mathrm{i})x}. \qquad \square$$

这是一个复值函数, 但原微分方程的系数是实数. 因此自然希望得到实形式的通解. 为此我们借用欧拉公式

$$e^{\mathrm{i}x}=\cos x+\mathrm{i}\sin x$$

来转化上述复形式通解:

$$\begin{aligned} y&=Ce^{(-2+3\mathrm{i})x}+De^{(-2-3\mathrm{i})x}\\ &=Ce^{-2x}(\cos 3x+\mathrm{i}\sin 3x)+De^{-2x}(\cos 3x-\mathrm{i}\sin 3x)\\ &=e^{-2x}[(C+D)\cos 3x+(C-D)\mathrm{i}\sin 3x]. \end{aligned}$$

现在将常数 $C+D$ 和 $(C-D)\mathrm{i}$ 重新记为 C 和 D, 则

$$y=e^{-2x}(C\cos 3x+D\sin 3x).$$

这便得到了实形式的通解.

(3) 如果实系数特征方程(7.4.7)有一对共轭复根 $\lambda_{1,2}=\alpha\pm\beta\mathrm{i}$，则二阶常系数齐次微分方程(7.4.8)的通解为

$$y=\mathrm{e}^{\alpha x}(C\cos\beta x+D\sin\beta x). \tag{7.4.11}$$

*二、二阶常系数线性非齐次方程的解

现在讨论非齐次方程的解.

例 7.4.5　解方程 $y''-6y'+9y=3x-1$.

解　此时，特征方程 $\lambda^2-6\lambda+9=0$ 有一个二重特征根 $\lambda=3$.

再令 $u=y'-3y$，则由原方程知 $u'-3u=3x-1$. 用积分因子法解之得

$$u=C\mathrm{e}^{3x}-x.$$

于是 $y'-3y=C\mathrm{e}^{3x}-x$. 两边乘以 e^{-3x} 得 $\left(\mathrm{e}^{-3x}y\right)'=C-x\mathrm{e}^{-3x}$，从而

$$\mathrm{e}^{-3x}y=\int(C-x\mathrm{e}^{-3x})\mathrm{d}x=Cx+D+\left(\frac{1}{3}x+\frac{1}{9}\right)\mathrm{e}^{-3x}.$$

于是得原方程通解为

$$y=\mathrm{e}^{3x}(Cx+D)+\frac{1}{3}x+\frac{1}{9}.$$

□

例7.4.6　解方程 $y''-6y'+8y=3\mathrm{e}^{x}$.

解　此时，特征方程 $\lambda^2-6\lambda+8=0$ 有两个相异特征根 $\lambda=2$ 或 4.

再令 $u=y'-2y$，则由原方程知 $u'-4u=3\mathrm{e}^{x}$. 用积分因子法解之得

$$u=C\mathrm{e}^{4x}-\mathrm{e}^{x}.$$

于是原方程的解 y 满足 $y'-2y=C\mathrm{e}^{4x}-\mathrm{e}^{x}$. 两边乘以 e^{-2x} 得

$$\left(\mathrm{e}^{-2x}y\right)'=C\mathrm{e}^{2x}-\mathrm{e}^{-x}.$$

由此即知

$$\mathrm{e}^{-2x}y=\int\left(C\mathrm{e}^{2x}-\mathrm{e}^{-x}\right)\mathrm{d}x=\frac{1}{2}C\mathrm{e}^{2x}+D+\mathrm{e}^{-x}.$$

从而原方程的通解为

$$y=\frac{1}{2}C\mathrm{e}^{4x}+D\mathrm{e}^{2x}+\mathrm{e}^{x}.$$

□

观察上述两例，发现二阶线性非齐次微分方程的**通解结构定理：二阶线性微分方程的通解等于对应齐次方程的通解和原方程的一个特解之和.**

根据通解结构定理，解非齐次方程 (7.4.6)时，可以先解对应齐次方程，再设法找出

原方程的一个特解，就能给出原方程的通解. 从上面的例也可以看出如下的规律:

当 $f(x)$ 是 $P(x)\mathrm{e}^{\kappa x}$ 时，所找特解也是这种形式的函数 $Q(x)\mathrm{e}^{\kappa x}$.

通过进一步的分析，还可发现特解中多项式 $Q(x)$ 与多项式 $P(x)$ 的更多关系:

(1) 若 κ 不是特征根，则多项式 $Q(x)$ 与多项式 $P(x)$ 次数相同;

(2) 若 κ 是单重特征根，则多项式 $Q(x)=xQ_1(x)$，其中 $Q_1(x)$ 与多项式 $P(x)$ 次数相同;

(3) 若 κ 是二重特征根，则多项式 $Q(x)=x^2Q_2(x)$，其中 $Q_2(x)$ 与多项式 $P(x)$ 次数相同.

这就使得在解非齐次线性方程时可以使用待定系数法来求出特解.

例 7.4.7 解方程 $y''+6y'+8y=x\mathrm{e}^{-2x}$.

解 先解对应齐次方程 $y''+6y'+8y=0$. 由于特征方程

$$\lambda^2+6\lambda+8=0$$

有两相异特征根 $\lambda_1=-2$ 和 $\lambda_2=-4$，因此对应齐次方程 $y''+6y'+8y=0$ 的通解为 $y=C\mathrm{e}^{-2x}+D\mathrm{e}^{-4x}$.

现在来求原方程的一个特解. 由于 -2 是单重特征根,因此原方程有形如 $y_0(x)=x(Ax+B)\mathrm{e}^{-2x}$ 的特解，即满足 $y_0''+6y_0'+8y_0=x\mathrm{e}^{-2x}$.

由于

$$y_0'=[-2Ax^2+(2A-2B)x+B]\mathrm{e}^{-2x},$$

$$y_0''=[4Ax^2-(8A-4B)x+2A-4B]\mathrm{e}^{-2x},$$

因此代入 $y_0''+6y_0'+8y_0=x\mathrm{e}^{-2x}$ 得到

$$(4Ax+2A+2B)\mathrm{e}^{-2x}=x\mathrm{e}^{-2x}.$$

于是常数 A,B 满足

$$\begin{cases}4A=1,\\2A+2B=0,\end{cases}$$

解之得 $A=\dfrac{1}{4}$，$B=-\dfrac{1}{4}$. 故原方程有特解

$$y_0=\left(\frac{1}{4}x-\frac{1}{4}\right)x\mathrm{e}^{-2x}.$$

根据通解结构定理，就知原方程的通解为

$$y=C\mathrm{e}^{-2x}+D\mathrm{e}^{-4x}+\left(\frac{1}{4}x-\frac{1}{4}\right)x\mathrm{e}^{-2x}.$$ □

最后，我们指出，上述方法和结论对高阶的常系数线性微分方程依然有效.

三、二阶常系数线性微分方程应用举例

高阶线性微分方程在自然科学与工程技术中有着广泛的应用. 我们举一例来说明之.

弹簧振动　设一质量为 m 的物体 A 被系在弹簧的一端悬挂于顶板上. 如图7-3所示. 现将物体垂直下拉或托起后放开，则物体运动的方式可用微分方程来描述.

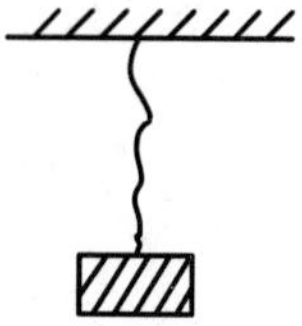

图 7-3

假设弹簧的质量相对于物体的质量而言很小而忽略不计.

首先，在放开物体 A 之前,物体 A 受到弹簧拉力和物体重力及外力的作用而处于平衡的静止状态. 将物体 A 的静止位置取为原点，向下的方向取为 x 轴的正方向.

现在,放开物体,则由于物体失去外力作用而开始运动. 用 $x=x(t)$ 表示物体在 t 时刻关于静止位置 O 的位移,则导数

$$\frac{\mathrm{d}x}{\mathrm{d}t}\text{和}\frac{\mathrm{d}^2x}{\mathrm{d}t^2}$$

分别表示物体运动的速度和加速度. 根据牛顿第二定律,在时刻 t, 物体所受的力为

$$F(t)=m\frac{\mathrm{d}^2x}{\mathrm{d}t^2}.$$

物体所受的力 $F(t)$ 有弹簧拉力、空气阻力组成: 根据胡克定理，弹簧拉力为 $F_1=-cx$，其中 $c>0$ 为弹簧的弹性系数. 因为弹簧拉力与运动方向相反，故前有负号; 空气阻力，在运动速度较小时为 $F_2=-\mu\frac{\mathrm{d}x}{\mathrm{d}t}$，其中 $\mu>0$ 为阻尼系数. 因空气阻力与运动方向相反，故前有负号.

由此得到物体运动的方程为

$$m\frac{\mathrm{d}^2x}{\mathrm{d}t^2}+\mu\frac{\mathrm{d}x}{\mathrm{d}t}+cx=0.$$

这是一个二阶常系数线性齐次微分方程. 如果外力没有完全消失，即时刻 t 时仍然有外力 $f(t)$，则物体运动方程就为

$$m\frac{\mathrm{d}^2x}{\mathrm{d}t^2}+\mu\frac{\mathrm{d}x}{\mathrm{d}t}+cx=f(t).$$

这是一个二阶常系数线性非齐次微分方程.

习　题　7-4

1. 写出微分方程 $y''+3y'-4y=0$ 最完整的叙述.
2. 已知一个二阶线性齐次微分方程的特征根 $r_1=r_2=-\sqrt{2}$，求这个微分方程.

3. 设二阶常系数齐次线性微分方程的通解为 $y=C_1+C_2\mathrm{e}^{-x}$，求对应的微分方程.

4. 求下列微分方程的特解形式:

(1) $y''+4y'+4y=x\mathrm{e}^{-2x}$;

(2) $y''-8y'+16y=(1-x)\mathrm{e}^{4x}$;

(3) $y''-8y'+7y=(1-x)\mathrm{e}^{x}$.

5. 求下列二阶常系数齐次线性微分方程的通解:

(1) $y''+y'-2y=0$;

(2) $y''+4y'+4y=0$;

(3) $y''+y=0$.

6. 求下列二阶常系数非齐次线性微分方程的通解:

(1) $y''+2y'-3y=4\mathrm{e}^{-3x}$;

(2) $2y''+y'-y=5$;

(3) $2y''+y'-y=5\mathrm{e}^{x}$;

(4) $y''+y'-2y=2\mathrm{e}^{-2x}$;

(5) $y''+y=6\mathrm{e}^{x}$;

(6) $y''-2y'-3y=x\mathrm{e}^{-x}$;

(7) $y''+3y'+2y=2x-1$;

(8) $y''-5y'+6y=2\mathrm{e}^{x}$;

(9) $y''+y'-2y=\mathrm{e}^{x}$;

(10) $y''+2y'-3y=4\mathrm{e}^{-3x}$;

(11) $2y''+y'-y=5$;

(12) $y''+y=6\mathrm{e}^{x}$.

7. 求下列二阶常系数非齐次线性微分方程的特解:

(1) 微分方程 $y''-y=3\mathrm{e}^{2x}$ 满足初始条件 $y(0)=6$, $y'(0)=3$ 的特解.

(2) 微分方程 $y''-4y'=5$ 满足初始条件 $y(0)=1$, $y'(0)=0$ 的特解.

(3) 微分方程 $y''-y=3\mathrm{e}^{2x}$ 满足初始条件 $y(0)=6$, $y'(0)=3$ 的特解.

第五节 一阶常系数线性微分方程组的消元法

就像代数方程一样, 微分方程也有方程组. 本节我们来讨论一阶线性微分方程组的解法, 将主要着重于介绍解二元一阶常系数线性微分方程组的消元法. 该方法也是解代数方程组时常用的方法.

例 7.5.1 解方程组

$$\begin{cases}\dfrac{\mathrm{d}x}{\mathrm{d}t}=y,\\[2mm] \dfrac{\mathrm{d}y}{\mathrm{d}t}=x.\end{cases}$$

解 将第一式得到的 $y=\dfrac{\mathrm{d}x}{\mathrm{d}t}$ 代入第二式, 得

$$\frac{\mathrm{d}}{\mathrm{d}t}\left(\frac{\mathrm{d}x}{\mathrm{d}t}\right)=x.$$

即得二阶常系数线性齐次方程

$$x''-x=0.$$

其通解，根据前述方法可知为

$$x = Ce^{t} + De^{-t}.$$

再代入 $y = \dfrac{dx}{dt}$ 便知

$$y = Ce^{t} - De^{-t}.$$

这就得到了原方程组的通解

$$\begin{cases} x = Ce^{t} + De^{-t}, \\ y = Ce^{t} - De^{-t}. \end{cases}$$

也可以写成

$$\begin{pmatrix} x \\ y \end{pmatrix} = Ce^{t}\begin{pmatrix} 1 \\ 1 \end{pmatrix} + De^{-t}\begin{pmatrix} 1 \\ -1 \end{pmatrix}.$$

例 7.5.2　解方程组

$$\begin{cases} \dfrac{dx}{dt} = x + y, \\ \dfrac{dy}{dt} = 3y - x. \end{cases}$$

解　由第一个方程得

$$y = x' - x.$$

代入第二个方程，得

$$x'' - x' = 3(x' - x) - x.$$

整理得

$$x'' - 4x' + 4x = 0.$$

解之得

$$x = e^{2t}(Ct + D).$$

于是

$$y = x' - x = e^{2t}(2Ct + 2D + C) - e^{2t}(Ct + D) = e^{2t}(Ct + C + D).$$

故原方程的通解为

$$\begin{cases} x = \mathrm{e}^{2t}(Ct + D), \\ y = \mathrm{e}^{2t}(Ct + C + D). \end{cases}$$

也可以写成

$$\begin{pmatrix} x \\ y \end{pmatrix} = \mathrm{e}^{2t}\left(C\left[\begin{pmatrix} 1 \\ 1 \end{pmatrix} t + \begin{pmatrix} 0 \\ 1 \end{pmatrix} \right] + D\begin{pmatrix} 1 \\ 1 \end{pmatrix} \right).$$

例 7.5.3　解方程组

$$\begin{cases} \dfrac{\mathrm{d}x}{\mathrm{d}t} = y + 2\mathrm{e}^t, \\ \dfrac{\mathrm{d}y}{\mathrm{d}t} = x + t^2. \end{cases}$$

解　将第一式得到的 $y = \dfrac{\mathrm{d}x}{\mathrm{d}t} - 2\mathrm{e}^t$ 代入第二式, 得

$$x'' - 2\mathrm{e}^t = x + t^2 .$$

即得二阶常系数线性方程

$$x'' - x = 2\mathrm{e}^t + t^2 .$$

其通解, 根据前述方法可知为

$$x = C\mathrm{e}^t + D\mathrm{e}^{-t} + t\mathrm{e}^t - t^2 - 2 .$$

于是

$$y = \frac{\mathrm{d}x}{\mathrm{d}t} - 2\mathrm{e}^t = C\mathrm{e}^t - D\mathrm{e}^{-t} + (t-1)\mathrm{e}^t - 2t .$$

故原方程通解为

$$\begin{pmatrix} x \\ y \end{pmatrix} = C\mathrm{e}^t \begin{pmatrix} 1 \\ 1 \end{pmatrix} + D\mathrm{e}^{-t} \begin{pmatrix} 1 \\ -1 \end{pmatrix} + \begin{pmatrix} t\mathrm{e}^t - t^2 - 2 \\ (t-1)\mathrm{e}^t - 2t \end{pmatrix}.$$

习　题　7-5

1. 求微分方程组 $\begin{cases} \dfrac{\mathrm{d}y}{\mathrm{d}x} = \sin x - 2y - z, \\ \dfrac{\mathrm{d}z}{\mathrm{d}x} = \cos x + 4y + 2z \end{cases}$ 的通解.

2. 求微分方程组 $\begin{cases} \dfrac{\mathrm{d}y_1}{\mathrm{d}x} = -2y_1 + y_2 + y_3, \\ \dfrac{\mathrm{d}y_2}{\mathrm{d}x} = 2y_2, \\ \dfrac{\mathrm{d}y_3}{\mathrm{d}x} = -4y_1 + y_2 + 3y_3 \end{cases}$ 的通解.

3. 求微分方程组 $\begin{cases} \dfrac{\mathrm{d}x}{\mathrm{d}t} = y + z, \\ \dfrac{\mathrm{d}y}{\mathrm{d}t} = z + x, \\ \dfrac{\mathrm{d}z}{\mathrm{d}t} = x + y \end{cases}$ 的通解.

第六节　Mathematica 软件应用(6)

一、常微分方程的通解

Mathematica 用内建函数 DSolve 解常微分方程, 其命令格式为

(1) DSolve[微分方程, $y[x]$, x].

表示解 $y[x]$ 的微分方程, $y[x]$ 以替换规则形式 $y[x]$->expr 表示. 在笔记本窗口中输入 DSolve[微分方程, $y[x]$, x], 然后按 Shift + Enter 键, 等待输出结果.

(2) DSolve[微分方程, y, x].

表示在纯函数形式下求微分方程的解, y 为函数, x 为自变量. 在笔记本窗口中输入 DSolve[微分方程, y, x], 然后按 Shift + Enter 键, 等待输出结果.

例 7.6.1　求微分方程 $xy' - y\ln y = 0$ 的通解.

解　这是可分离变量微分方程, 求解如图 7-4 所示.

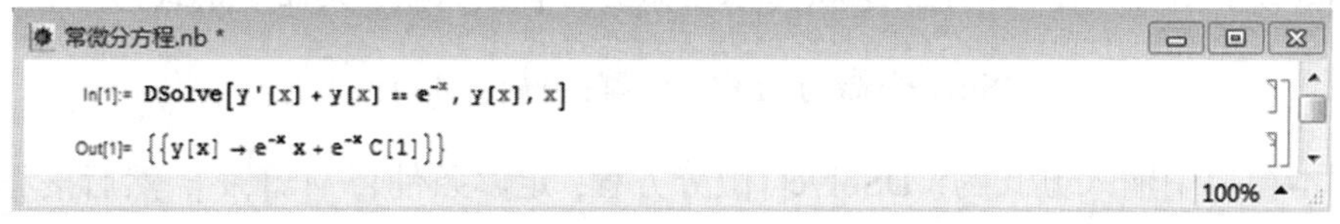

图 7-4

故通解为 $y = \mathrm{e}^{Cx}$, 其中 $C = \mathrm{e}^{C[1]}$.

例 7.6.2　求微分方程 $y' + y = \mathrm{e}^{-x}$ 的通解.

解　这是一阶线性非齐次微分方程, 求解如图 7-5 所示.

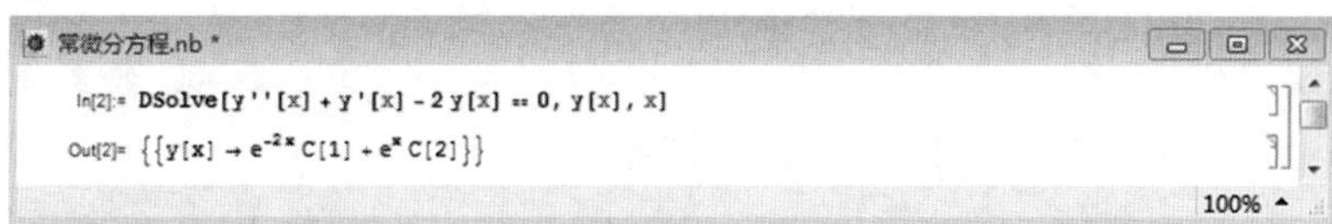

图 7-5

故通解为 $y = \mathrm{e}^{-x}(x + C)$.

例 7.6.3 求微分方程 $y'' + y' - 2y = 0$ 的通解.

解 这是二阶齐次线性微分方程, 求解如图 7-6 所示.

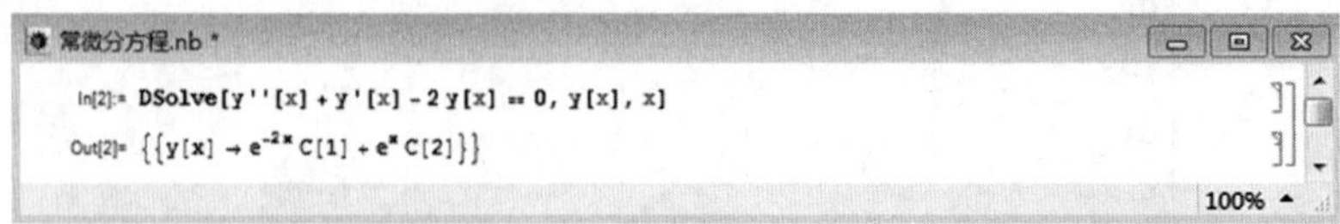

图 7-6

故通解为 $y = C_1\mathrm{e}^{-2x} + C_2\mathrm{e}^{x}$.

例 7.6.4 求微分方程 $y'' - 2y' + 5y = \mathrm{e}^{x}\sin x$ 的通解.

解 这是二阶非齐次线性微分方程, 求解如图 7-7 所示.

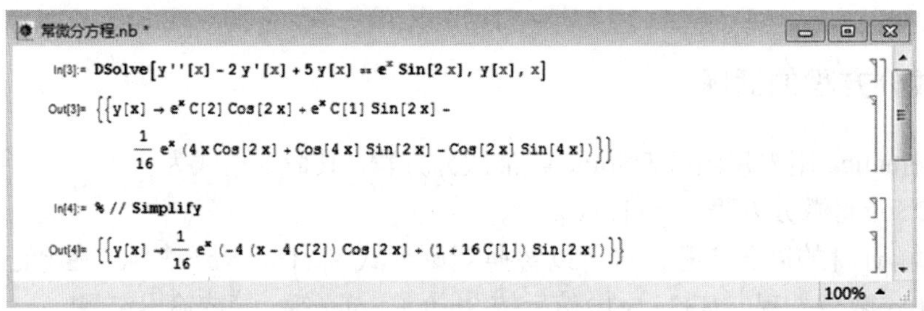

图 7-7

故通解为 $y = \mathrm{e}^{x}(C_1\sin 2x + C_2\cos 2x) - \dfrac{1}{4}x\mathrm{e}^{x}\cos 2x + \dfrac{1}{16}\mathrm{e}^{x}\sin 2x$.

二、使用定解条件求常微分方程的特解

Mathematica 也用内建函数 DSolve 求常微分方程的特解, 其命令格式为

$$\text{DSolve}[\{\text{微分方程, 定解条件}\}, y[x], x],$$

在笔记本窗口中输入方式为: DSolve[{微分方程, 定解条件}, $y[x], x$], 然后按 Shift + Enter 键, 等待输出结果.

例 7.6.5 求微分方程 $y' + y\cos x = \sin x\cos x$ 满足 $y(0) = 1$ 的特解.

解 这是一阶线性非齐次微分方程, 求解如图 7-8 所示.

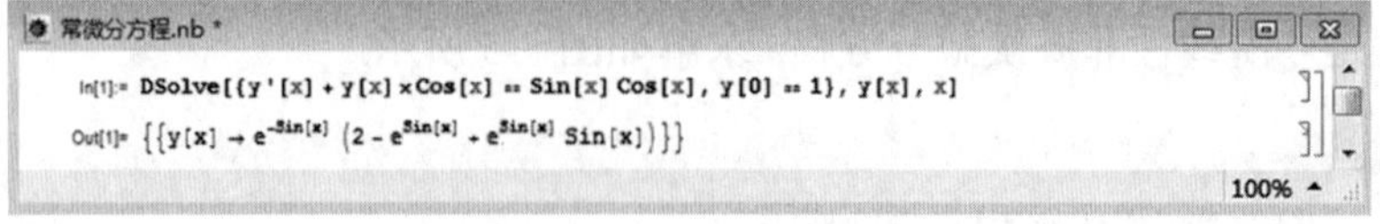

图 7-8

故通解为 $y = \mathrm{e}^{-\sin x}[\mathrm{e}^{\sin x}(\sin x - 1) + 2]$.

例 7.6.6　求微分方程 $y''-10y'+9y=\mathrm{e}^{2x}$ 满足 $y(0)=\dfrac{6}{7}$，$y'(0)=\dfrac{33}{7}$ 的特解.

解　这是二阶线性非齐次微分方程, 求解如图 7-9 所示.

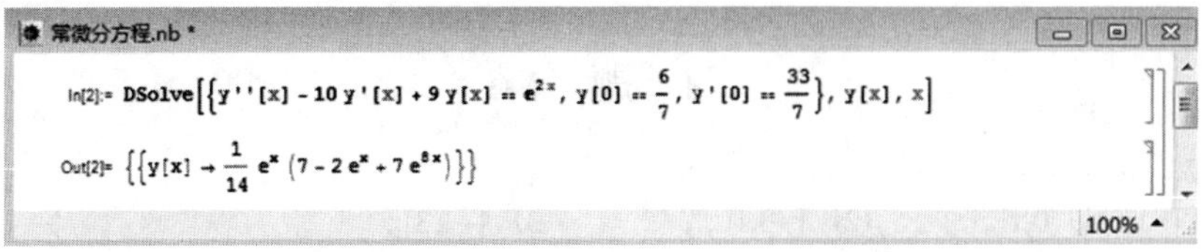

常微分方程.nb *

In[2]:= $\text{DSolve}\left[\left\{y''[x]-10\,y'[x]+9\,y[x]==\mathrm{e}^{2x},\ y[0]==\frac{6}{7},\ y'[0]==\frac{33}{7}\right\},\ y[x],\ x\right]$

Out[2]= $\left\{\left\{y[x]\to\frac{1}{14}\mathrm{e}^{x}\left(7-2\,\mathrm{e}^{x}+7\,\mathrm{e}^{8x}\right)\right\}\right\}$

100%

图 7-9

故通解为 $y=\dfrac{1}{2}(\mathrm{e}^{9x}+\mathrm{e}^{x})-\dfrac{1}{7}\mathrm{e}^{2x}$.

习　题　7-6

1. 用 Mathematica 求下列微分方程的通解:

(1)　$y'=10^{x+y}$；　　(2)　$y'+y\cos x=\mathrm{e}^{-\sin x}$；

(3)　$y'+2xy=4x$；　　(4)　$2y''+y'-y=2\mathrm{e}^{x}$；

(5)　$y''+4y=x\cos 2x$.

2. 用 Mathematica 求下列微分方程满足初始条件的特解:

(1)　$y'\sin x=y\ln y,\ y\left(\dfrac{\pi}{2}\right)=\mathrm{e}$；

(2)　$y'+3y=8,\ y(0)=2$；

(3)　$y''-4y=5,\ y(0)=1,\ y'(0)=0$.

部分习题答案

习　题　1-1

1. 7; 27; $2a^2-3a+7$; $2x^2+x+6$.

2. (1) $[-1,0)\cup(0,1]$;　(2) $[-3,1)$;　(3) $[-1,3]$;
(4) $(1,+\infty)$;　(5) $(1,2)\cup(2,4]$.

3. (1) $[-1, 1]$;　(2) $[2n\pi, (2n+1)\pi]$ $(n=0, \pm1, \pm2, \cdots)$;
(3) $[a,1-a]$;　(4) 当$0<a\leqslant\dfrac{1}{2}$时函数的定义域为$[a,1-a]$，当$a>\dfrac{1}{2}$时函数无意义.

4. (1) 不同;　(2) 不同;　(3) 相同;　(4) 不同.

5. $[-1,+\infty)$，$f(0)=0$，$f(1)=1$，$f(2)=\dfrac{1}{2}$

6. (1) $p=\begin{cases}90, & 0\leqslant x\leqslant 100,\\ 91-0.01x, & 100<x<1600,\\ 78, & x\geqslant 1600;\end{cases}$　(2) $P=\begin{cases}30x, & 0\leqslant x\leqslant 100,\\ 31x-0.01x^2, & 100<x<1600,\\ 15x, & x\geqslant 1600;\end{cases}$
(3) $P=21000$(元).

7. (1) $y=(3x-2)^5$;　(2) $y=\sin(\pi-2x)$;　(3) $y=\mathrm{e}^{\sqrt{x^2-1}}$;　(4) $y=\ln(\cos^2x+1)$.

8. (1) $y=\sqrt{u}, u=\lg v, v=\sqrt{x}$;　(2) $y=\lg u,\ u=\arcsin v,\ v=x^5$;
(3) $y=\mathrm{e}^u,\ u=\sqrt{v},\ v=x+1$;　(4) $y=u^3,\ u=\cos v,\ v=2x+1$.

9. (1) $\dfrac{\pi}{3}$;　(2) $-\dfrac{\pi}{6}$;　(3) $\dfrac{\pi}{6}$;　(4) $-\dfrac{\pi}{4}$.

习　题　1-2

1. (1) $\lim\limits_{n\to\infty}\dfrac{1}{2^n}=0$;　(2) $\lim\limits_{n\to\infty}(-1)^n\dfrac{1}{n}=0$;　(3) $\lim\limits_{n\to\infty}\left(2+\dfrac{1}{n^2}\right)=2$;　(4) $\lim\limits_{n\to\infty}\dfrac{n-1}{n+1}=1$;　(5) 没有极限.

2. (1) 0;　(2) $\dfrac{1}{2}$;　(3) $\dfrac{2}{3}$;　(4) 发散;　(5) 发散;　(6) 1.

3. (1) 1;　(2) 0;　(3) 1.

习　题　1-3

1. (1) 0;　(2) 0;　(3) $\dfrac{3}{2}$;　(4) 3;　(5) 不存在;　(6) 不存在.

2. (1) 0;　(2) -1;　(3) 不存在(理由略);　(4) 1;　(5) 1.

3. (1) 存在;　(2) 不存在;　(3) 不存在;　(4) 存在.　4. $\lim\limits_{x\to0}\phi(x)$不存在.

习　题　1-4

1. (1) -9;　(2) 0;　(3) $\dfrac{1}{2}$;　(4) $2x$;　(5) $\dfrac{1}{2}$;　(6) 0;　(7) $\dfrac{6}{5}$;

(8) 2; (9) $\frac{1}{2}$; (10) $\frac{1}{5}$; (11) -1; (12) -2; (13) $\frac{1}{2}$.

2. $b=-7$. 3. $f(x)=x^3+\frac{2x^2+1}{x+1}-5$. 4. $a=-1, b=1$.

5. (1) $e^{\frac{1}{2}}$; (2) e^{-3}; (3) e^{-6}; (4) e^{-2}; (5) e^{-6};

(6) $\frac{1}{e^2}$; (7) e^9; (8) e; (9) 8; (10) e.

6. $a=\ln 2$.

习 题 1-5

1. (1) 错误(举例略); (2) 正确; (3) 错误; (4) 错误.
2. (1) 同阶无穷小; (2) 高阶.
3. (1) 是; (2) 是; (3) 是; (4) 不是.
4. $k=3$.
5. (1) 0; (2) 0.
6. (1) $\frac{3}{2}$; (2) $\lim\limits_{x\to 0}\frac{\sin(x^n)}{(\sin x)^m}=\begin{cases}1, & n=m,\\ 0, & n<m,\\ \infty, & n<m;\end{cases}$ (3) $\frac{3}{2}$; (4) 0; (5) 1; (6) -6;

(7) 2π; (8) 2; (9) 2; (10) 2; (11) $\frac{1}{2}$; (12) -3.

8. $y=0, y=1$. 9. $x=2$.

习 题 1-6

1. (1) $f(x)$在$[0, 2]$上是连续函数;

(2) 函数在$(-\infty, -1)$和$(-1, +\infty)$内连续, 在$x=-1$处间断, 但右连续.

2. (1) $x=2$是函数的第二类间断点;

$x=1$是函数的第一类间断点, 并且是可去间断点.

令函数$y=\begin{cases}\dfrac{x^2-1}{x^2-2x+2}, & x\neq 1,2,\\ -2, & x=1,\end{cases}$ 则y在$x=1$处成为连续函数.

(2) $x=0$和$x=k\pi+\frac{\pi}{2}$ ($k\in\mathbf{Z}$)是第一类间断点且是可去间断点.

令函数$y=\begin{cases}\dfrac{\tan x}{x}, & x\neq 0, k\pi+\dfrac{\pi}{2},\\ 1, & x=0,\\ 0, & x=k\pi+\dfrac{\pi}{2},\end{cases}$ 则y在$x=0$, $x=k\pi+\frac{\pi}{2}$处成为连续函数.

(3) $x=0$是函数的第二类间断点; (4) $x=0$是跳跃间断点;

(5) $x=0$是可去间断点.

令函数 $y=\begin{cases}\dfrac{\sin 2x}{3x}, & x\neq 0,\\ \dfrac{2}{3}, & x=0,\end{cases}$ 则 y 在 $x=0$ 处成为连续函数.

(6) $x=1$ 是跳跃间断点.

3. $f(x)=\lim\limits_{n\to\infty}\dfrac{1-x^{2n}}{1+x^{2n}}x=\begin{cases}-x, & |x|>1,\\ 0, & |x|=1,\\ x, & |x|<1.\end{cases}$

$x=-1$ 为函数的第一类跳跃间断点; $x=1$ 为函数的第一类跳跃间断点.

4. $f(x)$ 的连续区间为 $(-\infty,-3),(-3,2),(2,+\infty)$.

$\lim\limits_{x\to 0}f(x)=f(0)=\dfrac{1}{2}$, $\lim\limits_{x\to 2}f(x)=\infty$, $\lim\limits_{x\to -3}f(x)=-\dfrac{8}{5}$.

5. $a=0$.　　6. $f(0)=\dfrac{1}{2}$.　　7. $a=0$.

习　题　2-1

1. $\Delta t=1,\bar{v}=55;\Delta t=0.1,\bar{v}=50.5;\Delta t=0.01,\bar{v}=50.05;v=50$.　　2. $\left.\dfrac{\mathrm{d}\theta}{\mathrm{d}t}\right|_{t=t_0}$.

3. 4.

4. (1) $(1,0)$; (2) $\left(\dfrac{1}{2},-\ln 2\right)$.

5. (1) 切线方程: $y=x-1$, 法线方程: $y=-x+3$. (2) 切线方程: $y=1$, 法线方程: $x=0$.

6. $a=6,b=-9$.　　7. $f'_+(0)=0,f'_-(0)=-1$, $f'(0)$ 不存在.

8. $f'(x)=\begin{cases}\cos x, & x<0,\\ 1, & x\geqslant 0.\end{cases}$　　9. 0.

习　题　2-2

1. (1) $f'(0)=0,f'(1)=18$;　　(2) $f'(0)=1,f'(\pi)=-1$;　　(3) $f'(1)=\dfrac{1}{4\sqrt{2}},f'(4)=\dfrac{1}{8\sqrt{3}}$.

2. (1) $y'=6x$;　　(2) $y'=\dfrac{-x^2-4x-1}{(1+x+x^2)^2}$;

(3) $y'=n(x^{n-1}+1)$;　　(4) $y'=\dfrac{1}{m}-\dfrac{m}{x^2}+\dfrac{1}{\sqrt{x}}-\dfrac{1}{x\sqrt{x}}$;

(5) $y'=3x^2\log_3 x+\dfrac{x^2}{\ln 3}$;　　(6) $y'=\mathrm{e}^x(\cos x-\sin x)$;

(7) $y'=-18x^5+5x^4-12x^3+12x^2-2x+3$;　　(8) $y'=\dfrac{x\sec^2 x-\tan x}{x^2}$;

(9) $y'=\dfrac{1-\cos x-x\sin x}{(1-\cos x)^2}$;　　(10) $y'=\dfrac{2}{x(1-\ln x)^2}$;

(11) $y'=\dfrac{1}{2\sqrt{x}}\arctan x+\dfrac{1+\sqrt{x}}{1+x^2}$;　　(12) $y'=\dfrac{2x(\sin x+\cos x)-(x^2+1)(\cos x-\sin x)}{(\sin x+\cos x)^2}$.

3. (1) $y'=\frac{1-2x^2}{\sqrt{1-x^2}}$;　(2) $y'=6x(x^2-1)^2$;

(3) $y'=\frac{3(1+x^2)^2(1+2x-x^2)}{(1-x)^4}$;　(4) $y'=\frac{1}{x\ln x}$;

(5) $y'=\cot x$;　(6) $y'=\frac{2x+1}{(x^2+x+1)}\cdot\frac{1}{\ln 10}$;

(7) $y'=\frac{1}{\sqrt{x^2+1}}$;　(8) $y'=\frac{1}{x\sqrt{1-x^2}}$;

(9) $y'=3\cos 2x(\sin x+\cos x)$;　(10) $y'=-6\cos 4x\sin 8x$;

(11) $y'=\frac{x}{\sqrt{1+x^2}}\cos\sqrt{1+x^2}$;　(12) $y'=6x(\sin^2 x^2)\cos x^2$;

(13) $y'=\frac{-1}{|x|\sqrt{x^2-1}}$;　(14) $y'=\frac{6x^2}{1+x^6}\arctan x^3$;

(15) $y'=\frac{-1}{1+x^2}$;　(16) $y'=\frac{\sin 2x}{\sqrt{1-\sin^4 x}}$;

(17) $y'=\mathrm{e}^{x+1}$;　(18) $y'=\ln 2\cdot 2^{\sin x}\cdot\cos x$;

(19) $y'=x^{\sin x}\left(\cos x\ln x+\frac{\sin x}{x}\right)$;　(20) $y'=x^{x^x}\cdot x^x\left(\ln^2 x+\ln x+\frac{1}{x}\right)$;

(21) $y'=\frac{(2x+1)\sqrt[3]{2-3x}}{\sqrt[3]{(x-3)^2}}\cdot\left(\frac{2}{2x+1}-\frac{1}{2-3x}-\frac{2}{3(x-3)}\right)$;

(22) $y'=-(1+\cos x)^{\frac{1}{x}}\cdot\left(\frac{\ln(1+\cos x)}{x^2}+\frac{\sin x}{x(1+\cos x)}\right)$;

(23) $y'=\frac{4\sqrt{x}\sqrt{x+\sqrt{x}}+2\sqrt{x}+1}{8\sqrt{x}\sqrt{x+\sqrt{x}}\cdot\sqrt{x+\sqrt{x+\sqrt{x}}}}$;

(24) $y'=\cos(\sin(\sin x))\cdot\cos(\sin x)\cdot\cos x$.

5. (1) $y'=3\mathrm{sh}^2x\mathrm{ch}x$; (2) $y'=\mathrm{sh}(\mathrm{sh}x)\mathrm{ch}x$; (3) $y'=\mathrm{th}x$; (4) $y'=\frac{1}{\mathrm{sh}^2x+\mathrm{ch}^2x}$.

6. 函数 $f(x)g(x)$ 在 x_0 处可导, 其导数为 $f'(x_0)g(x_0)$.

习 题 2-3

1. (1) $y''=4-\frac{1}{x^2}$;　(2) $y''=4\mathrm{e}^{2x-1}$;　(3) $y''=-2\sin x-x\cos x$;

(4) $y''=-2\mathrm{e}^{-t}\cos t$;　(5) $y''=-\frac{a^2}{(a^2-x^2)^{3/2}}$;　(6) $y''=-\frac{2(1+x^2)}{(1-x^2)^2}$;

(7) $y''=2\sec^2 x\tan x$;　(8) $y''=\frac{6x(2x^3-1)}{(x^3+1)^3}$;　(9) $y''=2\arctan x+\frac{2x}{1+x^2}$;

(10) $y''=\frac{\mathrm{e}^x(x^2-2x+2)}{x^3}$;　(11) $y''=2x\mathrm{e}^{x^2}(3+2x^2)$;　(12) $y''=-\frac{x}{(1+x^2)^{3/2}}$.

2. $f'''(0)=24000$.

3. (1) $y''=\frac{1}{x^2}[f''(\ln x)-f'(\ln x)]$;　(2) $y''=n(n-1)x^{n-2}f'(x^n)+(nx^{n-1})^2f''(x^n)$;

(3) $y'' = f''(f(x))\cdot(f'(x))^2 + f'(f(x))\cdot f''(x)$.

7. (1) $y^{(n)} = (-1)^n \dfrac{n!a^n}{(ax+b)^n}$；　(2) $y^{(n)} = (-1)^{n+1}\dfrac{n!}{5}\left[\dfrac{1}{(x+2)^{n+1}} - \dfrac{1}{(x-3)^{n+1}}\right]$；

(3) $y^{(n)} = 2^{n-1}\cos\left(2x + \dfrac{n\pi}{2}\right)$；　(4) $y^{(n)} = (-1)^n \dfrac{(n-2)!}{x^{n-1}} (n \geqslant 2)$；

(5) $y^{(n)} = (x+n)\mathrm{e}^x$；　(6) $y^{(n)} = n!$.

8. (1) $y^{(20)} = 2^{20}\mathrm{e}^{2x}(x^2+20x+95)$；　(2) $y^{(4)} = -4\mathrm{e}^x\cos x$.

习　题　2-4

1. (1) $\dfrac{\mathrm{d}y}{\mathrm{d}x} = \dfrac{y}{y-x}$；　(2) $\dfrac{\mathrm{d}y}{\mathrm{d}x} = \dfrac{ay-x^2}{y^2-ax}$；　(3) $\dfrac{\mathrm{d}y}{\mathrm{d}x} = \dfrac{\mathrm{e}^{x+y}-y}{x-\mathrm{e}^{x+y}}$；　(4) $\dfrac{\mathrm{d}y}{\mathrm{d}x} = -\dfrac{\mathrm{e}^y}{1+x\mathrm{e}^y}$；

(5) $\dfrac{\mathrm{d}y}{\mathrm{d}x} = \dfrac{2\sin x}{\cos y - 2}$；　(6) $\dfrac{\mathrm{d}y}{\mathrm{d}x} = -\sqrt{\dfrac{y}{x}}$；　(7) $\dfrac{\mathrm{d}y}{\mathrm{d}x} = \dfrac{2(\mathrm{e}^{2x}-xy)}{x^2-\cos y}$；　(8) $\dfrac{\mathrm{d}y}{\mathrm{d}x} = \dfrac{\ln y - \dfrac{y}{x}}{\ln x - \dfrac{x}{y}}$.

2. $\left.\dfrac{\mathrm{d}y}{\mathrm{d}x}\right|_{x=0} = 1$.　3. 切线方程：$x + y - \dfrac{\sqrt{2}}{2}a = 0$，法线方程：$x - y = 0$.

4. (1) $\dfrac{\mathrm{d}^2y}{\mathrm{d}x^2} = -\dfrac{a^2}{y^3}$；　(2) $\dfrac{\mathrm{d}^2y}{\mathrm{d}x^2} = \dfrac{-4\sin y}{(2-\cos y)^3}$；

(3) $\dfrac{\mathrm{d}^2y}{\mathrm{d}x^2} = -2\csc^2(x+y)\cot^3(x+y)$；　(4) $\dfrac{\mathrm{d}^2y}{\mathrm{d}x^2} = \dfrac{\mathrm{e}^{2y}(3-y)}{(2-y)^3}$.

5. (1) 切线方程：$2\sqrt{2}x + y - 2 = 0$，法线方程：$\sqrt{2}x - 4y - 1 = 0$；

(2) 切线方程：$4x + 3y - 12a = 0$，法线方程：$3x - 4y + 6a = 0$.

6. (1) $\dfrac{\mathrm{d}y}{\mathrm{d}x} = \dfrac{\sin t + t\cos t}{-\sin t}$，$\dfrac{\mathrm{d}^2y}{\mathrm{d}x^2} = \dfrac{\cos t\sin t - t}{a\sin^3 t}$；　(2) $\dfrac{\mathrm{d}y}{\mathrm{d}x} = 1 - \dfrac{1}{3t^2}$，$\dfrac{\mathrm{d}^2y}{\mathrm{d}x^2} = -\dfrac{2}{9t^5}$；

(3) $\dfrac{\mathrm{d}y}{\mathrm{d}x} = -\dfrac{2\mathrm{e}^{2t}}{3}$，$\dfrac{\mathrm{d}^2y}{\mathrm{d}x^2} = \dfrac{4\mathrm{e}^{3t}}{9}$；　(4) $\dfrac{\mathrm{d}y}{\mathrm{d}x} = \dfrac{t}{2}$，$\dfrac{\mathrm{d}^2y}{\mathrm{d}x^2} = \dfrac{1+t^2}{4t}$；

(5) $\dfrac{\mathrm{d}y}{\mathrm{d}x} = \dfrac{\sin t + \cos t}{\cos t - \sin t}$，$\dfrac{\mathrm{d}^2y}{\mathrm{d}x^2} = \dfrac{-2}{\mathrm{e}^t(\sin t + \cos t)^3}$；　(6) $\dfrac{\mathrm{d}y}{\mathrm{d}x} = t$，$\dfrac{\mathrm{d}^2y}{\mathrm{d}x^2} = \dfrac{1}{f''(t)}$.

习　题　2-5

1. $\Delta y = -1.141$, $\mathrm{d}y = -1.2$; $\Delta y = 0.1206$, $\mathrm{d}y = 0.12$.

2. (1) $\mathrm{d}y = \dfrac{\mathrm{d}x}{(1-x)^2}$；　(2) $\mathrm{d}y = \dfrac{1}{2}\cot\dfrac{x}{2}\mathrm{d}x$；　(3) $\mathrm{d}y = \begin{cases} \dfrac{\mathrm{d}x}{\sqrt{1-x^2}}, & -1 < x < 0, \\ -\dfrac{\mathrm{d}x}{\sqrt{1-x^2}}, & 0 < x < 1; \end{cases}$

(4) $\mathrm{d}y = \mathrm{e}^{-x}[\sin(3-x) - \cos(3-x)]\mathrm{d}x$；

(5) $\mathrm{d}y = 2x(1+x)\mathrm{e}^{2x}\mathrm{d}x$；

(6) $\mathrm{d}y = 8x\tan(1+2x^2)\sec^2(1+2x^2)\mathrm{d}x$.

3. (1) $3x+C$; (2) $\frac{5x^2}{2}+C$; (3) $-\frac{1}{2}\cos 2x+C$; (4) $-\frac{1}{3}e^{-3x}+C$;

(5) $\ln|1+x|+C$; (6) $2\sqrt{x}+C$; (7) $\frac{1}{4}\tan 4x+C$; (8) $-\frac{1}{2}\cot 2x+C$.

4. $dy=-\frac{(x-y)^2}{(x-y)^2+2}dx$, $\frac{dy}{dx}=-\frac{(x-y)^2}{(x-y)^2+2}$. 5. $\frac{dy}{dx}=\frac{2}{t}$, $\frac{d^2y}{dx^2}=-\frac{2(1+t^2)}{t^4}$.

6. (1) 1.0349; (2) 2.7455; (3) 9.9867; (4) 0.001; (5) 0.7954.

8. 约减少 43.63 cm^2; 约增加 105.24 cm^2. 9. $\Delta v=30.301(\text{m}^3)$, $dv=30(\text{m}^3)$.

习 题 2-6

1. (1) $-\frac{1}{x^2+1}dx$; (2) $\frac{\left(\frac{x}{1+x}\right)^x\left(1+(1+x)\ln\frac{x}{1+x}\right)}{1+x}$. 2. (1) $2xe^{x^2}(3+2x^2)$; (2) $\frac{1+t^2}{4t}$.

习 题 3-1

4. 在区间 (1,2) 和 (2,3) 内各有一个零点. 5-6. 提示: 根据罗尔定理证明.

7-10. 提示: 根据拉格朗日中值定理证明. 11. 提示: 根据柯西中值定理证明.

习 题 3-2

1. (1) 1; (2) 2; (3) $\cos a$; (4) $-\frac{3}{5}$; (5) $\frac{3}{2}$; (6) 2; (7) $-\frac{1}{8}$; (8) $\frac{m}{n}a^{m-n}$; (9) 1;

(10) $\frac{1}{3}$; (11) $\frac{9}{2}$; (12) 1; (13) 1; (14) $\frac{1}{2}$; (15) $+\infty$; (16) 0; (17) 0;

(18) $\frac{m-n}{2}$; (19) e^a; (20) 1; (21) 1; (22) $e^{-\frac{1}{3}}$.

习 题 3-3

1. $f(x)=-56+21(x-4)+37(x-4)^2+11(x-4)^3+(x-4)^4$.

2. $f(x)=1-9x+30x^2-45x^3+30x^4-9x^5+x^6$.

3. $\sqrt{x}=2+\frac{1}{4}(x-4)-\frac{1}{64}(x-4)^2+\frac{1}{512}(x-4)^3-\frac{1}{4!}\cdot\frac{15}{16\sqrt{(4+\theta(x-4))^7}}(x-4)^4(0<\theta<1)$.

4. $\ln x=\ln 2+\frac{1}{2}(x-2)-\frac{1}{2\cdot 2^2}(x-2)^2+\frac{1}{3\cdot 2^3}(x-2)^3-\cdots+\frac{(-1)^{n-1}}{n\cdot 2^n}(x-2)^n+o\left((x-2)^n\right)$.

5. $\frac{1}{x}=-\left(1+(x+1)+(x+1)^2+\cdots+(x+1)^n\right)\frac{(-1)^{n+1}}{\left(-1+\theta(x+1)\right)^{n+2}}(x+1)^{n+1}\ (0<\theta<1)$.

6. $\tan x=x+\frac{1}{3}x^3+\frac{\sin(\theta x)\left(\sin^2(\theta x)+2\right)}{3\cos^5(\theta x)}x^4\ (0<\theta<1)$.

7. $xe^x = x + x^2 + \frac{1}{2!}x^3 + \cdots + \frac{1}{(n-1)!}x^n + o\left(x^n\right)$.

8. $f(x) = \frac{1}{2} + \frac{1}{2^2}(x-1) + \frac{1}{2^3}(x-1)^2 + \cdots + \frac{1}{2^{n+1}}(x-1)^n + o\left((x-1)^n\right)$.　9. (1) $\frac{3}{2}$; (2) $\frac{7}{12}$; (3) 0.

习　题　3-4

1. 函数在 $(-\infty,+\infty)$ 内单调减少.　2. 函数 x 在 $[0,2\pi]$ 上单调增加.

3. (1) $f(x)$ 在 $(-\infty,1]$ 上单调增加, 在(1,2)上单调减少, 在 $[2,+\infty)$ 上单调增加;
(2) 函数在 $(0,2]$ 内单调减少, 在 $[2,+\infty)$ 内单调增加;
(3) 函数在 $(-\infty,0)$, $\left(0,\frac{1}{2}\right]$, $[1,+\infty)$ 内单调减少, 在 $\left[\frac{1}{2},1\right]$ 上单调增加;
(4) 函数在 $(-\infty,+\infty)$ 内单调增加;
(5) 函数在 $\left(-\infty,\frac{1}{2}\right]$ 内单调减少, 在 $\left[\frac{1}{2},+\infty\right)$ 内单调增加;
(6) 函数在 $\left(-\infty,\frac{a}{2}\right)$, $\left(\frac{a}{2},\frac{2a}{3}\right]$, $(a,+\infty)$ 内单调增加, 在 $\left[\frac{2a}{3},a\right)$ 内单调减少.

4. 提示: 根据函数的单调性证明, 过程略.

5-7. 提示: 根据零点定理与函数的单调性来证明.

8. (1) 稳定值 $x_1=-1$, $x_2=3$; 极大值 $y(-1)=10$, 极小值 $y(3)=-22$;
(2) 函数在 $x=0$ 处取得极小值, 极小值为 $y(0)=0$;
(3) $y(0)=0$ 是函数的极小值, $y(-1)=1$ 和 $y(1)=1$ 是函数的极大值;
(4) $y(1)=\frac{5}{4}$ 为函数的极大值;
(5) 在 $x=\frac{12}{5}$ 处取得极大值, 极大值为 $y\left(\frac{12}{5}\right)=\frac{\sqrt{205}}{10}$;
(6) 函数在 $x=-2$ 处取得极小值 $\frac{8}{3}$, 在 $x=0$ 处取得极大值 4;
(7) $y\left(\frac{\pi}{4}+2k\pi\right)=\frac{\sqrt{2}}{2}e^{\frac{\pi}{4}+2k\pi}$ 是函数的极大值, $y\left(\frac{\pi}{4}+2(k+1)\pi\right)=-\frac{\sqrt{2}}{2}e^{\frac{\pi}{4}+2(k+1)\pi}$ 是函数的极小值;
(8) $y(e)=e^{\frac{1}{e}}$ 为函数的极大值;
(9) 函数在 $x=-1$ 取得极大值为 $y(-1)=0$ 在 $x=1$ 取得极小值为 $y(1)=-3\sqrt[3]{4}$;
(10) 以函数无极值.

9. 函数 y 在区间 $(-\infty,0)$, $(1,+\infty)$ 单调增加, 在区间 $(0,1)$ 单调减少. 在点 $x=0$ 处有极大值, 在点 $x=1$ 处有极小值 $y(1)=-\frac{1}{2}$.

10. y 是单调函数, 没有极值.

11. (1) 曲线在 $(-\infty,0]$ 为凸的, 在 $[0,+\infty)$ 为凹的; (2) 曲线在 $(-1,+\infty)$ 内是凹的;
(3) 曲线在 $(0,+\infty)$ 内是凹的;　(4) 曲线在 $(-1,1)$ 内是凹的.

12. (1) 曲线的凹区间为 $(-\infty,0]$, $\left[\frac{2}{3},+\infty\right)$, 凸区间为 $\left[0,\frac{2}{3}\right]$ 拐点为 $(0,1)$ 和 $\left(\frac{2}{3},\frac{11}{27}\right)$;
(2) 曲线在 $(-\infty,2]$ 内是凸的, 在 $[2,+\infty)$ 内是凹的, 拐点为 $(2,2e^{-2})$;
(3) 曲线在 $(-\infty,+\infty)$ 内是凹的, 无拐点;

(4) 曲线在 $(-\infty,-1]$ 和 $[1,+\infty)$ 内是凸的, 在 $[-1,1]$ 内是凹的, 拐点为 $(-1,\ln 2)$ 和 $(1,\ln 2)$.

13. 提示: 利用凹凸性的定义来证明.

14. 提示: 拐点为 $(-1,-1)$, $\left(2-\sqrt{3},\dfrac{1-\sqrt{3}}{4(2-\sqrt{3})}\right)$, $\left(2+\sqrt{3},\dfrac{1+\sqrt{3}}{4(2+\sqrt{3})}\right)$. 因为 $\dfrac{\dfrac{1-\sqrt{3}}{4(2-\sqrt{3})}-(-1)}{2-\sqrt{3}-(-1)}=\dfrac{1}{4}$, $\dfrac{\dfrac{1+\sqrt{3}}{4(2+\sqrt{3})}-(-1)}{2-\sqrt{3}-(-1)}=\dfrac{1}{4}$, 所以这三个拐点在一条直线上.

15. $a=-\dfrac{3}{2}$, $b=\dfrac{9}{2}$.　　16. $a=1$, $b=-3$, $c=-24$, $d=16$.

17. 提示: 由拉格朗日中值定理, 可得当 $x_0-\delta<x<x_0$ 时, $f''(x)<0$; 当 $x_0<x<x_0+\delta$ 时, $f''(x)>0$, 所以 $(x_0,f(x_0))$ 是拐点.

18. (1) 极大值 $y(-4)=60$, 极小值 $y(2)=-48$; (2) 在 $x=-1$ 处没有极值, 在 $x=1$ 处也没有极值, 在 $x=0$ 处有极小值 $y(0)=1-(-2)^{\frac{2}{3}}$.

19. 当 $a=2$ 时, 函数在 $x=\dfrac{\pi}{3}$ 处取得极值, 而且取得极大值, 极大值为 $y\left(\dfrac{\sqrt{3}}{2}\right)=\sqrt{3}$.

习　题　3-5

1. (1) 最大值 $y(4)=142$,最小值 $y(1)=7$; (2) 函数的最小值为 $y(0)=0$, 最大值为 $y(-1)=7$; (3) 函数的最小值为 $y(-5)=-5+\sqrt{6}$, 最大值为 $y\left(\dfrac{3}{4}\right)=\dfrac{5}{4}$.

2. 函数在 $x=-3$ 处取得最小值, 最小值为 $y(-3)=27$.

3. 函数在 $x=1$ 处取得最大值, 最大值为 $f(1)=\dfrac{1}{2}$.　　4. $\dfrac{4000}{27}\approx 148.1(\mathrm{m}^3)$.

5. 每月每套租金为 350 元时收入最高.最大收入为 10890 元.

6. 当矩形的边长分别为 $\sqrt{2}a,\ \sqrt{2}b$ 时面积最大.

7. 当宽为 5 米, 长为 10 米时这间小屋面积最大.

8. 底宽为 $x=\sqrt{\dfrac{40}{4+\pi}}$ 时所用的材料最省.

9. 当 $\alpha=\arctan 0.25=14^\circ$ 时, 力 F 最小.

10. 最省力的杆长为 1.4m.

11. 当 $\varphi=\dfrac{2\sqrt{6}}{3}\pi$ 时, 漏斗的容积最大.

12. 在 P 点处满足 $\dfrac{\sin\theta_1}{c_1}=\dfrac{\sin\theta_2}{c_2}$ 的路径为所求,这里这个方程描述的就是光的折射定律.

13. 储藏橱制作者应该安排每隔 17 天运送外来木材 85 单位材料.

习　题　3-6

1. $y=2x+4$ 是曲线的一条斜渐近线;

2. (1) $y'=4x^3-12x^2$, $y''=12x^2-24x$;

（2） y' 的零点是 $x=0$ 和 $x=3$ 和 y'' 的零点是 $x=0$ 和 $x=2$；

（3）列表确定函数升降区间、凹凸区间及极值和拐点:

x	$(-\infty,0)$	0	$(0,2)$	2	$(2,3)$	3	$(3,+\infty)$
y'	−	0	−	0	−	0	+
y''	+	0	−	0	+	0	+
y	减, 凹	拐点	减, 凸	拐点	减, 凹	极值点	增, 凹

（4）

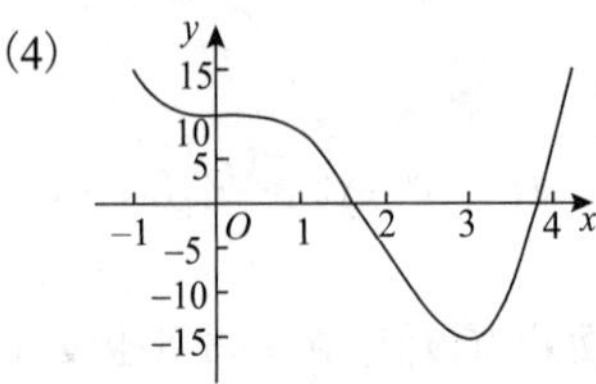

习　题　3-7

1.（1） $104-0.8Q$；（2） 64；（3） $\frac{3}{8}$.　　2.（1） 9.5 元；（2） 22 元.

3.（1） $10Q-\frac{Q^2}{5}, 10-\frac{Q}{5}, 10-\frac{2Q}{5}$,　（2） 120, 6, 2.　　4. 1800.

5. 价格为 76 时，最大利润为 376 元.

6. 生产12 件产品时, 企业取得最大利润 88.

7. 当 $x=200$ 时，最大收益为 $4000\mathrm{e}^{-1}$，此时价格为 $P=20\mathrm{e}^{-1}$.

8. 当 $x=100$ 时,每件产品的平均成本最低.

习　题　3-8

4. 极大值 $f(0.36)=3.63, f(2.54)=1.42$, 极小值 $f(1.46)=-1.42, f(3.64)=-3.63$.

5. 最大值 $f(3)=11$，最小值 $f(2)=-14$.

习　题　4-1

1. $-\frac{1}{x^2}$.　　2. $-\frac{4}{3}$.　　3. $\cos x$.　　4. $\frac{1}{(1+x^2)^{\frac{3}{2}}}$.

5.（1） $\frac{2}{3}x^{\frac{3}{2}}+2\sqrt{x}+C$；　（2） $\frac{1}{2}x^2+x+\ln|x-1|+C$；　（3） $-\frac{1}{3}x^{-3}+C$；

（4） $\ln|x|+\frac{1}{x}+C$；　（5） $\ln|x|+2\sqrt{x}+C$；　（6） $\ln|x|-2x+\frac{x^2}{2}+C$；

（7） $27x-9x^3+\frac{9}{5}x^5-\frac{1}{7}x^7+C$；　（8） $x-\arctan x+C$；　（9） $x^3+\arctan x+C$；

（10） $\tan x-\cos x+C$；　（11） $x-\cot x+C$；　（12） $\tan x-\sec x+C$；

（13） $\sin x-\cos x+C$；　（14） $\frac{1}{2}\tan x+C$；　（15） $-\cot x-x+C$.

6. $\frac{1}{x}+C$.　　7. $\frac{1}{2}x+\frac{1}{2}\ln x+C$.

习　题　4-2

1. $\frac{1}{2}\ln\left|\frac{1+x}{1-x}\right|+C$.　　2. $x\cos(4x^2)+C$.　　3. $-\frac{1}{2}\sin(1-x^2)+C$.

4. $\frac{1}{2}$.　　5. $\frac{1}{2}F(2x)+C$.

6. (1) $\frac{2}{3}\sqrt{1+3x}+C$;　　(2) $x+\frac{1}{2}\ln|1+2x|+C$;

(3) $\frac{x^3}{3}-\frac{1}{3}(1-x^2)^{\frac{3}{2}}+C$;　　(4) $\arcsin\frac{x}{a}+C$;

(5) $2e^{\sqrt{x}}+C$;　　(6) $\frac{1}{3}\ln|1+3x|+C$;

(7) $x+\frac{1}{2}\ln|1+2x|+C$;　　(8) $\ln\left|\frac{x}{\sqrt{1+x^2}}\right|+C$;

(9) $\frac{1}{2}\ln\left|\frac{1+x}{1-x}\right|+C$;　　(10) $\frac{1}{2}\ln(x^2+1)+\arctan x+C$;

(11) $-\frac{1}{8}(3-x^2)^{\frac{1}{4}}+C$;　　(12) $\frac{1}{2\sqrt{2}}\arctan\sqrt{2}x^2+C$;

(13) $\frac{1}{25}(6+5x)^5+C$;　　(14) $\frac{1}{2}\ln(x^2+4)+\frac{1}{2}\arctan\frac{x}{2}+C$;

(15) $\frac{1}{3}x^3-\frac{1}{3}(1-x^2)^{\frac{3}{2}}+C$;　　(16) $\frac{1}{22}(2x-3)^{11}+C$;

(17) $-\frac{1}{2(x-1)^2}-\frac{1}{(x-1)^3}+C$;　　(18) $\frac{1}{6(2x+1)^3}+C$;

(19) $\frac{x^3}{3}+\frac{x^2}{2}+x-\ln|1-x|+C$;　　(20) $-\frac{1}{2}\cdot\frac{1}{(x+1)^2}+\frac{1}{3}\cdot\frac{1}{(x+1)^3}+C$;

(21) $\frac{1}{2}\ln(x^2+4)+\arctan\left(\frac{x}{2}\right)+C$;　　(22) $-\frac{3x+1}{6(x+1)^3}+C$;

(23) $\frac{1}{2}x-\frac{1}{4}\ln|1+2x|+C$;　　(24) $\frac{1}{4}\cos^4 x+C$;

(25) $\frac{1}{2}\arcsin(2\sin x)+C$;　　(26) $-\frac{1}{2}\sin\frac{2}{x}+C$;

(27) $-\cos x+\frac{1}{3}\cos^3 x+C$;　　(28) $-\frac{1}{1+\tan x}+C$;

(29) $-\ln(1+\cos x)+C$;　　(30) $\frac{1}{3\cos^3 x}-\frac{1}{\cos x}+C$;

(31) $\ln|\csc 2x-\cot 2x|+C$;　　(32) $\sin x-\frac{1}{3}\sin^3 x+C$;

(33) $\ln(1-\cos x)+C$;　　(34) $\ln\left|\frac{e^x}{1+e^x}\right|+C$;

(35) $\arctan e^x+C$;　　(36) $\ln(1+e^x)+C$;

(37) $2\ln(e^x+1)-x+C$；　(38) $\sin x-\dfrac{1}{\sin x}+C$；

(39) $\dfrac{1}{2}(\ln x)^2+C$.

7. (1) $-\sqrt{4-x^2}-\arcsin\dfrac{x}{2}+C$；　(2) $3\ln\left|\dfrac{3}{x}-\dfrac{\sqrt{9-x^2}}{x}\right|+\sqrt{9-x^2}+C$；

(3) $\dfrac{1}{2}\arcsin x+\dfrac{1}{2}x\sqrt{1-x^2}+C$；　(4) $-\dfrac{\sqrt{1+x^2}}{x}+C$；

(5) $\ln\left|\dfrac{x}{2}+\dfrac{\sqrt{x^2-4}}{2}\right|+C$；　(6) $\sqrt{x^2+4}-\ln\left|\dfrac{\sqrt{x^2+4}}{2}+\dfrac{x}{2}\right|+C$；

(7) $-2\sqrt{1-x^2}-\arcsin x+C$；　(8) $2(\sqrt{1+x}-\ln(\sqrt{1+x}+1))+C$；

(9) $2\sqrt{x}-2\ln\left(1+\sqrt{x}\right)+C$；　(10) $x-\dfrac{2}{3}x+C$；

(11) $\dfrac{1}{3}(2x+1)^{\frac{3}{2}}+\sqrt{2x+1}+C$；　(12) $\sqrt{2x}-\ln\left|1+\sqrt{2x}\right|+C$；

(13) $2\sqrt{x-1}-2\arctan\sqrt{x-1}+C$；　(14) $\ln\left|\dfrac{x-1}{x+1}\right|+C$.

习　题　4-3

1. $(x-1)e^x+C$.　2. $\sin x-x\cos x+C$.

3. (1) $\dfrac{1}{2}[(x^2+1)\ln(x^2+1)-(x^2+1)]+C$；　(2) $\dfrac{1}{3}x^3+xe^x-e^x+C$；

(3) $x\ln(x+\sqrt{x^2+a^2})-\sqrt{x^2+a^2}+C$；　(4) $-\dfrac{1}{2x^2}\ln x-\dfrac{1}{4x^2}+C$

(5) $\dfrac{1}{2}x^2\ln(1+x)-\dfrac{1}{4}x^2+\dfrac{1}{2}x-\dfrac{1}{2}\ln(x+1)+C$；　(6) $x\ln(x+1)-x+\ln(1+x)+C$；

(7) $\dfrac{1}{3}x^3+(x-1)e^x+C$；　(8) $\dfrac{1}{3}(x^3\ln x-\int x^2dx)=\dfrac{1}{3}\left(x^3\ln x-\dfrac{1}{3}x^3\right)+C$；

(9) $-xe^{-x}-e^{-x}+C$；　(10) $\dfrac{1}{4}(2x-1)e^{2x}+C$；

(11) $-\dfrac{1}{2}x\cos 2x+\dfrac{1}{4}\sin 2x+C$；　(12) $x\tan x+\ln|\cos x|-\dfrac{1}{2}x^2+C$；

(13) $x^2\sin x+2x\cos x-2\sin x+C$；　(14) $x\arctan x-\dfrac{1}{2}\ln(1+x^2)+C$；

(15) $\dfrac{1}{3}(\sec x)^3-\sec x+C$；　(16) $x\tan x+\ln|\cos x|+C$；

(17) $x\arcsin x+\sqrt{1-x^2}+C$；　(18) $-e^x\cos(e^x)+\sin(e^x)+C$；

(19) $\dfrac{1}{2}e^x(\sin x+\cos x)+C$；　(20) $-\dfrac{x^2}{3}\cos 3x+\dfrac{2}{9}x\sin 3x+\dfrac{2}{27}\cos 3x+C$；

(21) $\dfrac{x^3}{3}\arctan x-\dfrac{x^2}{6}+\dfrac{\ln(1+x^2)}{6}+C$；　(22) $\tan x\ln\cos x+\tan x-x+C$；

(23) $\tan x\ln\cos x+\tan x-x+C$； (24) $2\sqrt{x+1}e^{\sqrt{x+1}}-2e^{\sqrt{x+1}}+C$；

(25) $2(\sqrt{x}-1)e^{\sqrt{x}}+C$.

4. $\sqrt{1-x^2}+C$. 5. $-x^2\sin x-2x\cos x+2\sin x+C$. 6. $\arctan\left(\frac{1}{2}\sin\frac{x}{2}\right)+C$.

习 题 4-4

1. $\frac{1}{2}\arctan\sin^2 x+C$. 2. $\frac{1}{4}\ln|x|-\frac{1}{24}\ln(x^6+4)+C$.

3. $\frac{\sqrt{x^2-1}}{x}+C$. 4. $\frac{\sin x}{2\cos^2 x}-\frac{1}{2}\ln|\sec x+\tan x|+C$.

5. $\frac{x^4}{8(1+x^8)}+\frac{1}{8}\arctan x^4+C$. 6. $\frac{1}{3}\ln(2+\cos x)-\frac{1}{2}\ln(1+\cos x)+\frac{1}{6}\ln(1-\cos x)+C$.

习 题 5-1

1. 0. 2. $\frac{1}{4}S$.

3. $I_1\geqslant I_2$.

5. (1) $a\left(a^2-\frac{a}{2}+1\right)$； (2) $\frac{1365}{64}$； (3) $\frac{271}{6}$； (4) $\frac{\pi}{3}$； (5) $\frac{\pi}{4}+1$； (6) $1-\frac{\pi}{4}$；(7) $\frac{\pi}{4}$；(8) $\sqrt{2}$.

习 题 5-2

1. 8.

2. (1) $\frac{3x^2}{\sqrt{1+x^6}}-\frac{2x}{\sqrt{1+x^4}}$； (2) $|\cos x|\cos x$； (3) $\frac{3x^2}{\sqrt{1+x^6}}$；

 (4) $2x\sqrt{1+x^4}$； (5) $3x^2f(x^3)-2xf(x^2)$； (6) $-\frac{2}{x}$.

3. (1) $\sin x+x\cos x$； (2) $-x^{-2}$； (3) $\cos x-x\sin x$； (4) $3x^2e^{-3x}-e^{-3x}$；(5) $\frac{2}{\sqrt{1-4x^2}}+\frac{1}{3}x^{-\frac{2}{3}}$.

4. (1) $\frac{1}{3}$； (2) 0； (3) 1； (4) 2； (5) $\frac{1}{32}$. 5. -1. 6. $-f(x)$.

7. 单调递增区间为$(0,+\infty)$；单调递减区间为$(-\infty,0)$；

 凸区间为$\left(-\infty,-\frac{\sqrt{2}}{2}\right)\cup\left(\frac{\sqrt{2}}{2},+\infty\right)$；凹区间为$\left(-\frac{\sqrt{2}}{2},\frac{\sqrt{2}}{2}\right)$.

9. $\ln x+\frac{1}{2}(\ln x)^2+C$. 11. $f(x)=x^2-\frac{1}{6}$.

习 题 5-3

1. 0. 2. (1) $\frac{6}{7}$; (2) 0; (3) $\frac{2}{3}$; (4) 0; (5) 2; (6) 0.

3. (1) $\frac{\pi a^4}{16}$; (2) $-\frac{1}{2}\ln(2-\sqrt{3})$; (3) $1+\ln 3-\ln(2e+1)$; (4) $\frac{1}{6}$;

(5) $\frac{22}{3}$; (6) $\frac{1}{3}$; (7) $\arctan e-\frac{\pi}{4}$; (8) $2-\frac{\pi}{2}$; (9) $14e^{\frac{-1}{6}}-12$.

7. (1) 13; (2) $\frac{5}{2}$; (3) $2-\frac{2}{e}$; (4) $2\sqrt{2}$; (5) $\frac{4}{3}$; (6) $\frac{8}{3}$; (7) $\ln(1+e)+2\ln 2$; (8) $\frac{1}{6}$.

8. (1) $\frac{1}{4}-\frac{3}{4}e^{-2}$; (2) $4-4\sqrt{2}+2\sqrt{2}\ln 2$;

(3) $\frac{5}{2}\ln 5-\ln 2-\frac{3}{2}$; (4) $\frac{e^2-1}{2}\ln(1+e)-\frac{e^2}{4}+\frac{e}{2}-\frac{1}{4}$;

(5) $2(1+e^2)$.

9. e. 10. $f(x)=\ln x-\frac{1}{e}$.

习 题 5-4

1. (1) 收敛, $\frac{1}{3}$; (2) 发散; (3) 收敛, $\frac{1}{2}$; (4) 收敛, $\frac{\pi}{2}$; (5) 收敛, $\frac{\omega}{p^2+\omega^2}$; (6) 收敛, π;

(7) 收敛, 2; (8) 收敛, $\ln 2$; (9) 收敛, π; (10) 发散; (11) 收敛, −2; (12) 发散;

(13) 收敛, 1; (14) 发散; (15) 收敛, $\frac{8}{3}$; (16) 收敛, $\frac{\pi}{2}$.

2. $0<k<1$. 3. 2.

4. $p<-1$. 5. $k>1$; $k\leqslant 1$; $k=1-\frac{1}{\ln\ln 2}$.

习 题 5-5

1. (1) $2\sqrt{2}$; (2) $2\left(1-\frac{1}{e}\right)$.

2. (1) $0.332351-1.97373\cdot 10^{-16}i$; (2) $\frac{(-2)^{2/3}\sqrt{\pi}\,\Gamma\left(-\frac{1}{3}\right)}{\Gamma\left(\frac{1}{6}\right)}$. 3. 5.5374.

习 题 6-2

1. (1) $\int_0^1(\sqrt{x}-x)dx$; (2) $\int_0^1(e-e^x)dx$; (3) $\int_{-3}^1(3-x^2-2x)dx$;

(4) $\int_0^{2\pi}(2\pi-x-\sin x)dx$; (5) $\int_0^2\left(y-\frac{y}{2}\right)dy$; (6) $\int_0^4((4+2\sqrt{x})-(4-2\sqrt{x}))dx$.

2. $\frac{7}{3}$.　3. $\frac{9}{4}$.　4. -5.　5. $\frac{8}{3}a^2$.　6. $\frac{1}{4}a^2(e^{2\pi}-e^{-2\pi})$.　7. $\frac{5\pi}{4}$.

8.（1）$\frac{1}{3}$；（2）$\frac{4\pi}{3}$.　9. x 轴：$\frac{32\pi}{5}$；y 轴：8π.

10. $\frac{500\sqrt{3}\pi}{3}$；　11. $\pi h^2\left(R-\frac{h}{3}\right)$.　12. $7\pi^2a^3$.　13.（2）19:8.　14. $\ln 3-\frac{1}{2}$.　15. $6a$.

习　题　6-3

1. 2.5J.　2. 7.693×10^7J.　3. 3.462×10^6J.　4. 2115.6kJ.　5. 6.　7. $\frac{2}{3}\rho gR^3$.

8. 205.8kN.　9. $\frac{128\rho g}{3}$.

习　题　6-4

1. 6321.5 元, 21 元/件.　2. $16xe^{-\frac{x}{4}}$.　3. 578.

习　题　7-1

1.（1）是，一阶；　（2）不是；　（3）是，二阶；
（4）是，一阶；　（5）是，二阶；　（6）是，四阶.

2.（1）是；　（2）是；　（3）不是；　（4）是.

3. $yy'+2x=0$.

习　题　7-2

1.（1）$\ln|\ln y|=\ln|x|+C$；　（2）$y=C-e^x$；
（3）$e^y=e^x+C$；　（4）$\ln\left|1-y^2\right|=C-x^2$；
（5）$yx^3+Cy+3=0$；　（6）$\arcsin y=\arcsin x+C$；
（7）$\ln|1+y|=\ln|x-1|+C$；　（8）$-\ln\left|1-e^y\right|=e^x+C$.

2.（1）$y=\frac{1}{2\ln|1+x|+1}$；　（2）$y=\frac{8}{3}-\frac{2}{3}e^{-3x}$；
（3）$\frac{1}{2}(\ln y)^2=\ln x$；　（4）$\ln\cos y=\ln\sqrt{2}-\ln(e^x+1)$.

习　题　7-3

1.（1）$y(x)=\left(-\frac{x^2}{2}+C\right)e^{-x^2}$；　（2）$y=(x+C)e^x$；
（3）$y=e^{-\tan x}[e^{\tan x}(\tan x-1)+C]$；　（4）$y=(2x^2+C)e^{-x^2}$；
（5）$y=e^{-\sin x}(C+x)$；　（6）$y=\frac{C-\cos x}{x}$；

(7) $y=\frac{\ln x}{x}+\frac{C}{x}$;　(8) $y=Ce^{-x}+\frac{1}{2}e^{x}$;

(9) $y=\cos x\cdot(-2\cos x+C)$.

2. (1) $y=\frac{2}{x}$;　(2) $y=\frac{1+2e}{x}-e^{x}(1+x)$;

(3) $y=\frac{x}{x+1}(1+x+\ln|x|)$;　(4) $y=(x+1)^2\left(\frac{3}{2}+\frac{1}{2}x^2+x\right)$;

(5) $y=e^{-\sin x}[e^{\sin x}(\sin x-1)+2]$.

3. $y=(x+C)e^{x}$.

习　题　7-4

1. 二阶常系数线性齐次方程.　2. $y''+2\sqrt{2}y'+2y=0$.　3. $y''+y'=0$.

4. (1) $x^2(ax+b)e^{-2x}$;　(2) $x^2(ax+b)e^{4x}$;　(3) $x(ax+b)e^{x}$.

5. (1) $y=C_1e^{-2x}+C_2e^{x}$;　(2) $y=(C_1+C_2x)e^{-2x}$;　(3) $y=C_1\sin x+C_2\cos x$.

6. (1) $y=C_1e^{-3x}+C_2e^{x}-xe^{-3x}$;　(2) $y(x)=C_1e^{-x}+C_2e^{\frac{1}{2}x}-5$;

(3) $y=C_1e^{-x}+C_2e^{\frac{1}{2}x}+\frac{5}{2}e^{x}$;　(4) $y=C_1e^{-2x}+C_2e^{x}-\frac{2}{3}e^{2x}$;

(5) $y=C_1+C_2e^{-x}+3e^{x}$;　(6) $y=C_1e^{-x}+C_2e^{3x}-\frac{1}{8}x^2e^{-x}$;

(7) $y=C_1e^{-x}+C_2e^{-2x}+x-2$;　(8) $y=C_1e^{2x}+C_2e^{3x}+e^{x}$;

(9) $y=\left(\frac{1}{3}x+C_1\right)e^{x}+C_2e^{-2x}$;　(10) $y=C_1e^{-3x}+C_2e^{x}-xe^{-3x}$;

(11) $y(x)=C_1e^{-x}+C_2e^{\frac{1}{2}x}-5$;　(12) $y=C_1+C_2e^{-x}+3e^{x}$.

7. (1) $y=\frac{15}{8}e^{-x}+\frac{15}{4}e^{x}+\frac{3}{8}e^{2x}$;　(2) $y=\frac{8}{16}+\frac{5}{16}e^{4x}-\frac{5}{4}x$;

(3) $y=\frac{15}{8}e^{-x}+\frac{15}{4}e^{x}+\frac{3}{8}e^{2x}$.

习　题　7-5

1. $y=2\sin x+C_1x+C_2$, $z=-3\sin x-2\cos x-2C_1x-(2C_2+C_1)$.

2. $y_1=C_1x+C_2e^{2x}$, $y_2=C_3e^{2x}$, $y_3=(4C_2-C_3)e^{2x}+C_1e^{-x}$.

3. $x=C_3e^{2t}+\frac{1}{3}(C_1+C_2)e^{-t}$, $y=C_3e^{2t}+\frac{1}{3}(C_2-2C_1)e^{-t}$, $z=C_3e^{2t}+\frac{1}{3}(C_1-2C_2)e^{-t}$.

习　题　7-6

1. (1) $10^{-y}+10^{x}=C$;　(2) $y=(x+C)e^{-\sin x}$;

(3) $y=2+Ce^{-x^2}$;　(4) $y=C_1e^{\frac{x}{2}}+C_2e^{-x}+e^{x}$;

（5） $y=C_1\cos 2x+C_2\sin 2x+\frac{1}{3}x\cos x+\frac{2}{9}\sin x$.

2.（1） $\ln y=\tan\frac{x}{2}$ ；（2） $y=\frac{2}{3}(4-\mathrm{e}^{-3x})$ ；

（3） $y=\frac{11}{16}+\frac{5}{16}\mathrm{e}^{4x}-\frac{5}{4}x$.

参 考 文 献

[1] 同济大学应用数学系. 高等数学. 7 版. 北京: 高等教育出版社, 2014.

[2] 吴传生. 微积分. 3 版. 北京: 高等教育出版社, 2016.

[3] 西安交通大学高等数学教研室. 高等数学. 北京: 高等教育出版社, 2014.

[4] 高等数学编写组. 高等数学. 北京: 中国人民大学出版社, 2011.

[5] 北京邮电大学高等数学双语教学组. 高等数学. 2 版. 北京: 北京邮电大学, 2012.

[6] 西南财经大学高等数学教研室. 高等数学. 北京: 科学出版社, 2013.

[7] 东北师范大学微分方程教研室. 常微分方程. 2 版. 北京: 高等教育出版社, 2005.

附录一　高等数学应用案例

第一节　飞机的降落曲线

根据经验, 一架水平飞行的飞机, 其降落曲线是一条三次抛物线, 如图 1 所示. 在整个降落过程中, 飞机的水平速度保持为常数u, 出于安全考虑, 飞机垂直加速度的最大绝对值不得超过$g/10$（这里g是重力加速度）. 已知飞机飞行高度h（飞临机场上空时）, 要在跑道上 O 点着陆, 应找出开始下降点 x_0 所能允许的最小值.

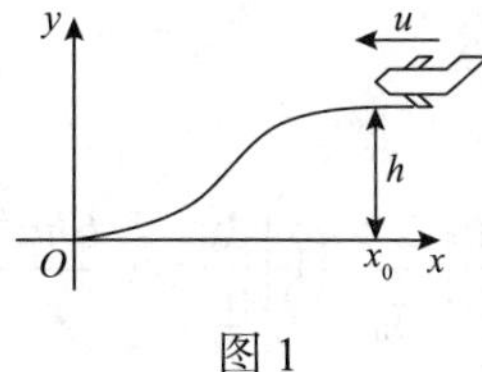

图 1

一、确定飞机降落曲线的方程

设飞机的降落曲线为

$$y = ax^3 + bx^2 + cx + d\,,$$

由题设有

$$y(0) = 0, \quad y(x_0) = h\,.$$

由于曲线是光滑的, 所以 $y(x)$ 还要满足 $y'(0) = 0, y'(x_0) = 0$. 将上述的四个条件代入 y 的表达式

$$\begin{cases} y(0) = d = 0, \\ y'(0) = c = 0, \\ y(x_0) = ax_0^3 + bx_0^2 + cx_0 + d = h, \\ y'(x_0) = 3ax_0^2 + 2bx_0 + c = 0, \end{cases}$$

得

$$a = -\frac{2h}{x_0^3}, \quad b = \frac{3h}{x_0^2}, \quad c = 0, \quad d = 0,$$

飞机的降落曲线为

$$y = -\frac{h}{{x_0}^2}\left(\frac{2}{x_0}x^3 - 3x^2\right).$$

二、找出最佳着陆点

飞机的垂直速度是 y 关于时间 t 的导数, 故

$$\frac{\mathrm{d}y}{\mathrm{d}t}=-\frac{h}{x_0^2}\left(\frac{6}{x_0}x^2-6x\right)\frac{\mathrm{d}x}{\mathrm{d}t}.$$

其中 $\frac{\mathrm{d}x}{\mathrm{d}t}$ 是飞机的水平速度, $\frac{\mathrm{d}x}{\mathrm{d}t}=u$, 因此

$$\frac{\mathrm{d}y}{\mathrm{d}t}=-\frac{6hu}{x_0^2}\left(\frac{x^2}{x_0}-x\right),$$

垂直加速度为

$$\frac{\mathrm{d}^2y}{\mathrm{d}t^2}=-\frac{6hu}{x_0^2}\left(\frac{2x}{x_0}-1\right)\frac{\mathrm{d}x}{\mathrm{d}t}=-\frac{6hu^2}{x_0^2}\left(\frac{2x}{x_0}-1\right).$$

记 $a(x)=\frac{\mathrm{d}^2y}{\mathrm{d}t^2}$, 则 $|a(x)|=\frac{6hu^2}{{x_0}^2}\left|\frac{2x}{x_0}-1\right|$, $x\in[0,x_0]$. 因此, 垂直加速度的最大绝对值为

$$\max|a(x)|=\frac{6hu^2}{x_0^2},\quad x\in[0,x_0].$$

设计要求 $\frac{6hu^2}{x_0^2}\leqslant\frac{g}{10}$, 所以 $x_0\geqslant u\cdot\sqrt{\frac{60h}{g}}$ (允许的最小值).

例如, $u=540\mathrm{km/h}$, $h=1000\mathrm{m}$, 则 x_0 应满足:

$$x_0\geqslant\frac{540\times1000}{3600}\sqrt{\frac{60\times1000}{9.8}}=11737(\mathrm{m}),$$

即飞机所需的降落距离不得小于 11737 米.

第二节 存 储 模 型

工厂要定期地订购各种原料, 商店要成批地购进各种商品, 小库在雨季蓄水, 用于旱季的灌溉和航运……不论是原料、商品还是水的存储, 都有一个存储多少的问题. 原料、商品存得太多, 存储费用高, 存得少了则无法满足需求. 水库蓄水过量可能危及安全, 蓄水太少又不够用. 我们的目的是制订最优存储策略, 即多长时间订一次货, 每次订多少货. 才能使总费用最小.

一、不允许缺货的存储模型

模型假设:

(1) 每次订货费为 C_1，每天每吨货物存储费 C_2 为已知;

(2) 每天的货物需求量 r 吨为已知;

(3) 订货周期为 T 天, 每次订货 Q 吨, 当存储量降到零时订货立即到达.

模型建立: 订货周期 T，订货量 Q 与每天需求量 r 之间满足

$$Q = rT.$$

考虑一个订货周期内, 订货后存储量 $q(t)$ 由 Q 均匀地下降(图 2), 即 $q(t) = Q - rt, 0 \leqslant t \leqslant T$.

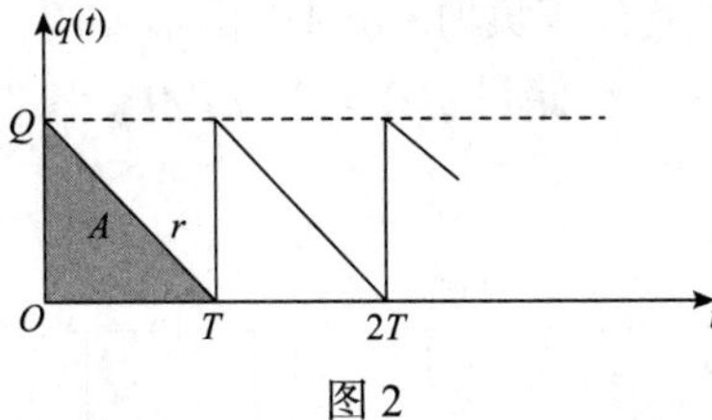

图 2

一个订货周期总费用包括订货费 C_1 和存储费

$$C_2\int_0^T q(t)\mathrm{d}t = \frac{1}{2}C_2QT = \frac{1}{2}C_2rT^2,$$

即

$$C(T) = C_1 + \frac{1}{2}C_2rT^2.$$

一个订货周期平均每天的费用 $\overline{C}(T)$ 应为

$$\overline{C}(T) = \frac{C(T)}{T} = \frac{C_1}{T} + \frac{1}{2}C_2rT.$$

问题归结为求 T 使 $\overline{C}(T)$ 最小.

模型求解: 令 $\dfrac{\mathrm{d}\overline{C}}{\mathrm{d}T} = 0$，不难求得

$$T = \sqrt{\frac{2C_1}{rC_2}},$$

从而

$$Q = \sqrt{\frac{2C_1r}{C_2}} \text{ (经济订货批量公式, 简称 } EOQ \text{ 公式)}.$$

模型分析: 若记每吨货物的价格为 k, 则一周期的总费用 C 中应添加 kQ, 由于 $Q=rT$, 故 $\overline{C}$ 中添加一常数项 kr, 求解结果没有影响, 说明货物本身的价格可不考虑. 从结果看, C_1 越高, 需求量 r 越大, Q 应越大; C_2 越高, Q 越小, 这些关系当然符合常识的, 不过公式在定量上的平方根关系却是凭常识无法得到的.

二、允许缺货的存储模型

模型假设:

(1), (2) 同上;

(3) 订货周期为 T 天, 订货量 Q 吨, 允许缺货, 每天每吨货物缺货费 C_3 为已知.

模型建立: 缺货时存储量 q 视作负值, $q(t)$ 的图形如图 3 所示, 货物在 $t=T_1$ 时售完. 于是 $Q=rT_1$. 一个订货周期内, 存储量 $q(t)=Q-rT, 0\leqslant t\leqslant T$.

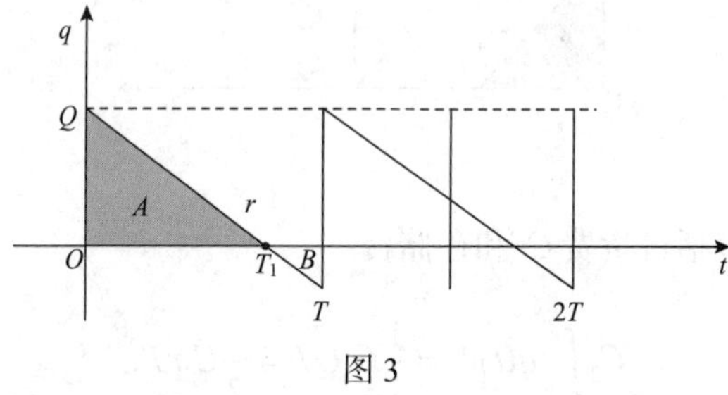

图 3

一个订货周期内总费用包括订货费 C_1, 存储费

$$C_2\int_0^{T_1} q(t)\mathrm{d}t=\frac{C_2}{2}QT_1=\frac{1}{2}C_2\frac{Q^2}{r}$$

和缺货费

$$C_3\int_{T_1}^{T}|q(t)|\mathrm{d}t=\frac{C_3}{2}r(T-T_1)^2=\frac{C_3}{2r}(rT-Q)^2$$

即

$$C(T,Q)=C_1+\frac{1}{2}C_2Q^2\frac{1}{r}+\frac{1}{2r}C_3(rT-Q)^2.$$

一个订货周期平均每天的费用 $\overline{C}(T,Q)$ 应为

$$\overline{C}(T,Q)=\frac{C(T,Q)}{T}=\frac{C_1}{T}+\frac{C_2Q^2}{2rT}+\frac{C_3(rT-Q)^2}{2rT}.$$

模型求解:

$$\begin{cases}\dfrac{\partial\overline{C}}{\partial T}=0,\\[2mm] \dfrac{\partial\overline{C}}{\partial Q}=0.\end{cases}$$

可以求出T,Q的最优值, 分别记作T'和Q', 有

$$T'=\sqrt{\frac{2C_1}{rC_2}\cdot\frac{C_2+C_3}{C_3}},\quad Q'=\sqrt{\frac{2C_1r}{C_2}\cdot\frac{C_3}{C_2+C_3}}.$$

模型分析:

若记$\mu=\sqrt{\frac{C_2+C_3}{C_3}}$, 则与模型一相比有

$$T'=\mu T,\quad Q'=\frac{Q}{\mu}.$$

显见$T'>T,Q'<Q$, 即允许缺货时应增大订货周期, 减少订货批量; 当缺货费C_3相对于存储费C_2越大时, μ越小, T'和Q'越接近T和Q.

问题:

1. 在模型一和模型二中的总费用中增加购买货物本身的费用, 重新确定最优订货周期和订货批量. 证明在不允许缺货模型中结果与原来一样, 而在模型二中最优订货周期和订货批量都比原来的结果减少.

2. 建立不允许缺货的生产销售存储模型. 设生产速率为常数k, 销售速率为常数r, $k>r$. 在每个生产周期T内, 开始的一段时间$(0\leqslant t\leqslant T_0)$一边生产一边销售, 后来的一段时间$(T_0\leqslant t\leqslant T)$只销售不生产.

存储量$q(t)$的变化如图 4 所示, 设每次生产开工费用为C_1, 单位时间每件产品存储费为C_2, 以总费用最小为准则确定最优周期T.

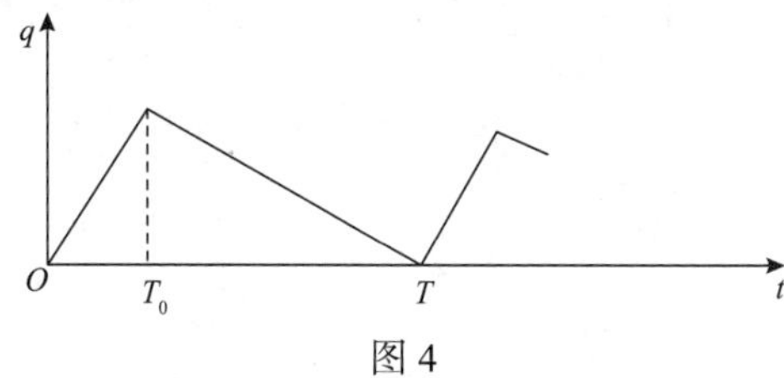

图 4

第三节　导弹追踪问题

设位于坐标原点的甲舰向位于x轴上点$A(1,0)$处的乙舰发射导弹, 导弹头始终对准乙舰. 如果乙舰以最大的速度(是常数)沿平行于y轴的直线行驶, 导弹的速度是 5, 模拟导弹运行的轨迹. 又乙舰行驶多远时, 导弹将它击中?

设导弹在t时刻的位置为$P(x(t),y(t))$, 乙舰的最大速度为V_0, 乙舰位于$Q(1,v_0t)$. 由于导弹头始终对准乙舰, 故此时直线PQ就是导弹的轨迹曲线弧OP在点P处的切线, 如图 5 所示. 则有$y'=\frac{v_0t-y}{1-x}$, 即

$$v_0t=(1-x)y'+y, \tag{1}$$

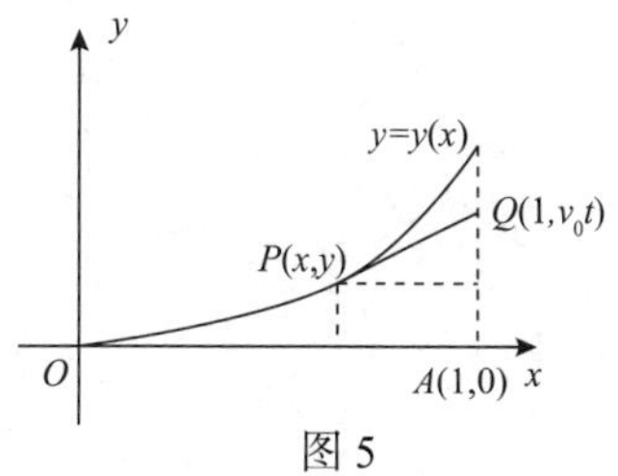

图 5

又根据题意, 弧 OP 的长度为 $|AQ|$ 的 5 倍, 即

$$\int_0^x \sqrt{1+y'^2}\,\mathrm{d}x = 5v_0 t . \tag{2}$$

由(1),(2)消去 t 整理得如下模型

$$(1-x)y'' = \frac{1}{5}\sqrt{1+y'^2} . \tag{3}$$

初值条件为: $y(0)=0$, $y'(0)=0$. 该微分方程的解即导弹的运行轨迹:

$$y = -\frac{5}{8}(1-x)^{\frac{4}{5}} + \frac{5}{12}(1-x)^{\frac{6}{5}} + \frac{5}{24}.$$

当 $x=1$ 时 $y=\dfrac{5}{24}$, 即当乙舰航行到点 $\left(1, \dfrac{5}{24}\right)$ 处时被导弹击中, 被击中时间为 $t=\dfrac{y}{v_0}=\dfrac{5}{24v_0}$. 若 $V_0=1$, 则在 $t=0.21$ 处被击中.

附录二　初等数学常用公式

一、代数

1. 绝对值

（1）定义：$|a|=\begin{cases} a, & a \geqslant 0, \\ -a, & a<0. \end{cases}$

（2）性质：$|a|=|-a|$，$|a| \leqslant b \Leftrightarrow -b \leqslant a \leqslant b$.

2. 指数运算

$a^m a^n = a^{m+n}$；　　$(ab)^m = a^m b^m$；

$\dfrac{a^m}{a^n} = a^{m-n}$；　　$a^{\frac{m}{n}} = \sqrt[n]{a^m}$；

$a^{-m} = \dfrac{1}{a^m}$；　　$(a^m)^n = a^{mn}$；

$a^0 = 1(a \neq 0)$.

3. 对数运算

设$a>0, a\neq 1$,则

$\log_a xy = \log_a x + \log_a y$；　　$\log_a \dfrac{y}{x} = \log_a y - \log_a x$；

$\log_a x^b = b\log_a x$；　　$\log_a x = \dfrac{\log_b x}{\log_b a}$；

$a^{\log_a x} = x$，$\log_a 1 = 0$，$\log_a a = 1$；　　$\log_a a^x = x$.

特别地，$\ln x = \log_e x$；$\lg x = \log_{10} x$.

4. 二项式定理

$$(a+b)^n = \mathrm{C}_n^0 a^n + \mathrm{C}_n^1 a^{n-1} b + \mathrm{C}_n^2 a^{n-2} b^2 + \cdots + \mathrm{C}_n^k a^{n-k} b^k + \cdots + \mathrm{C}_n^{n-1} a b^{n-1} + \mathrm{C}_n^n b^n.$$

其中，$\mathrm{C}_n^m = \dfrac{n!}{m!(n-m)!}$.

5. 乘法与因式分解

（1）$(x+a)(x+b) = x^2 + (a+b)x + ab$.

（2）$(a \pm b)^2 = a^2 \pm 2ab + b^2$.

(3) $(a+b+c)^2=a^2+b^2+c^2+2ab+2ac+2bc$.

(4) $(a\pm b)^3=a^3\pm 3a^2b+3ab^2\pm b^3$.

(5) $a^2-b^2=(a+b)(a-b)$.

(6) $a^3\pm b^3=(a\pm b)(a^2\mp ab+b^2)$.

(7) $a^n-b^n=(a-b)(a^{n-1}+a^{n-2}b+\cdots+ab^{n-2}+b^{n-1})$，$n$为正整数.

(8) $a^n+b^n=(a+b)(a^{n-1}-a^{n-2}b-\cdots-ab^{n-2}+b^{n-1})$，$n$为奇数.

6. 数列的和

(1) 等比数列前 n 项的和: $S_n=\dfrac{a_1(1-q^n)}{1-q},|q|\neq 1$.

(2) 等差数列前 n 项的和: $S_n=\dfrac{n(a_1+a_n)}{2}$.

(3) $1^2+2^2+3^2+\cdots+n^2=\dfrac{n(n+1)(2n+1)}{6}$.

(4) $1^3+2^3+3^3+\cdots+n^3=\left[\dfrac{n(n+1)}{2}\right]^2$.

7. 一元二次方程

$ax^2+bx+c=0\ (a\neq 0)$

(1) 根的判别式: $\Delta=b^2-4ac\begin{cases}>0, & \text{方程有两个相异的实根,}\\ =0, & \text{方程有两个相同的实根,}\\ <0, & \text{方程有共轭复数根.}\end{cases}$

(2) 求根公式: $x_1=\dfrac{-b+\sqrt{b^2-4ac}}{2a}$，$x_2=\dfrac{-b-\sqrt{b^2-4ac}}{2a}$.

(3) 根与系数的关系: $x_1+x_2=-\dfrac{b}{a}$，$x_1x_2=\dfrac{c}{a}$.

二、几何

1. 圆

周长 $l=2\pi r$，面积 $S=\pi r^2$，r 为半径.

2. 扇形

面积 $S=\dfrac{1}{2}r^2\alpha$，α 为形的圆心角, 以弧度为单位，r 为半径.

3. 平行四边形

面积$S=bh$，b为底长，h为高.

4. 梯形

面积$S=\frac{1}{2}(a+b)h$，a，b分别为上底与下底的长，h为高.

5. 棱柱体

体积$V=Sh$，S为底面积，h为高.

6. 圆柱体

体积$V=\pi r^2 h$，侧面积$S=2\pi rh$，r为底面半径，h为高.

7. 棱锥体

体积$V=\frac{1}{3}Sh$，S为底面积，h为高.

8. 圆锥体

体积$V=\frac{1}{3}\pi r^2 h$，侧面积$S=\pi rl$，r为底面半径，h为高，l为斜高.

9. 球

体积$V=\frac{4}{3}\pi r^3$，表面积$S=4\pi r^2$，r为球的半径.

三、三角

1. 度与弧度

1° 相当于$\frac{\pi}{180}$(弧度)，1(弧度)相当于$\frac{180^\circ}{\pi}$.

2. 特殊角的三角函数值

θ	0	$\frac{\pi}{6}$	$\frac{\pi}{4}$	$\frac{\pi}{3}$	$\frac{\pi}{2}$	π	$\frac{3\pi}{2}$	2π
$\sin\theta$	0	$\frac{1}{2}$	$\frac{\sqrt{2}}{2}$	$\frac{\sqrt{3}}{2}$	1	0	-1	0
$\cos\theta$	1	$\frac{\sqrt{3}}{2}$	$\frac{\sqrt{2}}{2}$	$\frac{1}{2}$	0	-1	0	1

续表

θ	0	$\frac{\pi}{6}$	$\frac{\pi}{4}$	$\frac{\pi}{3}$	$\frac{\pi}{2}$	π	$\frac{3\pi}{2}$	2π
$\tan\theta$	0	$\frac{\sqrt{3}}{3}$	1	$\sqrt{3}$	不存在	0	不存在	0
$\cot\theta$	不存在	$\sqrt{3}$	1	$\frac{\sqrt{3}}{3}$	0	不存在	0	不存在

3. 平方关系

$\sin^2 x+\cos^2 x=1$,　$1+\tan^2 x=\sec^2 x$,　$1+\cot^2 x=\csc^2 x$.

4. 两角和与差的三角函数

$$\sin(x\pm y)=\sin x\cos y\pm\cos x\sin y;$$
$$\cos(x\pm y)=\cos x\cos y\mp\sin x\sin y;$$
$$\tan(x\pm y)=\frac{\tan x\pm\tan y}{1\mp\tan x\tan y}.$$

5. 倍角公式

$$\sin 2x=2\sin x\cos x;$$
$$\cos 2x=\cos^2 x-\sin^2 x=2\cos^2 x-1=1-2\sin^2 x;$$
$$\tan 2x=\frac{2\tan x}{1-\tan^2 x}.$$

6. 半角公式

$$\sin^2\frac{x}{2}=\frac{1-\cos x}{2};$$
$$\cos^2\frac{x}{2}=\frac{1+\cos x}{2};$$
$$\tan^2\frac{x}{2}=\pm\sqrt{\frac{1-\cos x}{1+\cos x}}=\frac{1-\cos x}{\sin x}=\frac{\sin x}{1+\cos x}.$$

7. 和差化积公式

$$\sin x+\sin y=2\sin\frac{x+y}{2}\cos\frac{x-y}{2};$$
$$\sin x-\sin y=2\cos\frac{x+y}{2}\sin\frac{x-y}{2};$$
$$\cos x+\cos y=2\cos\frac{x+y}{2}\cos\frac{x-y}{2};$$

$$\cos x - \cos y = -2\sin\frac{x+y}{2}\sin\frac{x-y}{2}.$$

8. 积化和差公式

$2\sin x\cos y = \sin(x+y)+\sin(x-y)$;

$2\cos x\sin y = \sin(x+y)-\sin(x-y)$;

$2\cos x\cos y = \cos(x+y)+\cos(x-y)$;

$2\sin x\sin y = \cos(x-y)-\cos(x+y)$.

9. 负角公式

$\sin(-x) = -\sin x$;

$\cos(-x) = \cos x$;

$\tan(-x) = -\tan x$;

$\cot(-x) = -\cot x$;

$\arcsin(-x) = -\arcsin x$;

$\arccos(-x) = \pi - \arccos x$;

$\arctan(-x) = -\arctan x$.

四、平面解析几何

1. 距离与斜率

(1) 两点 $P_1(x_1,y_1)$ 与 $P_2(x_2,y_2)$ 之间的距离 $d=\sqrt{(x_2-x_1)^2+(y_2-y_1)^2}$.

(2) 线段 P_1P_2 的斜率为 $k=\dfrac{y_2-y_1}{x_2-x_1}(x_1 \neq x_2)$.

2. 直线方程

(1) 一般式 $Ax+By+C=0\ (A^2+B^2\neq 0)$.

(2) 点斜式 $y-y_0=k(x-x_0)$ (过点 (x_0,y_0)，斜率为 k).

(3) 斜截式 $y=kx+b$ (k 为斜率, b 为截距).

(4) 截距式 $\dfrac{x}{a}+\dfrac{y}{b}=1$ (a 为在 x 轴上的截距，b 为在 y 轴上的截距).

(5) 两点式 $\dfrac{y-y_1}{y_2-y_1}=\dfrac{x-x_1}{x_2-x_1}$.

3. 两直线的夹角

设两直线的斜率分别为 k_1 和 k_2 ,夹角为 θ ,则 $\tan\theta=\left|\dfrac{k_2-k_1}{1+k_1k_2}\right|$.

4. 点到直线的距离

点 $P(x_0,y_0)$ 到直线 $Ax+By+C=0$ 的距离 $d=\dfrac{|Ax_0+By_0+C|}{\sqrt{A^2+B^2}}$.

5. 直角坐标与极坐标之间的关系

$x=r\cos\theta$, $y=r\sin\theta$, $r=\sqrt{x^2+y^2}$, $\theta=\arctan\dfrac{y}{x}$.

6. 圆的方程

(1) 标准方程
圆心为 (a,b) 、半径为 R 的圆的方程: $(x-a)^2+(y-b)^2=R^2$.
(2) 一般方程
$x^2+y^2+Dx+Ey+F=0$ ($D^2+E^2-4F>0$).

7. 抛物线方程

(1) 顶点在原点、焦点在 x 轴上抛物线的标准方程: $y^2=\pm 2px\ (p>0)$.
(2) 顶点在原点、焦点在 y 轴上抛物线的标准方程: $x^2=\pm 2py\ (p>0)$.

8. 椭圆方程

(1) 焦点在 x 轴上椭圆的标准方程: $\dfrac{x^2}{a^2}+\dfrac{y^2}{b^2}=1\ (a>b>0)$.
(2) 焦点在 y 轴上椭圆的标准方程: $\dfrac{x^2}{b^2}+\dfrac{y^2}{a^2}=1\ (a>b>0)$.

9. 双曲线方程

(1) 焦点在 x 轴上双曲线的标准方程: $\dfrac{x^2}{a^2}-\dfrac{y^2}{b^2}=1\ (a,b>0)$.
(2) 焦点在 y 轴上双曲线的标准方程: $-\dfrac{x^2}{b^2}+\dfrac{y^2}{a^2}=1\ (a,b>0)$.

附录三　基本初等函数

幂函数、指数函数、对数函数、三角函数和反三角函数统称为**基本初等函数**.

基本初等函数		性质	图形
幂函数	$y=x^{\alpha}$ ($\alpha\in\mathbf{R}$)	定义域和值域随 α 的不同而不同; 在 $(0,+\infty)$ 内总有定义; 图像都过点 $(1,1)$.	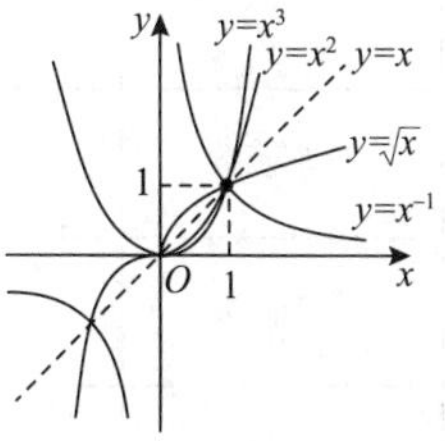
指数函数	$y=a^{x}$ （$a>0$ 且 $a\neq 1$）	$D=(-\infty,+\infty)$，$W=(0,+\infty)$； 图像都过 $(0,1)$ 点; 当 $a>1$ 时，$y=a^{x}$ 单调递增; 当 $0<a<1$ 时，$y=a^{x}$ 单调递减.	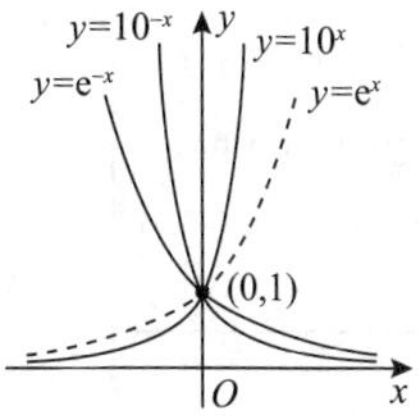
对数函数	$y=\log_{a}x$ （$a>0$ 且 $a\neq 1$）	$D=(0,+\infty)$，$W=(-\infty,+\infty)$; 图像都过 $(1,0)$ 点; 当 $a>1$ 时，$y=\log_{a}x$ 单调递增; 当 $0<a<1$ 时，$y=\log_{a}x$ 单调递减.	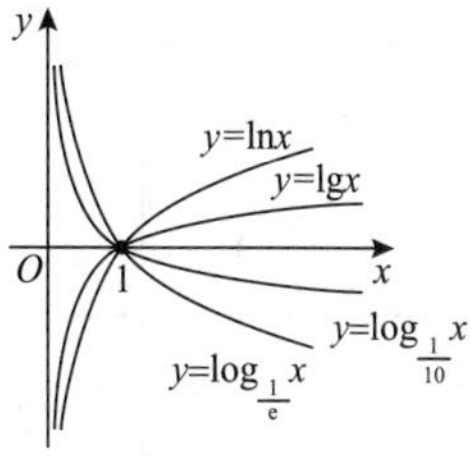
三角函数	正弦函数 $y=\sin x$	$D=(-\infty,+\infty)$，$W=[-1,1]$; 奇函数; 周期函数 $T=2\pi$.	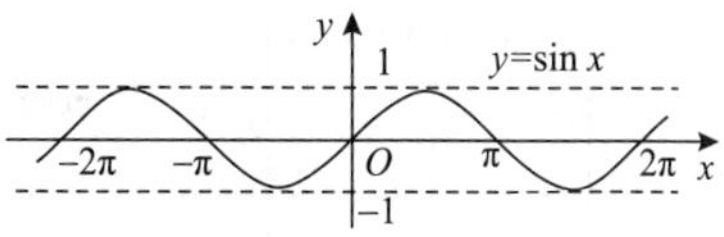
	余弦函数 $y=\cos x$	$D=(-\infty,+\infty)$, $W=[-1,1]$; 偶函数; 周期函数 $T=2\pi$.	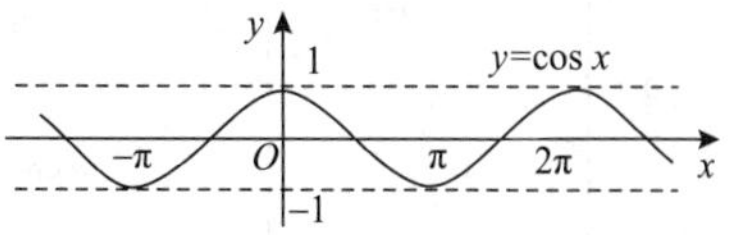
	正切函数 $y=\tan x$	$D=\left(k\pi-\dfrac{\pi}{2},k\pi+\dfrac{\pi}{2}\right)$（$k\in\mathbf{Z}$）， $W=(-\infty,+\infty)$; 奇函数; 周期函数 $T=\pi$.	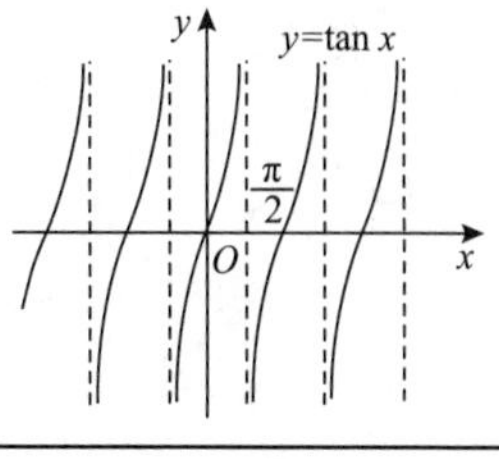

续表

基本初等函数		性质	图形
三角函数	余切函数 $y=\cot x$	$D=(k\pi, k\pi+\pi)$ ($k\in\mathbf{Z}$); $W=(-\infty,+\infty)$; 奇函数; 周期函数 $T=\pi$.	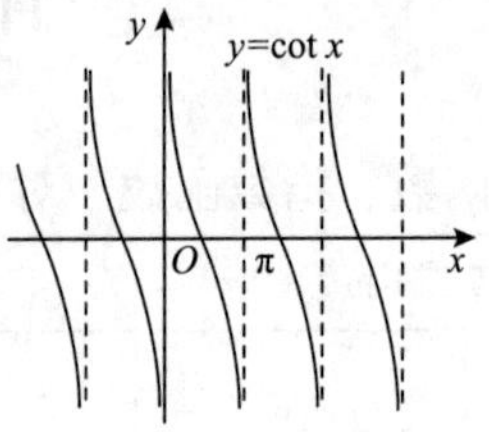
	正割函数	$y=\sec x=\dfrac{1}{\cos x}$.	
	余割函数	$y=\csc x=\dfrac{1}{\sin x}$.	
反三角函数	反正弦函数 $y=\arcsin x$	$D=[-1,1]$, $W=\left[-\dfrac{\pi}{2},\dfrac{\pi}{2}\right]$; 单调递增函数; 奇函数; $\arcsin(-x)=-\arcsin x$.	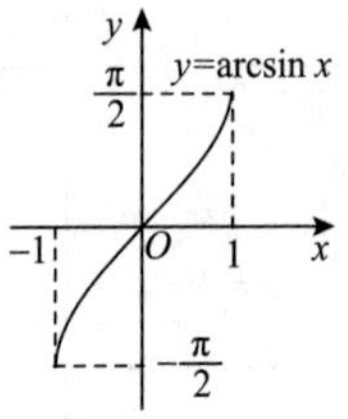
	反余弦函数 $y=\arccos x$	$D=[-1,1]$, $W=[0,\pi]$; 单调递减函数; 非奇非偶函数; $\arccos(-x)=\pi-\arccos x$.	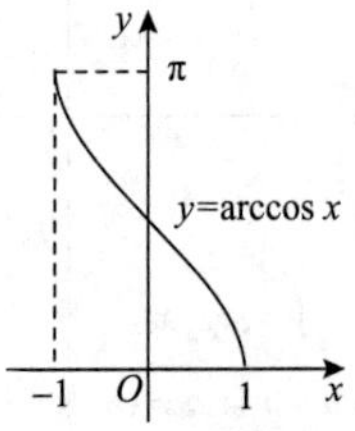
	反正切函数 $y=\arctan x$	$D=(-\infty,+\infty)$, $W=\left(-\dfrac{\pi}{2},\dfrac{\pi}{2}\right)$; 单调递增函数. 奇函数; $\arctan(-x)=-\arctan x$.	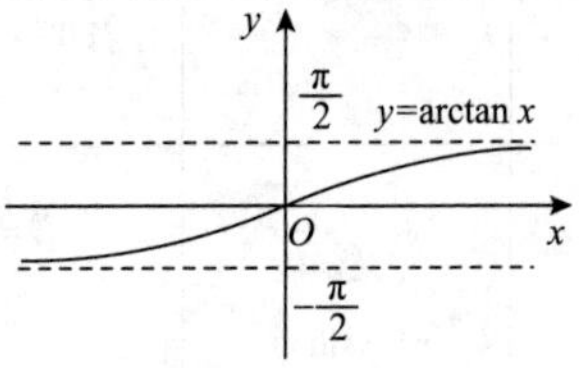
	反余切函数 $y=\operatorname{arccot} x$	$D=(-\infty,+\infty)$, $W=(0,\pi)$; 单调递减函数; 非奇非偶函数; $\operatorname{arccot}(-x)=\pi-\operatorname{arccot} x$.	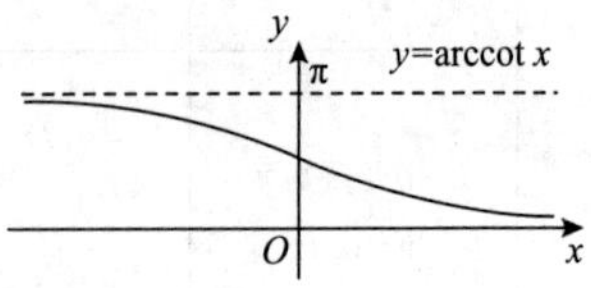

附录四　简易积分表

一、含有 $ax+b$（$a\neq 0$）的积分

1. $\int\frac{\mathrm{d}x}{ax+b}=\frac{1}{a}\ln|ax+b|+C$；

2. $\int(ax+b)^{\mu}\mathrm{d}x=\frac{1}{a(\mu+1)}(ax+b)^{\mu+1}+C$（$\mu\neq -1$）；

3. $\int\frac{x}{ax+b}\mathrm{d}x=\frac{1}{a^2}\left(ax+b-b\ln|ax+b|\right)+C$；

4. $\int\frac{x^2}{ax+b}\mathrm{d}x=\frac{1}{a^3}\left[\frac{1}{2}(ax+b)^2-2b(ax+b)+b^2\ln|ax+b|\right]+C$；

5. $\int\frac{\mathrm{d}x}{x(ax+b)}=-\frac{1}{b}\ln\left|\frac{ax+b}{x}\right|+C$；

6. $\int\frac{\mathrm{d}x}{x^2(ax+b)}=-\frac{1}{bx}+\frac{a}{b^2}\ln\left|\frac{ax+b}{x}\right|+C$；

7. $\int\frac{x}{(ax+b)^2}\mathrm{d}x=\frac{1}{a^2}\left(\ln|ax+b|+\frac{b}{ax+b}\right)+C$；

8. $\int\frac{x^2}{(ax+b)^2}\mathrm{d}x=\frac{1}{a^3}\left(ax+b-2b\ln|ax+b|-\frac{b^2}{ax+b}\right)+C$；

9. $\int\frac{\mathrm{d}x}{x(ax+b)^2}=\frac{1}{b(ax+b)}-\frac{1}{b^2}\ln\left|\frac{ax+b}{x}\right|+C$.

二、含有 $\sqrt{ax+b}$（$a\neq 0$）的积分

10. $\int\sqrt{ax+b}\,\mathrm{d}x=\frac{2}{3a}\sqrt{(ax+b)^3}+C$；

11. $\int x\sqrt{ax+b}\,\mathrm{d}x=\frac{2}{15a^2}(3ax-2b)\sqrt{(ax+b)^3}+C$；

12. $\int x^2\sqrt{ax+b}\,\mathrm{d}x=\frac{2}{105a^3}(15a^2x^2-12abx+8b^2)\sqrt{(ax+b)^3}+C$；

13. $\int\frac{x}{\sqrt{ax+b}}\mathrm{d}x=\frac{2}{3a^2}(ax-2b)\sqrt{ax+b}+C$；

14. $\int\frac{x^2}{\sqrt{ax+b}}\mathrm{d}x=\frac{2}{15a^3}(3a^2x^2-4abx+8b^2)\sqrt{ax+b}+C$；

15. $\int\frac{\mathrm{d}x}{x^2\sqrt{ax+b}}=-\frac{\sqrt{ax+b}}{bx}-\frac{a}{2b}\int\frac{\mathrm{d}x}{x\sqrt{ax+b}}$；

16. $\displaystyle\int\frac{dx}{x\sqrt{ax+b}}=\begin{cases}\dfrac{1}{\sqrt{b}}\ln\left|\dfrac{\sqrt{ax+b}-\sqrt{b}}{\sqrt{ax+b}+\sqrt{b}}\right|+C, & b>0,\\[2ex] \dfrac{2}{\sqrt{-b}}\arctan\sqrt{\dfrac{ax+b}{-b}}+C, & b<0;\end{cases}$

17. $\displaystyle\int\frac{\sqrt{ax+b}}{x}dx=2\sqrt{ax+b}+b\int\frac{dx}{x\sqrt{ax+b}}$;

18. $\displaystyle\int\frac{\sqrt{ax+b}}{x^2}dx=-\frac{\sqrt{ax+b}}{x}+\frac{a}{2}\int\frac{dx}{x\sqrt{ax+b}}$.

三、含有 $x^2\pm a^2$ ($a\neq 0$) 的积分

19. $\displaystyle\int\frac{dx}{x^2+a^2}=\frac{1}{a}\arctan\frac{x}{a}+C$;

20. $\displaystyle\int\frac{dx}{x^2-a^2}=\frac{1}{2a}\ln\left|\frac{x-a}{x+a}\right|+C$;

21. $\displaystyle\int\frac{dx}{(x^2+a^2)^n}=\frac{x}{2(n-1)a^2(x^2+a^2)^{n-1}}+\frac{2n-3}{2(n-1)a^2}\int\frac{dx}{(x^2+a^2)^{n-1}}$.

四、含有 ax^2+b ($a>0$) 的积分

22. $\displaystyle\int\frac{dx}{ax^2+b}=\begin{cases}\dfrac{1}{\sqrt{ab}}\arctan\sqrt{\dfrac{a}{b}}x+C, & b>0,\\[2ex] \dfrac{1}{2\sqrt{-ab}}\ln\left|\dfrac{\sqrt{a}x-\sqrt{-b}}{\sqrt{a}x+\sqrt{-b}}\right|+C, & b<0;\end{cases}$

23. $\displaystyle\int\frac{x}{ax^2+b}dx=\frac{1}{2a}\ln\left|ax^2+b\right|+C$;

24. $\displaystyle\int\frac{x^2}{ax^2+b}dx=\frac{x}{a}-\frac{b}{a}\int\frac{dx}{ax^2+b}$;

25. $\displaystyle\int\frac{dx}{x(ax^2+b)}=\frac{1}{2b}\ln\frac{x^2}{\left|ax^2+b\right|}+C$;

26. $\displaystyle\int\frac{dx}{x^2(ax^2+b)}=-\frac{1}{bx}-\frac{a}{b}\int\frac{dx}{ax^2+b}$;

27. $\displaystyle\int\frac{dx}{x^3(ax^2+b)}=\frac{a}{2b^2}\ln\frac{\left|ax^2+b\right|}{x^2}-\frac{1}{2bx^2}+C$;

28. $\displaystyle\int\frac{dx}{(ax^2+b)^2}=\frac{x}{2b(ax^2+b)}+\frac{1}{2b}\int\frac{dx}{ax^2+b}$.

五、含有 ax^2+bx+c（$a>0$）的积分

29. $\int \frac{x}{ax^2+bx+c}\mathrm{d}x = \frac{1}{2a}\ln\left|ax^2+bx+c\right| - \frac{b}{2a}\int\frac{\mathrm{d}x}{ax^2+bx+c}$；

30. $\int \frac{\mathrm{d}x}{ax^2+bx+c} = \begin{cases} \frac{2}{\sqrt{4ac-b^2}}\arctan\frac{2ax+b}{\sqrt{4ac-b^2}}+C, & b^2<4ac, \\ \frac{1}{\sqrt{b^2-4ac}}\ln\left|\frac{2ax+b-\sqrt{b^2-4ac}}{2ax+b+\sqrt{b^2-4ac}}\right|+C, & b^2>4ac. \end{cases}$

六、含有 $\sqrt{x^2+a^2}$（$a>0$）的积分

31. $\int \frac{\mathrm{d}x}{\sqrt{x^2+a^2}} = \ln(x+\sqrt{x^2+a^2})+C$；

32. $\int \frac{\mathrm{d}x}{\sqrt{(x^2+a^2)^3}} = \frac{x}{a^2\sqrt{x^2+a^2}}+C$；

33. $\int \frac{x}{\sqrt{x^2+a^2}}\mathrm{d}x = \sqrt{x^2+a^2}+C$；

34. $\int \frac{x}{\sqrt{(x^2+a^2)^3}}\mathrm{d}x = -\frac{1}{\sqrt{x^2+a^2}}+C$；

35. $\int \frac{x^2}{\sqrt{x^2+a^2}}\mathrm{d}x = \frac{x}{2}\sqrt{x^2+a^2}-\frac{a^2}{2}\ln(x+\sqrt{x^2+a^2})+C$；

36. $\int \frac{x^2}{\sqrt{(x^2+a^2)^3}}\mathrm{d}x = -\frac{x}{\sqrt{x^2+a^2}}+\ln(x+\sqrt{x^2+a^2})+C$；

37. $\int \frac{\mathrm{d}x}{x\sqrt{x^2+a^2}} = \frac{1}{a}\ln\frac{\sqrt{x^2+a^2}-a}{|x|}+C$；

38. $\int \frac{\mathrm{d}x}{x^2\sqrt{x^2+a^2}} = -\frac{\sqrt{x^2+a^2}}{a^2x}+C$；

39. $\int \sqrt{x^2+a^2}\,\mathrm{d}x = \frac{x}{2}\sqrt{x^2+a^2}+\frac{a^2}{2}\ln(x+\sqrt{x^2+a^2})+C$；

40. $\int \sqrt{(x^2+a^2)^3}\,\mathrm{d}x = \frac{x}{8}(2x^2+5a^2)\sqrt{x^2+a^2}+\frac{3}{8}a^4\ln(x+\sqrt{x^2+a^2})+C$；

41. $\int x\sqrt{x^2+a^2}\,\mathrm{d}x = \frac{1}{3}\sqrt{(x^2+a^2)^3}+C$；

42. $\int x^2\sqrt{x^2+a^2}\,\mathrm{d}x = \frac{x}{8}(2x^2+a^2)\sqrt{x^2+a^2}-\frac{a^4}{8}\ln(x+\sqrt{x^2+a^2})+C$；

43. $\int \frac{\sqrt{x^2+a^2}}{x}\mathrm{d}x = \sqrt{x^2+a^2}+a\ln\frac{\sqrt{x^2+a^2}-a}{|x|}+C$；

44. $\int\frac{\sqrt{x^2+a^2}}{x^2}\mathrm{d}x=-\frac{\sqrt{x^2+a^2}}{x}+\ln(x+\sqrt{x^2+a^2})+C$.

七、含有$\sqrt{x^2-a^2}$ $(a>0)$的积分

45. $\int\frac{\mathrm{d}x}{\sqrt{x^2-a^2}}=\frac{x}{|x|}\operatorname{arch}\frac{|x|}{a}+C_1=\ln\left|x+\sqrt{x^2-a^2}\right|+C$;

46. $\int\frac{\mathrm{d}x}{\sqrt{(x^2-a^2)^3}}=-\frac{x}{a^2\sqrt{x^2-a^2}}+C$;

47. $\int\frac{x}{\sqrt{x^2-a^2}}\mathrm{d}x=\sqrt{x^2-a^2}+C$;

48. $\int\frac{x}{\sqrt{(x^2-a^2)^3}}\mathrm{d}x=-\frac{1}{\sqrt{x^2-a^2}}+C$;

49. $\int\frac{x^2}{\sqrt{x^2-a^2}}\mathrm{d}x=\frac{x}{2}\sqrt{x^2-a^2}+\frac{a^2}{2}\ln\left|x+\sqrt{x^2-a^2}\right|+C$;

50. $\int\frac{x^2}{\sqrt{(x^2-a^2)^3}}\mathrm{d}x=-\frac{x}{\sqrt{x^2-a^2}}+\ln\left|x+\sqrt{x^2-a^2}\right|+C$;

51. $\int\frac{\mathrm{d}x}{x\sqrt{x^2-a^2}}=\frac{1}{a}\arccos\frac{a}{|x|}+C$;

52. $\int\frac{\mathrm{d}x}{x^2\sqrt{x^2-a^2}}=\frac{\sqrt{x^2-a^2}}{a^2x}+C$;

53. $\int\sqrt{x^2-a^2}\mathrm{d}x=\frac{x}{2}\sqrt{x^2-a^2}-\frac{a^2}{2}\ln\left|x+\sqrt{x^2-a^2}\right|+C$;

54. $\int\sqrt{\left(x^2-a^2\right)^3}\mathrm{d}x=\frac{x}{8}(2x^2-5a^2)\sqrt{x^2-a^2}+\frac{3}{8}a^4\ln\left|x+\sqrt{x^2-a^2}\right|+C$;

55. $\int x\sqrt{x^2-a^2}\mathrm{d}x=\frac{1}{3}\sqrt{(x^2-a^2)^3}+C$;

56. $\int x^2\sqrt{x^2-a^2}\mathrm{d}x=\frac{x}{8}(2x^2-a^2)\sqrt{x^2-a^2}-\frac{a^4}{8}\ln\left|x+\sqrt{x^2-a^2}\right|+C$;

57. $\int\frac{\sqrt{x^2-a^2}}{x}\mathrm{d}x=\sqrt{x^2-a^2}-a\arccos\frac{a}{|x|}+C$;

58. $\int\frac{\sqrt{x^2-a^2}}{x^2}\mathrm{d}x=-\frac{\sqrt{x^2-a^2}}{x}+\ln\left|x+\sqrt{x^2-a^2}\right|+C$.

八、含有$\sqrt{a^2-x^2}$ $(a>0)$的积分

59. $\int\frac{\mathrm{d}x}{\sqrt{a^2-x^2}}=\arcsin\frac{x}{a}+C$;

60. $\int\frac{dx}{\sqrt{(a^2-x^2)^3}}=\frac{x}{a^2\sqrt{a^2-x^2}}+C$;

61. $\int\frac{x}{\sqrt{a^2-x^2}}dx=-\sqrt{a^2-x^2}+C$;

62. $\int\frac{x}{\sqrt{(a^2-x^2)^3}}dx=\frac{1}{\sqrt{a^2-x^2}}+C$;

63. $\int\frac{x^2}{\sqrt{a^2-x^2}}dx=-\frac{x}{2}\sqrt{a^2-x^2}+\frac{a^2}{2}\arcsin\frac{x}{a}+C$;

64. $\int\frac{x^2}{\sqrt{(a^2-x^2)^3}}dx=\frac{x}{\sqrt{a^2-x^2}}-\arcsin\frac{x}{a}+C$;

65. $\int\frac{dx}{x\sqrt{a^2-x^2}}=\frac{1}{a}\ln\frac{a-\sqrt{a^2-x^2}}{|x|}+C$;

66. $\int\frac{dx}{x^2\sqrt{a^2-x^2}}=-\frac{\sqrt{a^2-x^2}}{a^2x}+C$;

67. $\int\sqrt{a^2-x^2}\,dx=\frac{x}{2}\sqrt{a^2-x^2}+\frac{a^2}{2}\arcsin\frac{x}{a}+C$;

68. $\int\sqrt{(a^2-x^2)^3}dx=\frac{x}{8}(5a^2-2x^2)\sqrt{a^2-x^2}+\frac{3}{8}a^4\arcsin\frac{x}{a}+C$;

69. $\int x\sqrt{a^2-x^2}dx=-\frac{1}{3}\sqrt{(a^2-x^2)^3}+C$;

70. $\int x^2\sqrt{a^2-x^2}dx=\frac{x}{8}\left(2x^2-a^2\right)\sqrt{a^2-x^2}+\frac{a^4}{8}\arcsin\frac{x}{a}+C$;

71. $\int\frac{\sqrt{a^2-x^2}}{x}dx=\sqrt{a^2-x^2}+a\ln\frac{a-\sqrt{a^2-x^2}}{|x|}+C$;

72. $\int\frac{\sqrt{a^2-x^2}}{x^2}dx=-\frac{\sqrt{a^2-x^2}}{x}-\arcsin\frac{x}{a}+C$.

九、含有$\sqrt{\pm ax^2+bx+c}$（$a>0$）的积分

73. $\int\frac{dx}{\sqrt{ax^2+bx+c}}=\frac{1}{\sqrt{a}}\ln\left|2ax+b+2\sqrt{a}\sqrt{ax^2+bx+c}\right|+C$;

74. $$\int\sqrt{ax^2+bx+c}\,dx=\frac{2ax+b}{4a}\sqrt{ax^2+bx+c}$$
$$+\frac{4ac-b^2}{8\sqrt{a^3}}\ln\left|2ax+b+2\sqrt{a}\sqrt{ax^2+bx+c}\right|+C;$$

75. $\displaystyle\int\frac{x}{\sqrt{ax^2+bx+c}}\mathrm{d}x=\frac{1}{a}\sqrt{ax^2+bx+c}-\frac{b}{2\sqrt{a^3}}\ln\left|2ax+b+2\sqrt{a}\sqrt{ax^2+bx+c}\right|+C$;

76. $\displaystyle\int\frac{\mathrm{d}x}{\sqrt{c+bx-ax^2}}=-\frac{1}{\sqrt{a}}\arcsin\frac{2ax-b}{\sqrt{b^2+4ac}}+C$;

77. $\displaystyle\int\sqrt{c+bx-ax^2}\,\mathrm{d}x=\frac{2ax-b}{4a}\sqrt{c+bx-ax^2}+\frac{b^2+4ac}{8\sqrt{a^3}}\arcsin\frac{2ax-b}{\sqrt{b^2+4ac}}+C$;

78. $\displaystyle\int\frac{x}{\sqrt{c+bx-ax^2}}\mathrm{d}x=-\frac{1}{a}\sqrt{c+bx-ax^2}+\frac{b}{2\sqrt{a^3}}\arcsin\frac{2ax-b}{\sqrt{b^2+4ac}}+C$.

十、含有$\sqrt{\pm\frac{x\pm a}{x\pm b}}$或$\sqrt{(x-a)(b-x)}$ ($a<b$)的积分

79. $\displaystyle\int\sqrt{\frac{x+a}{x+b}}\mathrm{d}x=\sqrt{(x+a)(x+b)}+(a-b)\ln\left(\sqrt{x+a}+\sqrt{x+b}\right)+C$;

80. $\displaystyle\int\sqrt{\frac{x-a}{x-b}}\mathrm{d}x=(x-b)\sqrt{\frac{x-a}{x-b}}+(b-a)\ln\left(\sqrt{|x-a|}+\sqrt{|x-b|}\right)+C$;

81. $\displaystyle\int\sqrt{\frac{x-a}{b-x}}\mathrm{d}x=(x-b)\sqrt{\frac{x-a}{b-x}}+(b-a)\arcsin\sqrt{\frac{x-a}{b-x}}+C$;

82. $\displaystyle\int\frac{\mathrm{d}x}{\sqrt{(x-a)(b-x)}}=2\arcsin\sqrt{\frac{x-a}{b-x}}+C$;

83. $\displaystyle\int\sqrt{(x-a)(b-x)}\,\mathrm{d}x=\frac{2x-a-b}{4}\sqrt{(x-a)(b-x)}+\frac{(b-a)^2}{4}\arcsin\sqrt{\frac{x-a}{b-x}}+C$.

十一、含有三角函数的积分

84. $\displaystyle\int\sin x\,\mathrm{d}x=-\cos x+C$;

85. $\displaystyle\int\cos x\,\mathrm{d}x=\sin x+C$;

86. $\displaystyle\int\tan x\,\mathrm{d}x=-\ln|\cos x|+C$;

87. $\displaystyle\int\cot x\,\mathrm{d}x=\ln|\sin x|+C$;

88. $\displaystyle\int\sec x\,\mathrm{d}x=\ln\left|\tan\left(\frac{\pi}{4}+\frac{x}{2}\right)\right|+C=\ln|\sec x+\tan x|+C$;

89. $\displaystyle\int\csc x\,\mathrm{d}x=\ln\left|\tan\frac{x}{2}\right|+C=\ln|\csc x-\cot x|+C$;

90. $\displaystyle\int\sec^2 x\,\mathrm{d}x=\tan x+C$;

91. $\int \csc^2 x\,\mathrm{d}x = -\cot x + C$;

92. $\int \sec x \tan x\,\mathrm{d}x = \sec x + C$;

93. $\int \csc x \cot x\,\mathrm{d}x = -\csc x + C$;

94. $\int \sin^2 x\,\mathrm{d}x = \frac{x}{2} - \frac{1}{4}\sin 2x + C$;

95. $\int \cos^2 x\,\mathrm{d}x = \frac{x}{2} + \frac{1}{4}\sin 2x + C$;

96. $\int \sin^n x\,\mathrm{d}x = -\frac{1}{n}\sin^{n-1} x\cos x + \frac{n-1}{n}\int \sin^{n-2} x\,\mathrm{d}x$;

97. $\int \cos^n x\,\mathrm{d}x = \frac{1}{n}\cos^{n-1} x\sin x + \frac{n-1}{n}\int \cos^{n-2} x\,\mathrm{d}x$;

98. $\int \frac{\mathrm{d}x}{\sin^n x} = -\frac{1}{n-1}\cdot\frac{\cos x}{\sin^{n-1} x} + \frac{n-2}{n-1}\int \frac{\mathrm{d}x}{\sin^{n-2} x}$;

99. $\int \frac{\mathrm{d}x}{\cos^n x} = \frac{1}{n-1}\cdot\frac{\sin x}{\cos^{n-1} x} + \frac{n-2}{n-1}\int \frac{\mathrm{d}x}{\cos^{n-2} x}$;

100. $$\begin{aligned}\int \cos^m x\sin^n x\,\mathrm{d}x &= \frac{1}{m+n}\cos^{m-1} x\sin^{n+1} x + \frac{m-1}{m+n}\int \cos^{m-2} x\sin^n x\,\mathrm{d}x\\ &= -\frac{1}{m+n}\cos^{m+1} x\sin^{n-1} x + \frac{n-1}{m+n}\int \cos^m x\sin^{n-2} x\,\mathrm{d}x;\end{aligned}$$

101. $\int \sin ax\cos bx\,\mathrm{d}x = -\frac{1}{2(a+b)}\cos(a+b)x - \frac{1}{2(a-b)}\cos(a-b)x + C$;

102. $\int \sin ax\sin bx\,\mathrm{d}x = -\frac{1}{2(a+b)}\sin(a+b)x + \frac{1}{2(a-b)}\sin(a-b)x + C$;

103. $\int \cos ax\cos bx\,\mathrm{d}x = \frac{1}{2(a+b)}\sin(a+b)x + \frac{1}{2(a-b)}\sin(a-b)x + C$;

104. $\int \frac{\mathrm{d}x}{a+b\sin x} = \frac{2}{\sqrt{a^2-b^2}}\arctan\frac{a\tan\frac{x}{2}+b}{\sqrt{a^2-b^2}} + C \ (a^2>b^2)$;

105. $\int \frac{\mathrm{d}x}{a+b\sin x} = \frac{1}{\sqrt{b^2-a^2}}\ln\left|\frac{a\tan\frac{x}{2}+b-\sqrt{b^2-a^2}}{a\tan\frac{x}{2}+b+\sqrt{b^2-a^2}}\right| + C \ (a^2<b^2)$;

106. $\int \frac{\mathrm{d}x}{a+b\cos x} = \frac{2}{a+b}\sqrt{\frac{a+b}{a-b}}\arctan\left(\sqrt{\frac{a-b}{a+b}}\tan\frac{x}{2}\right) + C \ (a^2>b^2)$;

107. $\int \frac{\mathrm{d}x}{a+b\cos x} = \frac{1}{a+b}\sqrt{\frac{a+b}{b-a}}\ln\left|\frac{\tan\frac{x}{2}+\sqrt{\frac{a+b}{b-a}}}{\tan\frac{x}{2}-\sqrt{\frac{a+b}{b-a}}}\right| + C \ (a^2<b^2)$;

108. $\int\frac{\mathrm{d}x}{a^2\cos^2x+b^2\sin^2x}=\frac{1}{ab}\arctan\left(\frac{b}{a}\tan x\right)+C$;

109. $\int\frac{\mathrm{d}x}{a^2\cos^2x-b^2\sin^2x}=\frac{1}{2ab}\ln\left|\frac{b\tan x+a}{b\tan x-a}\right|+C$;

110. $\int x\sin ax\,\mathrm{d}x=\frac{1}{a^2}\sin ax-\frac{1}{a}x\cos ax+C$;

111. $\int x^2\sin ax\,\mathrm{d}x=-\frac{1}{a}x^2\cos ax+\frac{2}{a^2}x\sin ax+\frac{2}{a^3}\cos ax+C$;

112. $\int x\cos ax\,\mathrm{d}x=\frac{1}{a^2}\cos ax+\frac{1}{a}x\sin ax+C$;

113. $\int x^2\cos ax\,\mathrm{d}x=\frac{1}{a}x^2\sin ax+\frac{2}{a^2}x\cos ax-\frac{2}{a^3}\sin ax+C$.

十二、含有反三角函数的积分($a>0$)

114. $\int\arcsin\frac{x}{a}\mathrm{d}x=x\arcsin\frac{x}{a}+\sqrt{a^2-x^2}+C$;

115. $\int x\arcsin\frac{x}{a}\mathrm{d}x=\left(\frac{x^2}{2}-\frac{a^2}{4}\right)\arcsin\frac{x}{a}+\frac{x}{4}\sqrt{a^2-x^2}+C$;

116. $\int x^2\arcsin\frac{x}{a}\mathrm{d}x=\frac{x^3}{3}\arcsin\frac{x}{a}+\frac{1}{9}\left(x^2+2a^2\right)\sqrt{a^2-x^2}+C$;

117. $\int\arccos\frac{x}{a}\mathrm{d}x=x\arccos\frac{x}{a}-\sqrt{a^2-x^2}+C$;

118. $\int x\arccos\frac{x}{a}\mathrm{d}x=\left(\frac{x^2}{2}-\frac{a^2}{4}\right)\arccos\frac{x}{a}-\frac{x}{4}\sqrt{a^2-x^2}+C$;

119. $\int x^2\arccos\frac{x}{a}\mathrm{d}x=\frac{x^3}{3}\arccos\frac{x}{a}-\frac{1}{9}(x^2+2a^2)\sqrt{a^2-x^2}+C$;

120. $\int\arctan\frac{x}{a}\mathrm{d}x=x\arctan\frac{x}{a}-\frac{a}{2}\ln(a^2+x^2)+C$;

121. $\int x\arctan\frac{x}{a}\mathrm{d}x=\frac{1}{2}(a^2+x^2)\arctan\frac{x}{a}-\frac{a}{2}x+C$;

122. $\int x^2\arctan\frac{x}{a}\mathrm{d}x=\frac{x^3}{3}\arctan\frac{x}{a}-\frac{a}{6}x^2+\frac{a^3}{6}\ln(a^2+x^2)+C$.

十三、含有指数函数的积分

123. $\int a^x\,\mathrm{d}x=\frac{1}{\ln a}a^x+C$;

124. $\int \mathrm{e}^{ax}\mathrm{d}x=\frac{1}{a}\mathrm{e}^{ax}+C$;

125. $\int x\mathrm{e}^{ax}\mathrm{d}x=\frac{1}{a^2}(ax-1)\mathrm{e}^{ax}+C$；

126. $\int x^n\mathrm{e}^{ax}\mathrm{d}x=\frac{1}{a}x^n\mathrm{e}^{ax}-\frac{n}{a}\int x^{n-1}\mathrm{e}^{ax}\mathrm{d}x$；

127. $\int xa^x\mathrm{d}x=\frac{x}{\ln a}a^x-\frac{1}{(\ln a)^2}a^x+C$；

128. $\int x^na^x\mathrm{d}x=\frac{1}{\ln a}x^na^x-\frac{n}{\ln a}\int x^{n-1}a^x\mathrm{d}x$；

129. $\int \mathrm{e}^{ax}\sin bx\,\mathrm{d}x=\frac{1}{a^2+b^2}\mathrm{e}^{ax}(a\sin bx-b\cos bx)+C$；

130. $\int \mathrm{e}^{ax}\cos bx\,\mathrm{d}x=\frac{1}{a^2+b^2}\mathrm{e}^{ax}(b\sin bx+a\cos bx)+C$；

131. $\int \mathrm{e}^{ax}\sin^n bx\mathrm{d}x=\frac{1}{a^2+b^2n^2}\mathrm{e}^{ax}\sin^{n-1}bx\cdot(a\sin bx-nb\cos bx)$

$+\frac{n(n-1)b^2}{a^2+b^2n^2}\int \mathrm{e}^{ax}\sin^{n-2}bx\mathrm{d}x$;

132. $\int \mathrm{e}^{ax}\cos^n bx\mathrm{d}x=\frac{1}{a^2+b^2n^2}\mathrm{e}^{ax}\cos^{n-1}bx\cdot(a\cos bx+nb\sin bx)$

$+\frac{n(n-1)b^2}{a^2+b^2n^2}\int \mathrm{e}^{ax}\cos^{n-2}bx\mathrm{d}x$.

十四、含有对数函数的积分

133. $\int \ln x\,\mathrm{d}x=x\ln x-x+C$；

134. $\int \frac{\mathrm{d}x}{x\ln x}=\ln|\ln x|+C$；

135. $\int x^n\ln x\,\mathrm{d}x=\frac{1}{n+1}x^{n+1}\left(\ln x-\frac{1}{n+1}\right)+C$；

136. $\int (\ln x)^n\mathrm{d}x=x(\ln x)^n-n\int (\ln x)^{n-1}\mathrm{d}x$；

137. $\int x^m(\ln x)^n\mathrm{d}x=\frac{1}{m+1}x^{m+1}(\ln x)^n-\frac{n}{m+1}\int x^m(\ln x)^{n-1}\mathrm{d}x$.

十五、定积分

138. $\int_{-\pi}^{\pi}\cos nx\,\mathrm{d}x=\int_{-\pi}^{\pi}\sin nx\,\mathrm{d}x=0$；

139. $\int_{-\pi}^{\pi}\cos mx\sin nx\,\mathrm{d}x=0$；

140. $\int_{-\pi}^{\pi}\cos mx\cos nx\mathrm{d}x=\begin{cases}0, & m\neq n,\\ \pi, & m=n;\end{cases}$

141. $\int_{-\pi}^{\pi} \sin mx \sin nx \mathrm{d}x = \begin{cases} 0, & m \neq n, \\ \pi, & m = n; \end{cases}$

142. $\int_{0}^{\pi} \sin mx \sin nx \, \mathrm{d}x = \int_{0}^{\pi} \cos mx \cos nx \, \mathrm{d}x = \begin{cases} 0, & m \neq n, \\ \dfrac{\pi}{2}, & m = n; \end{cases}$

143. $I_n = \int_{0}^{\frac{\pi}{2}} \sin^n x \, \mathrm{d}x = \int_{0}^{\frac{\pi}{2}} \cos^n x \, \mathrm{d}x,$

$$I_n = \frac{n-1}{n} I_{n-2}$$

$$= \begin{cases} \dfrac{n-1}{n} \cdot \dfrac{n-3}{n-2} \cdot \cdots \cdot \dfrac{4}{5} \cdot \dfrac{2}{3} (n\text{为大于1的正奇数}), & I_1 = 1, \\ \dfrac{n-1}{n} \cdot \dfrac{n-3}{n-2} \cdot \cdots \cdot \dfrac{3}{4} \cdot \dfrac{1}{2} \cdot \dfrac{\pi}{2} (n\text{为正偶数}), & I_0 = \dfrac{\pi}{2}. \end{cases}$$